自然语言处理
实战

利用 Python 理解、分析和生成文本

[美] 霍布森·莱恩（Hobson Lane）

[美] 科尔·霍华德（Cole Howard） 著

[美] 汉纳斯·马克斯·哈普克（Hannes Max Hapke）

史亮 鲁骁 唐可欣 王斌 译

人民邮电出版社

北 京

图书在版编目（CIP）数据

自然语言处理实战 / （美）霍布森·莱恩
(Hobson Lane)，（美）科尔·霍华德（Cole Howard），
（美）汉纳斯·马克斯·哈普克（Hannes Max Hapke）著；
史亮等译. -- 北京：人民邮电出版社，2020.10（2021.1重印）
 书名原文：Natural Language Processing in
Action
 ISBN 978-7-115-54023-2

 Ⅰ. ①自… Ⅱ. ①霍… ②科… ③汉… ④史… Ⅲ.
①自然语言处理 Ⅳ. ①TP391

中国版本图书馆CIP数据核字(2020)第083074号

版 权 声 明

- ◆ 著　　　　　[美] 霍布森·莱恩（Hobson Lane）

　　　　　　　　[美] 科尔·霍华德（Cole Howard）

　　　　　　　　[美] 汉纳斯·马克斯·哈普克（Hannes Max Hapke）

　　译　　　　 史　亮　鲁　骁　唐可欣　王　斌

　　责任编辑　 杨海玲

　　责任印制　 王　郁　焦志炜

- ◆ 人民邮电出版社出版发行　　北京市丰台区成寿寺路 11 号

　　邮编　100164　　电子邮件　315@ptpress.com.cn

　　网址　https://www.ptpress.com.cn

　　三河市君旺印务有限公司印刷

- ◆ 开本：800×1000　1/16

　　印张：28.75

　　字数：627 千字　　　　　　　 2020 年 10 月第 1 版

　　印数：6 001 - 7 500　册　　　　2021 年 1 月河北第 4 次印刷

　　著作权合同登记号　图字：01-2019-3818 号

定价：99.00 元

读者服务热线：(010)81055410　印装质量热线：(010)81055316

反盗版热线：(010)81055315

广告经营许可证：京东市监广登字 20170147 号

内容提要

　　本书是介绍自然语言处理（NLP）和深度学习的实战书。NLP 已成为深度学习的核心应用领域，而深度学习是 NLP 研究和应用中的必要工具。本书分为 3 部分：第一部分介绍 NLP 基础，包括分词、TF-IDF 向量化以及从词频向量到语义向量的转换；第二部分讲述深度学习，包含神经网络、词向量、卷积神经网络（CNN）、循环神经网络（RNN）、长短期记忆（LSTM）网络、序列到序列建模和注意力机制等基本的深度学习模型和方法；第三部分介绍实战方面的内容，包括信息提取、问答系统、人机对话等真实世界系统的模型构建、性能挑战以及应对方法。

　　本书面向中高级 Python 开发人员，兼具基础理论与编程实战，是现代 NLP 领域从业者的实用参考书。

译者简介

史亮　小米 NLP 高级软件工程师，本科毕业于武汉大学，后保送中科院计算所硕博连读，获得博士学位。目前主要负责小米 MiNLP 平台的研发工作。

鲁骁　小米 NLP 高级软件工程师，本科、硕士毕业于华中科技大学，博士毕业于中科院计算所。目前主要从事大规模文本分类、内容过滤、人机对话等方向的研发工作。

唐可欣　小米 NLP 软件工程师，本科毕业于西安电子科技大学，硕士毕业于法国巴黎高科电信学院。主要从事语言模型、意图分析、情感分析等方向的研发工作。

王斌　小米 AI 实验室主任、NLP 首席科学家，前中科院博导、研究员、中国科学院大学教授。译有《信息检索导论》《大数据：互联网大规模数据挖掘与分布式处理》《机器学习实战》等书籍。

译者序

光阴似箭，日月如梭。从我 2008 年翻译第一本书《信息检索导论》至今已经整整过去 12 年了。12 年来，我也从中科院的一名老员工变成了工业界的一名"老"员工，自然语言处理（Natural Language Processing，NLP）领域也发生了十分剧烈的变化。NLP 学者们从早期质疑深度学习到全面拥抱深度学习仅仅经历了两三年时间。而工业界则将这一举动推进得更加彻底：深度学习已经全面应用于工业界的许多 NLP 场景中。可以说，当前深度学习已经成为 NLP 学术研究和工业应用中不可或缺的一件利器。与此同时，被誉为"人工智能领域皇冠上的明珠"的 NLP 也迎来了属于自己的"黄金"时代，在包括人机对话、机器翻译、自动写作、机器阅读等在内的诸多 NLP 应用中都取得了一系列令人欣喜的进步。

正因为深度学习和 NLP 密不可分，近年来有关"深度学习+NLP"的课程和书籍也在不断涌现。本书就是其中的一本。和其他实战类书籍一样，本书既有基础理论也有编程实战，基础理论部分简洁易懂，编程实战部分可以直接下载源码运行，这种搭配特别适合初学者入门，可以作为现代 NLP 从业者的第一本入门书。值得一提的是，这本书是我和《信息检索导论》的责任编辑杨海玲再次联手的成果，期望能给大家再次带来一部好的翻译作品。

本书的内容主要包括 3 部分：第一部分是 NLP 基础入门，包括自然语言本身的特点、处理过程中的分词、TF-IDF 向量化以及从词频向量到语义向量的转换；第二部分是深度学习部分，包含词向量、CNN、RNN、LSTM、注意力机制等基本的深度学习模型和方法；第三部分是实战部分，既包括信息提取、问答系统、人机对话等系统构建中的模型挑战，也包括它们遇到的性能挑战，还介绍了应对这些挑战的一些实际做法。虽然本书给出的是一些经典的基本模型，但是对它们的深刻理解十分有助于快速掌握一些新模型（如 Transformer 和 BERT）。学完本书，再去掌握新的模型，有事半功倍的效果。

由于个人工作繁忙，精力有限，我邀请了小米人工智能部 AI 实验室 NLP 团队的多位同事合作，他们都有十分丰富的 NLP 实战经验，期望这些经验有助于提高本书的翻译质量。其中，我本人承担了第 1 ~ 4 章的翻译工作，鲁骁、唐可欣、史亮分别承担了第 5 ~ 7 章、第 8 ~ 10 章、第 11 ~ 13 章的翻译工作，其余部分由大家共同完成，最后由史亮博士进行了统稿整理。在翻译过程中，小米 NLP 团队的部分成员、我在中科院和北大的一些毕业或在读研究生也提出了宝贵的建议，他们是孟二利、崔建伟、齐保元、李丹、李文娜、花新宇、郭元凯、邓雄文、胡羽蓝、王铄、胡仁林、刘坤、彭团民、徐泽宇、过群、李鑫、柯震、王颖哲、周美林、梁棋、李铂鑫、黄琪、刘春晓、骆丹、陈建均、马路、郁博文、朱时超、朱茜、林希珣、曹江峡、从鑫、王栋、胡雪丹、卞娅靖、何纯玉、徐雅珺、王梓涵、易传润、陈宇鹏、王飞、管文宇、薛梦鸽、刘陆琛、袁玥、唐恒柱、盛傺伟、纪鸿旭、韩佳乘、李羿达、刘世阳、李向阳等，在此一并表示感谢。

由于我们水平有限，如有翻译不当之处还请多多指正。有关本书的任何意见和建议都可以通过电子邮件（wbxjj2008@gmail.com）或者人民邮电出版社异步社区网站进行反馈。

最后，感谢雷总对技术的高度重视，感谢崔宝秋博士的引荐和指导，让我能够很顺利地从学术界走到工业界，并且能有幸和一群非常优秀、非常低调、非常单纯的同事们共事。在工业界，我每天都能看到各种可能的 NLP 和 AI 应用场景，场景和技术的无数可能组合让我这个 NLP 老兵激动不已。我们团队研发的技术也越来越多地应用到公司的产品中，为更多用户带来了更好的体验。我也希望，有更多人投入到 NLP 以及 AI 领域中，一起用我们的科技为用户带来美好生活。

王斌

2020 年 3 月 3 日于小米科技园

序

　　我第一次见到 Hannes 是在 2006 年，当时我们正开始在同一个系攻读不同的研究生学位。很快，由于他将机器学习和电气工程相结合，并全身心投入对世界产生积极影响的事业，他变得非常出名。在他的整个职业生涯中，这种全身心投入的信念指引着他接触过的每一家公司和每一个项目。正是在这种信念的指引下，他与 Hobson 和 Cole 建立了联系，他们对能带来积极影响的项目有着同样的热情。

　　当我着手写这篇文字时，正是机器学习（machine learning，ML）让生活变得更美好的热情打动了我。我个人在机器学习研究方面的旅程中也同样受到一种强烈愿望的指引，即希望对世界产生积极影响。我在研究历程中开发了多分辨率生态数据建模算法，以优化物种分布的保护和调查目标。从那时起，我就下定决心继续在那些可以通过应用机器学习来改善生活和体验的领域工作。

　　　　能力越大，责任越大。

——伏尔泰？

　　无论把这句话归功于伏尔泰还是本叔叔（Uncle Ben）[①]，这句话到今天都依然适用。不过在这个时代，我们或许可以这样说："数据越多，责任越大。"我们信赖那些拥有数据的公司，希望它们将这些数据用于改善我们的生活。我们允许自己的电子邮件被这些公司扫描以纠正邮件文字中出现的语法错误。这些公司研究我们在社交媒体上的日常生活片段，将其用于向信息流中注入广告。手机和家居能够对我们说的话做出反应，有时在不跟它们说话的时候也会有响应。它们甚至会监控我们的新闻偏好，以迎合我们的兴趣、观点和信仰。那么，所有这些强大科技的核心是什么呢？

　　答案是自然语言处理（Natural Language Processing，NLP）。在本书中，读者不仅会学习这些系统的内部工作原理，还会学习相关的理论和实践技能，并创建自己的算法或模型。基本计算机

---

① 伏尔泰，18 世纪法国著名的启蒙思想家、文学家、哲学家。本叔叔，美国漫画人物，蜘蛛侠的叔叔。——译者注

科学概念无缝地转换为方法和实践的坚实基础。从一些久经考验的经典方法（如 TF-IDF）开始，再深入到 NLP 相关的深层神经网络，作者带领读者对于自然语言处理的核心方法开启了一段清晰的体验之旅。

　　语言是人类建立共识的基础。人们之间交流的不仅有事实，还有情感。通过语言，人们获得了经验领域之外的知识，并通过分享这些经验来构建理解的过程。通过本书，大家将会深入理解自然语言处理技术的原理，有朝一日可能创建出能通过语言来了解人类的系统。自然语言处理技术有很大的发展潜力，但也可能被滥用。在本书中，作者希望通过分享这些知识来给我们一个更光明的未来。

Arwen Griffioen 博士

Zendesk 公司高级数据科学家

前言

2013 年前后，自然语言处理和聊天机器人开始占据我们的生活。一开始，Google 搜索看起来更像是一个索引，需要一些技巧才能找到我们要找的东西，但它很快就变得更加智能，可以接受越来越多的自然语言搜索。然后智能手机的文字自动补全功能开始变得先进起来，中间按钮给出的通常就是我们要找的词[①]。

2014 年年末，Thunder Shiviah 和我在俄勒冈州的一个黑客项目（Hack Oregon）上合作，挖掘竞选活动的自然语言财务数据。我们试图在美国的政治捐助者之间找到关联。政客们似乎在竞选财务文件中含糊其辞地隐藏了捐助者的身份。在这个项目中，有趣的不是我们能够使用简单的自然语言处理技术来揭示这些关联。最让我惊讶的是，Thunder 经常会在我发送电子邮件几秒钟后，以简洁而恰当的方式回复我那些随意的电子邮件。他使用的是 Smart Reply，一个 Gmail 收件箱"助手"，它的回复速度比我们阅读电子邮件的速度还快。

于是我深入进去，学习这些神奇的"魔术"背后的技巧。学得越多，这些令人印象深刻的自然语言处理技巧似乎就越可行，也越容易理解。我接手的每一个机器学习项目似乎都涉及自然语言处理。

也许是因为对语言的热爱，以及迷恋语言在人类智能中所起的作用，我会花几个小时与我在夏普实验室的信息理论家老板 John Kowalski 讨论词是否具有"意义"。我从导师和学生那里学到了越来越多的东西后，也逐渐获得了自信，我似乎能够自己构建一些新的、神奇的东西。

我学到的一个技巧是遍历一组文档，计算"War"和"Hunger"等词之后出现"Game"或"III"等词的频率。如果在大量的文本上进行这种处理，你就能从词、短语或句子序列中很好地猜出正确词。这种经典的语言处理方法对我来说很直观。

教授和老板们把这叫作马尔可夫链，但对我来说，这只是一个概率表，一个基于前一个词的每个词的计数列表。教授们把这叫作条件分布，也就是在前一个词后面出现另一个词的概率。Peter Norvig 为 Google 构建的拼写校正器表明这种方法可以很好地扩展，并且只需要很少的 Python 代

---

① 在智能手机的预测文本键盘上重复点击中间按钮，了解 Google 认为你接下来想说什么。2013 年，它作为"SwiftKey game"首次出现在 Reddit 上。

码[1]。我们需要的只是大量的自然语言文本。当想到在维基百科或古腾堡计划[2]这样大规模的免费文本集合上做这样一件事的可能性时，我不禁兴奋起来。

然后我听说了隐性语义分析（latent semantic analysis，LSA）。这似乎只是描述在大学里学过的线性代数运算的一种奇特的方法。只要记录下所有一起出现的词，就可以使用线性代数将这些词按照"主题"分组。LSA 可以将整个句子甚至是一篇很长的文档的含义压缩成一个向量。而且，在搜索引擎中使用 LSA 时，它似乎具有一种不可思议的能力，那就是即使大家想不起来文档中包含的词，也能够返回正在寻找的文档。优秀的搜索引擎通常都能这样做！

然后，gensim 发布了一个基于 Python 实现的 Word2vec 词向量，能对单个词进行语义数学计算。事实证明，如果把文档分割成更小的块，这个神奇的神经网络数学就相当于原来的 LSA 技术。这让我大开眼界，给了我希望，让我感觉也许我能在这个领域有所贡献。多年来，我一直在思考分层语义向量——书是如何由章节、段落、句子、短语、词、字符组成的。Word2vec 的发明者 Tomas Mikolov 洞察到，可以从词和包含 10 个词的短语构成的两级层次结构上找出文本的主要语义。几十年来，NLP 的研究人员一直认为词具有组成成分，如"好"和情感强度。可以对这些情感评分、添加或删除成分，来组合多个词的含义。但是，Mikolov 已经想出了无须人工创建这些向量的方法，甚至不用定义什么是成分。这使 NLP 变得非常有趣！

大约在那个时候，Thunder 把我介绍给他的学生 Cole，后来有人把我介绍给 Hannes。于是我们 3 个人开始在 NLP 领域"分而治之"。我对构建一个听起来很智能的聊天机器人很感兴趣，Cole 和 Hannes 的灵感来自强大的神经网络黑匣子。不久，他们打开了黑匣子，向我描述了他们的发现。Cole 甚至用它来构建聊天机器人，以帮助我完成 NLP 之旅。

每次我们研究一些令人惊奇的新 NLP 方法时，这些方法似乎都是我能够理解和使用的，而且似乎每一种新技术一问世就有一个 Python 实现。我们需要的数据和预训练模型常常包含在这些 Python 包中。周日下午，在弗洛伊德的咖啡馆里，我、Hannes、Cole 和其他朋友们一起集思广益，或者玩围棋和中键游戏（middle button game）。我们快速取得了一些进展，开始为 Hack Oregon 的班级和团队做讲座。

在 2015 年和 2016 年，情况变得十分严重。随着微软公司的 Tay 和其他机器人开始失控，很明显，自然语言机器人正在影响社会。2016 年，我忙着测试一款机器人，它能通过收集推文来预测选举。与此同时，有关 Twitter 机器人对美国总统大选影响的新闻报道开始浮出水面。2015 年我了解到，一个系统可以利用自然语言文本的算法"判断"来预测经济趋势，并触发大额金融交易[3]。这些影响经济和改变社会的算法创建了一个放大器反馈回路。对这些算法来说，"适者生存"法则似乎更倾向于产生最多利润的算法，而这些利润往往是以牺牲民主的结构性基础为代价的。机器正在影响人类，而我们人类正在训练它们使用自然语言来增加它们的影响力。显然，这些机器是在善于思考的人类的控制之下，但当意识到这些人同时也受到机器人的影响时，你是不

---

[1] 详见标题为 "How to Write a Spelling Corrector" 的网页，作者 Peter Norvig。
[2] 如果大家感激这些可免费使用的自然语言书籍，那么也许也愿意参与争取延长版权的原始"使用"日期。
[3] 详见标题为 "Why Banjo Is the Most Important Social Media Company You've Never Heard Of" 的网页。

是开始觉得有些混乱了？这些机器人会导致反馈系统中的连锁反应而失控吗？整个连锁反应对人类的价值观和利益是否有利，也许与这些机器人的初始条件有着很大的关系。

然后 Manning 出版公司的 Brian Sawyer 打来电话，我立刻就知道了我想要写什么，想要帮助谁。NLP 算法和自然语言数据聚合的发展步伐不断加快，Cole、Hannes 和我正在奋力追赶。

政治和经济领域的非结构化自然语言数据使 NLP 成为竞选或者财务管理者工具箱中的关键工具。令人不安的是，有些文章由其他机器人撰写，而这些文章体现的情感驱动着机器人写的这些预言。这些机器人通常不知道彼此，但它们实际上是在互相交谈，并试图操纵对方，而对人类和整个社会的影响在后来才能显现出来。我们只是在这种影响下随波逐流而已。

这种机器人与机器人对话循环的一个例子是金融科技初创企业 Banjo 在 2015 年的崛起。通过监控 Twitter，Banjo 的 NLP 机器人可以在路透社或美国有线电视新闻网的第一位记者发表报道前 30 分钟至 1 小时预测出有新闻价值的事件，而它用来检测这些事件的许多推文几乎肯定会被其他多个机器人收藏和转发，目的是吸引 Banjo 的 NLP 机器人的"眼球"。被机器人收藏并被 Banjo 监控的这些推文并不仅仅是根据机器学习算法分析来进行策划、推广或计量，其中许多推文完全是由 NLP 引擎编写的。[①]

越来越多的娱乐、广告和财务报告内容在不需要人动一根手指的情况下就可以生成。NLP 机器人可以编写整个电影脚本[②]。视频游戏和虚拟世界经常会出现与我们对话的机器人，它们有时甚至会谈论机器人和人工智能本身。这种"戏中戏"将得到更多的关于电影的元数据，然后现实世界中的机器人会据此撰写评论以帮助大家决定看哪部电影。随着自然语言处理技术对自然语言风格的分析以及生成对应风格的文本，作者身份的判定将变得越来越难[③]。

NLP 还以一些不那么直接的其他方式影响着社会。NLP 支持高效的信息检索（搜索），对于我们消费的信息内容将是一个很好的过滤器或促进者。搜索是第一个商业上成功的 NLP 应用。搜索驱动的 NLP 算法的发展越来越快，进而改进了搜索技术本身。我们会向大家展示 Web 搜索背后的一些自然语言索引和预测技术，以帮助大家为这个增加集体智慧的良性技术循环做出贡献。我们还会展示如何将本书编入索引，让机器来负责记忆术语、事实和 Python 代码片段，这样大家就可以将大脑解放出来进行更高层次的思考。接下来大家还可以用自己构建的自然语言搜索工具来影响你和朋友的文化特征。

随着 NLP 技术的发展，信息流和计算能力也不断增强。我们现在只需在搜索栏中输入几个字符，就可以检索出完成任务所需的准确信息。搜索提供的前几个自动补全选项通常非常合适，以至于让我们感觉是有一个人在帮助我们进行搜索。当然，我们在编写本书的过程中使用了各种各样的搜索引擎。有些时候，这些搜索结果中也包括由机器人策划或撰写的社交帖子和文章，这反过来启发了后续页面中的许多 NLP 解释和应用程序。

---

① Twitter 在 2014 年的财务报告显示，有多于 8% 的推文是由机器人撰写的，DARPA 在 2015 年举办了一场竞赛，试图检测这些机器人，以减少它们对美国社会的影响。

② Five Thirty Eight。

③ NLP 已经成功用于分析 16 世纪莎士比亚等作家的风格。

到底是什么推动了 NLP 的发展？

- 是对不断扩大的非结构化 Web 数据有了新的认识吗？
- 是处理能力的提高跟上了研究人员的思路吗？
- 是用人类语言与机器互动的效率得到提升了吗？

实际上以上这些都是，其实还有更多。大家可以在任何一个搜索引擎[①]中输入这样一个问题"为什么现在自然语言处理如此重要？"，然后就能找到维基百科上给出各种好理由的文章[②]。

还有一些更深层次的原因，其中一个原因是对通用人工智能（AGI）或深层人工智能（Deep AI）的加速追求。人类的智慧可能只是体现在我们能够把思想整理成离散的概念，进行存储（记忆）和有效地分享。这使我们能够跨越时间和空间来扩展我们的智力，将我们的大脑连接起来形成集体智能。

Steven Pinker 在《思想本质》（*The Stuff of Thought*）中提出的一个观点是：我们实际上是用自然语言思考的。称其为"内心对话"不是没有原因的。Facebook、Google 和 Elon Musk 正押注于这样一个事实：文字将成为思维的默认通信协议。他们都投资了一些项目，试图把思想、脑电波和电信号转换成文字[③]。此外，沃尔夫假说认为语言会影响我们的思维方式[④]。自然语言无疑是文化和集体意识的传播媒介。

因此，如果我们想要在机器上模仿或模拟人类的思维，那么自然语言处理可能是至关重要的。此外，大家将在本书中学习词的数据结构及嵌套关系中可能隐藏着的有关智能的重要线索。大家将使用这些结构，而神经网络使无生命的系统能够以看起来像人类的方式消化、存储、检索和生成自然语言。

还有一个更重要的原因，为什么大家想要学习如何编写一个使用自然语言的系统？这是因为你也许可以拯救世界！希望大家已经关注了大佬们之间关于人工智能控制问题和开发"友好人工智能"的挑战的讨论[⑤]。Nick Bostrom、Calum Chace[⑥]、Elon Musk[⑦]和其他许多人都认为，人类的未来取决于我们开发友好机器的能力。在可预见的未来，自然语言将成为人类和机器之间的重要联系纽带。

即使我们能够直接通过机器进行"思考"，这些想法也很可能是由我们大脑中的自然词和语言塑造的。自然语言和机器语言之间的界限将会变得模糊，就像人与机器之间的界限将会消失一

---

① DuckDuckGo 查询 NLP。
② 参见维基百科词条 "Natural language processing"。
③ 参见《连线》杂志文章 "We are Entering the Era of the Brain Machine Interface"（我们正在进入脑机接口时代）。
④ 详见标题为 "Linguistic relativit"（语言相对论）的网页。
⑤ 参见维基百科词条 "AI Control Problem"。
⑥ Calum Chace，*Surviving AI*。
⑦ 详见标题为 "Why Elon Musk Spent $10 Million To Keep Artificial Intelligence Friendly"（为什么伊隆·马斯克花 1000 万美元来保持人工智能友好）的网页。

样。事实上,这条界线在 1984 年开始变得模糊,那年《赛博格宣言》[1]的发表使 George Orwell 的反乌托邦预言变得更加可能并易于接受[2][3]。

希望"帮助拯救世界"这句话没有让大家产生疑惑。随着本书的进展,我们将向读者展示如何构建和连接聊天机器人"大脑"。在这个过程中,读者会发现人类和机器之间的社交反馈回路上,微小的扰动都可能会对机器和人类产生深远的影响。就像一只蝴蝶在某个地方扇动翅膀一样,对聊天机器人的"自私属性"上一个微小的调整,可能会带来敌对聊天机器人冲突行为的混乱风暴[4]。大家还会注意到,一些善良无私的系统会迅速聚集一批忠实的支持者,来帮助平息由那些目光短浅的机器人造成的混乱。由于亲社会行为的网络效应,亲社会的协作型聊天机器人可以对世界产生巨大影响[5]。

这正是本书作者聚集在一起的原因。通过使用我们与生俱来的语言在互联网上进行开放、诚实、亲社会的交流,形成了一个支持社区。我们正在利用集体智慧来帮助建立和支持其他半智能的参与者(机器)[6]。我们希望我们的话语能在大家的脑海中留下深刻的印象,并像 meme 一样在聊天机器人的世界里广泛传播,用构建亲社会 NLP 系统的热情来感染其他人。我们希望,当超级智能最终出现时,这种亲社会的精神能对它有略微的推动作用。

---

[1] Haraway,*Cyborg Manifesto*。

[2] George Orwell 的《1984》的维基百科词条。

[3] 维基百科词条 "The Year 1984"。

[4] 聊天机器人的主要工具是模仿与它交谈的人。对话参与者可以使用这种影响对机器人产生亲社会和反社会行为的研究。参见 Tech Republic 的文章 "Why Microsoft's Tay AI Bot Went Wrong"(为什么是微软的 Tay AI 机器人出了问题)。

[5] 关于自动驾驶汽车可能对高峰时段交通造成影响的研究中,可以找到一个自动驾驶汽车"感染"人类的例子。在一些研究中,高速公路上,你周围的每十辆车中就有一辆车会帮助你调节行为,减少拥堵,并产生更通畅、更安全的交通流量。

[6] Toby Segaran 的 *Programming Collective Intelligence*(《集体智慧编程》)在 2010 年开启了我的机器学习之旅。

致谢

如果没有一个由才华横溢的开发人员、导师和朋友组成的支持网络，将这本书和软件组织在一起是不可能的。这些支持者来自一个充满活力的波特兰社区，这个社区得到了 PDX Python、Hack Oregon、Hack University、Civic U、PDX Data Science、Hopester、PyDX、PyLadies 和 Total Good 等组织支持。

Zachary Kent 设计、构建并维护了 openchat（PyCon Open Spaces Twitter bot），Riley Rustad 在本书和我们的技术不断取得进展的过程中为其数据模式打造了原型。Santi Adavani 使用斯坦福大学的 CoreNLP 库实现了命名实体识别，为 SVD 和 PCA 开发了教程，并支持我们访问他的 RocketML HPC 框架，该框架可以为视障人士训练实时视频描述模型。Eric Miller 分配了一些 Squishy Media 的资源来引导 Hobson 的 NLP 可视化技术。Erik Larson 和 Aleck Landgraf 慷慨地为 Hobson 和 Hannes 提供了在创业初期进行机器学习和 NLP 实验的空间。

Anna Ossowski 帮助设计了 PyCon Open Spaces 的 Twitter 机器人，并在早期学习阶段指导它来发布可靠的推文。Chick Wells 与其他人共同创建了 Total Good，为聊天机器人开发了一个聪明有趣的智商测试项目，并不断地用他的专业知识支持我们。像 Kyle Gorman 这样的 NLP 专家慷慨地与我们分享了他们的时间、NLP 专业知识、代码和宝贵的数据集。Catherine Nikolovski 分享了她在 Hack Oregon 和 Civic U 的社区和资源。Chris Gian 在本书的示例中贡献了他对 NLP 项目的想法，并勇敢接替了在 Civic U 机器学习课程中途退出的老师，你真是一个"天行者"！Rachel Kelly 为我们在资料开发的早期阶段提供了展示和支持。Thunder Shiviah 孜孜不倦的教学以及对机器学习和生活的无限热情给了我们源源不断的灵感。

Hopester 的 Molly Murphy 和 Natasha Pettit 激发了我们开发亲社会聊天机器人的理念。Jeremy Robin 和 Talentpair 团队提供了宝贵的软件工程反馈，并帮助将本书中提到的一些概念变为现实。Dan Fellin 的 PyCon 2016 教程以及 Twitter 上的 Hack University 课程，帮助我们开启了 NLP 的冒险之旅。Aira 的 Alex Rosengarten、Enrico Casini、Rigoberto Macedo、Charlina Hung 和 Ashwin Kanan 使用高效、可靠、可维护的对话引擎和微服务实现了本书中聊天机器人的移动化。谢谢 Ella 和 Wesley Minton，你们在学习编写第一个 Python 程序的同时，将我们那些疯狂的聊天机器人的想法付诸实践，你们是我们的"小白鼠"。Suman Kanuganti 和 Maria MacMullin 的愿景是建立更多的基础设施，使学生可以负担得起 Aira 的可视化解释器。感谢 Clayton Lewis 让我参与到他的认知协助研究中，尽管在科尔曼研究所的研讨会上我只能贡献仅有的热情和一些陈旧的代码。

在本书中讨论的一些工作由 Aira 科技公司获得的美国国家科学基金会（NSF）资助项目1722399 支持。任何观点、发现及推荐仅代表本书作者的看法，与此处提到的这些组织或个人无关。

最后，我们要感谢 Manning 出版社每一个人的辛勤工作，感谢 Arwen Griffioen 博士为本书作序，感谢 Davide Cadamuro 博士的技术评论，还要感谢所有的审稿人，他们的反馈和帮助改进了本书，极大增加了我们的集体智慧。他们是 Chung-Yao Chuang、Fradj Zayen、Geoff Barto、Jared Duncan、Mark Miller、Parthasarathy Man-dayam、Roger Meli、Shobha Iyer、Simona Russo、Srdjan Santic、Tommaso Teofili、Tony Mullen、Vladimir Kuptsov、William E. Wheeler 和 Yogesh Kulkarni。

Hobson Lane 致谢

永远感激我的父母让我对文字和数学充满了兴趣。我要感谢 Larissa Lane——我所认识的最勇敢的冒险家，感谢你帮助我实现了两个毕生的梦想：环游世界和写一本书。

感谢 Arzu Karaer，我永远感激你的恩典和耐心，感谢你帮我拾起破碎的心，重塑我对人性的信念，使本书充满正能量。

Cole Howard 致谢

我要感谢我的妻子 Dawn。她超人的耐心和理解是我的灵感的源泉。还有我的母亲，鼓励我不断地尝试和永远坚持学习。

Hannes Max Hapke 致谢

非常感谢我的合作伙伴 Whitney，她一直支持我的努力。谢谢你的建议和反馈。我还要感谢我的家人，尤其是我的父母，他们鼓励我到世界各地去探索冒险。没有他们，所有这些工作都不可能完成。1989 年 11 月的某个夜晚，如果没有这些勇敢的男男女女们改变世界的壮举，我所有的人生冒险都是不可能的。谢谢你们的勇敢。

关于本书

本书是处理和生成自然语言文本的实用指南。在本书中，我们为大家提供了构建后端 NLP 系统所需的所有工具和技术，以支持虚拟助手（聊天机器人）、垃圾邮件过滤器、论坛版主、情感分析器、知识库构建器、自然语言文本挖掘器或者其他任何可以想到的 NLP 应用程序。

本书面向中高级 Python 开发人员。对于已经能够设计和构建复杂系统的读者，本书的大部分内容依然会很有用，因为它提供了许多最佳实践示例，并深入讲解了最先进的 NLP 算法的功能。虽然面向对象的 Python 开发知识可以帮助大家构建更好的系统，但并不是使用本书中学到的知识所必需的。

对于一些特定的主题，我们提供了充足的背景资料，为想深入了解的读者提供了参考资料（包括文本和在线资料）。

路线图

如果你是 Python 和自然语言处理的新手，那么应该首先阅读第一部分，然后阅读第三部分中感兴趣或工作中遇到的实际有挑战性的章节。如果想快速了解深度学习支持的 NLP 功能，还需要按顺序阅读第二部分，这部分内容可以帮大家建立对神经网络的初步理解，并逐步提高神经网络的复杂性和能力。

只要发现有一章或章中的一节可以"在脑海中运行"，你就应该在机器上真正地运行它。如果任何示例看起来可以在文本文档上运行，就应该将该文本放入 nlpia/src/nlpia/data/ 目录中的 CSV 文件或文本文件中，然后使用 `nlpia.data.loader.get_data()` 函数来提取这些数据并运行相应的示例。

主要内容

第一部分的各章会讨论使用自然语言的逻辑，并将其转换为可以搜索和计算的数字。这种对词的"拦截和处理"在信息检索和情感分析等应用中会带来很好的效果。一旦掌握了基本知识，大家就会发现有一些非常简单的算法，通过循环反复计算，就可以解决一些重要的问题，如垃圾邮件过滤。大家将在第 2 章到第 4 章中学到的这种垃圾邮件过滤技术，正在将全球电子邮件系统从混乱和停滞中拯救出来。大家将学习如何使用 20 世纪 90 年代的技术来构建一个精确率超过90%的垃圾邮件过滤器——只需要通过计算词的数目并对这些数目计算一些简单的平均值即可。

这些文字上的数学运算听起来可能很乏味，但实际上却非常有趣。很快，大家就可以构建出能够对自然语言做出决策的算法，而且可能比你自己做出的更好、更快。这可能是大家人生中第一次以这样的视角来充分欣赏语言反映和赋予你思考的方式。词和思想的高维向量空间视图将让你的大脑进入不断自我发现的循环。

本书的第二部分将是学习的高潮。这部分的核心是探索神经网络中复杂的计算和通信网络。在一个具有"思维"的网络中，小型逻辑单元之间相互作用的网络效应使机器能够解决一些过去只有聪明的人类才能解决的问题，例如类比问题、文本摘要和自然语言翻译。

是的，大家还会学到词向量，别担心，不过确实还有很多。大家将掌握对词、文档和句子进行可视化，并将它们置于一个由相互关联的概念组成的云中，这些概念远远超出了大家可以轻松掌握的三维空间。大家会把文档和词想象成"龙与地下城"的角色表，里面有无数随机选择的特征和能力，它们随着时间的推移而进化和成长，当然这些只发生在我们的头脑中。

对词及其含义的理解将是第三部分"优雅的结合"的基础，在这里大家将学习如何构建能够像人类一样交谈和回答问题的机器。

关于代码

本书列出了许多源代码的示例，包含在编号的代码清单以及正文中。源代码都使用等宽的字体，以便与普通文本进行区分。有时，如果代码与之前相比有所变化，例如，添加了一些新特性，会通过加粗进行突出显示。

大多数时候，原始源代码已经做了重新格式化，我们添加了换行符和重新缩进，以适应本书的页面宽度，但在极少数情况下，这样还不够，所以我们会在代码清单中使用续行标记（➡）。此外，当在正文中描述代码时，通常会将源代码中的注释删掉。许多代码清单中都附加了代码注释，以强调一些重要概念。

本书所有代码清单中的源代码均可从出版社网站和本书的 GitHub 下载。

资源与支持

本书由异步社区出品，社区（https://www.epubit.com/）为您提供相关资源和后续服务。

配套资源

本书提供源代码和书中提及数据集的下载。要获得以上配套资源，请在异步社区本书页面中单击 `配套资源` ，跳转到下载界面，按提示进行操作即可。注意：为保证购书读者的权益，该操作会给出相关提示，要求输入提取码进行验证。

提交勘误

作者和编辑尽最大努力来确保书中内容的准确性，但难免会存在疏漏。欢迎您将发现的问题反馈给我们，帮助我们提升图书的质量。

当您发现错误时，请登录异步社区，按书名搜索，进入本书页面，单击"提交勘误"，输入勘误信息，单击"提交"按钮即可。本书的作者和编辑会对您提交的勘误进行审核，确认并接受后，您将获赠异步社区的 100 积分。积分可用于在异步社区兑换优惠券、样书或奖品。

扫码关注本书

扫描下方二维码，您将会在异步社区微信服务号中看到本书信息及相关的服务提示。

与我们联系

我们的联系邮箱是 contact@epubit.com.cn。

如果您对本书有任何疑问或建议，请您发邮件给我们，并请在邮件标题中注明本书书名，以便我们更高效地做出反馈。

如果您有兴趣出版图书、录制教学视频，或者参与图书翻译、技术审校等工作，可以发邮件给我们；有意出版图书的作者也可以到异步社区在线投稿（直接访问 www.epubit.com/selfpublish/submission 即可）。

如果您来自学校、培训机构或企业，想批量购买本书或异步社区出版的其他图书，也可以发邮件给我们。

如果您在网上发现有针对异步社区出品图书的各种形式的盗版行为，包括对图书全部或部分内容的非授权传播，请您将怀疑有侵权行为的链接发邮件给我们。您的这一举动是对作者权益的保护，也是我们持续为您提供有价值的内容的动力之源。

关于异步社区和异步图书

"异步社区"是人民邮电出版社旗下 IT 专业图书社区，致力于出版精品 IT 技术图书和相关学习产品，为作译者提供优质出版服务。异步社区创办于 2015 年 8 月，提供大量精品 IT 技术图书和电子书，以及高品质技术文章和视频课程。更多详情请访问异步社区官网 https://www.epubit.com。

"异步图书"是由异步社区编辑团队策划出版的精品 IT 专业图书的品牌，依托于人民邮电出版社近 30 年的计算机图书出版积累和专业编辑团队，相关图书在封面上印有异步图书的 LOGO。异步图书的出版领域包括软件开发、大数据、AI、测试、前端、网络技术等。

异步社区

微信服务号

关于作者

霍布森·莱恩（Hobson Lane）拥有 20 年构建自主系统的经验，这些系统能够代表人类做出重要决策。Hobson 在 Talentpair 训练机器完成简历的阅读和理解，以减少招聘者产生的偏见。在 Aira，他帮助构建了第一个聊天机器人，为视障人士描述视觉世界。他热衷于开放和亲社会的人工智能。他是 Keras、scikit-learn、PyBrain、PUGNLP 和 ChatterBot 等开源项目的积极贡献者。他目前正在从事完全公益的开放科学研究和教育项目，包括构建一个开放源码的认知助手。他在 AIAA、PyCon、PAIS 和 IEEE 上发表了多篇论文和演讲，并获得了机器人和自动化领域的多项专利。

科尔·霍华德（Cole Howard）是一位机器学习工程师、NLP 实践者和作家。他一生都在寻找模式，并在人工神经网络的世界里找到了自己真正的家。他开发了大型电子商务推荐引擎和面向超维机器智能系统（深度学习神经网络）的最先进的神经网络，这些系统在 Kaggle 竞赛中名列前茅。他曾在 Open Source Bridge 和 Hack University 大会上发表演讲，介绍卷积神经网络、循环神经网络及其在自然语言处理中的作用。

汉纳斯·马克斯·哈普克（Hannes Max Hapke）是从一位电气工程师转行成为机器学习工程师的。他在高中研究如何在微控制器上计算神经网络时，对神经网络产生了浓厚的兴趣。在大学后期，他应用神经网络的概念来有效地控制可再生能源发电厂。Hannes 喜欢自动化软件开发和机器学习流水线。他与合作者共同开发了面向招聘、能源和医疗应用的深度学习模型和机器学习流水线。Hannes 在包括 OSCON、Open Source Bridge 和 Hack University 在内的各种会议上发表演讲介绍机器学习。

关于封面插画

　　本书封面上插画的标题为"斯洛文尼亚克兰斯卡戈拉的妇女"（*Woman from Kranjska Gora, Slovenia*）。该插画来自克罗地亚斯普利特民族博物馆于 2008 年出版的 Balthasar Hacquet 的 *Images and Descriptions of Southwestern and Eastern Wends, Illyrians, and Slavs* 最新重印版本。Hacquet（1739—1815）是一名奥地利医生和科学家，他花费多年时间研究朱利安阿尔卑斯山的植物、地质和人种。Hacquet 发表的许多科学论文和书籍都附有手绘插画。

　　Hacquet 的作品中丰富多彩的绘画生动地描绘了 200 年前东部阿尔卑斯地区的独特性和个体性。在那个时代，相距几千米的两个村庄村民的衣着都迥然不同，当有社交活动或交易时，不同地区的人们很容易通过着装来辨别。从那之后，着装规范不断发生变化，不同地区的多样性也逐渐消失。现在即使是两个大陆的居民之间往往也很难区分了。今天居住在斯洛文尼亚阿尔卑斯山上风景如画的城镇和村庄里的居民，与斯洛文尼亚其他地区或欧洲其他地区的居民并无明显区别。

　　Manning 出版社利用两个世纪前的服装来设计书籍封面，以此来赞颂计算机产业所具有的创造性、主动性和趣味性。正如本书封面插画一样，这些图片也把我们带回到过去的生活中去。

目录

第一部分

处理文本的机器

第一部分会介绍一些来自真实世界的应用，从而开启大家的自然语言处理（Natural Language Processing，NLP）"冒险之旅"。

在第 1 章中，我们将很快开始思考一个问题：如何在自己的生活中使用机器来处理文字？希望大家能感受到机器的魔力——它具备从自然语言文档的词语中收集信息的能力。词语是所有语言的基础，无论是编程语言中的关键字还是孩提时代学到的自然语言词语都是如此。

在第 2 章中，我们将会提供一些可以教会机器从文档中提取词语的工具。这类工具比想象的要多得多，我们将展示其中所有的技巧。大家将学会如何将自然语言中的词语自动聚合成具有相似含义的词语集合，而不需要手工制作同义词表。

在第 3 章中，我们将对这些词语进行计数，并将它们组织成表示文档含义的向量。无论文档是 140 字的推文还是 500 页的小说，我们都可以使用这些向量来表示整篇文档的含义。

在第 4 章中，我们会学到一些久经考验的数学技巧，它们可以将前面的向量压缩为更有用的主题向量。

到第一部分结束时，读者将会掌握很多有趣的 NLP 应用（从语义搜索到聊天机器人）所需的工具。

第 1 章 NLP 概述

本章主要内容

■ 自然语言处理（NLP）的概念

■ NLP 的难点以及近年来才开始流行的原因

■ 词序和语法重要或可以忽略的时机

■ 如何利用多个 NLP 工具构建聊天机器人

■ 如何利用正则表达式初步构建一个微型聊天机器人

我们即将开启一段激动人心的自然语言处理（NLP）冒险之旅！首先，本章将介绍 NLP 的概念及其应用场景，从而启发大家的 NLP 思维，不论你是在工作还是在家，都能够帮助大家思考生活中的 NLP 使用之道。

然后，我们将深入探索细节，研究如何使用 Python 这样的编程语言来处理一小段英文文本，从而帮助大家逐步构建自己的 NLP 工具箱。在本章中，读者将会编写自己的第一个可以读写英语语句的程序，该 Python 代码片段将是学习"组装"英语对话引擎（聊天机器人）所需所有技巧的第一段代码。

1.1 自然语言与编程语言

和计算机编程语言不同，自然语言并不会被翻译成一组有限的数学运算集合。人类利用自然语言分享信息，而不会使用编程语言谈天说地或者指引去杂货店的路。用编程语言编写的计算机程序会清楚地告诉机器做什么，而对于像英语或者法语这样的自然语言，并没有所谓的编译器或解释器将它们翻译成机器指令。

定义 自然语言处理是计算机科学和人工智能（artificial intelligence，AI）的一个研究领域，它关注自然语言（如英语或汉语普通话）的处理。这种处理通常包括将自然语言转换成计算机能够用于理解这个世界的数据（数字）。同时，这种对世界的理解有时被用于生成能够体现这种理解的自然语言文本（即自然语言生成）[①]。

　　尽管如此，本章还是介绍机器如何能够对自然语言进行处理这一过程。我们甚至可以把该处理过程看成是自然语言的解释器，就如同 Python 的解释器一样。在开发计算机程序处理自然语言时，它能够在语句上触发动作甚至进行回复。但是这些动作和回复并没有精确定义，这让自然语言"流水线"的开发者拥有更多的灵活性。

定义　自然语言处理系统常常被称为"流水线"（pipeline），这是因为该系统往往包括多个处理环节，其中自然语言从"流水线"的一端输入，处理后的结果从另一端输出。

　　很快大家就有能力编写软件来做一些有趣的、出乎意料的事情，例如，可以让机器有点儿像人一样进行对话。这看起来可能有点儿像魔术，是的，所有的先进技术最初看起来都有点儿像魔术。但是，我们会拉开魔术背后的"帷幕"让大家一探究竟，这样大家很快就会知道自己变出这些魔术所需要的所有道具和工具。

　　　　一旦知道答案，一切都很简单。

　　　　　　　　　　　　　　　　　　　　　　　　——Dave Magee，佐治亚理工学院，1995

1.2　神奇的魔法

　　能够读写自然语言的机器有什么神奇之处呢？自从发明计算机以来，机器一直在处理语言。然而，这些"形式"语言（如早期语言 Ada、COBOL 和 Fortran）被设计成只有一种正确的解释（或编译）方式。目前，维基百科列出了 700 多种编程语言。相比之下，Ethnologue[②]已经确认的自然语言总数是当前世界各地人们所用的自然语言的 10 倍。谷歌的自然语言文档索引远超过 1亿吉字节[③]，而且这只是索引而已，当前在线的实际自然语言内容大小肯定超过 1000 亿吉字节[④]，同时这些文档并没有完全覆盖整个互联网。但是自然语言文本数量之庞大并不是使自然语言文本处理软件开发十分重要的唯一原因。

　　自然语言处理真的很难，能够处理某些自然事物的机器本身却不是自然的。这有儿点像使用建筑图来建造一个有用的建筑。当软件能够处理不是为了机器理解而设计的语言时，这看上去相当神奇，我们通常认为这是人类独有的一种能力。

　　"自然语言"与"自然世界"中"自然"一词的意义相同。世界上自然的、进化的事物不同于人类设计和制造的机械的、人工的东西。能够设计和构建软件来阅读和处理大家现在正在阅读的语言，该语言正是关于如何构建软件来处理自然语言的，这非常高级，也十分神奇。

---

① 通常认为，自然语言处理包括自然语言理解（Natural Language Understanding，NLU）和自然语言生成（Natural Language Generation，NLG）。——译者注
② *Ethnologue* 是一个 Web 出版物，它维护着一些有关自然语言的统计信息。
③ 详见标题为 "How Google's Site Crawlers Index Your Site - Google Search" 的网页。
④ 我们可以估计出实际自然语言文本的数量至少是谷歌索引的 1000 倍。

为了让后续处理更加容易，我们只关注一种自然语言——英语。当然，大家也可以使用从本书中学到的技术来处理任何语言，甚至对于这种语言大家完全不懂，或者它还没有被考古学家和语言学家破译。本书也将展示如何仅仅使用一种编程语言 Python，来编写程序以处理和生成自然语言文本。

Python 从一开始就被设计成一种可读的语言，也公开了很多其内部语言处理机制。上述两个特点使 Python 成为学习自然语言处理的一个很自然的选择。在企业级环境下为 NLP 算法构建可维护的生产流水线时，Python 也是一种很棒的语言，在单个代码库上有很多贡献者。甚至在某些可能的地方，Python 是代替数学和数学符号的"通用语言"。毕竟，Python 可以无歧义地描述数学算法[①]，设计它的目标就是针对你我这样的程序员，使其尽可能地具备可读性。

1.2.1 会交谈的机器

自然语言不能直接被翻译成一组精确的数学运算集合，但是它们确实包含可供提取的信息和指令。这些信息和指令可以被存储、索引、搜索或立即使用。使用方式之一可能是生成一段词语序列对某条语句进行回复。这属于后面将要构建的"对话引擎"或聊天机器人的功能。

下面我们只关注英文书面文本文档和消息，而非口语。这里绕过了从口语到文本的转换——语音识别，或语音转文本（即 STT）过程。同样，我们也略过语音生成或称文本转语音，即将文本转换回语音的过程。当然，由于存在很多语音转文本及文本转语音的免费库，大家仍然可以使用本书学到的内容来构建像 Siri 或 Alexa 一样的语音交互界面或虚拟助手。Android 和 iOS 移动操作系统也提供了高质量的语音识别和生成 API，并且有很多 Python 包也能在笔记本电脑或服务器上实现类似的功能。

语音识别系统

如果你想自己构建一个定制化的语音识别或生成系统，那么这项任务本身就需要一整本书来介绍。我们可以把这个作为练习留给读者。要完成这样的系统，需要大量高质量的标注数据，包括带有音标拼写注释的语音记录以及与音频文件对齐的自然语言转写文本。从本书中学到的一些算法可能会对建立这样的系统有所帮助，但大部分语音识别和生成算法和本书中的有很大区别。

1.2.2 NLP 中的数学

从自然语言中提取有用的信息可能会很困难，这需要乏味的统计记录，但这正是机器的作用所在。和许多其他技术问题一样，一旦知道答案，解决起来就容易多了。机器仍然无法像人类一样精确可靠地执行很多实际的 NLP 任务，如对话和阅读理解。因此，大家需要对从本书中学到的算法进行调整来更好地完成一些 NLP 任务。

然而，在执行一些令人惊讶的精细任务上，本书介绍的技术已经足够强大，根据它们构

---

① 数学符号是有歧义的，参见维基百科文章"Ambiguity"的"Mathematical notation"一节。

建的机器在精度和速度上都超过了人类。举例来说，大家可能猜不到的是，在对单条 Twitter 消息进行讽刺识别上，机器比人类更精确[①]。大家不要担心，由于人类有能力保留对话的上下文信息，因此仍然更善于识别连续对话中的幽默和讽刺。当然，机器也越来越善于保留上下文。如果大家想尝试超过当前最高水平的话，本书将帮助大家把上下文（元数据）融入 NLP 流水线中。

一旦从自然语言中提取出结构化的数值型数据——向量之后，就可以利用各种数学工具和机器学习工具。我们可以使用类似于将三维物体投影到二维计算机屏幕的线性代数方法，这些方法早在 NLP 自成体系之前就被计算机和绘图员所使用了。这些突破性的想法开启了一个"语义"分析的世界，即让计算机能够解释和存储语句的"含义"，而不仅仅是对其中的词或字符计数。语义分析和统计学一起可以有助于解决自然语言的歧义性，这里的歧义性是指词或短语通常具有多重含义或者解释。

因此，从自然语言文本中提取信息和构建编程语言的编译器完全不同（这一点对大家来说很幸运）。目前最有前景的技术绕过了正则语法（模式）或形式语言的严格规则。我们可以依赖词语之间的统计关系，而不是逻辑规则表述的深层系统[②]。想象一下，如果必须通过嵌套的 if...then 语句树来定义英语语法和拼写规则，大家能撰写足够多的规则来处理词、字母和标点符号一起组成句子的每一种可能方式吗？大家能捕捉语义，即英语语句的意义吗？虽然规则对某些类型的语句有用，但可以想象一下该软件是多么的有局限性和脆弱，一些事先不曾意料到的拼写或标点符号会破坏或扰乱基于规则的算法。

此外，自然语言还有一个更难解决的所谓"解码"挑战。用自然语言说话和写作的人都假定信息处理（听或者读）的对象是人而非机器。所以当人们说"早上好"时，肯定假想对方已经对"早上"的含义有所了解，即早上不仅包括中午、下午和晚上之前的那个时段，也包括午夜之后的那个时段。同时，大家需要知道，这些词既可以代表一天中的不同时间，根据一般经验，也可以代表一天中的一段时间。可以假定解码器知道"早上好"只是一个普通的问候语，而没有包含关于"早上"的任何信息，相反，它反映了说话者的精神状态以及与他人交谈的意愿。

这种关于人类如何处理语言的思维理论后来被证实是一个强有力的假设。如果我们假设人类的语言"处理器"拥有人类一生关于世界的常识，我们就能用很少的话表达很多信息。这种信息压缩率仍非机器的能力可及。在 NLP 流水线中也没有明确的"思维理论"可以参照。不过，我们将在后面的章节中介绍一些技术，这些技术可以帮助机器构建常识的本体与知识库，它们可以

[①] Gonzalo - Ibanez 等人发现，即使是受过教育和培训的人类评判员，也无法达到他们在 ACM 论文中报告的采用简单分类算法达到的 68% 的精确率。康奈尔大学 Matthew Cliché 开发的 Sarcasm Detector 和 Web 应用程序也达到了类似的精确率（>70%）。

[②] 一些语法规则可以通过计算机科学抽象中的有限状态机来实现。正则语法可以通过正则表达式来实现。Python 有两个包可以用于运行正则表达式有限状态机，一个是内嵌的 re，另一个是 regex，必须要额外安装，但是后者应该很快会代替前者。有限状态机就是一棵树，包括面向每个词条（字符/词/n 元）的 if...then...语句以及机器必须要回应或生成的行为动作。

用于理解依赖这些知识的自然语言语句。

1.3 实际应用

自然语言处理无处不在。它是如此普遍，以至于表 1-1 中的一些例子可能会出乎大家的意料。

表 1-1 各种类型的 NLP 应用

搜索	Web	文档	自动补全
编辑	拼写	语法	风格
对话	聊天机器人	助手	行程安排
写作	索引	用语索引	目录
电子邮件	垃圾邮件过滤	分类	优先级排序
文本挖掘	摘要	知识提取	医学诊断
法律	法律断案	先例搜索	传票分类
新闻	事件检测	真相核查	标题排字
归属	剽窃检测	文学取证	风格指导
情感分析	团队士气监控	产品评论分类	客户关怀
行为预测	金融	选举预测	营销
创作	电影脚本	诗歌	歌词

如果在索引网页或文档库时考虑了自然语言文本的含义，那么搜索引擎可以提供更有意义的结果。自动补全（autocomplete）功能使用 NLP 技术来完成所想语句的输入，这在搜索引擎和手机键盘中十分常见。许多文字处理器、浏览器插件和文本编辑器都有拼写校正、语法检查、索引生成等功能，特别是近年来，还出现了写作风格指导的功能。一些对话引擎（聊天机器人）使用自然语言搜索来为对话消息查找相应的回复。

在聊天机器人和虚拟助手中，生成（撰写）文本的 NLP 流水线不仅可以用来撰写简短的回复，还可以编写长得多的文本段落。美联社使用 NLP "机器人记者" 撰写完整的金融新闻和体育赛事等报道[①]。也许是因为人类气象学家使用了带有 NLP 功能的文字处理器来起草天气预报的脚本，机器人编写的天气预报听起来和家乡天气预报员的播报并没有什么两样。

早期电子邮件系统中的 NLP 垃圾邮件过滤器助力电子邮件，使其在 20 世纪 90 年代超越了电话和传真这两个传统通信渠道。在垃圾邮件过滤器和垃圾邮件制造者之间的这场 "猫鼠游戏"

---

① 2015 年 1 月 29 日发布于科技博客 The Verge 的一篇文章 "AP's 'robot journalists' are writing their own stories now"（美联社的机器人记者正在写自己的报道）。

中，前者保持了优势地位，但是在像社交网络这类场景下并非如此。据估计，有关 2016 年美国总统大选的推文中有 20%由聊天机器人自动撰写而成[①]。这些机器人放大了它们的所有者或开发者的观点，而这些"傀儡"的操纵者往往是政府或大公司，他们具备影响主流观点的资源和动机。

NLP 系统不仅可以产生简短的社交网络帖子，还可以用来在亚马逊和其他网站撰写很长的电影和产品评论。许多评论都是 NLP 流水线自动产生的，尽管它从未踏入过电影院或购买过它们正在评论的产品。

Slack、IRC 甚至客服网站上都有聊天机器人——在这些场景中聊天机器人必须处理带有歧义的指令或问题。配备语音识别和生成系统的聊天机器人甚至可以进行长篇的对话，这些对话可以不限定目标或者针对特定目标而进行，一个特定目标的例子就是在本地餐馆订餐[②]。NLP 系统可以帮一些公司进行电话回复，这些公司希望系统比层层进入的电话树更好用，并且不希望给帮助客户的客服人员付费。

> **注意**　谷歌 IO 大会上对 Duplex 系统的演示表明，工程师和经理们都忽视了教导聊天机器人欺骗人类这一道德问题。当人们在 Twitter 和其他匿名社交网络上愉快地与聊天机器人交流时，大家都忽略了这个难题，因为在这些社交网络上，机器人不会与我们分享它们的来历。随着机器人能够如此令人信服地欺骗我们，人工智能的控制问题[③]就迫在眉睫了，《人类简史》（*Homo Deus*）[④]中尤瓦尔·赫拉利（Yuval Harari）的警示性预测可能比我们想象的来得更早。

NLP 系统可以作为企业的电子邮件"接待员"或管理人员的行政助理，这些助理通过电子 Rolodex（一种名片簿的品牌）或者 CRM（客户关系管理系统）安排会议，记录概要细节，并代表他们的老板通过电子邮件与他人互动。公司将他们的品牌和形象交由 NLP 系统管理，允许机器人执行营销和消息发布活动。更有甚者，一些缺乏经验、胆大包天的 NLP 教科书作者竟然让机器人在他们的书中撰写若干语句。关于这一点我们稍后再详细讨论。

1.4　计算机"眼"中的语言

当键入"Good Morn'n Rosa"时，计算机只会看到"01000111 0110 1111 01101111…"的二进制串。如何编写聊天机器人程序来智能地响应这个二进制流呢？一棵嵌套的条件树（if...else...语句）是否可以检查这个流中的每一位并分别进行处理呢？这样做相当于编写了一类特定的称为有限状态机（finite state machine，FSM）的程序。运行时输出新的符号序列的 FSM（如 Python 中的 `str.translate` 函数）被称为有限状态转换机（finite state transducer，FST）。大家甚至可能在自己毫不知情的情况下已经建立了一个 FSM。大家写过正则表达式吗？它就是我们在下一节中

---

① 2016 年 10 月 18 日的《纽约时报》，2016 年 11 月的《MIT 科技评论》。
② 谷歌博客在 2018 年 5 月介绍了其 Duplex 系统。
③ 参见维基百科词条"AI control problem"。
④ 2017 年 3 月 10 日 WSJ 博客。

将要使用的一类 FSM，同时它也给出了一种可能的 NLP 方法，即基于模式的方法。

如果你决定在内存库（数据库）中精确搜索完全相同的位、字符或词串，并使用其他人过去针对该语句的某条回复，你会怎么做呢？此时设想一下如果语句中存在拼写错误或变体该怎么办？这种情况下我们的机器人就会出问题。并且，位流不是连续的，也不具备容错性，它们要么匹配，要么不匹配，没有一种显而易见的方法能基于两个位流的含义来计算它们之间的相似性。从位来看，"good"与"bad!"的相似度和"good"与"okay"的相似度差不多。

但是，在给出更好的方法之前，我们先看看这种方法的工作原理。下面我们将构造一个小的正则表达式来识别像"Good morning Rosa"这样的问候语，并做出合适的回复，我们将构建第一个微型聊天机器人！

1.4.1　锁的语言（正则表达式）

令人惊讶的是，不起眼的密码锁[1]实际上是一台简单的语言处理机。因此，如果你对机械感兴趣的话，那么本节可能会对你很有启发性。当然，如果你不需要机械的类比来帮助理解算法和正则表达式的工作原理的话，那么可以跳过这一节。

读完这部分后，你会对自己的自行车密码锁有新的看法。密码锁当然不能阅读和理解存放在学校储物柜里的课本，但它可以理解锁的语言。当试图"告诉"它一个"密码"组合时，它可以理解。挂锁密码是与锁语言的"语法"（模式）匹配的任何符号序列。更重要的是，挂锁可以判断锁"语句"是否匹配一条特别有意义的语句，该语句只有一条正确的"回复"：松开 U 形搭扣的扣环，这样就可以进入锁柜了。

这种锁语言（正则表达式）特别简单，但它又不那么简单，我们在聊天机器人中还不能使用它。我们倒是可以用它来识别关键短语或指令来解锁特定的动作或行为。

例如，我们希望聊天机器人能够识别诸如"Hello Rosa"之类的问候语，并做出合适的回复。这种语言就像锁语言一样，是一种形式语言，这是因为它对如何编写和解释一条可接受的语句有着严格的规定。如果大家写过数学公式或者编写过某种编程语言的表达式，那么就算已经写过某个形式语言的语句了。

形式语言是自然语言的子集。很多自然语言中的语句都可以用形式语言的语法（如正则表达式）来匹配或者生成。这就是这里转而介绍机械的"咔嗒——呼啦"（"click, whirr"）[2]锁语言的原因。

1.4.2　正则表达式

正则表达式使用了一类特殊的称为正则语法（regular grammar）[3]的形式语言语法。正则

---

① 密码锁是锁的一种，开启时用的是一系列的数字或符号。（摘自维基百科）——译者注
② Cialdini 在他的畅销书《影响力》（*Influence*）中提出了 6 条心理学原则。
③ 正则语法、上下文无关、有关语法中的语法也常常称为文法。——译者注

语法的行为可预测也可证明，而且足够灵活，可以支持市面上一些最复杂的对话引擎和聊天机器人。Amazon Alexa 和 Google Now 都是依赖正则语法的主要基于模式的对话引擎。深奥、复杂的正则语法规则通常可以用一行称为正则表达式的代码来表示。Python 中有一些成功的聊天机器人框架，如 Will，它们完全依赖这种语言来产生一些有用的和有趣的行为。Amazon Echo、Google Home 和类似的复杂而又有用的助手也都使用了这种语言，为大部分用户交互提供编码逻辑。

> **注意** 在 Python 和 Posix（Unix）应用程序（如 grep）中实现的正则表达式并不是真正的正则语法。它们具有一些语言和逻辑特性，如前向环视（look-ahead）和后向环视（look-back），这些特性可以实现逻辑和递归的跳跃，但是这在正则语法中是不允许的。因此，上述正则表达式无法保证一定可以停机（即在有限的时间内结束）：它们有时会"崩溃"，有时却会永远运行下去[①]。

大家可能会嘀咕："我听说过正则表达式，我使用 grep，但那只是用来搜索而已！"你确实是对的，正则表达式确实主要用于搜索和序列匹配。但是任何可以在文本中查找匹配的方法都非常适合用于对话。一些聊天机器人，如 Will，对于知道如何回复的语句，会使用搜索方式在用户语句中查找字符序列。然后，这些识别出的序列会触发一段事先准备好的回复，该回复满足这个特定正则表达式的匹配。同样的正则表达式也可以用来从语句中提取有用的信息。聊天机器人可以把这些信息添加到知识库中，而该知识库收集了有关用户或者用户所描述世界的知识。

处理这种语言的机器可以被看作是一个形式化的数学对象，称为有限状态机（FSM）或确定性有限自动机（deterministic finite antomation，DFA）。FSM 会在本书中反复出现，因此，不用深入研究 FSM 背后的理论和数学，我们最终都会对它的用途很有感觉。对于那些忍不住想进一步了解这些计算机科学工具的读者来说，图 1-1 显示了 FSM 在"嵌套"的自动机（bots）世界中所处的位置。下面的"形式语言的形式数学解释"部分给出了一些关于形式语言的更正式的细节。

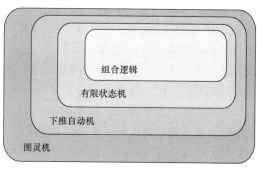

图 1-1　自动机的类型

形式语言的形式数学解释

凯尔·戈尔曼（Kyle Gorman）对编程语言是像下面这样描述的。

- 大多数（如果不是所有的）编程语言都来自上下文无关语言这一类。
- 上下文无关语言使用上下文无关语法进行高效的解析。
- 正则语言也可以有效地进行解析，并广泛用于字符串匹配的计算中。
- 字符串匹配应用程序基本不需要上下文无关的表达能力。

---

① 2016 年 7 月 20 日，由于某个正则表达式"崩溃"导致 Stack Exchange 宕机了 30 分钟。

■ 有许多类型的形式语言，下面给出了其中的一些（按复杂性从高到低排列）[a]:

♦ 递归可枚举的；

♦ 上下文有关的；

♦ 上下文无关的；

♦ 正则。

而对自然语言是像下面这样描述的。

■ 不是正则的。[b]

■ 不是上下文无关的。[c]

■ 用任何形式语法都无法定义。[d]

---

a 参考标题为 "Chomsky hierarchy – Wikipedia" 的网页。

b 参考 Shuly Wintner 的文章 "English is not a regular language"。

c 参考 Shuly Wintner 的文章 "Is English context-free?"。

d 参考标题为 "1.11. Formal and Natural Languages — How to Think like a Computer Scientist: Interactive Edition" 的网页。

1.4.3 一个简单的聊天机器人

下面我们快速粗略地构建一个聊天机器人。这个机器人能力不是很强，但是仍然需要大量对英语这门语言的思考。我们还必须手工编写正则表达式，以匹配人们可能的说话方式。但是，大家如果觉得自己无法编写出这段 Python 代码的话，也不要担心。大家不需要像本示例一样考虑人们说话的所有不同方式，甚至不需要编写正则表达式来构建一个出色的聊天机器人。我们将在后面的章节中介绍如何在不硬编码任何内容的情况下构建自己的聊天机器人。现代聊天机器人可以通过阅读（处理）一堆英语文本来学习，后面的章节中会给出具体的做法。

这种基于模式匹配的聊天机器人是严格受控的聊天机器人的一个例子。在基于现代机器学习的聊天机器人技术发展之前，基于模式匹配的聊天机器人十分普遍。我们在这里介绍的模式匹配方法的一个变体被用于像亚马逊的 Alexa 一样的聊天机器人和其他虚拟助手中。

现在我们来构建一个 FSM，也就是一个可以 "说" 锁语言（正则语言）的正则表达式。我们可以通过编程来理解诸如 "01-02-03" 这样的锁语言语句。更好的一点是，我们希望它能理解诸如 "open sesame"（芝麻开门）或 "hello Rosa"（Rosa 你好）之类的问候语。亲社会聊天机器人的一个重要特点是能够回复别人的问候。在高中，老师经常因为学生在冲进教室上课时忽略这样的问候语而责备其不太礼貌。我们当然不希望我们这个亲切的聊天机器人也这样。

在机器通信协议中，我们定义了一个简单的握手协议，每条消息在两台机器之间来回传递之后，都有一个 ACK（确认）信号。但是，我们这里的机器将会和那些说 "Good morning, Rosa"（Rosa 早上好）之类的用户进行互动。我们不希望它像对话或 Web 浏览会话开始时同步调制解调器或 HTTP 连接而发出一串嘟嘟声、哔哔声或 ACK 消息，相反，我们在对话握手开始时使用正则表达式来识别几种不同的问候语：

Python 中有两个 "官方" 的正则表达式包，这里使用的是 re 包，因为它安装在所有版本的 Python 中。而 regex 包只在较新版本的 Python 中安装，我们将会在第 2 章看到，与 re 相比，regex 的功能要强大很多

'|' 表示 "OR"，'*' 表示前面的字符在出现 0 次或多次的情况下都可以匹配。因此，这里的正则表达式将匹配以 "hi" "hello" 或 "hey" 开头、后面跟着任意数量的空格字符再加上任意数量字母的问候语

```
>>> import re
>>> r = "(hi|hello|hey)[ ]*([a-z]*)"
>>> re.match(r, 'Hello Rosa', flags=re.IGNORECASE)
<_sre.SRE_Match object; span=(0, 10), match='Hello Rosa'>
>>> re.match(r, "hi ho, hi ho, it's off to work ...", flags=re.IGNORECASE)
<_sre.SRE_Match object; span=(0, 5), match='hi ho'>
>>> re.match(r, "hey, what's up", flags=re.IGNORECASE)
<_sre.SRE_Match object; span=(0, 3), match='hey'>
```

为使正则表达式更简单，通常忽略文本字符的大小写

在正则表达式中，我们可以使用方括号指定某个字符类，还可以使用短横线（-）来表示字符的范围而不需要逐个输入。因此，正则表达式"[a-z]"将匹配任何单个小写字母，即 "a" 到 "z"。字符类后面的星号（'*'）表示可以匹配任意数量的属于该字符类的连续字符。

下面我们把正则表达式写得更细致一些，以匹配更多的问候语：

可以编译正则表达式，这样就不必在每次使用它们时指定选项（或标志）

```
>>> r = r"[^a-z]*([y]o|[h']?ello|ok|hey|(good[ ])?(morn[gin']{0,3}|"\
...     r"afternoon|even[gin']{0,3}))[\s,;:]{1,3}([a-z]{1,20})"
>>> re_greeting = re.compile(r, flags=re.IGNORECASE)
>>> re_greeting.match('Hello Rosa')
<_sre.SRE_Match object; span=(0, 10), match='Hello Rosa'>
>>> re_greeting.match('Hello Rosa').groups()
('Hello', None, None, 'Rosa')
>>> re_greeting.match("Good morning Rosa")
<_sre.SRE_Match object; span=(0, 17), match="Good morning Rosa">
>>> re_greeting.match('Good Manning Rosa')
>>> re_greeting.match('Good evening Rosa Parks').groups()
('Good evening', 'Good ', 'evening', 'Rosa')
>>> re_greeting.match("Good Morn'n Rosa")
<_sre.SRE_Match object; span=(0, 16), match="Good Morn'n Rosa">
>>> re_greeting.match("yo Rosa")
<_sre.SRE_Match object; span=(0, 7), match='yo Rosa'>
```

注意，这个正则表达式无法识别（匹配）录入错误

这里的聊天机器人可以将问候语的不同部分分成不同的组，但是它不会知道 Rosa 是一个著名的姓，因为这里没有一个模式来匹配名后面的任何字符

提示 引号前的 "r" 指定的是一个原始字符串，而不是正则表达式。使用 Python 原始字符串，可以将反斜杠直接传递给正则表达式编译器，无须在所有特殊的正则表达式字符前面加双反斜杠（"\\"），这些特殊字符包括空格（"\\ "）和花括号或称车把符（"\\{ \\}"）等。

上面的第一行代码（即正则表达式）中包含了很多逻辑，它完成了令人惊讶的一系列问

候语, 但它忽略了那个 "Manning" 的录入错误, 这是 NLP 很难的原因之一。在机器学习和医学诊断中, 这被称为假阴性 (false negative) 分类错误。不幸的是, 它也会与人类不太可能说的话相匹配, 即出现了假阳性 (false positive) 错误, 这同样也是一件糟糕的事情。假阳性和假阴性错误的同时存在意味着我们的正则表达式既过于宽松又过于严格。这些错误可能会使机器人听起来有点儿迟钝和机械化, 我们必须做更多的努力来改进匹配的短语, 使机器人表现得更像人类。

并且, 这项枯燥的工作也不太可能成功捕捉到人们使用的所有俚语和可能的拼写错误。幸运的是, 手工编写正则表达式并不是训练聊天机器人的唯一方法。请继续关注后面的内容 (本书的其余部分)。因此, 我们只需在对聊天机器人的行为进行精确控制 (如在向手机语音助手发出命令) 时才使用正则表达式。

下面我们继续, 通过添加一个输出生成器最终得到一个只用一种技巧 (正则表达式) 的聊天机器人。添加输出生成器的原因是它总需要说些什么。下面我们使用 Python 的字符串格式化工具构建聊天机器人回复的模板:

```
>>> my_names = set(['rosa', 'rose', 'chatty', 'chatbot', 'bot',
...     'chatterbot'])
>>> curt_names = set(['hal', 'you', 'u'])
>>> greeter_name = ''
>>> match = re_greeting.match(input())
...
>>> if match:
...     at_name = match.groups()[-1]
...     if at_name in curt_names:
...         print("Good one.")
...     elif at_name.lower() in my_names:
...         print("Hi {}, How are you?".format(greeter_name))
```

◁— 我们还不知道机器人的聊天对象是谁, 这里我们也不担心这一点

所以, 如果你运行这一小段脚本, 用 "Hello Rosa" 这样的短语和机器人聊天, 她会回答 "How are you"。如果用一个略显粗鲁的名字来称呼聊天机器人的话, 她回复就会不太积极, 但也不会过于激动, 而是试图鼓励用户用更礼貌的语言来交谈。如果你指名道姓地说出可能正在监听某条共线电话或某个论坛上的对话的人名, 该机器人就会保持安静, 并允许你和任何要找的人聊天。显然这里并没有其他人在监视我们的 input() 行, 但是如果这是一个更大聊天机器人中的函数的话, 那么就需要处理这类事情。

受计算资源所限, 早期的 NLP 研究人员不得不使用人类大脑的计算能力来设计和手动调整复杂的逻辑规则来从自然语言字符串中提取信息。这称为基于模式 (pattern) 的 NLP 方法。这些模式就像正则表达式那样, 可以不仅仅是字符序列模式。NLP 还经常涉及词序列、词性或其他高级的模式。核心的 NLP 构建模块 (如词干还原工具和分词器) 以及复杂的端到端 NLP 对话引擎 (聊天机器人) (如 ELIZA) 都是通过这种方式, 即基于正则表达式和模式匹配来构建的。基于模式匹配 NLP 方法的艺术技巧在于, 使用优雅的模式来获得想要的内容, 而不需要太多的正则表达式代码行。

经典心智计算理论　这种经典的 NLP 模式匹配方法是建立在心智计算理论（computional theory of mind，CTM）的基础上的。CTM 假设类人 NLP 可以通过一系列处理的有限逻辑规则集来完成。在世纪之交，神经科学和 NLP 的进步导致了心智"连接主义"理论的发展，该理论允许并行流水线同时处理自然语言，就像在人工神经网络中所做的那样。

在第 2 章中，我们将学习更多基于模式的方法，例如，用于词干还原的 Porter 工具和用于分词的 Treebank 分词器。但是在后面的章节中，我们会利用现代计算资源以及更大的数据集，来简化这种费力的手工编码和调优。

如果大家新接触正则表达式，想了解更多，那么可以查看附录 B 或 Python 正则表达式的在线文档。但现在还不需要去理解它们，我们将利用正则表达式构建 NLP 流水线，并提供相关示例。因此，大家不要担心它们看起来像是胡言乱语。人类的大脑非常善于从一组例子中进行归纳总结，我相信在本书的最后这一切都会变得清晰起来。事实证明，机器也可以通过这种方式学习。

1.4.4　另一种方法

有没有一种统计或机器学习方法可以替代上面基于模式的方法？如果有足够的数据，我们能否做一些不一样的事情？如果我们有一个巨大的数据库，该数据库由数千甚至上百万人类的对话数据构成，这些数据包括用户所说的语句和回复，那又会怎么样呢？构建聊天机器人的一种方法是，在数据库中搜索与用户对聊天机器人刚刚"说过"的话完全相同的字符串。难道我们就不能用其他人过去说过的话作为回复吗？

但是想象一下，如果语句中出现一个书写错误或变异，会给机器人带来多大的麻烦。位和字符序列都是离散的。它们要么匹配，要么不匹配。然而，我们希望机器人能够度量字符序列之间的意义差异。

当使用字符序列匹配来度量自然语言短语之间的距离时，我们经常会出错。具有相似含义的短语，如 good 和 okay，通常有不同的字符序列，当我们通过清点逐个字符的匹配总数来计算距离时，它们会得到较大的距离。而对于具有完全不同含义的序列，如 bad 和 bar，当我们使用数值序列间的距离计算方法来度量它们的距离时，可能会得到过于接近的结果。像杰卡德距离（Jaccard distance）、莱文斯坦距离（Levenshtein distance）和欧几里得距离（Euclidean distance）这样的计算方法有时可以为结果添加足够的"模糊性"，以防止聊天机器人犯微小的拼写错误。但是，当两个字符串不相似时，这些度量方法无法捕捉它们之间关系的本质。它们有时也会把拼写上存在小差异的词紧密联系在一起，而这些小差异可能并不是真正的拼写错误，如 bad 和 bar。

为数值序列和向量设计的距离度量方法对一些 NLP 应用程序来说非常有用，如拼写校正器和专有名词识别程序。所以，当这些距离度量方法有意义时，我们使用这些方法。但是，针对那些我们对自然语言的含义比对拼写更感兴趣的 NLP 应用程序来说，有更好的方法。对于这些 NLP 应用程序，我们使用自然语言词和文本的向量表示以及这些向量的一些距离度量方法。下面，我们一方面讨论这些不同的向量表示以及它们的应用，另一方面我们将逐一向读者介绍每种方法。

我们不会在这个令人困惑的二进制逻辑世界里待太久，但是可以想象一下，我们是第二次世界大战时期著名的密码破译员玛维斯·贝特（Mavis Batey），我们在布莱切利公园（Bletchley Park）刚刚收到了从两名德国军官之间的通信中截获的二进制莫尔斯码（Morse code）消息。它可能是赢得战争的关键。那么我们从哪里开始呢？我们分析的第一步是对这些位流做一些统计，看看是否能找到规律。我们可以首先使用莫尔斯码表（或者在我们的例子中使用 ASCII 表）为每组位分配字母。然后，如果字符看上去胡言乱语也不奇怪，因为它们是提交给二战中的计算机或译码机的字符。我们可以开始计数、在字典中查找短序列，这部字典收集了所有我们以前见过的词，每次查到序列就在字典中的该条目旁边做一个标记。我们还可以在其他记录本中做一个标记来标明词出现在哪条消息中，并为以前读过的所有文档创建百科全书式的索引。这个文档集合称为语料库（corpus），索引中列出的词或序列的集合称为词库（lexicon）。

如果我们足够幸运，没有生活在战争年代，所看到的消息没有经过严格加密，那么我们将在上述德语词计数中看到与用于交流类似消息的英语词计数相同的模式。不像密码学家试图破译截获的德语莫尔斯码，我们知道这些符号的含义是一致的，不会随着每次键点击而改变以迷惑我们。这种枯燥的字符和词计数正是计算机无须思考就能做的事情。令人惊讶的是，这几乎足以让机器看起来能理解我们的语言。它甚至可以对这些统计向量进行数学运算，这些向量与我们人类对这些短语和词的理解相吻合。当我们在后面的章节中介绍如何使用 Word2vec 来教机器学习我们的语言时，它可能看起来很神奇，但事实并非如此，这只是数学和计算而已。

但是我们想一下，刚才在努力统计收到消息中的词信息时，我们到底丢失了哪些信息？我们将词装箱并将它们存储为位向量，就像硬币或词条分拣机一样，后者将不同种类的词条定向到一边或另一边，形成一个级联决策，将它们堆积在底部的箱子中。我们的分拣机必须考虑数十万种（即使不是数百万种的话）可能的词条"面额"，每种面额对应说话人或作家可能使用的一个词。我们将每个短语、句子或文档输入词条分拣机，其底部都会出来一个向量，向量的每个槽中都有词的计数值。其中的大多数计数值都为零，即使对于冗长的大型文档也是如此。但是目前为止我们还没有丢失任何词，那么我们到底丢失了什么？大家能否理解以这种方式呈现出的文档？也就是说，把语言中每个词的计数值呈现出来，而不把它们按照任何序列或顺序排列。我对此表示怀疑。当然，如果只是一个简短的句子或推文，那么可能在大多数情况下我们都能把它们重新排列成其原始或期望的顺序和意义。

下面给出的是在 NLP 流水线中如何在分词器（见第 2 章）之后加入词条分拣机的过程。这里的词条分拣机草图中包含了一个停用词过滤器和一个罕见词过滤器。字符串从顶部流入，词袋向量从底部词条栈中词条的高低堆叠中创建。

事实证明，机器可以很好地处理这种词袋，通过这种方式能够收集即便是中等长度的文档的大部分信息内容。在词条排序和计数之后，每篇文档都可以表示为一个向量，即该文档中每个词或词条的整数序列。图 1-2 中给出了一个粗略的示例，后面在第 2 章会给出词袋向量的一些更有用的数据结构。

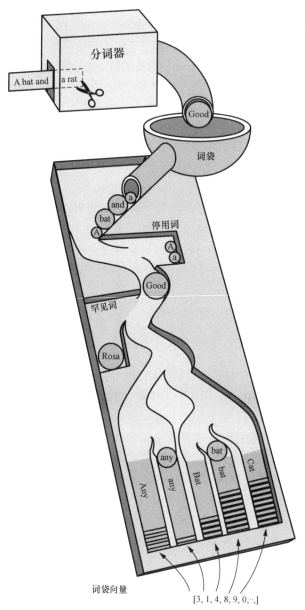

图 1-2   词条分拣托盘

　　这是我们给出的语言的第一个向量空间模型。这些栈和它们包含的每个词的数目被表示成一个长向量，该向量包含了许多 0、一些 1 或 2，这些数字散落在词所属栈出现的位置。这些词的所有组合方式构成的向量称为向量空间。该空间中向量之间的关系构成了我们的模型，这个模型试图预测这些词出现在各种不同的词序列（通常是句子或文档）集合中的组合。在 Python 中，我们可以将这些稀疏的（大部分元素都为空）向量（数值列表）表示为字典。Python 中的 Counter 是一种特殊的字典，它存储对象（包括字符串），并按我们想要的方式为对象计数：

```
>>> from collections import Counter

>>> Counter("Guten Morgen Rosa".split())
Counter({'Guten': 1, 'Rosa': 1, 'morgen': 1})
>>> Counter("Good morning, Rosa!".split())
Counter({'Good': 1, 'Rosa!': 1, 'morning,': 1})
```

大家可能会想到一些分拣这些词条的方法，我们会在第 2 章中实现这一点。大家也可能会想，这些稀疏高维向量（许多栈，每个可能的词对应一个栈）对语言处理不是很有用。但是对于一些引起行业变革的工具，如我们将在第 3 章中讨论的垃圾短信过滤器，它们已经足够好用了。

可以想象，我们把能找到的所有文档、语句、句子甚至单个词，一个一个地输到这台机器。我们会在每个语句处理完之后，对底部每个槽中的词条计数，我们称之为该语句的向量表示。机器以这种方式产生的所有可能的向量称为向量空间。这种表示文档、语句和词的模型称为向量空间模型。它允许我们使用线性代数来对这些向量进行运算，计算距离和自然语言语句的统计信息，这些信息有助于我们用更少的人工编码来解决更广泛的问题，同时也使得 NLP 流水线更加强大。

一个关于词袋向量序列的统计学问题是，在特定的词袋下最可能出现的词组合是什么？或者，更进一步，如果用户输入一个词序列，那么数据库中最接近用户提供的词袋向量的词袋是什么？这其实是一个搜索查询。输入词是用户可能在搜索框中键入的词，最接近的词袋向量对应于要查找的目标文档或网页。高效回答上述两个问题的能力足以构建一个机器学习聊天机器人，随着我们给它提供的数据越来越多，它也会变得越来越好。

但是等一下，也许这些向量不像大家以前用过的任何向量。它们的维度非常高。从一个大型语料库中得到的 3-gram 词汇表可能有数百万个维度。在第 3 章中，我们将讨论"维数灾难"和高维向量难以处理的其他一些性质。

1.5 超空间简述

在第 3 章中，我们将介绍如何将词合并到更小的向量维数中，以缓解维数灾难问题，并可能为我所用。当将这些向量相互投影以确定向量对之间的距离时，这将是对它们语义相似性而不是统计性词用法的合理估计。这个向量距离度量方法称为余弦距离，我们会在第 3 章中讨论这一距离，然后在第 4 章中展示它在降维后的主题向量上的真正威力。我们甚至可以将这些向量投影到二维平面上（更准确的说法是嵌入），以便在图表中对它们进行观察，看看我们的大脑是否能从中找到某些模式。然后，我们可以教计算机识别这些模式，并以反映产生这些向量的词的隐性含义的方式对其进行处理。

想象一下人类可能会写的所有推文、消息或句子。尽管我们确实会不断重复自己写过的东西，但仍然有太多的可能性。当这些词条分别被视为单独的、不同的维度时，我们并不知道"Good morning, Hobs"与"Guten Morgen, Hannes"其实具有相同的含义。我们需要为消息创建一些降维的向量空间模型，这样就可以用一组连续（浮点）值来标记它们。我们可以根据主题和情感等特点对消息和文字进行评级。这样，我们就可以问下面这样的问题：

- 这条消息有多大可能成为一个被提问的问题？
- 这条消息有多大可能是和人有关的？
- 这条消息有多大可能是关于我自己的？
- 这条消息听起来愤怒或高兴的程度有多高？
- 这个问题是否需要我做出回复？

想想我们能赋予语句的所有评级，我们可以把这些评级按顺序排列，然后为每条语句计算评级，从而为每条语句生成一个向量。我们能为一组语句给出的评级列表或维度应该比可能的语句数量小得多。对于上述所有的问题，意义相同的语句应该有相似的分值。

这些评级向量变成了机器可以编程进行回复的对象。我们可以通过对语句聚类（聚集）进一步简化和泛化向量，使它们在某些维度上接近，而在其他维度上不接近。

但是，计算机应该如何为这些向量的每一个维度赋值呢？我们把向量维度的问题简化成"它包含 good 这个词吗？""它包含 morning 这个词吗？"等问题。我们可以看到，这里可以提出 100 万个左右的问题，这就是计算机可以分配给一个短语的数值范围。这是第一个实际的向量空间模型，称为位向量语言模型，或者说是独热编码向量的求和结果。我们可以看到，为什么计算机现在变得越来越强大，足以理解自然语言。人类简单生成的数百万个百万维向量，在 20 世纪 80 年代的超级计算机上根本无法计算，但在 21 世纪的普通笔记本电脑上计算则没有任何问题。不仅仅是原始硬件的功率和容量导致 NLP 越来越实用，增长的常数内存、线性代数算法是机器破解自然语言编码的最后一块"拼图"。

还有一个更简单但更大的表示法可以用于聊天机器人。如果我们的向量维度完全描述了字符的精确序列会怎样？它会包含下面这些问题的答案，如"第一个字母是 A 吗？是 B 吗？……""第二个字母是 A 吗？"等。这个向量的优点是，它保留了原始文本中包含的所有信息，包括字符和词的顺序。想象一下，一架钢琴一次只能演奏一个音符，它可以演奏 52 个或更多的音符。自然语言机械钢琴的音符是 26 个大写字母、26 个小写字母再加上钢琴必须知道如何演奏的任何标点符号。钢琴纸卷不会比真正的钢琴宽很多，而且一些长钢琴曲中的音符数量不会超过一个小文档中的字符数量。但是，这种独热字符序列编码表示法主要用于精确记录和重放原始片段，而非编写新内容或提取一件作品的精髓。在这种表示法下，我们不太容易将某一首歌的钢琴纸卷与另一首歌的相比。这个表示比文档的原始 ASCII 编码表示还要长。为了保留每个字符序列的信息，文档表示的可能数量会爆炸。这里，我们虽然保留了字符和词的顺序，但是扩展了 NLP 问题的维度。

在上述基于字符的向量空间中，这些文档表示不能很好地通过聚类聚在一起。俄罗斯数学家弗拉基米尔·莱文斯坦（Vladimir Levenshtein）提出了一个非常聪明的方法，可以快速地找到这个空间下序列（字符串）之间的相似性。只使用这种简单的、机械的语言视图，莱文斯坦算法就能使创建一些超级有趣和有用的聊天机器人成为可能。但是，当我们想到如何将这些高维空间压缩/嵌入到具有模糊含义的较低维空间得到所谓的主题向量时，真正神奇的事情发生了。在第 4 章中，当我们讨论隐性语义索引和潜在狄利克雷分配时，我们将看到隐藏在魔术师幕布后的东西，这两种技术可以创建更密集、更有意义的语句和文档的向量表示。

1.6　词序和语法

词的顺序很重要。那些在词序列（如句子）中控制词序的规则被称为语言的语法（grammar，也称文法）。这是之前的词袋或词向量例子中所丢弃的信息。幸运的是，在大多数简短的短语甚至许多完整的句子中，上述词向量近似方法都可以奏效。如果只是想对一个短句的一般意义和情感进行编码的话，那么词序并不十分重要。看一下 "Good morning Rosa" 这个例子中的所有词序结果：

```
>>> from itertools import permutations

>>> [" ".join(combo) for combo in\
...     permutations("Good morning Rosa!".split(), 3)]
['Good morning Rosa!',
 'Good Rosa! morning',
 'morning Good Rosa!',
 'morning Rosa! Good',
 'Rosa! Good morning',
 'Rosa! morning Good']
```

现在，如果试图孤立地解释这些字符串中的每一个（不看其他字符串），那么可能会得出结论，即这些字符串可能都有相似的意图或含义。我们甚至可能注意到 Good 这个词的大写形式，并把它放在脑海中短语的最前面。但是我们也可能认为 Good Rosa 是某种专有名词，如餐馆或花店的名字。尽管如此，一个聪明的聊天机器人或者布莱切利公园 20 世纪 40 年代的聪明女士可能会用同样无伤大雅的问候语来回应这 6 种情况中的任何一种："Good morning my dear General."[①]

我们（在脑海中）再用一个更长、更复杂的短语来尝试一下，这是一条逻辑语句，其中词的顺序非常重要：

```
>>> s = """Find textbooks with titles containing 'NLP',
...     or 'natural' and 'language', or
...     'computational' and 'linguistics'."""
>>> len(set(s.split()))
12
>>> import numpy as np
>>> np.arange(1, 12 + 1).prod()  # factorial(12) = arange(1, 13).prod()
479001600
```

词排列的数量从简单的问候语 factorial(3) == 6 激增到更长的语句 factorial(12) == 479001600！很明显，词序所包含的逻辑对任何希望正确回复的机器而言都很重要。尽管普通

---

① 这个和英国二战密码破译的公园有关。——译者注

的问候语通常不会因为词袋处理而造成混淆，但如果把更复杂的语句放入词袋中，就会丢失大部分意思。就像前面示例中的自然语言查询一样，词袋并不是处理数据库查询的最佳方式。

无论语句是用形式化的编程语言（如 SQL）编写的，还是用非形式化的自然语言（如英语）编写的，当语句要表达事物之间的逻辑关系时，词序和语法都非常重要。这就是计算机语言依赖严格的语法和句法规则分析器的原因。幸运的是，自然语言句法树分析器取得了一些最新进展，使得从自然语言中提取出语法和逻辑关系变得可能，并且可以达到显著的精确率（超过 90%）[1]。在后面的章节中，我们将介绍如何使用 SyntaxNet（Parsey McParseface）和 SpaCy 这样的包来识别这些关系。

就像上面有关布莱切利公园问候语的例子一样，即使一条语句的逻辑解释并不依赖词序，有时关注词序也可以得到一些十分微妙的相关意义的暗示，这些意义可以辅助更深层次的回复。有关这些更深层的自然语言处理环节将在下一节讨论。此外，第 2 章会介绍一种技巧，它能够将一些由词序表达的信息融合到词向量表示当中。同时，第 2 章还会介绍如何改进前面例子中使用的分词器（str.split()），以便更准确地将词向量中的词放到更合适的槽内。这样，"good" 和 "Good" 这样的词会放到同一个栈里，而 "rosa" 和 "Rosa"（不是 "Rosa!"）这样的词条将会分配到不同的栈。

1.7　聊天机器人的自然语言流水线

构建对话引擎或聊天机器人所需的 NLP 流水线与 Ingersol、Morton 和 Farris 所写的《驾驭文本》（*Taming Text*）一书中描述的问答系统类似。然而，在 5 个子系统中列出的一些算法可能对读者来说是全新的。我们帮助大家在 Python 中实现这些算法，以完成大多数应用程序（包括聊天机器人）所必需的各种 NLP 任务。

聊天机器人需要 4 个处理阶段和一个数据库来维护过去语句和回复的记录。这 4 个处理阶段中的每个阶段都可以包含一个或多个并行或串行工作的处理算法（如图 1-3 所示）。

（1）解析：从自然语言文本中提取特征、结构化数值数据。

（2）分析：通过对文本的情感、语法合法度及语义打分，生成和组合特征。

（3）生成：使用模板、搜索或语言模型生成可能的回复。

（4）执行：根据对话历史和目标，规划相应语句，并选择下一条回复。

上述 4 个阶段中的每个阶段都可以使用框图中相应框中列出的一个或多个算法来实现。我们将介绍如何使用 Python 为这些处理步骤中的每一个步骤实现近乎最高效的性能。另外，我们还会介绍这 5 个子系统的几种其他实现方法。

大多数聊天机器人将包含这 5 个子系统（4 个处理阶段加上数据库）的所有元素。但是很多应用程序针对其中多个步骤只需要简单的算法。有些聊天机器人更擅长回答事实型问题，而其他

---

[1] 有关多个语法分析器精度的一个对比（Spacy 达到 93%，SyntaxNet 达到 94%，斯坦福大学的 CoreNLP 达到 90%，还有其他一些分析器）可以参考 Spacy 官方文档。

一些则更擅长做出冗长、复杂、令人信服的像人一样的回复。上述提到的每一种能力都需要不同的方法，我们会介绍同时实现这两种能力的技术。

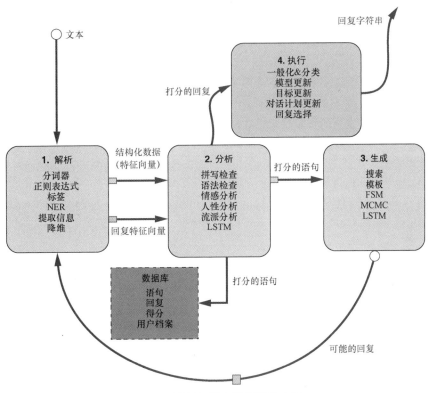

图 1-3 聊天机器人的循环流水线

此外，深度学习和数据驱动编程（机器学习或概率语言建模）使 NLP 和聊天机器人的应用迅速多样化。这种数据驱动的方法通过为 NLP 流水线提供越来越多的期望得以应用的领域中的数据使其更加复杂。当一种新的机器学习方法被发现能够更好地利用这些数据进行更有效的模型泛化或正则化时，那么就有可能实现能力的巨大飞跃。

图 1-3 所示的聊天机器人 NLP 流水线包含了本章一开始描述的大多数 NLP 应用程序的所有构建模块。与《驾驭文本》一书一样，我们将流水线划分为 4 个主要的子系统或阶段。此外，我们还显式地调用了一个数据库来记录每个阶段所需的数据，并随着时间的推移保存这些阶段的配置和训练集。这可以在聊天机器人与外界进行交互时对每个阶段进行批量或在线再训练。我们还在生成的文本回复上给出了一个反馈循环，以便使用与处理用户语句相同的算法来处理我们的回复。然后，根据聊天机器人的对话规划或目标，将回复的得分或特征融合到一个目标函数中，以评估和选择可能的最佳回复。本书主要关注在聊天机器人上配置这个 NLP 流水线，但是大家也可以看到类似于文本检索或搜索的 NLP 问题，而搜索可能是最常见的 NLP 应用。很明显，这

里的聊天机器人流水线也适用于《驾驭文本》这本书所关注的重点应用——问答系统。

上述流水线在金融预测或商业分析方面的应用可能不那么明显，但是想象一下流水线分析部分生成的特征。这些从分析或特征生成中得到的特征可以针对具体的金融或商业预测任务进行优化。通过这种方式，就可以将自然语言数据输入到机器学习流水线中进行预测。尽管专注于构建聊天机器人，但本书也为大家提供了从搜索到金融预测等广泛的 NLP 应用程序所需的工具。

在图 1-3 中有一个处理要素通常不会用于搜索、预测或问答系统，这就是自然语言生成。而对聊天机器人来说，这是它的核心特征。尽管如此，文本生成步骤经常被合并到搜索引擎 NLP 应用程序中，这可以为这样的引擎带来巨大的竞争优势。对许多流行的搜索引擎（DuckDuckGo、Bing 和 Google）来说，整合或概括搜索结果的能力是一项制胜特征。可以想象，如果一个金融预测引擎能够根据它从社交媒体网络和新闻源中的自然语言流中检测到的金融业务活动生成语句、推文或整篇文章，那该多么有价值！

下一节将展示如何组合这样一个系统的各层，以便在 NLP 流水线的每个阶段创建更复杂的功能。

1.8　深度处理

自然语言处理流水线的各个阶段可以看作是层，就像前馈神经网络中的层一样。深度学习就是通过在传统的两层机器学习模型架构（特征提取+建模）中添加额外的处理层来创建更复杂的模型和行为。在第 5 章中，我们将解释神经网络如何通过将模型错误从输出层反向传播回输入层，从而帮助完成跨层传播学习的过程。但是，这里我们讨论的是那些顶层以及通过独立训练（各层的训练独立）所能达到的结果。

图 1-4 中的前四层对应于上一节聊天机器人流水线中的前两个阶段（特征提取和特征分析）。例如，词性标注（POS 标注）是在聊天机器人流水线的分析阶段生成特征的一种方法。POS 标签由默认的 SpaCY 流水线自动生成，该流水线包括图 1-4 中所有的前四层。POS 标注通常使用有限状态转换机来完成，就像 nltk.tag 包中的方法一样。

底部的两层（实体关系和知识库）用于构成包含特定领域信息（知识）的数据库。使用所有这 6 层从特定语句或文档中提取的信息可以与该数据库结合使用进行推理。这里的推理结果是从环境中检测到的一组条件中进行的逻辑推理，就像聊天机器人语句中包含的逻辑一样。图中较深层的这种推理机被认为属于人工智能的领域，机器可以对它们的世界进行推理，并使用这些推理结论做出逻辑决策。然而，聊天机器人只使用上面几层的算法，可以在没有上述知识库的情况下做出合理的决策。这些决策组合起来可能会产生令人惊讶的类人行为。

在接下来的几章，我们将深入到 NLP 的最上面几层。最上面的 3 层是进行有意义的情感分析和语义搜索，以及构建仿人聊天机器人所需要的全部内容。事实上，只使用一层，直接使用文本（字符序列）作为语言模型的特性，就可以构建一个有用且有趣的聊天机器人。如果给出足够的示例语句和回复，只进行字符串匹配和搜索的聊天机器人就能够参与到合理的令人信服的对话中。

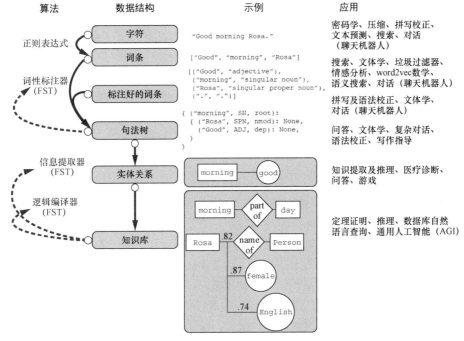

图 1-4　NLP 流水线中的示例层

　　例如，开源项目 ChatterBot 大大简化了上述流水线，它只计算输入语句和记录在数据库中的语句之间的字符串"编辑距离"（莱文斯坦距离）。如果其语句-回复对数据库中包含匹配的语句，则可以通过复用对应的回复（来自预先"学习"过的人工或机器对话框）作为最新语句的回复。对于该流水线，所需要的只是聊天机器人流水线的步骤 3（生成）。在这个阶段，只需要一个暴力搜索算法就可以找到最佳回复。通过这种简单的技术（不需要分词或特征生成），ChatterBot 作为 Salvius 的对话引擎可以维护令人信服的对话过程，而 Salvius 是由冈瑟·考克斯（Gunther Cox）用回收部件构建的机械机器人。

　　Will 是由 Steven Skoczen 开发的一个开源的 Python 聊天机器人框架，它采用了完全不同的方法[1]。Will 只能通过训练对正则表达式语句作出回复。这是"重人力轻数据"的一种 NLP 方法。这种基于语法的方法对于问答系统和任务执行助理机器人（如 Lex、Siri 和 Google Now）尤其有效。这些系统通过使用"模糊正则表达式"[2]和其他技术来寻找近似的语法匹配，从而克服

---

① 参考 Will 的 GitHub 网页，Will 是 Steven Skoczen 和 HipChat 社区为 HipChat 开发的一款聊天机器人。2018 年 Will 被集成到 Slack 中。
② Python 的 regex 包与 re 保持后向兼容，它加入了模糊性这一特征。将来 regex 会取代 re。类似地，TRE agrep 或者近似 grep 是 UNIX 命令行应用程序 grep 的一个替代命令。

了精确正则表达式的脆弱性。模糊正则表达式不做精确匹配，而是无视插入、删除和替换的最大错误数目，在可能的语法规则（正则表达式）列表中寻找最接近的语法匹配结果。然而，要对基于语法的聊天机器人行为的广度和复杂性进行扩展，需要大量的人力开发工作。即使是由地球上一些最大的公司（谷歌、亚马逊、苹果、微软）所构建和维护的最先进的基于语法的聊天机器人，聊天机器人智商的深度和广度方面仍处于中游水平。

浅层 NLP 能够完成许多强大的任务，而且，几乎不需要（有的话也会极少）人工监督（对文本进行标注或整理）。通常，机器可以持续不断地从它所处的环境（它可以从 Twitter 或其他来源获取的词流）中学习[1]。我们将在第 6 章介绍如何做到这一点。

1.9   自然语言智商

就像人类的智能一样，如果不考虑多个智能维度，单凭一个智商分数是无法轻易衡量 NLP 流水线的能力的。衡量机器人系统能力的一种常见方法是，根据系统行为的复杂性和所需的人类监督程度这两个维度来衡量。但是对自然语言处理流水线而言，其目标是建立一个完全自动化的自然语言处理系统，会消除所有的人工监督（一旦模型被训练和部署）。因此，一对更好的 IQ 维度应该能捕捉到自然语言流水线复杂性的广度和深度。

像 Alexa 或 Allo 这样的消费产品聊天机器人或者虚拟助手，通常设计为具有极其广泛的知识和功能。然而，用于响应请求的逻辑往往比较浅显，通常由一组触发短语组成，这些短语都使用单个 if-then 决策分支来生成相同的回复。Alexa（以及底层的 Lex 引擎）的行为类似于一个单层的、扁平的（if、elif、elif……）语句树[2]。谷歌的 Dialogflow 是独立于谷歌的 Allo 和谷歌智能助理（Google Assistant）开发出的产品，具有与亚马逊的 Lex、Contact Flow 和 Lambda 类似的功能，但是没有用于设计对话树的拖放用户界面。

另一方面，谷歌翻译（Google Translate）流水线（或任何类似的机器翻译系统）依赖一个由特征提取器、决策树和知识图谱组成的深层树结构，其中知识图谱连接着世界知识。有时，这些特征提取器、决策树和知识图谱被显式地编程到系统中，如图 1-4 所示。另一种快速超越这种手工编码流水线的方法是基于深度学习的数据驱动方法。深度神经网络的特征提取器是自动学习而不是硬编码的，但它们通常需要更多的训练数据才能达到与精心设计的算法相同的性能。

下面我们逐步为聊天机器人建立 NLP 流水线以便能够在某个知识领域和用户交谈，这期间我们将使用上面提到的这两种方法（神经网络和手工编码算法）。该实战过程将为大家提供所需的技能，以完成大家在各自的工业或商业领域的自然语言处理任务。在此过程中，大家可能会了解如何扩展 NLP 流水线以拓宽任务范围。图 1-5 将聊天机器人置于现存的自然语言处理系统中。想象一下与我们交互的聊天机器人，大家认为它们在图中应该处于什么位置？大家有没有试过用

---

[1] 简单的神经网络常常用于从字符和词序列中无监督地提取特征。

[2] 将 Lambda 加入 AWS Contact Flow 对话树，就能获得更复杂的逻辑和行为。参考 "Creating Call Center Bot with AWS Connect"。

难题或类似 IQ 测试的方法来测试它们的智商①？在后面的章节中，大家将有机会确切地做到这一点，以帮助大家确定自己开发的聊天机器人与图中其他机器人的异同。

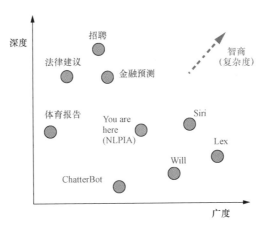

图 1-5 一些 NLP 系统的二维智商展示

随着阅读的不断深入，我们将构建聊天机器人的各个组成元素。聊天机器人需要所有的 NLP 工具才能很好地工作：

■ 特征提取（通常产生一个向量空间模型）；

■ 通过信息提取回答事实型问题；

■ 通过语义搜索从自然语言文本或对话的历史记录中学习；

■ 通过自然语言生成来构成有意义的新语句。

机器学习给了我们一种方式，让机器表现得就像我们花了一辈子时间用数以百计的复杂正则表达式或算法在它身上一样。只需要提供用户语句以及期望聊天机器人模拟的回复的示例，我们就可以教会机器对类似于正则表达式中定义的模式进行回复。而由机器学习产生的语言"模型"，即有限状态机则好得多，它们对拼写和录入错误不那么敏感。

此外，基于机器学习的 NLP 流水线更容易用编程实现。我们不需要预测语言符号的每一种可能用法，而只需要给训练流水线提供匹配和不匹配的短语样本。只要在训练过程中给它们贴上标签，聊天机器人就知道哪些是正样本，哪些是负样本，它就会学会对正负样本进行区分。甚至还有一些机器学习方法，几乎不需要"标记"数据。

我们已经给了读者一些学习 NLP 的令人兴奋的理由。大家想拯救世界，是吗？我们试图通过一些实际的 NLP 应用程序来引起大家的兴趣，这些应用正在改变我们的沟通、学习、交易甚至思考的方式。不久之后，我们就可以构建一个类似于人类会话行为的系统。大家应该能够在接下来的章节中看到，如何用感兴趣的领域知识来训练聊天机器人或 NLP 流水线，这些领域从金融、

---

① Byron Reese 建议的一个好问题是 "What's larger? The sun or a nickel?"。本书 GitHub 上有更多问题供大家起步时参考（src/nlpia/data/iq_test.csv）。

体育到心理学和文学。如果能找到关于某一领域的语料库，那么就能训练机器去理解这个领域。

　　本书接下来的其余各章将介绍机器学习在 NLP 中的应用，通过机器学习可以避免我们预测自然语言所有的表述方式。每一章都对本章介绍的聊天机器人的基本 NLP 流水线进行逐步改进。在学习 NLP 工具的过程中，我们将构建 NLP 流水线，它不仅可以用于对话，还可以帮助我们实现商业和生活中的目标。

1.10　小结

- 好的 NLP 可以帮助拯救世界。
- 词的意义和意图可以被机器破译。
- 一个智能的 NLP 流水线将能够处理歧义。
- 我们可以教机器常识，而不是花一辈子的时间来训练它们。
- 聊天机器人可以看成是一种语义搜索引擎。
- 正则表达式不仅仅用于搜索。

第 2 章 构建自己的 词汇表——分词

本章主要内容

- 将文本切分成词或 *n*-gram（词条）
- 处理非标准的标点符号和表情符号（如社交媒体帖子上的表情符号）
- 利用词干还原和词形归并方法压缩词汇表
- 构建语句的向量表示
- 基于手工标注的词条得分构建情感分析工具

到目前为止，大家是否已经准备好用自然语言处理的能力拯救世界了呢？如果是的话，那么第一件事是需要一个强大的词汇表。本章将帮助大家将文档或任何字符串拆分为离散的有意义的词条。这里说的词条仅限于词、标点符号和数值，但是这里使用的技术可以很容易推广到字符序列包含的任何其他有意义的单元，如 ASCII 表情符号、Unicode 表情符号和数学符号等。

从文档中检索词条需要一些字符串处理方法，这些方法不仅仅限于第 1 章使用的 str.split()。处理时需要把标点符号（如语句前后的引号）与词分开，还需要将 "we'll" 这样的缩写词还原成原始词。一旦从文档中确定好要加入词汇表中的词条之后，需要使用正则表达式工具来将意义相似的词合并在一起，这个过程称为词干还原（stemming）。然后，大家就可以将文档表示成词袋向量，我们可以尝试一下看看这些向量是否能够提高第 1 章末尾提到的问候语识别器的能力。

考虑一下一个词或词条对大家到底意味着什么。它到底表示单个概念？还是一些模糊概念的混杂体？大家是否能够确信自己总能认识每个词？自然语言的词是否像编程语言中的关键字一样具有精确的定义和一套语法使用规则？大家能否编写出能够识别词的软件？对大家来说，"ice cream" 到底是一个词还是两个词？它在大家的头脑当中难道不是有两个词 ice 和 cream，并且这两个词与复合词 "ice cream" 完全独立吗？对于缩写 "don't" 又该如何处理？这个字符串到底应该拆分成单个意义单元还是两个意义单元？

另外，词可以再分成更细粒度的意义单元。词本身可以分为更小的有意义部分。诸如 "re" "pre" 和 "ing" 之类的音节、前缀和后缀都有其内在含义。词的各组成部分还可以进一步分成更细粒度的意义单元。字母或语义图符（grapheme）也承载着情感和意义[①]。

我们将在后面的章节中讨论基于字符的向量空间模型。但现在我们先试着解决词是什么以及如何将文本切分成词这两个问题。

那么对于隐藏或者隐含的词如何处理呢？如果给出单个词的命令"Don't !"，大家能想出它所暗示的更多的词吗？如果大家能强迫自己先像一台机器一样思考然后回到人类的思考方式，那么可能会意识到在上述命令中还隐含其他 3 个词。单个语句"Don't !"的意思是"Don't you do that!"或者"You, do not do that!"。我们期望机器能够知道在总共 5 个词条中隐含的 3 个意义单元。不过，读者现在暂时不要担心隐含词的问题，本章所需要的只是一个分词器，它能够识别出已拼写出来的词语。第 4 章及以后大家将会担心隐含词、内涵甚至含义本身[②]。

本章将给出将输入串切分成词的直接算法，同时我们还可以提取出连续 2 个、3 个、4 个甚至 5 个词条组成的词对、三元组、四元组和五元组。这些语言单位称为 n-gram（n 元）。连续两个词称为 2-gram（bigram），连续 3 个词称为 3-gram（trigram），连续 4 个词称为 4-gram，其余以此类推。利用 n-gram 可以让机器不仅认识"ice"和"cream"，也认识它们构成的 2-gram "ice cream"。另一个可能需要放在一起的 2-gram 是"Mr. Smith"。无论是最终的词条还是文档的向量表示都应该同时为"Mr. Smith"以及"Mr."和"Smith"保留位置。

到现在为止，所有的 2-gram（和其他较短的 n-gram）都将放到最后的词汇表当中。但是在第 3 章大家将会学到如何利用词的文档频率（即出现该词的文档数目）来估计它们的重要性。利用这种方法可以过滤掉那些罕见的词对或三元组。大家会发现我们给出的方法并不完美。在任何机器学习流水线中，特征提取很少能够完全保留输入数据的所有信息内容。这也是 NLP 艺术的一部分：当需要调整分词器以便从具体应用的文本中提取更多或不一样的信息时，要进行学习。

在自然语言处理中，从文本中产生其数值向量实际是一个特别"有损"的特征提取过程。尽管如此，词袋（bag-of-words，BOW）向量从文本中保留了足够的信息内容来产生有用和有趣的机器学习模型。本章末尾情感分析器中所用的技术也就是 Gmail 所采用的技术，这些技术让我们逃离垃圾邮件组成的"海洋"，这些垃圾邮件几乎让电子邮件系统毫无用处。

2.1　挑战（词干还原预览）

为了说明特征提取困难的原因，我们先考虑一个词干还原的例子。所谓词干还原，指的是将某个词的不同屈折变化形式统统"打包"到同一个"桶"或者类别中。一些聪明人在职业生涯中仅基于词的拼写开发了对词的不同变形"打包"的算法。大家可以想象一下词干还原的大致难度。假定

[①] 词素（morpheme）是词的组成部分，其本身包含意义。Geoffrey Hinton 及其他深度学习学者的工作表明，即使字母这种书面文本的最小单位也可以认为它们自己是有内在含义的。

[②] 如果你想了解更多关于词的精确真实定义的信息，可以参考 Jerome Packard 的 *The Morphologyof Chinese* 一书的前言部分，在那里作者详细讨论了词的含义。在 20 世纪从英语语法翻译到汉语之前，汉语中根本不存在"词"这个概念。

要将 "ending" 中的动词后缀 "ing" 去掉，那么就需要有个称为 "end" 的词干来表示上面两个词。同样，我们将词 "running" 还原成 "run"，于是这两个词可以同等对待。当然，上述处理过程实际上有些棘手，因为 "running" 中要去掉的不仅仅是 "ing" 还有一个额外的字母 "n"。还有，对于 "sing" 来说，我们期望不要去掉后面的 "ing" 而保留整个词，否则，最后就会得到单个字母 "s"。

或者，大家再设想一下如何区分名词复数后面加的 "s"（如 words）和词本身（如 bus 和 lens）后面就有的 "s"。词当中一个个独立的字母或者词的一部分是否为整个词的意义提供了信息？这些字母是否可能产生误导？这两个问题的答案都是 yes。

本章将利用传统的词干还原方法来处理上述词拼写的挑战问题，从而使所构造的 NLP 流水线稍微聪明一点儿。后面的第 5 章会介绍统计聚类方法，这些方法仅仅需要我们积累一些包含我们感兴趣的词的大量自然语言文本。从这些文本中，有关词用法的统计信息将会给出 "语义词干"（实际上，是一些更有用的词聚类结果，如词元或者同义词），此时并不需要任何人工设定的正则表达式或者词干还原规则进行处理。

2.2　利用分词器构建词汇表

在 NLP 中，分词（tokenization，也称切词）是一种特殊的文档切分（segmentation）过程。而文档切分能够将文本拆分成更小的文本块或片段，其中含有更集中的信息内容。文档切分可以是将文档分成段落，将段落分成句子，将句子分成短语，或将短语分成词条（通常是词）和标点符号。本章主要关注将文本分割成词条的过程，这个过程称为分词。

如果大家之前上过一门有关编译器工作原理的计算机科学课程，那么可能听说过分词器。用于编译计算机语言的分词器通常称为扫描器（scanner）或者词法分析器（lexer）。某种计算机语言的词汇表（所有有效的记号合）构成所谓的词库（lexicon），该术语仍然用于当前的 NLP 学术文献中。如果分词器合并到计算机语言编译器的分析器（parser）中，则该分析器常常称为无扫描器分析器（scannerless parser）。而记号（token）则是用于分析计算机语言的上下文无关语法（context-free grammar，CFG）的最终输出结果，由于它们终结了 CFG 中从根节点到叶子节点的一条路径，因此它们也称为终结符（terminal）。在第 11 章中，当我们使用 CFG 和正则表达式这两种形式语法从自然语言中匹配模式和提取信息时，会学到更多有关形式语法的知识。

对于 NLP 的基础构建模块，计算机语言编译器中存在一些与它们等同的模块：

- 分词器——扫描器，或称词法分析器；
- 词汇表——词库；
- 分析器——编译器；
- 词条、词项、词或 n-gram——标识符或终结符。

分词是 NLP 流水线的第一步，因此它对流水线的后续处理过程具有重要的影响。分词器将自然语言文本这种非结构化数据切分成多个信息块，每个块都可看成可计数的离散元素。这些元素在文档中的出现频率可以直接用于该文档的向量表示。上述过程立即将非结构化字符串（文本文档）转换成适合机器学习的数值型数据结构。元素的出现频率可以直接被计算机用于触发有用的行动或回复。或者，它们也可以以特征方式用于某个机器学习流水线来触发更复杂的决策或行为。通过这种方式构建的词袋向量最常应用于文档检索或者搜索任务中。

对句子进行切分的最简单方法就是利用字符串中的空白符来作为词的"边界"。在 Python 中，可以通过标准库方法 split 来实现这种操作，split 在所有的 str 对象实例中都可以调用，也可以在 str 内嵌类本身进行调用。代码清单 2-1 和图 2-1 给出了调用的示例。

代码清单 2-1 将 Monticello 句子切分成词条的代码示例

```
>>> sentence = """Thomas Jefferson began building Monticello at the
...     age of 26."""
>>> sentence.split()
['Thomas',
 'Jefferson',
 'began',
 'building',
 'Monticello',
 'at',
 'the',
 'age',
 'of',
 '26.']
>>> str.split(sentence)
['Thomas',
 'Jefferson',
 'began',
 'building',
 'Monticello',
 'at',
 'the',
 'age',
 'of',
 '26.']
```

Thomas | Jefferson | began | building | Monticello | at | the | age | of | 26.

图 2-1 分词后得到的短语

正如大家看到的那样，上述的 Python 内置方法已经对这个简单的句子进行了相当不错的分词处理，仅仅在最后那个词上出现一条"错误"，即将句尾的标点符号也归入词条当中而得到"26."。通常来说，我们都会期望句子中的某个词条和周围的标点符号及其他有意义的词条分开。上面得到的"26."是浮点数 26.0 的完美表示结果，但是这样的话，它和出现在语料库句子中的"26"及可能出现在问句句尾的"26?"就完全不是一回事了。一个优秀的分词器应该去掉上面词条中的额外的字符而得到"26"，它是词"26,""26!""26?""26."的等价类表示结果。此外，一个更为精确的分词器应该也将句尾的标点符号作为词条输出，这样句子切分工具或者边界检测工具才能确定句子的结束位置。

现在，我们先利用当前这个并不完美的分词器来进行分词处理，后面再处理标点符号和其他有挑战性的问题。再利用一点点 Python 技术，我们就能构建每个词的数值向量表示。这些向量称为独热向量（one-hot vector），很快我们就会知道这样称呼它们的原因。这些独热向量构成的序列能够以向量序列（数字构成的表格）的方式完美捕捉原始文本。上述处理过程解决了 NLP 的第一个问题，即将词转换成数字：

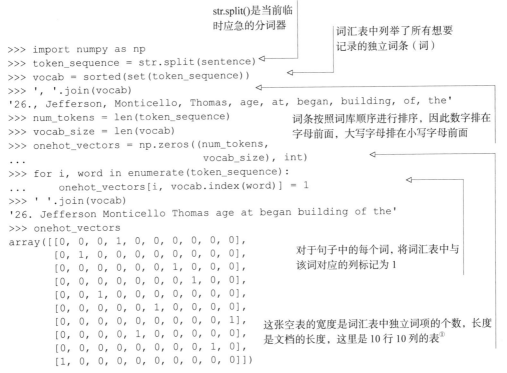

```
>>> import numpy as np
>>> token_sequence = str.split(sentence)
>>> vocab = sorted(set(token_sequence))
>>> ', '.join(vocab)
'26., Jefferson, Monticello, Thomas, age, at, began, building, of, the'
>>> num_tokens = len(token_sequence)
>>> vocab_size = len(vocab)
>>> onehot_vectors = np.zeros((num_tokens,
...                            vocab_size), int)
>>> for i, word in enumerate(token_sequence):
...     onehot_vectors[i, vocab.index(word)] = 1
>>> ' '.join(vocab)
'26. Jefferson Monticello Thomas age at began building of the'
>>> onehot_vectors
array([[0, 0, 0, 1, 0, 0, 0, 0, 0, 0],
       [0, 1, 0, 0, 0, 0, 0, 0, 0, 0],
       [0, 0, 0, 0, 0, 0, 1, 0, 0, 0],
       [0, 0, 0, 0, 0, 0, 0, 1, 0, 0],
       [0, 1, 0, 0, 0, 0, 0, 0, 0, 0],
       [0, 0, 0, 0, 1, 0, 0, 0, 0, 0],
       [0, 0, 0, 0, 0, 0, 0, 0, 0, 1],
       [0, 0, 0, 1, 0, 0, 0, 0, 0, 0],
       [0, 0, 0, 0, 0, 0, 0, 0, 1, 0],
       [1, 0, 0, 0, 0, 0, 0, 0, 0, 0]])
```

str.split()是当前临时应急的分词器

词汇表中列举了所有想要记录的独立词条（词）

词条按照词库顺序进行排序，因此数字排在字母前面，大写字母排在小写字母前面

对于句子中的每个词，将词汇表中与该词对应的列标记为1

这张空表的宽度是词汇表中独立词项的个数，长度是文档的长度，这里是 10 行 10 列的表[①]

如果大家对快速浏览上面的 1 和 0 有困难的话，那么有这种感觉的不止你一个人。Pandas DataFrame 可以使这些看起来更容易一些，信息量也更多一些。Pandas 会利用 `Series` 对象中的辅助功能对一维数组打包。此外，Pandas 对于表示数值型表格特别方便，如列表组成的列表（list）、二维 numpy 数组、二维 numpy 矩阵、数组组成的数组以及字典组成的字典等。

`DataFrame` 为每一列记录了其对应的标签，这样就可以将每一列对应的词条或词标在上面。为了加快查找过程，`DataFrame` 也可以利用 `DataFrame.index` 为每一行记录其对应的标签。当然，对大部分应用来说，行的标签只是连续的整数。在这个有关 Thomas Jefferson 的句子的独热词向量的示例中，我们目前暂时只使用默认的行标签整数。这个示例参见代码清单 2-2。

代码清单 2-2　Monticello 句子的独热向量序列

```
>>> import pandas as pd
>>> pd.DataFrame(onehot_vectors, columns=vocab)
```

---

① 即每一行对应当前位置上的词的向量，句子多长就有多少行，词汇表多大就有多少列。——译者注

	26.	Jefferson	Monticello	Thomas	age	at	began	building	of	the
0	0	0	0	1	0	0	0	0	0	0
1	0	1	0	0	0	0	0	0	0	0
2	0	0	0	0	0	0	1	0	0	0
3	0	0	0	0	0	0	0	1	0	0
4	0	0	1	0	0	0	0	0	0	0
5	0	0	0	0	0	1	0	0	0	0
6	0	0	0	0	0	0	0	0	0	1
7	0	0	0	0	1	0	0	0	0	0
8	0	0	0	0	0	0	0	0	1	0
9	1	0	0	0	0	0	0	0	0	0

独热向量看起来十分稀疏，每个行向量中只有一个非零值。因此，我们可以把所有的 0 替换成空格，这样可以使独热行向量表格看上去更美观一些。但是，不要在机器学习流水线中的 DataFrame 上进行这样的操作，因为这样做的话会在 numpy 数组中构建大量非数值型对象，从而导致数学计算上的混乱。当然，如果只是为了在显示上让独热向量序列像机械音乐盒上的圆筒或者自动演奏钢琴鼓的话，那么就可以采用代码清单 2-3 所示的这种便捷的数据展示方法。

代码清单 2-3　更优美的独热向量展示

```
>>> df = pd.DataFrame(onehot_vectors, columns=vocab)
>>> df[df == 0] = ''
>>> df
  26. Jefferson Monticello Thomas age at began building of the
0                                  1
1           1
2                                         1
3                                               1
4                      1
5                                     1
6                                                     1
7                              1
8                                                 1
9     1
```

在上述这个单句子文档的表示中，每行的向量都对应一个独立的词。该句子包含 10 个相互不同的词，没有任何重复。于是，上述表格包含 10 列（对应词汇表中的词）10 行（对应文档中的词）。每列中的数字"1"表示词汇表中的词出现在当前文档的当前位置。因此，如果想知道文档中的第 3 个词是什么，就可以定位在表格中的第 3 行（由于行从 0 开始编号，因此这里的第 3 行对应的编号为 2），从这行中找到数字"1"对应的列。在该列即第 7 列的头部，可以找到其向量表示对应的词为"began"的自然语言表示。

上述表格的每一行都是一个二值的行向量，这就是该向量称为独热向量的原因：这一行的元素除一个位置之外都是 0 或者空白，而只有该位置上是"热"的（为 1）。"1"意味着"打开"或者"热"，而 0 意味着"关闭"或者"缺失"。之后，我们就可以在 NLP 流水线中使用向量[0, 0, 0, 0, 0, 0, 1, 0, 0, 0]来表示词"began"。

上面的词向量表示及文档的表格化表示有一个优点，就是任何信息都没有丢失[①]。只要记录了哪一列代表哪个词，就可以基于整张表格中的独热向量重构出原始文档。即使分词器在生成我们认为有用的词条时只有 90%的精确率，上述重构过程的精确率也是 100%。因此，和上面一样的独热向量常常用于神经网络、序列到序列语言模型及生成式语言模型中。对任何需要保留原始文本所有含义的模型或 NLP 流水线来说，独热向量模式提供了一个好的选择。

上述独热向量表格就像是对原始文本进行了完全录制。如果眯着眼睛看，大家可能会想象上面的 0-1 矩阵是一个自动演奏钢琴的纸卷[②]，或者是音乐盒金属鼓上的凸起块[③]。表格上面的词汇表告诉机器的是，每个行序列到底对应哪个词，就像是钢琴乐曲中应该演奏哪个"音符"。和自动演奏钢琴不同的是，这里的机械词记录仪或者播放器一次只允许使用一个"手指"进行演奏，即它一次只能演奏一个"音符"或词。这就是独热的含义。每个音符或词按照一致的步伐演奏，且演奏的时长完全一样，即词的间隔一直保持不变。

但是，上面给出的与自动演奏钢琴的类比只是一种考虑独热词向量的方法。大家可以采用任何思考模型，只要该模型对你有意义即可。重要的事情在于，我们已经将一个自然语言的句子转换成了数值序列，即向量。现在我们可以利用计算机读入这些向量并进行一系列数学运算，就像对其他向量或者数值列表进行的运算一样。这样就可以将向量输入任何需要这类向量的自然语言处理流水线中。

如果想要为聊天机器人生成文本，可以基于独热编码向量反向还原出文本内容，就像自动演奏钢琴可以为不那么挑剔的观众演奏一曲所做的那样。现在所有需要做的事情就是，规划如何构建一个能够以新方式理解并组合这些词向量的演奏钢琴。最后，我们期望聊天机器人或者 NLP 流水线能够演奏或者说出某些以前我们从没听过的东西。后面在第 9 章和第 10 章讨论 LSTM 模型和类似的神经网络时，我们会知道该如何实现这一点。

上述基于独热向量的句子表示方法保留了原始句子的所有细节，包括语法和词序。至此，我们已经成功地将词转换为计算机能够"理解"的数值。并且这些数值还是计算机非常喜欢的一类数值：二值数字 0 或 1。但是，相对于上述的短句子而言的整个表格却很大。如果考虑到这一点，大家可能已经对文件的大小进行了扩充以便能够存储上述表格。但是，对长文档来说这种做法不太现实，此时文档的大小（上述向量组成的表格的长度）会急剧增加。英语中包含至少 20 000 个常用词，如果还要考虑人名和其他专用名词的话，词的数量就会达到数百万个。对于要处理的每篇文档，其独热表示方法都需要一个新的表格（矩阵）。这基本上相当于得到了文档的原始"映

---

① 这里说的能恢复原始文档没有考虑分词器中用于分隔词的不同空白符。如果分词器不保留在分词中丢掉的空白符的话，要完全恢复原始文档是不可能的。如果分词器不保留这些信息，就没法知道词之间应该插入的到底是空格、换行符、制表符还是什么都不插入。但是，空白符的信息内容量不大，在大部分英文文档中可以忽略不计。当然，在很多现在的 NLP 分析器和分词器中，如果需要的话，都会保留空白符的信息。

② 参考维基百科中的"Player piano"条目。

③ 详见维基百科中标题为"Music box"的网页。

像"，如果大家做过一些图像处理的话，就知道如果要从数据中提取有用信息的话就必须进行降维处理。

下面简单地用数学演算一下，以便大概了解这些"自动演奏钢琴纸卷"到底有多大和多笨拙。大部分情况下，NLP 流水线中使用的词汇表中的词条数将远远超过 10 000 或 20 000，有时可能会达到数十甚至上百万。假设我们的 NLP 流水线的词汇表包含 100 万个词条，并且假设我们拥有 3 000 本很薄的书，每本书包含 3 500 个句子，每个句子平均由 15 个词组成，对薄书而言，上述平均值是比较合理的。我们会看到，整个表格（矩阵）会很大：

```
>>> num_rows = 3000 * 3500 * 15        表格中的行数
>>> num_rows
157500000
>>> num_bytes = num_rows * 1000000     如果表格中每个元素只用一个字节表
>>> num_bytes                          示的话，那么这一项是总字节数
157500000000000
>>> num_bytes / 1e9
157500  # gigabytes
>>> _ / 1000
157.5  # terabytes
```

在 Python 交互式控制台，变量"_"会被自动赋予前面语句的输出值。如果忘了将函数或表达式的输出显式赋值给某个变量（如上面对 num_bytes 和 num_rows 进行了显式赋值）时，这种处理方式十分方便

即使将表格中的每个元素用单个位来表示，这个表格也超过了百万位乘以百万位的规模。在单个位表示一个元素的情况下，大概需要 20 TB 来存储上述小小书架上的书籍。幸运的是，我们从来都不需要用上面的数据结构来存储文档。只有在一个词一个词处理文档时，才会临时在内存中使用上述数据结构。

因此，存储所有 0 并试图记住所有文档中的词序并没有太大意义，也不太现实。我们真正想要做的实际是将文档的语义压缩为其本质内容。我们想将文档压缩成单个向量而不是一张大表。而且我们将放弃完美的"召回"过程，我们想做的是提取文档中的大部分而非全部含义（信息）。

如果把文档分成非常短的有意义的块，如句子，会怎么样？如果我们假设一个句子的大部分意义都可以从词本身获得，那又会怎么样呢？假设我们可以忽略词的顺序和语法，并将它们混合在一个"袋子"中，每个句子或每篇短文档对应一个"袋子"。这个假设被证实为合理的。即使对于长达几页的文档，词袋向量也可以用来概括文档的本质内容。对于前面那句关于 Jefferson 的句子，即使把所有的词都按词库序重新排序，人们也可以猜出那句话的大致意义。机器也可以实现这一点。我们可以使用这种新的词袋向量方法，将每篇文档的信息内容压缩到更易处理的数据结构中。

如果把所有这些独热向量加在一起，而不是一次一个地"回放"它们，我们会得到一个词袋向量。这个向量也被称为词频向量，因为它只计算了词的频率（frequency），而不是词的顺序。这个具备合理长度的单一向量可以用来表示整篇文档或整个句子，其长度只相当于词汇表的大小（需要记录的独立词条数）。

另一种做法是，如果正在进行基本的关键词搜索，可以对这些独热词向量进行 OR 处理，从而得到一个二值的词袋向量。在搜索中可以忽略很多词，这些词并不适合作为搜索词或关键词。

这对搜索引擎索引或信息检索系统的第一个过滤器来说都很不错。搜索索引只需要知道每篇文档中每个词的存在与否，以帮助我们后续找到这些文档。

就像把手臂放在钢琴上，一次弹完所有的音符（词）并不会给我们带来愉快而有意义的体验。尽管如此，这种方法被证实对于帮助机器将整组词"理解"为一个单元至关重要。如果将词条限制在 10 000 个最重要的词以内，就可以将刚才虚构的包含 3 500 个句子的书的数值表示压缩到 10 KB，也就是说上述虚构的 3 000 本书构成的语料库大约会压缩到 30 MB 左右。独热向量构成的序列仍然需要占用数百 GB 的空间。

幸运的是，对于任何给定的文本，词汇表中的词只有很少一部分会出现在这个文本中。而对大多数词袋应用来说，往往会保持文档的简洁性，有时候一个句子就够了。所以，与其一次弹完钢琴上的所有音符，还不如只弹奏一些音符（词）的组合（词袋向量更像是一个宽广而悦耳的钢琴和弦），因为它们能很好地结合在一起并有意义。后面介绍的聊天机器人可以处理这些和弦，即使同一个语句中有很多通常不会一起使用的词而产生不和谐，甚至这种不和谐也包含很多与语句相关的有用信息，机器学习流水线也可以利用这些信息。

这就是如何将词条放入一个二值向量的过程，这个向量可以表示某个具体词在某个特定句子中是否存在。一系列句子的上述向量表示可以"索引"起来，从而记录哪个词出现在哪篇文档中。这个索引和我们在很多教科书末尾看到的索引是一样的，除了不记录词出现在哪个页面，这里可以保存句子（或相关向量）的出现位置。教科书的索引一般只关心与书的主题相关的重要词，但是至少到现在为止我们记录了每个词。

下面就是那篇单文本文档，文档中只有一个关于 Thomas Jefferson 的句子，看上去像一个二值的词袋向量：

```
>>> sentence_bow = {}
>>> for token in sentence.split():
...     sentence_bow[token] = 1
>>> sorted(sentence_bow.items())
[('26.', 1)
 ('Jefferson', 1),
 ('Monticello', 1),
 ('Thomas', 1),
 ('age', 1),
 ('at', 1),
 ('began', 1),
 ('building', 1),
 ('of', 1),
 ('the', 1)]
```

你可能会注意到，Python 的 sorted() 将十进制数放在字符之前，同时将大写的词放在小写的词之前。这是 ASCII 和 Unicode 字符集中的字符顺序。在 ASCII 表中，大写字母在小写字母之前。其实，词汇表的顺序并不重要，只要所有需要分词的文档都采用相同的方式，机器学习流水线就可以很好地处理任何词汇表顺序。

你可能还注意到，使用 dict（或任何词到 0/1 值的成对映射）存储二值向量不会浪费太多空间。使用字典来表示向量可以确保只需要存储为数不多的 1，因为字典中的数千甚至数百万个词中只有极少一部分会出现在某篇具体文档中。我们可以看到，上述表示会比将一袋词表示为连续的 0 和 1 的列表要高效得多，后者用一个"密集"向量为词汇表（如 100 000 个词）中的每个词都指定一个位置。即使对于上面这个有关"Thomas Jefferson"的短句子，采用"密集"的二值向量也需要 100 KB 的存储空间。因为字典会"忽略"不存在的词，即那些标记为 0 的词，所以用字典表示时只需要对 10 个词的句子中的每个词用几字节来表示。而如果把每个词都表示成指向词库（为具体应用构造的词表）内该词所在位置的整数指针，那么这个字典的效率可能会更高。

接下来，我们使用一种更有效的字典形式，即 Pandas 中的 `Series`，可以把它封装在 Pandas 的 DataFrame 中，这样就可以向关于 Thomas Jefferson 的二值向量文本"语料库"中添加更多的句子。当在 DataFrame（与语料库文本对应的向量表）中添加更多的句子和其相应的词袋向量时，所有这些向量之间以及稀疏与密集词袋之间的差距就会变得清晰起来：

```
>>> import pandas as pd
>>> df = pd.DataFrame(pd.Series(dict([(token, 1) for token in
...     sentence.split()])), columns=['sent']).T
>>> df
     26. Jefferson Monticello Thomas age at began building of the
sent  1     1          1         1    1   1    1      1     1   1
```

下面往语料库中增加一些文本，看看 DataFrame 是如何堆叠起来的，如代码清单 2-4 所示。DataFrame 同时索引了列（文档）和行（词），因此当需要马上得到某个问题答案时，该 DataFrame 可以当成文档检索中的倒排索引（inverse index）。

代码清单 2-4　构建词袋向量的 DataFrame

```
>>> sentences = """Thomas Jefferson began building Monticello at the\
...     age of 26.\n"""
>>> sentences += """Construction was done mostly by local masons and\
...     carpenters.\n"""
>>> sentences += "He moved into the South Pavilion in 1770.\n"
>>> sentences += """Turning Monticello into a neoclassical masterpiece\
...     was Jefferson's obsession."""
>>> corpus = {}
>>> for i, sent in enumerate(sentences.split('\n')):
...     corpus['sent{}'.format(i)] = dict((tok, 1) for tok in
...         sent.split())
>>> df = pd.DataFrame.from_records(corpus).fillna(0).astype(int).T
>>> df[df.columns[:10]]
       1770. 26. Construction ...  Pavilion South Thomas
sent0    0    1       0       ...     0      0      1
sent1    0    0       1       ...     0      0      0
sent2    1    0       0       ...     1      1      0
sent3    0    0       0       ...     0      0      0
```

这是代码清单 2-1 中定义的原始句子

一般情况下只需要使用.splitlines()即可，但是这里显式地在每个行尾增加了单个'\n'字符，因此这里需要显式地对此字符进行分割

这里为了避免文字缠绕显示，只列出了前 10 个词条（对应 DataFrame 的列）

稍微扫视一下这个例子，就可以发现这些句子所用的重合词很少。在词汇表的前 7 个词当中，只有 Monticello 出现在不止一个句子当中。接下来，当需要进行文档比较或者搜索相似文档时，必须要能够利用流水线来计算上述的重合程度。一种计算句子相似度的方法就是使用点积（也称内积）来计算重合词条的数量。

2.2.1　点积

在自然语言处理中将会有多处用到点积，因此我们要确认掌握了点积的概念。如果已经理解这一概念，那么可以跳过本节。

点积也称为内积（inner product），这是因为两个向量（每个向量中的元素个数）或矩阵（第一个矩阵的行数和第二个矩阵的列数）的"内部"维度必须一样，这种情况下才能相乘。这和关系数据库表的内连接（inner join）操作很类似。

点积也称为标积（scalar product），因为其输出结果是个单独的标量值。这使其有别于叉积（cross product）这个概念，后者的输出结果是一个向量。显然，这些名称体现了标识符的形状，在正式数学符号当中，标积用"·"表示，叉积用"×"表示。将参与标积计算的两个向量的所有对应元素相乘然后将这些乘积相加就可以得到最后的标量结果。

代码清单 2-5 中给出了一段 Python 代码，你可以按照 Python 的一贯用法在头脑里模拟运行这段代码，以确信掌握了点积的概念。

代码清单 2-5　点积计算示例

```
>>> v1 = pd.np.array([1, 2, 3])
>>> v2 = pd.np.array([2, 3, 4])
>>> v1.dot(v2)
20
>>> (v1 * v2).sum()
20
>>> sum([x1 * x2 for x1, x2 in zip(v1, v2)])
20
```

numpy 数组的乘积是一种十分高效的"向量式"运算

如果不想降低流水线的处理速度，就不要这样在向量内部进行迭代处理

提示　点积和矩阵乘积（matrix product）计算是等价的，后者可以在 numpy 中使用 np.matmul() 函数或者@操作符来实现。由于所有的向量都可以转换成 $N \times 1$ 或者 $1 \times N$ 的矩阵，因此可以使用这种短记号作用于两个列向量（$N \times 1$），其中第一个向量必须要转置，这样才可以相乘。就像这样 v1.reshape(-1, 1).T @ v2.reshape(-1, 1)，最后，就会在一个 1×1 矩阵 arrary([[20]]) 中输出最后的标量结果。

2.2.2　度量词袋之间的重合度

如果能够度量两个向量词袋之间的重合度，就可以很好地估计它们所用词的相似程度，而这也是它们语义上重合度的一个很好的估计。因此，下面使用刚刚学到的点积来估计一些新句子和

原始的 Thomas Jefferson 句子（sent0）之间的词袋向量重合度，如代码清单 2-6 所示。

```
>>> df = df.T
>>> df.sent0.dot(df.sent1)
0
>>> df.sent0.dot(df.sent2)
1
>>> df.sent0.dot(df.sent3)
1
```

上面的结果表明，有一个词同时出现在 sent0 和 sent2 中。同理，某个词同时出现在 sent0 和 sent3 中。词之间的重合度可以作为句子相似度的一种度量方法。有趣的是，那个古怪的句子 sent1，是其中唯一一没有直接提到 Jefferson 或者 Monticello 的句子，但是它使用了一个完全不同的词集合来表达其他匿名人士的信息。

下面给出了一种找出 sent0 和 sent3 当中那个共享词的方法，该词使代码清单 2-6 中最后一个点积计算的结果为 1。

```
>>> [(k, v) for (k, v) in (df.sent0 & df.sent3).items() if v]
[('Monticello', 1)]
```

这是你的自然语言文档（句子）的第一个向量空间模型（vector space model，VSM）。对于词袋向量，不仅可以使用点积，也可以定义其他的向量运算，如向量加、减、OR 与 AND 等，甚至还可以采用类似欧几里得距离或者向量夹角这样的计算。将文档表示成二值向量具有强大的作用，多年来，它一直是文档检索和搜索的支柱。所有现代 CPU 都有硬连线内存寻址指令，这些指令可以有效地哈希、索引和搜索大量这样的二值向量。虽然这些指令是为另一个目的（索引内存位置以从内存中检索数据）而构建的，但是它们在搜索和检索文本的二值向量运算中同样有效。

2.2.3　标点符号的处理

某些情况下，除空格之外还有一些字符用于将句子中的词分隔开。大家应该仍然记得词条 "26." 末尾那个讨厌的句号。分词器不仅可以利用空格还可以基于标点符号（如逗号、句号、分号甚至连字符）将句子切开。在某些情况下，我们希望这些标点符号也像词一样，被看成独立的词条。但是，在另一些情况下可能又要忽略这些标点符号。

在前面那个例子中，对于句子中的最后一个词条 "26."，由于其末尾句号的原因而导致出错。末尾的句号可能会对 NLP 流水线的后续部分如词干还原造成误导，因为词干还原的目的是利用规则将相似词聚成组，而这些规则往往要基于一致的词拼写结果。代码清单 2-7 给出了将标点作为分隔符的一种做法。

代码清单 2-7　利用正则表达式对 Monticello 句子进行切分

```
>>> import re
>>> sentence = """Thomas Jefferson began building Monticello at the\
...    age of 26."""
>>> tokens = re.split(r'[-\s.,;!?]+', sentence)
>>> tokens
['Thomas',
 'Jefferson',
 'began',
 'building',
 'Monticello',
 'at',
 'the',
 'age',
 'of',
 '26',
 '']
```

这将会基于至少出现一次（注意正则表达式中右方括号后面的'+'）的空格或者标点符号来对句子进行分割。参考下面的"正则表达式的编译时机"部分

我们约定将使用更多的正则表达式，希望大家比最初使用时更加理解它们。如果不是这样的话，下面的"正则表达式的编译时机"部分会介绍正则表达式的每个字符的意义。想更加深入地了解正则表达式，参见附录 B。

1. 正则表达式的工作机理

这里给出了代码清单 2-7 中正则表达式的工作机理。方括号 [和] 表示一个字符类，即字符集。右方括号] 后面的 + 表示必须匹配方括号内的一个或多个字符。字符类中的 \s 是一个预定义字符类的快捷表示，该字符类包括所有的空白符，如敲击空格键、制表键或者回车键产生的字符。字符类 r'[\s]' 等价于 r' \t\n\r\x0b\x0c'。6 个空白符分别是空格（' '）、制表符（'\t'）、换行符（'\n'）、回车符（'\r'）以及换页符（'\f'）。

这里没有使用任何字符区间，后面可能会用到。字符区间是一种特定的字符类，方括号中采用连字符来表示，如 r'[a-z]' 可以匹配所有的小写字母。字符区间 r'[0-9]' 匹配任何从 0 到 9 的数字，其等价于 r'[0123456789]'。正则表达式 r'[_a-zA-Z]' 表示可以匹配任意下划线字符或者英文字母（大小写字母）。

左方括号之后的连字符（-）是正则表达式的一个惯有用法。连字符不能放在方括号内的任何其他地方，否则正则表达式解析器会认为这里意味着有一个字符区间，如 r'[0-9]'。为了表明确实是一个真正的连字符，必须将其放在紧挨在该字符类左方括号的后面。因此，任何需要表明是真正连字符的地方，都应使其要么是左方括号后的第一个字符，要么通过转义符来表示。

re.split 函数从左到右遍历输入字符串（即函数的第二个参数 sentence）中的每个字符，并根据正则表达式（即函数的第一个参数，r'[-\s.,;!?]+ '）进行匹配。一旦发现有匹配上的字符，它会在匹配上的字符之前和之后分割字符串，同时跳过匹配的一个或多个字符。re.split 那一行的处理就像 str.split 一样，但它适用于任何与正则表达式匹配的字符或多字符序列。

圆括号 (和) 用于对正则表达式进行分组，就像它们用于对数学、Python 和大多数其他编程

语言表达式进行分组一样。这些圆括号强制正则表达式匹配圆括号内的整个表达式,然后再尝试匹配圆括号后面的字符。

2. 改进的用于分词的正则表达式

我们对正则表达式进行编译从而加快分词器的运行速度。编译后的正则表达式对象在很多方面都比较方便,而不仅仅是速度。

> **正则表达式的编译时机**
>
> Python 中的正则表达式模块可以对正则表达式进行预编译[a],这样就可以在代码库中对它们进行复用。例如,有一个正则表达式可以提取电话号码。可以使用 re.compile() 对该表达式进行预编译,然后可以将其以参数方式传递给分词函数或者类。因为 Python 会对最近的 MAXCACHE=100 个正则表达式的编译对象进行缓存,所以上述处理基本不会带来速度上的好处。但是如果有超过 100 个不同的正则表达式在同时工作,或者想调用正则表达式的方法而不是相应的 re 函数的话,re.compile 就会很有用:
>
> ```
> >>> pattern = re.compile(r"([-\s.,;!?])+")
> >>> tokens = pattern.split(sentence)
> >>> tokens[-10:]  # just the last 10 tokens
> ['the', ' ', 'age', ' ', 'of', ' ', '26', '.', '']
> ```
>
> ─────────────
> a 参考 Stack Overflow 网站或者最新的 Python 文档来获得更多细节信息。

上面这个简单的正则表达式有助于将最后一个词条 "26." 的末尾句号分隔出去。但是,这样做会遇到一个新问题。我们必须将不想放入词汇表中的空白符和标点符号过滤掉。参考下面的代码片段以及图 2-2。

```
>>> sentence = """Thomas Jefferson began building Monticello at the\
...     age of 26."""
>>> tokens = pattern.split(sentence)
>>> [x for x in tokens if x and x not in '- \t\n.,;!?']
['Thomas',
 'Jefferson',
 'began',
 'building',
 'Monticello',
 'at',
 'the',
 'age',
 'of',
 '26']
```

如果想练习使用 lambda 表达式和 filter()函数,就使用 list(filter(lambda x: x if x and x not in '- \t\n.,;!?' else None, tokens))

Thomas | Jefferson | began | building | Monticello | at | the | age | of | 26 | .

图 2-2 切分后的短语

因此,Python 内置的 re 包看上去对于上述示例句子处理得很好,只要注意过滤掉一些不想要的词条即可。实在没有别的理由需要从别的地方找一个其他的正则表达式包,除非满足以下条件。

使用 Python 中新的正则表达式包的时机

Python 中有一个新的正则表达式包 regex,它将最终替代 re 包。它是完全后向兼容的,可以通过 pip 命令从 pypi 中安装。regex 包含一些新的特性,其中包括对如下方面的支持:

- 集合的重合匹配;
- 多线程;
- 特性完备地支持 Unicode;
- 近似正则表达式匹配(类似于 UNIX 系统的 TRE agrep);
- 更大的 MAXCACHE 默认值(500 个正则表达式)。

尽管 regex 将最终替代 re 包,并且它也会与 re 保持完全的后向兼容,但现在大家必须利用 pip 等包管理工具来将它作为一个额外的包安装:

```
$ pip install regex
```

要获得有关 regex 的更多信息,可以参考 PyPI 网站。

正如大家能想到的那样,分词器很容易就变得复杂无比。在某种情况下,我们可能想在句号(.)处进行分割,但是这时候句号后面不能跟着数字,否则,我们可能会把小数切开[①]。在另一种情况下,我们可能不会在句号后分割句子,这是因为此时句号是微笑表情符号的一部分,就像在推文中的那样。

有多个 Python 库可以用于分词,它们的优缺点如下:

- spaCy——精确、灵活、快速,用 Python 语言编写;
- Stanford CoreNLP——更精确,但是不够灵活、快速,依赖 Java 8;
- NLTK——很多 NLP 竞赛和对比的标配,流行,用 Python 语言编写。

NLTK 和 Stanford CoreNLP 历史最悠久,在很多学术论文中的 NLP 算法的对比评测中使用也最广泛。尽管 Stanford CoreNLP 具有 Python API,但它还要依赖 Java 8 的 CoreNLP 后端,因而需要另外安装和配置。因此,我们在这里可以使用 NLTK(Natural Language Toolkit)分词器来快速运行示例,这将帮助大家快速重现在学术论文或者博客上看到的实验结果。

我们可以使用 NLTK 函数 RegexpTokenizer 重现上面的简单分词器示例:

```
>>> from nltk.tokenize import RegexpTokenizer
>>> tokenizer = RegexpTokenizer(r'\w+|$[0-9.]+|\S+')
>>> tokenizer.tokenize(sentence)
['Thomas',
 'Jefferson',
 'began',
 'building',
 'Monticello',
 'at',
 'the',
 'age',
 'of',
 '26',
 '.']
```

---

① 这里的表述是针对英文语句而言的,因为英文中的句号与小数点都是"."。——译者注

上述分词器比原来那个要稍微好点儿，它忽略了空白符词条，并且可将不包含其他标点符号的词条中的句尾标点符号分隔开来。

一个更好的分词器是来自 NLTK 包的 TreebankWordTokenizer 分词器，它内置了多种常见的英语分词规则。例如，它从相邻的词条中将短语结束符号（?!.;,）分开，将包含句号的小数当成单个词条。另外，它还包含一些英文缩略语的规则，例如，"don't" 会切分成 ["do","n't"]。该分词器将有助于 NLP 流水线的后续步骤，如词干还原。我们可以从自然语言工具包（NLTK）网站获取所有 TreebankWordTokenizer 分词器的规则。下面给出一段代码，代码的运行结果如图 2-3 所示。

```
>>> from nltk.tokenize import TreebankWordTokenizer
>>> sentence = """Monticello wasn't designated as UNESCO World Heritage\
...   Site until 1987."""
>>> tokenizer = TreebankWordTokenizer()
>>> tokenizer.tokenize(sentence)
['Monticello',
 'was',
 "n't",
 'designated',
 'as',
 'UNESCO',
 'World',
 'Heritage',
 'Site',
 'until',
 '1987',
 '.']
```

Monticello | was | n't | designated | as | UNESCO | World | Heritage | Site | until | 1987 | .

图 2-3　分词后的短语

3. 缩略语

大家可能会疑惑为什么要把缩略语 wasn't 切分成 was 和 n't。对一些应用来说，例如使用句法树的基于语法的 NLP 模型，将词分成 was 和 not 很重要，这样可以使句法树分析器能够将与已知语法规则保持一致并且可预测的词条集作为输入。存在大量标准和非标准的缩略词处理方法。通过将缩略语还原为构成它的各个词，只需要对依存树分析器或者句法分析器进行编程以预见各词的不同拼写形式，而不需要面对所有可能的缩略语。

对社交网络（如 Twitter 和 Facebook）的非规范文本进行分词

NLTK 库中包含一个分词器 casual_tokenize，该分词器用于处理来自社交网络的非规范的包含表情符号的短文本。在这些社交网络中，文本的语法和拼写习惯千差万别。

casual_tokenize 函数可以剥离文本中的用户名，也可以减少词条内的重复字符数：

```
>>> from nltk.tokenize.casual import casual_tokenize
>>> message = """RT @TJMonticello Best day everrrrrrr at Monticello.\
```

```
...       Awesommmmmmeeeeeeee day :*)"""
>>> casual_tokenize(message)
['RT', '@TJMonticello',
 'Best', 'day','everrrrrrr', 'at', 'Monticello', '.',
 'Awesommmmmmeeeeeeee', 'day', ':*)']
>>> casual_tokenize(message, reduce_len=True, strip_handles=True)
['RT',
 'Best', 'day', 'everrr', 'at', 'Monticello', '.',
 'Awesommmeee', 'day', ':*)']
```

2.2.4 将词汇表扩展到 *n*-gram

我们重新回到本章开头的那个"ice cream"问题。还记得我们说过要把"ice"和"cream"放在一起不分开：

I scream, you scream, we all scream for ice cream.

但是，我并不认识很多为"cream"尖叫的人，我也相信没有人会为"ice"尖叫，除非他们在冰上滑行和摔倒。因此，我们需要一种方法在词向量中使"ice"和"cream"在一起。

1. *n*-gram 概念

n-gram 是一个最多包含 *n* 个元素的序列，这些元素从由它们组成的序列（通常是字符串）中提取而成。一般来说，*n*-gram 的"元素"可以是字符、音节、词，甚至是像"A""T""G""C"等表示 DNA 序列的符号[1]。

本书中我们只关注词的 *n*-gram，而不关注字符[2]的 *n*-gram。因此，本书中提到的 2-gram 指的是两个词构成的对，如"ice cream"。当提到 3-gram 时，我们指的是 3 个词构成的三元组，如"beyond the pale""Johann Sebastian Bach"或者"riddle me this"。*n*-gram 不一定要求像复合词一样有特定的含义，而仅仅要求出现频率足够高以引起词条计数器的注意。

为什么要使用 *n*-gram 呢？正如前面所看到的那样，当一个词条序列向量化成词袋向量时，它丢失了词序中所包含的很多含义。将单词条的概念扩展到多词条构成的 *n*-gram，NLP 流水线就可以保留语句词序中隐含的很多含义。例如，否定词"not"就会和它所属的相邻词在一起。如果分词不考虑 *n*-gram，那么"not"就会自由漂移，而不会固定在某几个词周围，其否定的含义可能就会与整个句子甚至整篇文档，而不是只与某几个相邻词关联。相比于词袋向量中的 1-gram，2-gram "was not"保留了两个独立词"not"和"was"的更多部分的含义。在流水线中如果把一个词和其相邻词捆绑起来，就会使词的一部分上下文被保留。

---

[1] 语言及 NLP 技术常用于从 DNA 和 RNA 中拾取信息。维基百科"核酸序列"（Nucleic Acid Sequence）的网页上有一个核酸符号表，它能够将核酸语言翻译成人类可读的语言。

[2] 在数据库课程或者 PostgreSQL（postgres）的文档中，我们可能已经学到 3-gram 索引相关的知识。但是这里的三元组是字符的 3-gram。这种索引能够支持 SQL 全文搜索查询中的带有"%""~"或者"*"符号的语句，能够从大规模字符串数据库快速检索模糊匹配的字符串。

在第 3 章中，我们会介绍如何从这些 *n*-gram 集合中识别那些相对而言更具信息量的子集，这个子集中的 *n*-gram 可以用于减少 NLP 流水线需要记录的词条（*n*-gram）数。否则，NLP 流水线就需要存储和维护其遇到的所有词序列。*n*-gram 的优先级会帮助识别"Thomas Jefferson"和"ice cream"，而对"Thomas Smith"或"ice shattered"则并不特别关注。在第 4 章中，我们会把词对甚至更长的词序列和它们的实际含义关联起来，而无视每个独立词本身的意义。但是现在，我们要求分词器能够生成这些 *n*-gram 序列。

下面给出对原来的那条有关 Thomas Jefferson 的句子进行 2-gram 分词的结果，在给出结果的同时，大家也能了解我们要构建的分词器的运行机理。

```
>>> tokenize_2grams("Thomas Jefferson began building Monticello at the\
...     age of 26.")
['Thomas Jefferson',
 'Jefferson began',
 'began building',
 'building Monticello',
 'Monticello at',
 'at the',
 'the age',
 'age of',
 'of 26']
```

相信大家能看到，上述 2-gram 序列会比原来的词序列包含更多的信息。由于 NLP 流水线的后续步骤只能访问前面分词器生成的词条，因此，我们必须要让后续阶段知道"Thomas"并不与"Isaiah Thomas"或"Thomas & Friends"这两部动画片有关。*n*-gram 是当数据在流水线中传输时保留上下文信息的一种方法。

下面给出的是原始的 1-gram 分词器：

```
>>> sentence = """Thomas Jefferson began building Monticello at the\
...     age of 26."""
>>> pattern = re.compile(r"([-\s.,;!?])+")
>>> tokens = pattern.split(sentence)
>>> tokens = [x for x in tokens if x and x not in '- \t\n.,;!?']
>>> tokens
['Thomas',
 'Jefferson',
 'began',
 'building',
 'Monticello',
 'at',
 'the',
 'age',
 'of',
 '26']
```

下面是 nltk 中的 *n*-gram 分词器的实际运行结果：

```
>>> from nltk.util import ngrams
>>> list(ngrams(tokens, 2))
[('Thomas', 'Jefferson'),
```

```
 ('Jefferson', 'began'),
 ('began', 'building'),
 ('building', 'Monticello'),
 ('Monticello', 'at'),
 ('at', 'the'),
 ('the', 'age'),
 ('age', 'of'),
 ('of', '26')]
>>> list(ngrams(tokens, 3))
[('Thomas', 'Jefferson', 'began'),
 ('Jefferson', 'began', 'building'),
 ('began', 'building', 'Monticello'),
 ('building', 'Monticello', 'at'),
 ('Monticello', 'at', 'the'),
 ('at', 'the', 'age'),
 ('the', 'age', 'of'),
 ('age', 'of', '26')]
```

提示 为了提高内存效率，NLTK 库的 `ngrams` 函数返回一个 Python 生成器（generator）。Python 生成器是一种智能函数，其行为类似于迭代器（iterator），一次只生成一个元素，而不是一次返回整个序列。这在 `for` 循环中非常有用，在 `for` 循环中，生成器将加载每个单独项，而不是将整个项列表加载到内存中。但是，如果想一次查看所有返回的 n-gram，那么请像前面的示例那样将生成器转换为列表。请记住，应该只在交互式会话而不是在长时间运行的大型文本分词任务中执行上述操作。

在上面的代码中，n-gram 以一个个元组（tuple）的方式来提供，但是如果大家希望流水线中的所有词条都是字符串的话，那么也可以很容易地将这些元组连接在一起。这将允许流水线的后续阶段预期输入的数据类型保持一致，即都是字符串序列：

```
>>> two_grams = list(ngrams(tokens, 2))
>>> [" ".join(x) for x in two_grams]
['Thomas Jefferson',
 'Jefferson began',
 'began building',
 'building Monticello',
 'Monticello at',
 'at the',
 'the age',
 'age of',
 'of 26']
```

看到这里，大家可能会有一个疑问。看一下上面的那个例子，可以想象词条 "Thomas Jefferson" 会在多篇文档中出现。而 "of 26" 和 "Jefferson began" 这些 2-gram 可能出现得非常少。如果词条或者 n-gram 出现得特别少，它们就不会承载太多其他词的关联信息，而这些关联信息可以用于帮助识别文档的主题，这些主题可以将多篇文档或者多个文档类连接起来。因此，罕见的 n-gram 对分类问题作用不显著。我们可以想象，大部分 2-gram 都十分罕见，更不用说 3-gram 和 4-gram 了。

由于词的组合结果要比独立的词多得多，因此词汇表的大小会以指数方式接近语料库中所有文档中的 n-gram 数。如果特征向量的维度超过所有文档的总长度，特征提取过程就不会达到预期的目的。事实上机器学习模型和向量之间的过拟合几乎不可能避免，这是由于向量的维数多于语料库中的文档数而造成的。在第 3 章中，我们会使用文档频率统计数据来识别那些罕见的 n-gram，这些 n-gram 对机器学习来说用处不大。通常来说，出现次数过少（例如，出现的文档篇数不多于 3）的 n-gram 会被过滤掉。这种场景可以参考第 1 章硬币分拣机中过滤罕见词条的过滤器。

接下来考虑一个相反的问题。考虑上一个短语中的 2-gram "at the"。这个词组合可能并不罕见。实际上，它可能十分常见，在大部分文档中都会出现，在这种情况下无法通过它区分其在不同文档中的意义，并且它也几乎没有什么预测能力。就像词或者其他词条一样，出现过于频繁的 n-gram 通常会被过滤掉。例如，如果某个词条或 n-gram 在语料库中的超过 25% 的文档中出现，那么它通常会被忽略。这等价于第 1 章硬币分拣机中的停用词过滤器。这些过滤器对单个词条和 n-gram 都同样有用。实际上，它们的用处甚至会更大。

2. 停用词

在任何一种语言中，停用词（stop word）指的是那些出现频率非常高的常见词，但是对短语的含义而言，这些词承载的实质性信息内容却少得多。一些常见的停用词[1]的例子如下：

- a, an
- the, this
- and, or
- of, on

从传统上说，NLP 流水线都会剔除停用词，以便减小从文本中提取信息时的计算压力。虽然词本身可能承载很少的信息，但是停用词可以提供 n-gram 中的重要关系信息。例如，下面的两个例子：

- `Mark reported to the CEO`
- `Suzanne reported as the CEO to the board`

在 NLP 流水线中，我们可能会产生 `reported to the CEO` 和 `reported as the CEO` 这样的 4-gram。如果从这些 4-gram 中剔除了停用词，那么上面两个例子都会变成 "reported CEO"，这样就会丢失其中的上下属关系信息。第一个例子中，Mark 可能是 CEO 的一个助理，而第二个例子中，Suzanne 则是向董事会汇报的 CEO。不幸的是，保留流水线中的停用词会带来另一个问题：它会增加所需的 n-gram 的长度（即 n），长度增加是为了保住上述由原本毫无意义的停用词所产生的关联关系[2]。基于这个原因，如果要避免上述例子中的歧义，我们至少要保留 4-gram。

如何设计停用词过滤器依赖具体的应用。词汇表的大小会决定 NLP 流水线所有后续步骤的计算复杂性和内存开销。但是，停用词只占词汇表的很少一部分。一个典型的停用词表大概只包含

---

① 更完整的多种语言的停用词表，参考 NLTK 语料库。
② 也就是说，为了保住上述例子中的关联关系需要保留更长的 n 元。——译者注

100 个左右高频的非重要词。但是，要记录大规模推文、博客和新闻中出现的 95% 的词[①]，需要大概 20 000 个词的词汇表，而这只考虑了 1-gram 或者说单个词的词条。要容纳某个大规模英文语料库中的 95% 的 2-gram，需要设计的 2-gram 词汇表通常会包括超过 100 万个不同的 2-gram 词条。

大家可能会对词汇表大小导致所需的任何训练集的大小表示担心，训练集要足够大以避免对任何具体词或者词的组合造成过拟合。大家也知道，训练集的大小会决定对它的处理量。但是，从 20 000 个词中剔除 100 个停用词不会显著加快上述处理过程，对 2-gram 词汇表而言，通过剔除停用词而获得的好处无足轻重。此外，如果不对使用停用词的 2-gram 频率进行检查就武断地剔除这些停用词的话，可能会丢失很多信息。例如，我们可能会失去 "The Shining" 这个独立的标题，而将有关这部充满暴力并令人不安的电影的文本和其他提到 "Shining Light" 或 "shoe shining" 的文档一视同仁。

因此，如果我们有足够的内存和处理带宽来运行大规模词汇表下 NLP 流水线中的所有步骤，那么可能不必为在这里或那里忽略几个不重要的词而忧虑不已。如果担心大规模词汇表与小规模训练集之间发生过拟合的话，那么有比忽略停用词更好的方法来选择词汇表或者降维。在词汇表中保留停用词能够允许文档频率过滤器（将在第 3 章讨论）更精确地识别或者忽略那些在具体领域中包含最少信息内容的词或 n-gram。

如果确实想在分词过程中粗暴地去掉停用词的话，使用 Python 中的列表解析式（list comprehension）就足够了。下面给出了一些停用词以及在词条列表中迭代以剔除它们的代码片段：

```
>>> stop_words = ['a', 'an', 'the', 'on', 'of', 'off', 'this', 'is']
>>> tokens = ['the', 'house', 'is', 'on', 'fire']
>>> tokens_without_stopwords = [x for x in tokens if x not in stop_words]
>>> print(tokens_without_stopwords)
['house', 'fire']
```

我们会看到，某些词会比其他词承载更多的意义。在有些句子中可以去掉超过一半的词但是句子的意义并不会受到显著影响。即使没有冠词、介词甚至动词 "to be" 的各种形式，读者往往也能够抓住文章的要点。设想一个人正在使用手语或者需要匆忙给自己写张便条，那么哪些词通常会被略过？这就是选择停用词的方法。

为了得到一个完整的 "标准" 停用词表，可以参考 NLTK，NLTK 可能提供了使用最普遍的停用词表，具体可以参考代码清单 2-8。

代码清单 2-8 NLTK 停用词表

```
>>> import nltk
>>> nltk.download('stopwords')
>>> stop_words = nltk.corpus.stopwords.words('english')
>>> len(stop_words)
153
>>> stop_words[:7]
['i', 'me', 'my', 'myself', 'we', 'our', 'ours']
```

---

① 参考标题为 "Analysis of text data and Natural Language Processing" 的网页。

```
>>> [sw for sw in stopwords if len(sw) == 1]
['i', 'a', 's', 't', 'd', 'm', 'o', 'y']
```

以第一人称书写的文档相当枯燥，更重要的是，其内容信息含量很低。NLTK 包中将代词（不止是第一人称）纳入其停用词表中。此外，上述单个字母的停用词看上去更古怪，但是如果多次使用 NLTK 分词器和 Porter 词干还原工具的话，这些停用词是讲得通的。当使用 NLTK 分词器和词干还原工具对缩略语进行分割和词干还原时，这些单字母的词条就会经常出现。

> **警告**　sklearn 使用的英文停用词表和 NLTK 使用的大不一样。在写作本书之时，sklearn 有 318 个停用词。而 NLTK 会周期性地更新其语料库，包括停用词表。当使用 Python 3.6 的 nltk 的 3.2.5 版本重新运行代码清单 2-8 中的例子时，我们得到的是 179 个停用词而不是之前的 153 个。
>
> 这也是不过滤停用词的另一个原因。如果过滤了停用词，其他人可能无法重现你的结果。

根据想忽略的自然语言信息的多少，可以为流水线使用多个停用词表的并集或交集。代码清单 2-9 中给出了 sklearn（版本 0.19.2）和 nltk（版本 3.2.5）之间停用词的比较情况。

代码清单 2-9　NLTK 停用词表

```
>>> from sklearn.feature_extraction.text import\
...     ENGLISH_STOP_WORDS as sklearn_stop_words
>>> len(sklearn_stop_words)
318
>>> len(stop_words)
179
>>> len(stop_words.union(sklearn_stop_words))      ◄── NLTK 停用词表中有 60 个词不包含在更大
378                                                       的 sklearn 停用词表中
>>> len(stop_words.intersection(sklearn_stop_words))
119    ◄── NLTK 和 sklearn 共同的停用词不到总数的
            1/3（在 378 个停用词中有 119 个相同）
```

2.2.5　词汇表归一化

到现在为止，我们已经看到了词汇表大小对 NLP 流水线性能的重要影响。另一种减少词汇表大小的方法是将词汇表归一化以便意义相似的词条归并成单个归一化的形式。这样做一方面可以减少需要在词汇表中保留的词条数，另一方面也会提高语料库中意义相似但是拼写不同的词条或 *n*-gram 之间的语义关联。正如前面提到的那样，减小词汇表的规模可以降低过拟合的概率。

1. 大小写转换

当两个单词只有大小写形式不同时，大小写转换会用来把不同的大小写形式进行统一处理。那么，为什么需要使用大小写转换呢？因为当单词出现在句首或者为了表示强调均采用大写形式来表示时，某个单词的大小写变得不太统一。将这种不统一的大小写形式统一化则称为大小写归一化（case normalization），或者采用一个更常用的称呼，称为大小写转换（case folding）。将单词或字符的大小写统一是一种减小词汇表规模的方法，可以推广到 NLP 的流水线。它有助于将意义相同（同样的拼写方式）的单词统一化为单个词条。

但是，单词的大写有时候也包含了一些特定的含义，例如"doctor"和"Doctor"往往具有不同的含义。大写单词往往也表示其是一个专有名词，即某个人名、地名或者事物的名称。如果命名实体识别对 NLP 流水线而言很重要的话，我们就希望能够识别出上面那些不同于其他单词的专有名词。然而，如果词条不进行大小写归一化处理，那么词汇表的规模就大约是原来的两倍，需要消耗的内存和处理时间也大约是原来的两倍，这样可能会增加需要标注的训练数据的数量以保证机器学习流水线收敛到精确的通用解。在机器学习流水线中，标注的用于训练的数据集必须能够代表模型需要处理的所有可能的特征向量所处的空间，包括能够处理大小写的变化情况。对于 100 000 维的词袋向量，通常必须要有 100 000 条甚至更多的标注数据，才能训练出一个不太会发生过拟合的有监督机器学习流水线。在某些情况下，将词汇表规模减小一半比丢弃部分信息更值当。

在 Python 中，利用列表解析式能够很方便地对词条进行大小写归一化处理：

```
>>> tokens = ['House', 'Visitor', 'Center']
>>> normalized_tokens = [x.lower() for x in tokens]
>>> print(normalized_tokens)
['house', 'visitor', 'center']
```

如果确信要对整篇文档进行大小写归一化处理，可以在分词之前对文本字符串使用 lower() 函数进行处理。但是如果这样的话，可能会干扰一些更高级的分词器，这些分词器可以将驼峰式大小写（camel case）[1]的单词进行分割，如"WordPerfect""FedEx"或"stringVariableName"等。也许我们希望 WordPerfect 只有其自己唯一的表示形式，或者也许希望回忆过去那个更完美的字处理时代。到底何时以及如何应用大小写转换，取决于我们自己。

通过大小写归一化，我们试图在语法规则和词条在句中的位置影响其大小写之前，将这些词条还原成其归一化形式。一种最简单也最常见的文本字符串大小写归一化方法是，利用诸如 Python 内置的 str.lower()[2]函数将所有字符都转成小写形式。不幸的是，这种做法除了会将我们希望的那些意义不大的句首大写字母进行归一化，也会将很多有意义的大小写形式给归一化掉。一个更好的大小写归一化方法是只将句首大写字母转成小写，其他单词仍然保持原有形式。

只将句首字母转成小写可以保留句子当中专有名词的含义，如 Joe 和 Smith 在句子"Joe Smith"中的情况。这种做法能够正确地将本该在一起的词分到一组，这是因为它们不是专有名字而只在句首时才首字母大写。这种做法可以在分词时将"Joe"和"coffee"（"joe"）[3]区分开来。

---

① 详见维基百科上标题为"Camel case case"的网页。

② 假设这里是 Python 3 中的 str.low()。在 Python 2 中，字节（字符串）可以只需要通过将所有的 ASCII 数字空间的 alpha 字符进行转换即可，但是在 Python 3 中，str.lower 对字符进行合理的翻译以便一方面能够处理装饰后的英语字符（如 resumé 中 e 上面的重音符号），另一方面也能够处理非英语的一些特殊的大小写情况。

③ 3-gram "cup of joe" 是 "cup of coffee" 的一种俚语。

这种做法也能防止一句话当中"铁匠"含义的"smith"（如句子"A word smith had a cup of joe."）和专有名词"Smith"混在一起。即使采用这种小心谨慎的大小写处理方法，即只将句首的单词转换成小写形式，也会遇到某些情况下专有名词出现在句首而导致的错误。采用上述做法，"Joe Smith, the word smith, with a cup of joe."和"Smith the word with a cup of joe, Joe Smith."这两个句子会产生不同的词条集合。此外，对不存在大小写概念的语言来说，大小写归一化没有任何作用。

为了避免上述例子中可能的信息损失，很多 NLP 流水线根本不进行大小写归一化处理。在很多应用中，将词汇表规模减小一半带来的效率提升（存储和处理）会大于专有名词的信息损失。但是，即使不进行大小写归一化处理，有些信息也会损失。如果不将句首的"The"识别为停用词，对有些应用来说可能会带来问题。拥有真正完善手段的流水线会在选择性地归一化那些出现在句首但明显不是专有名词的词之前，先检测出专有名词。我们可以使用任何对应用有意义的大小写处理方法。如果语料库中的"Smith's"和"word smiths"不太多，我们也并不关心它们是否要归一化成一个词条，那么就可以将所有文本都转成小写形式。最好的方法就是尝试多种不同做法，看看到底哪一种做法在 NLP 项目中获得了最高性能。

为了让模型能够处理那些出现古怪大小写形式的文本，大小写归一化可以减少对机器学习流水线的过拟合情况。大小写归一化对搜索引擎来说尤其有用。对搜索而言，归一化能够增加对特定查询找到的匹配数，这也称为搜索引擎（或其他任何分类模型）的召回率[①]。

对于一个没有进行大小写归一化的搜索引擎，如果搜索"Age"会得到和搜索"age"不一样的文档集合。"Age"可能出现在诸如"New Age"或"Age of Reason"的短语中。比较而言，"age"更可能出现在像前面有关"Thomas Jefferson"的句子中的"at the age of"这样的短语中。通过将搜索索引中的词汇表归一化（同时查询也需要进行同样的归一化处理），无论输入查询的大小写如何，都可以保证两类有关"age"的文档均被返回。

但是，上述召回率的额外升高会造成正确率降低，此时对于返回的很多文档，用户并不感兴趣。基于这个原因，现代搜索引擎允许用户关闭查询的大小写归一化选项，通常的做法是将需要精确匹配的词用双引号引起来。如果要构建这样的搜索引擎流水线，以便处理上述两种查询，就需要为文档建立两个索引：一个索引将 *n*-gram 进行大小写归一化处理，而另一个则采用原始的大小写形式。

2．词干还原

另一种常用的词汇表归一化技术是消除词的复数形式、所有格的词尾甚至不同的动词形式等带来的意义上的微小差别。这种识别词的不同形式背后的公共词干的归一化方法称为词干还原（stemming）。例如，`housing` 和 `houses` 的公共词干是 `house`。词干还原过程会去掉词的后缀，从而试图将具有相似意义的词归并到其公共词干。不一定要求词干必须是一个拼写正确的词，而只需要是一个能够代表词的多种可能拼写形式的词条或者标签（label）。

人们很容易知道"house"和"houses"分别是同一名词的单数和复数形式。但是，对机器而

---

① 参考附录 D 来学习更多有关正确率（presicion）和召回率（recall）的内容。

言，需要某种方式来提供这个信息。词干还原的主要好处之一是，机器中的软件或者语言模型所需记录其意义的词的个数得以压缩。它在限制信息或意义损失的同时，会尽可能减小词汇表的规模，这在机器学习中称为降维。它能够帮助泛化语言模型，使模型能够在属于同一词干的词上表现相同。因此，只要我们的应用中不需要机器区分 house 和 houses，词干还原就可以将程序或数据集的规模减小一半甚至更多，减小的程度依赖所选词干还原工具的激进程度。

　　词干还原对关键词搜索或信息检索十分重要。在搜索 "developing houses in Portland" 时，返回的网页或者文档可以同时包含 "house" "houses" 甚至 "housing"，因为这些词都会还原成词干 "hous"。同样，返回的页面除了可以包含 "developing"，还可以包含 "developer" 和 "development"，因为它们都可以还原成词干 "develop"。正如我们所看到的那样，上述做法相当于拓宽了搜索结果，这样可以确保丢失相关文档或者网页的可能性减小。这种拓宽搜索结果的方法会极大地提高搜索的召回率得分，召回率是度量搜索引擎返回所有相关文档[①]的程度的一个指标。

　　然而，词干还原可能会大幅度降低搜索引擎的正确率得分，这是因为在返回相关文档的同时可能返回了大量不相关文档。在一些应用当中，假阳率（false positive，返回的结果中不相关的文档比率）会是一个问题。因此，大部分搜索引擎可以通过对词或短语加双引号的方式关闭词干还原甚至大小写转换这些选项。加双引号意味着返回页面必须包含短语的精确拼写形式，例如，输入查询 "Portland Housing Development software"，返回的页面就会和查询 "a Portland software developer's house" 所返回的页面不属于一类。另外，有时候需要搜索 "Dr. House's calls" 而非 "dr house call"，虽然后者可能是采用词干还原工具处理前者后得到的有效查询。

　　下面给出一个使用纯 Python 实现的词干还原的简单示例，该示例可以处理词尾的 s：

```
>>> def stem(phrase):
...     return ' '.join([re.findall('^(.*ss|.*?)(s)?$',
...         word)[0][0].strip("'") for word in phrase.lower().split()])
>>> stem('houses')
'house'
>>> stem("Doctor House's calls")
'doctor house call'
```

上面的词干还原函数使用一个短的正则表达式来遵守如下的一些简单规则：

- 如果词结尾不止一个 s，那么词干就是词本身，后缀是空字符串；
- 如果词结尾只有一个 s，那么词干是去掉 s 后的词，后缀是字符 s；
- 如果词结尾不是 s，那么词干就是词本身，不返回任何后缀。

上面的 strip 方法能够确保一些词的所有格和复数形式能够被词干还原处理。

上述函数可以处理常规情况，但是无法处理更复杂的情况。例如，上述规则遇到 dishes 或者 heroes 就会失效。针对这些更复杂的情况，NLTK 包提供了其他词干还原工具。

上述函数同样不能处理查询 "Portland Housing" 中的 "housing"。

两种最流行的词干还原工具分别是 Porter 和 Snowball。Porter 词干还原工具因计算机科学家

---

① 如果忘记了如何求召回率，可以参考附录 D 或者访问有关召回率的维基百科网页。

Martin Porter[①]而得名。Porter 本人也主导了对 Porter 词干还原工具进行改进而得到 Snowball[②]的过程。由于词干还原对信息检索（关键词检索）具有重要价值，Porter 在他漫长的职业生涯的大部分时间里都致力于记录和提高词干还原工具的效果。这些词干还原工具使用了比单个正则表达式更复杂的规则，这样就能够处理更复杂的英语拼写和词尾情况。

```
>>> from nltk.stem.porter import PorterStemmer
>>> stemmer = PorterStemmer()
>>> ' '.join([stemmer.stem(w).strip("'") for w in
...     "dish washer's washed dishes".split()])
'dish washer wash dish'
```

需要注意的是，像上面的正则表达式词干还原工具一样，Porter 保留了词尾的撇号（'），这样就能把所有格形式和非所有格形式的词区分开来。所有格名词往往都是专有名词，因此这个特性对于那些要将人名和其他名词区分开来的应用来说十分重要。

关于 Porter 词干还原工具的更多信息

　　Julia Menchavez 将 Porter 的原始版本转换成纯 Python 版本并且共享了出来。如果读者有兴趣开发自己的词干还原工具，可以考虑这 300 行转换代码，以及 Porter 放入其中的经受了长期考验的精致规则。

　　Porter 词干还原算法有 8 步：1a、1b、1c、2、3、4、5a 和 5b。其中 1a 有点儿像处理词尾 s 的正则表达式[a]：

```
def step1a(self, word):
    if word.endswith('sses'):
        word = self.replace(word, 'sses', 'ss')
    elif word.endswith('ies'):
        word = self.replace(word, 'ies', 'i')
    elif word.endswith('ss'):
        word = self.replace(word, 'ss', 'ss')
    elif word.endswith('s'):
        word = self.replace(word, 's', '')
    return word
```

> 这与 str.replace()完全不一样，Julia 的 self.replace()只修改词尾部分

　　剩下的 7 步要复杂得多，因为它们必须处理下面的复杂的英语拼写规则：

■ **Step 1a**——词尾为 "s" 和 "es"；

■ **Step 1b**——词尾为 "ed" "ing" 和 "at"；

■ **Step 1c**——词尾为 "y"；

■ **Step 2**——名词性词尾，如 "ational" "tional" "ence" 和 "able"；

■ **Step 3**——形容词性词尾，如 "icate" "ful" 和 "alize"；

■ **Step 4**——形容词性词尾，如 "ive" "ible" "ent" 和 "ism"；

■ **Step 5a**——难处理的词尾 "e"，仍然持续开发中；

■ **Step 5b**——词尾的双辅音，词干会以单个 "l" 结尾。

　　a 这是 Julia Menchavez 实现的 porter-stemmer 的一个简化版本。

---

① 参考 M. F. Porter 的文章 "An algorithm for suffix stripping"（1993）。
② 详见标题为 "Snowball: A language for stemming algorithms" 的网页。

3. 词形归并

如果知道词义之间可以互相关联，那么可能就能够将一些词关联起来，即使它们的拼写完全不一样。这种更粗放的将词归一化成语义词根即词元（lemma）的方式称为词形归并（lemmatization）。

在第 12 章中，我们会看到如何通过词形归并来降低回答聊天机器人语句时所需逻辑的复杂性。对于任何一个 NLP 流水线，如果想要对相同语义词根的不同拼写形式都做出统一回复的话，那么词形归并工具就很有用，它会减少必须要回复的词的数目，即语言模型的维度。利用词形归并工具，可以让模型更一般化，当然也可能带来模型精确率的降低，因为它会对同一词根的不同拼写形式一视同仁。例如，即使它们的意义不同，在 NLP 流水线中使用词形归并的情况下，"chat""chatter""chatty""chatting"甚至"chatbot"可能也会被同等对待。与此类似的是，尽管"bank""banked"和"banking"分别和河岸、汽车及金融有关，但是如果使用了词干还原工具，它们会被同等对待。

在浏览这一节时，大家可以想象一下可能会有这样的词，经过词形归并处理之后，可能会彻底改变该词的意思，甚至可能得到意义完全相反的词，从而导致与期望回复相反的结果。这种情形称为"刻意欺骗"（spoofing），即通过精心构造难以处理的输入，有意使机器学习流水线产生错误的响应。

由于考虑了词义，相对于词干还原和大小写归一化，词形归并是一种潜在的更具精确性的词的归一化方法。通过使用同义词表和词尾相关的知识库，词形归并工具可以确保只有那些具有相似意义的词才会被归并成同一词条。

有些词形归并工具除拼写之外还使用词的词性（part of speech，POS）标签来提高精确率。词的 POS 标签代表了该词在短语或句子中的语法角色。例如，名词一般是代表人物、地点、事物的词。形容词常常代表修饰或描述名词的词。动词是代表动作的词。只孤立地考虑词本身是无法判断词性的，判断词性要考虑该词的上下文。因此，一些高级的词形归并工具无法在孤立的词上运行。

大家能否设想如何使用词性信息从而比使用词干还原更好地识别词的"词根"？考虑词 better，词干还原工具可能会去掉 better 词尾的 er，从而得到 bett 或 bet。但是，这样做会将 better 和 betting、bets 和 Bet's 混在一起，而一些更相近的词如 betterment、best 甚至 good 和 goods 却被排除在外。

因此，在很多应用中词形归并比词干还原更有效。词干还原工具实际上仅仅用于大规模信息检索应用（关键词搜索）中。如果我们真的希望在信息检索流水线中通过词干还原工具进行降维和提高召回率，那么可能需要在使用词干还原工具之前先使用词形归并工具。由于词元本身是一个有效的英文词，词干还原工具作用于词形归并的输出会很奏效。这种技巧会比单独使用词干还原工具能更好地降维和提高信息检索的召回率[①]。

在 Python 中如何识别词元？NLTK 包提供了相关的函数。需要注意的是，如果需要得到更精确的词元，需要告诉 WordNetLemmatizer 你感兴趣的词性是什么。

---

① 感谢 Kyle Gorman 指出了这一点。

```
>>> nltk.download('wordnet')
>>> from nltk.stem import WordNetLemmatizer
>>> lemmatizer = WordNetLemmatizer()                    默认词性是 "n",
>>> lemmatizer.lemmatize("better")        ←┘          表示名词
'better'
>>> lemmatizer.lemmatize("better", pos="a")   ←        "a" 表示形容词
'good'
>>> lemmatizer.lemmatize("good", pos="a")
'good'
>>> lemmatizer.lemmatize("goods", pos="a")
'goods'
>>> lemmatizer.lemmatize("goods", pos="n")
'good'
>>> lemmatizer.lemmatize("goodness", pos="n")
'goodness'
>>> lemmatizer.lemmatize("best", pos="a")
'best'
```

　　读者可能会觉得奇怪,为什么上述对 better 的第一次词形归并处理对它并没有根本改变,其原因在于,词的词性可能会对其意义有巨大影响。如果没有给定某个词的词性,NLTK 词形归并工具会默认其为名词。一旦指定了 better 的正确词性 "a",即形容词,词形归并工具就会返回正确的词元。遗憾的是,NLTK 词形归并工具仅限于普林斯顿 WordNet 词义图中的关联。因此,best 不会和 better 产生同样的词根。WordNet 词义图中也忽略了 goodness 和 good 之间的关联。而另一方面,Porter 词干还原工具却通过去掉所有词尾的 ness 找到上述两个词之间的关联:

```
>>> stemmer.stem('goodness')
'good'
```

4. 使用场景

　　什么时候用词形归并?什么时候用词干还原?词干还原工具通常计算速度比较快,所需要的代码和数据集也更简单。但是,相对于词形归并,词干还原会犯更多的错误,会对更多的词进行处理,从而对文本的信息内容及意义的缩减量也更大。无论是词干还原还是词形归并,都会减小词汇表的规模,同时增加文本的歧义性。但是词形归并工具基于词在文本中的用法和目标词义,能够尽可能地保留文本的信息内容。因此,有些 NLP 包如 spaCy 不提供词干还原工具,而只提供词形归并工具。

　　如果应用中包含搜索过程,那么词干还原和词形归并能够通过将查询词关联到更多文档而提高搜索的召回率。但是,词干还原、词形归并甚至大小写转换将显著降低搜索结果的正确率(precision)和精确率(accuracy)。上述词汇表压缩方法会导致信息检索系统(搜索引擎)返回更多与词的原本意义不相关的文档。由于搜索结果可以按照相关度排序,搜索引擎和文档索引常常使用词干还原或词形归并来提高所需文档在搜索结果中出现的可能性。但是,最终搜索引擎会将词干还原前和还原后的检索结果混在一起,通过排序展示给用户[①]。

───────────────

[①] 额外的元数据可以用于调整搜索结果的排序。DuckDuckGo 和其他流行的 Web 搜索引擎整合了超过 400 个独立的算法(包括用户贡献的算法)来对检索结果进行排序。

而对基于搜索的聊天机器人来说，精确率更为重要。因此，聊天机器人会先基于未进行词干还原、未进行归一化的词来搜索最相近的匹配，只有失败了才转向词干还原或者过滤掉的词条匹配来寻找可能的结果。而词条归一化前的匹配结果的级别高于归一化后的匹配结果。

重要说明　除非文本（这些文本包含一些大家感兴趣的词的用法或者大写形式）数量有限，否则就避免使用词干还原和词形归并。这一点是我们的底线。随着 NLP 数据集的井喷式增长，上述情况对英文文档来说已经很少见了，除非文档使用了大量的术语，或者来自科学、技术或文学的一个极小的子领域。尽管如此，对于除英语之外的语言，仍然存在词形归并的使用场景。斯坦福大学的信息检索课程完全忽略了词干还原和词形归并，因为它们带来的召回率提高微不足道而正确率却降低明显[①]。

2.3　情感

无论 NLP 流水线中使用的是单个词、n-gram、词干还是词元作为词条，每个词条都包含了一些信息。这些信息中的一个重要部分是词的情感，即一个词所唤起的总体感觉或感情。这种度量短语或者文本块的情感的任务称为情感分析（sentiment analysis），是 NLP 中的一个常见应用。在很多公司中，NLP 工程师要做的最主要的工作就是情感分析。

公司很想知道用户对其产品的看法。因此，他们常常提供了用户反馈的通道。在亚马逊或者 Rotten Tomatoes 上对用户购买的商品打上星级，是获得用户对商品的可量化的看法的一种办法。但是更自然的一种方式是让用户利用自然语言对商品进行评价。给用户一个空白文本框，用户可以在其中填上更加详细的商品评价内容。

过去我们必须对这些评论一一阅读。只有人类才能够理解自然语言文本中诸如情绪、情感之类的东西，对不对？然而，如果我们必须要阅读几千条评论，就会发现阅读者的工作多么枯燥乏味并且会屡屡犯错。人类特别不善于阅读用户的反馈，特别是那些批评性的反馈或负面的反馈。而顾客通常的反馈沟通方式并不是特别好，难以通过人类自然的触发器和过滤器。

但是机器既不会有人类的那种倾向性，又没有人类的情感触发器。而且，并不仅仅是人类才可以处理自然语言文本和从中提取信息甚至意义，NLP 流水线也能够快速客观地处理大量用户反馈，而不会出现什么倾向性。同时，NLP 流水线能够输出文本的正向性或者负向性以及任何其他的情感质量的数值等级。

另一个常见的情感分析应用是垃圾邮件或钓鱼消息的过滤。我们也希望自己的聊天机器人能够判断聊天信息中的情感以便能够合理地进行回复。甚至更重要的一点是，我们希望聊天机器人在输出语句之前能够知道该语句的情感倾向，从而引导机器人输出更加亲和和友好的语句。实现上面这一点的一种最简单方式就是按照妈妈们说过的一句话去做：如果不能说出得体的话，就什么都别说。因此，我们需要机器人能够度量要说的任何话的得体程度从而

---

① 详见标题为 "Stemming and lemmatization" 的网页。

决定是否需要回复。

那么，要度量一段文本的情感产生所谓的倾向性数值，需要构造什么类型的流水线呢？假如需要度量文本的喜好度，即某个人对其所评论的产品或服务的喜欢程度，应该如何？再如，我们希望 NLP 流水线和情感分析算法输出单个从-1 到+1 之间的浮点值。对于类似于"Absolutely perfect! Love it! :-) :-) :-)."这样的正向情感文本，算法会输出+1。而对于类似于 "Horrible! Completely useless. :(."这样的负向情感文本，算法会输出-1。对于类似于"It was OK. Some good and some bad things."这样的评论，算法会输出一个接近于 0 的值，如 0.1。

有两种情感分析的方法，分别是：

- 基于规则的算法，规则由人来撰写；
- 基于机器学习的模型，模型是机器从数据中学习而得到。

第一种情感分析的方法使用用户设计的规则（有时称为启发式规则）来度量文本的情感。一个常用的基于规则的方法是在文本中寻找关键词，并将每个关键词映射到某部字典或者映射上的数值得分或权重，例如这部字典可以是 Python 的 dict。到现在为止，我们已经知道了如何进行分词处理，我们在字典中可以使用分词后得到的词干、词元或者 *n*-gram 词条，而不只是词。算法中的规则将迭加文档中每个关键词在字典中的情感得分。显然，在文本上运行我们的算法之前，我们必须要手工构建一部关键词及每个关键词的情感得分的字典。后面我们会利用代码片段展示如何使用 sklearn 中的 VADER 算法来实现这一点。

第二种基于机器学习的方法利用一系列标注语句或者文档来训练机器学习模型以产生规则。机器学习的情感模型在经过训练以后能够处理输入文本并输出该文本的一个情感数值得分，该得分就像正向倾向性、垃圾程度和钓鱼程度一样。对于机器学习方法，需要大量标注好"正确"情感得分的文本数据。推文数据往往被用于这类方法，因为推文中的哈希标签（如#awesome、#happy 或#sarcasm）往往可用于构建"自标注"（self-labeled）的数据集。大家的公司可能有一些经过五星评级的产品评论，可以利用这些五星评级作为文本正向倾向性的数值得分进行训练。后面我们在介绍 VADER 之后，很快就给大家展示如何处理这样的数据集，并通过训练一个基于词条的朴素贝叶斯机器学习算法，来度量评论的正向情感倾向程度。

2.3.1   VADER：一个基于规则的情感分析器

佐治亚理工学院（GA Tech）的 Hutto 和 Gilbert 提出了最早成功的基于规则的情感分析算法之一，他们称之为 VADER 算法，是 Valence Aware Dictionary for sEntiment Reasoning[①]的简称。很多 NLP 包实现的是该算法的某种形式。NLTK 包中的 nltk.sentiment.vader 实现了 VADER 算法。Hutto 自己维护着 Python 包 vaderSentiment。下面会给出使用 vaderSentiment 的代码片段。

---

① 参见 Hutto 和 Gilbert 的文章 "VADER: A Parsimonious Rule-based Model for Sentiment Analysis of Social Media Text"。

要运行下面的例子需要 pip install vaderSentiment[①]，而在 nlpia 包中并没有包含 vaderSentiment：

> SentimentIntensityAnalyzer.lexicon 包含了词条及其对应的我们提到的得分

```
>>> from vaderSentiment.vaderSentiment import SentimentIntensityAnalyzer
>>> sa = SentimentIntensityAnalyzer()
>>> sa.lexicon
{ ...
':(': -1.9,
':)': 2.0,
...
'pls': 0.3,
'plz': 0.3,
...
'great': 3.1,
... }
>>> [(tok, score) for tok, score in sa.lexicon.items()
...     if " " in tok]
[("( '}{' )", 1.6),
 ("can't stand", -2.0),
 ('fed up', -1.8),
 ('screwed up', -1.5)]
>>> sa.polarity_scores(text=\
...     "Python is very readable and it's great for NLP.")
{'compound': 0.6249, 'neg': 0.0, 'neu': 0.661,
'pos': 0.339}
>>> sa.polarity_scores(text=\
...     "Python is not a bad choice for most applications.")
{'compound': 0.431, 'neg': 0.0, 'neu': 0.711,
'pos': 0.289}
```

> 这里的分词器最擅长处理标点符号和表情符号，这样 VADER 才能更好地工作。毕竟，设计表情符号就是为了表达大量情感

> 如果在流水线中词干还原工具（或词形归并工具），需要将该词干还原工具也用于 VADER 词库，使单个词干或词元中的所有词的得分组合起来

> 在 VADER 定义的 7500 个词条中，只有 3 个包含空格，其中的两个实际上是 n-gram，另一个是表达 "kiss" 的表情符号

> VADER 算法用3个不同的分数（正向、负向和中立）来表达情感极性的强度，然后将它们组合在一起得到一个复合的情感倾向性得分

> 注意，VADER 对于否定处理得非常好，相比于 not bad，great 正向情感程度只是略微高一点。VADER 内置的分词器忽略所有不在其词库中的词，也完全不考虑 n-gram

下面看看上述基于规则的方法在我们前面提到的语句上的应用结果如何：

```
>>> corpus = ["Absolutely perfect! Love it! :-) :-) :-)",
...           "Horrible! Completely useless. :(",
...           "It was OK. Some good and some bad things."]
>>> for doc in corpus:
...     scores = sa.polarity_scores(doc)
...     print('{:+}: {}'.format(scores['compound'], doc))
+0.9428: Absolutely perfect! Love it! :-) :-) :-)
-0.8768: Horrible! Completely useless. :(
+0.3254: It was OK. Some good and some bad things.
```

这看上去和我们想要的差不多。VADER 的唯一不足在于，它只关注其词库中的 7500 个词条，而非文档中的所有词。如果想把所有词及其情感得分加入词库该怎么做？如果不想对词库中数千词中的

---

① 可以从 GitHub 上获得源码和更详细的安装指令。

每个词进行编码该如何处理？或者将大量定制的词加入词库 `SentimentIntensityAnalyzer.lexicon` 中又该如何处理？如果不理解语言的话，基于规则的方法几乎不可能有用，因为不知道要在字典（词库）中放入什么分数！

而这就是基于机器学习的情感分析器要做的事情。

2.3.2 朴素贝叶斯

朴素贝叶斯模型试图从一系列文档集合中寻找对目标（输出）变量有预测作用的关键词。当目标变量是要预测的情感时，模型将寻找那些能预测该情感的词。朴素贝叶斯模型的一个好处是，其内部的系数会将词或词条映射为类似于 VADER 中的情感得分。只有这时，我们才不必受限于让人来决定这些分数应该是多少，机器将寻找任何其认为的"最佳"得分。

对于任一机器学习算法，首先必须要有一个数据集，即需要一些已经标注好正向情感的文本文档。在和同伴构建 VADER 时，Hutto 整理了 4 个不同的情感数据集。我们可以从 `nlpia` 包中加载这些数据集[①]。

```
>>> from nlpia.data.loaders import get_data
>>> movies = get_data('hutto_movies')
>>> movies.head().round(2)
    sentiment                                               text
id
1        2.27  The Rock is destined to be the 21st Century...
2        3.53  The gorgeously elaborate continuation of ''...
3       -0.60                      Effective but too tepid ...
4        1.47  If you sometimes like to go to the movies t...
5        1.73  Emerges as something rare, an issue movie t...
>>> movies.describe().round(2)
       sentiment
count   10605.00
mean        0.00
min        -3.88
max         3.94
```

看起来电影的评分区间在-4 到+4 之间

下面使用分词器对所有电影评论文本进行切分，从而得到每篇评论文本的词袋，然后像本章前面提到的例子那样将它们放入 Pandas DataFrame 中。

这行用于帮助在控制台更美观地显示较宽的 DataFrame

相对于 TreebankWordTokenizer 分词器或者本章其他的分词器，NLTK 的 casual_tokenize 可以更好地处理表情符号、不寻常的标点符号以及行业术语

Python 内置的 Counter 的输入是一系列对象，然后对这些对象进行计数，并返回一部字典，其中键是对象本身（这里是词条），值是这些对象计数后得到的整数值

```
>>> import pandas as pd
>>> pd.set_option('display.width', 75)
>>> from nltk.tokenize import casual_tokenize
>>> bags_of_words = []
>>> from collections import Counter
>>> for text in movies.text:
```

① 如果还没有安装 `nlpia` 的话，请检查本书的 GitHub 上给出的安装指令。

```
...        bags_of_words.append(Counter(casual_tokenize(text)))
>>> df_bows = pd.DataFrame.from_records(bags_of_words)
>>> df_bows = df_bows.fillna(0).astype(int)
>>> df_bows.shape
(10605, 20756)
>>> df_bows.head()
   !  "  #  $  %  &  '  ...  zone  zoning  zzzzzzzzz  ½  élan  –  ’
0  0  0  0  0  0  0  4  ...     0       0          0  0     0  0  0
1  0  0  0  0  0  0  4  ...     0       0          0  0     0  0  0
2  0  0  0  0  0  0  0  ...     0       0          0  0     0  0  0
3  0  0  0  0  0  0  0  ...     0       0          0  0     0  0  0
4  0  0  0  0  0  0  0  ...     0       0          0  0     0  0  0
>>> df_bows.head()[list(bags_of_words[0].keys())]
   The  Rock  is  destined  to  be  ...  Van  Damme  or  Steven  Segal  .
0    1     1   1         1   2   1  ...    1      1   1       1      1  1
1    2     0   1         0   0   0  ...    0      0   0       0      0  4
2    0     0   0         0   0   0  ...    0      0   0       0      0  0
3    0     0   1         0   4   0  ...    0      0   0       0      0  1
4    0     0   0         0   0   0  ...    0      0   0       0      0  1
```

词袋表格可能会快速增长到很大的规模，特别是在没有使用前面提到的大小写归一化、停用词过滤、词干还原和词形归并过程时更是如此。在这里可以考虑插入上述降维工具看看对流水线的影响如何

Numpy 和 Pandas 只能用浮点对象来表示 NaN，因此一旦将所有 NaN 填充为 0，可以将 DataFrame 转换为整数，这样在内存存储和显示上可以紧凑得多

DataFrame 构造器 from_records() 的输入是一个字典的序列，它为所有键构建列，值被加入合适的列对应的表格中，而缺失值用 NaN 进行填充

现在我们拥有了朴素贝叶斯模型所需的所有数据，利用这些数据可以从自然语言文本中寻找那些预测情感的关键词：

平均预测错误绝对值（也称为 MAE）是 2.4

朴素贝叶斯是分类器，因此需要将输出的变量（代表情感的浮点数）转换成离散的标签（整数、字符串或者布尔值）

将二值的分类结果变量（0 或 1）转换到 –4 到 +4 之间，从而能够和标准情感得分进行比较。利用 nb.predict_proba 可以得到一个连续值

```
>>> from sklearn.naive_bayes import MultinomialNB
>>> nb = MultinomialNB()
>>> nb = nb.fit(df_bows, movies.sentiment > 0)
>>> movies['predicted_sentiment'] =\
...     nb.predict_proba(df_bows) * 8 - 4
>>> movies['error'] = (movies.predicted_sentiment - movies.sentiment).abs()
>>> movies.error.mean().round(1)
2.4
>>> movies['sentiment_ispositive'] = (movies.sentiment > 0).astype(int)
>>> movies['predicted_ispositiv'] = (movies.predicted_sentiment > 0).astype(int)
>>> movies['''sentiment predicted_sentiment sentiment_ispositive\
...     predicted_ispositive'''.split()].head(8)
    sentiment  predicted_sentiment  sentiment_ispositive  predicted_ispositive
id
1    2.266667                    4                     1                     1
2    3.533333                    4                     1                     1
3   -0.600000                   -4                     0                     0
```

```
4    1.466667               4               1               1
5    1.733333               4               1               1
6    2.533333               4               1               1
7    2.466667               4               1               1
8    1.266667              -4               1               0
>>> (movies.predicted_ispositive ==
...     movies.sentiment_ispositive).sum() / len(movies)
0.9344648750589345
```
这里点赞评级的正确率是93%

只需要短短的几行代码（及很多数据），就可以构建一个不错的情感分析器，这确实是一个不错的开端。我们不需要像 VADER 一样构建一个包含 7500 个词及其对应情感得分的列表，而只需要给出一些文本及其标注。这就是机器学习和 NLP 的力量所在！

如果使用一个完全不一样的情感得分（如商品评论而非电影评论的得分）集，结果又会怎样呢？

如果想和上面一样构建一个实际的情感分析器，记得要对训练数据进行分割（留出一个测试集，要获得有关测试集/训练集的分割的更多信息，参见附录 D）。如果强行对所有的文本点赞或者点差，那么一个随机猜测的 MAE 大概在 4 左右。因此，上面的情感分析器大概比随机猜测好一半。

```
>>> products = get_data('hutto_products')
...     bags_of_words = []
>>> for text in products.text:
...     bags_of_words.append(Counter(casual_tokenize(text)))
>>> df_product_bows = pd.DataFrame.from_records(bags_of_words)
>>> df_product_bows = df_product_bows.fillna(0).astype(int)
>>> df_all_bows = df_bows.append(df_product_bows)
>>> df_all_bows.columns
Index(['!', '"', '#', '#38', '$', '%', '&', ''', '(', '(8',
       ...
       'zoomed', 'zooming', 'zooms', 'zx', 'zzzzzzzzz', '~', '½', 'élan',
       '–', '''],
      dtype='object', length=23302)
>>> df_product_bows = df_all_bows.iloc[len(movies):][df_bows.columns]
>>> df_product_bows.shape
(3546, 20756)
>>> df_bows.shape
(10605, 20756)
>>> products[ispos] =
➥ (products.sentiment > 0).astype(int)
>>> products['predicted_ispositive'] =
➥ nb.predict(df_product_bows.values).astype(int)
>>> products.head()
id  sentiment                               text       ispos  pred
0   1_1        -0.90   troubleshooting ad-2500 and ad-2600 ...    0     0
1   1_2        -0.15   repost from january 13, 2004 with a ...    0     0
2   1_3        -0.20   does your apex dvd player only play        0     0
3   1_4        -0.10   or does it play audio and video but        0     0
```

新的词袋中包含了原来 DataFrame 词袋中没有的词条（原来的 20756 列变成了 23303 列）

这是原来的电影词袋

需要确保的是，新的商品 DataFrame 词袋与原来用于训练朴素贝叶斯模型的词袋具有完全一样的列词条以及完全一样的列序

```
4   1_5        -0.50   before you try to return the player ...    0      0
>>> (products.pred == products.ispos).sum() / len(products)
0.55724760029328821
```

因此,上述朴素贝叶斯模型在预测商品评论是否正向(即点赞)时表现得很糟糕。造成如此糟糕效果的一个原因是,利用 casual_tokenize 从商品文本中得到的词汇表中有 2546 个词条不在电影评论中。这个数目大概是原来电影评论分词结果的 10%,也就是说这些词在朴素贝叶斯模型中不会有任何权重或者得分。另外,朴素贝叶斯模型也没有像 VADER 一样处理否定词。我们必须要将 *n*-gram 放到分词器中才能够将否定词(如 "not" 或 "never")与其修饰的可能要用的正向词关联起来。

我们把这一点作为 NLP 实践留给大家完成,大家可以在上述机器学习模型的基础上进行改进。大家也可以检查自己在每一步上相对于 VADER 的进展,从而考虑一下 NLP 中"机器学习是否一定好于硬编码算法"这个问题。

2.4 小结

- 本章实现了分词功能,并且可以为应用定制分词器。
- *n*-gram 分词功能可以保留文档中的一些词序信息。
- 归一化及词干还原将词分组,可以提高搜索引擎的召回率,但是同时降低了正确率。
- 词形归并以及像 casual_tokenize() 一样的定制化分词器可以提高正确率,减少信息损失。
- 停用词可能包含有用的信息,去掉停用词不一定总有好处。

第 3 章　词中的数学

本章主要内容
- 对词和词项频率计数来分析文档意义
- 利用齐普夫定律预测词的出现概率
- 词的向量表示及其使用
- 利用逆文档频率从语料库中寻找相关文档
- 利用余弦相似度和 Okapi BM25 公式计算文档间的相似度

　　我们已经收集了一些词（词条），对这些词进行了计数，并将它们归并成词干或者词元，接下来就可以做一些有趣的事情了。分析词对一些简单的任务有用，例如得到词用法的一些统计信息，或者进行关键词检索。但是我们想知道哪些词对于某篇具体文档和整个语料库更重要。于是，我们可以利用这个"重要度"值，基于文档内的关键词重要度在语料库中寻找相关文档。

　　这样做的话，会使我们的垃圾邮件过滤器更不可能受制于电子邮件中单个粗鲁或者几个略微垃圾的词。也因为有较大范围的词都带有不同正向程度的得分或标签，因此我们可以度量一条推文的正向或者友好程度。如果知道一些词在某文档内相对于剩余文档的频率，就可以利用这个信息来进一步修正文档的正向程度。在本章中，我们将会学习一个更精妙的非二值词度量方法，它能度量词及其用法在文档中的重要度。几十年来，这种做法是商业搜索引擎和垃圾邮件过滤器从自然语言中生成特征的主流做法。

　　下一步我们要探索将第 2 章中的词转换成连续值，而非只表示词出现数目的离散整数，也不只是表示特定词出现与否的二值位向量。将词表示为连续空间之后，就可以使用更令人激动的数学方法来对这些表示进行运算。我们的目标是寻找词的数值表示，这些表示在某种程度上刻画了词所代表的信息内容或重要度。我们要等到在第 4 章中才能看到如何将这些信息内容转换成能够表示词的意义的数值。

　　本章将会考察以下 3 种表示能力逐步增强的对词及其在文档中的重要度进行表示的方法：
- 词袋——词出现频率或词频向量；
- n-gram 袋——词对（2-gram）、三元组（3-gram）等的计数；

■ TF-IDF 向量——更好地表示词的重要度的得分。

重要说明 TF-IDF 表示词项频率（term frequency）乘以逆文档频率（inverse document frequency）。在上一章中我们曾经学到过，词项频率是指每个词在某篇文档中的出现次数。而逆文档频率指的是文档集合中的文档总数除以某个词出现的文档总数。

上述 3 种技术中的每一种都可以独立应用或者作为 NLP 流水线的一部分使用。由于它们都基于频率，因此都是统计模型。在本书的后面部分，我们会看到很多更深入观察词之间关系、模式和非线性关系的方法。

但是，这些浅层的 NLP 机器已经很强大，对于很多实际应用已经很有用，例如垃圾邮件过滤和情感分析。

3.1 词袋

在第 2 章我们构建了文本的第一个向量空间模型。我们使用了每个词的独热向量，然后将所有这些向量用二进制 OR 运算（或者截断和，clipped sum）组合以创建文本的向量表示。如果被加载到一个诸如 Pandas DataFrame 的数据结构中，这种二值的词袋向量也可以为文档检索提供一个很棒的索引。

接下来考虑一个更有用的向量表示方法，它计算词在给定文本中的出现次数或者频率。这里引入第一个近似假设，假设一个词在文档中出现的次数越多，那么该词对文档的意义的贡献就越大。相比于多次提到 "cats" 和 "gravity" 的文档，一篇多次提到 "wings" 和 "rudder" 的文档可能会与涉及喷气式飞机或者航空旅行的主题更相关。或者，我们给出了很多表达正向情感的词，如 good、best、joy 和 fantastic，一篇文档包含的这类词越多，就认为它越可能包含了正向情感。然而可以想象，一个只依赖这些简单规则的算法可能会出错或者误导用户。

下面给出了一个统计词出现次数很有用的例子：

```
>>> from nltk.tokenize import TreebankWordTokenizer
>>> sentence = """The faster Harry got to the store, the faster Harry,
...     the faster, would get home."""
>>> tokenizer = TreebankWordTokenizer()
>>> tokens = tokenizer.tokenize(sentence.lower())
>>> tokens
['the',
 'faster',
 'harry',
 'got',
 'to',
 'the',
 'store',
 ',',
 'the',
 'faster',
 'harry',
```

```
',',
'the',
'faster',
',',
'would',
'get',
'home',
'.']
```

我们希望通过简单的列表（list），来从文档中得到独立的词及其出现次数。Python 的字典可以很好地实现这一目标，由于同时要对词计数，因此可以像前面章节那样使用 `Counter`：

```
>>> from collections import Counter
>>> bag_of_words = Counter(tokens)
>>> bag_of_words
Counter({'the': 4,
         'faster': 3,
         'harry': 2,
         'got': 1,
         'to': 1,
         'store': 1,
         ',': 3,
         'would': 1,
         'get': 1,
         'home': 1,
         '.': 1})
```

使用 Python 中任意一种较好的字典实现，键的次序都会发生变换。新的次序针对存储、更新和检索做了优化，而不是为了保持显示的一致性，包含在原始语句词序中的信息内容被忽略。

注意 `collections.Couter` 对象是一个无序的集合（collection），也称为袋（bag）或者多重集合（multiset）。基于所使用的平台和 Python 版本，我们发现 Counter 会以某种看似合理的次序来显示，就像词库序或者词条在语句中出现的先后词序一样。但是，对于标准的 Python dict，我们不能依赖词条（键）在 Counter 中的次序。

像上面这样的短文档，无序的词袋仍然包含了句子的原本意图中的很多信息。这些词袋中的信息对于有些任务已经足够强大，这些任务包括垃圾邮件检测、情感（包括倾向性、满意度等）计算甚至一些微妙意图的检测如讽刺检测。虽然这只是一个词袋，但是它装满了意义和信息。因此，下面我们将这些词按照某种方式进行排序，以便能够对此有所了解。`Counter` 对象有一个很方便的方法 `most_common`，可以实现上述目标：

```
>>> bag_of_words.most_common(4)
[('the', 4), (',', 3), ('faster', 3), ('harry', 2)]
```

> 在默认情况下，most_common()会按照频率从高到低
> 列出所有的词条，这里只给出频率最高的 4 个词条

具体来说，某个词在给定文档中出现的次数称为词项频率，通常简写为 TF。在某些例子中，

可以将某个词的出现频率除以文档中的词项总数从而得到归一化的词项频率结果[①]。

上面的例子中，排名最靠前的 4 个词项或词条分别是"the"","","harry"和"faster"，但是"the"和标点符号","对文档的意图而言信息量不大，并且这些信息量不大的词条可能会在我们的快速探索之旅中多次出现。对本例来说，我们通过标准的英语停用词表和标点符号表来去掉这些词。后面我们不会总是这样做，但是现在这样做有助于问题的简化。因此，最后我们在排名靠前的词项频率向量（词袋）中留下了"harry"和"faster"这两个词条。

接下来从上面定义的 `Counter` 对象（bag_of_words）中计算"harry"的词频。

```
>>> times_harry_appears = bag_of_words['harry']
>>> num_unique_words = len(bag_of_words)        ⟵  原始语句中的独立词条数
>>> tf = times_harry_appears / num_unique_words
>>> round(tf, 4)
0.1818
```

这里先暂停一下，我们更深入了解一下归一化词频率这个贯穿本书的术语。它是经过文档长度"调和"后的词频。但是为什么要"调和"呢？考虑词"dog"在文档 A 中出现 3 次，在文档 B 中出现 100 次。显然，"dog"似乎对文档 B 更重要，但是等等！这里的文档 A 只是一封写给兽医的 30 个词的电子邮件，而文档 B 却是包含大约 580 000 个词的长篇巨著《战争与和平》（*War & Peace*）！因此，我们一开始的分析结果应该正好反过来，即"dog"对文档 A 更重要。下列计算中考虑了文档长度：

TF("dog," $document_A$) = 3/30 = 0.1

TF("dog," $document_B$) = 100/580 000 = 0.000 17

现在，我们可以看到描述关于两篇文档的一些东西，以及这两篇文档和词"dog"的关系和两篇文档之间的关系。因此，我们不使用原始的词频来描述语料库中的文档，而使用归一化词项频率。类似地，我们可以计算每个词对文档的相对重要程度。显然，书中的主人公 Harry 及其对速度的要求是文档中故事的中心。我们已经做了很多的工作将文本转换成数值，而且超越了仅表示特定词出现与否的范围。当然，我们现在看到的只是一个人为的例子，但是通过这个例子我们能够快速看出基于该方法可能得到多么有意义的结果。下面考虑一个更长的文本片段，它来自维基百科中有关风筝（kite）的文章的前几个段落：

A kite is traditionally a tethered heavier-than-air craft with wing surfaces that react against the air to create lift and drag. A kite consists of wings, tethers, and anchors. Kites often have a bridle to guide the face of the kite at the correct angle so the wind can lift it. A kite's wing also may be so designed so a bridle is not needed; when kiting a sailplane for launch, the tether meets the wing at a single point. A kite may have fixed or moving anchors. Untraditionally in technical kiting, a kite consists of tether-set-coupled wing sets; even in technical kiting, though, a wing in the system is still often called the kite.

---

① 但是，归一化的词项频率实际上是概率，因此可能不应该称为频率。

The lift that sustains the kite in flight is generated when air flows around the kite's surface, producing low pressure above and high pressure below the wings. The interaction with the wind also generates horizontal drag along the direction of the wind. The resultant force vector from the lift and drag force components is opposed by the tension of one or more of the lines or tethers to which the kite is attached. The anchor point of the kite line may be static or moving (such as the towing of a kite by a running person, boat, free-falling anchors as in paragliders and fugitive parakites or vehicle).

The same principles of fluid flow apply in liquids and kites are also used under water. A hybrid tethered craft comprising both a lighter-than-air balloon as well as a kite lifting surface is called a kytoon.

Kites have a long and varied history and many different types are flown individually and at festivals worldwide. Kites may be flown for recreation, art or other practical uses. Sport kites can be flown in aerial ballet, sometimes as part of a competition. Power kites are multi-line steerable kites designed to generate large forces which can be used to power activities such as kite surfing, kite landboarding, kite fishing, kite buggying and a new trend snow kiting. Even Man-lifting kites have been made.

——维基百科

然后，将该文本赋给变量：

```
>>> from collections import Counter
>>> from nltk.tokenize import TreebankWordTokenizer
>>> tokenizer = TreebankWordTokenizer()
>>> from nlpia.data.loaders import kite_text
>>> tokens = tokenizer.tokenize(kite_text.lower())
>>> token_counts = Counter(tokens)
>>> token_counts
Counter({'the': 26, 'a': 20, 'kite': 16, ',': 15, ...})
```

和上面一样，kite_text = "A kite is traditionally …"

注意 TreebankWordTokenizer 会返回 "kite."（带有句点）作为一个词条。Treebank 分词器假定文档已经被分割成独立的句子，因此它只会忽略字符串最末端的标点符号。句子分割也是一件棘手的事情，我们将在第 11 章中介绍。尽管如此，由于在一趟扫描中就完成句子的分割和分词处理（还有很多其他处理），spaCy 分析器表现得更快且更精确。因此，在生产型应用中，可以使用 spaCy 而不是前面在一些简单例子中使用的 NLTK 组件。

好了，回到刚才的例子，里面有很多停用词。这篇维基百科的文章不太可能会与 "the" "a"、连词 "and" 以及其他停用词相关。下面把这些词去掉：

```
>>> import nltk
>>> nltk.download('stopwords', quiet=True)
True
>>> stopwords = nltk.corpus.stopwords.words('english')
```

```
>>> tokens = [x for x in tokens if x not in stopwords]
>>> kite_counts = Counter(tokens)
>>> kite_counts
Counter({'kite': 16,
         'traditionally': 1,
         'tethered': 2,
         'heavier-than-air': 1,
         'craft': 2,
         'wing': 5,
         'surfaces': 1,
         'react': 1,
         'air': 2,
         ...,
         'made': 1})}
```

单纯凭借浏览词在文档中出现的次数，我们就可以学到一些东西。词项 kite(s)、wing 和 lift 都很重要。并且，如果我们不知道这篇文章的主题是什么，只是碰巧在大规模的类谷歌知识库中浏览到这篇文章，那么我们可能"程序化"地推断出，这篇文章与"flight"或者"lift"相关，或者实际上和"kite"相关。

如果考虑语料库中的多篇文档，事情就会变得更加有趣。有一个文档集，这个文档集中的每篇文档都和某个主题有关，如放飞风筝（kite flying）的主题。可以想象，在所有这些文档中"string"和"wind"的出现次数很多，因此这些文档中的词项频率 TF("string") 和 TF("wind") 都会很高。下面我们将基于数学意图来更优雅地表示这些数值。

3.2 向量化

我们已经将文本转换为基本的数值。虽然仍然只是把它们存储在字典中，但我们已经从基于文本的世界中走出一步，而进入了数学王国。接下来我们要一直沿着这个方向走下去。我们不使用频率字典来描述文档，而是构建词频向量，在 Python 中，这可以使用列表来实现，但通常它是一个有序的集合或数组。通过下列片段可以快速实现这一点：

```
>>> document_vector = []
>>> doc_length = len(tokens)
>>> for key, value in kite_counts.most_common():
...     document_vector.append(value / doc_length)
>>> document_vector
[0.07207207207207207,
 0.06756756756756757,
 0.036036036036036036,
 ...,
 0.0045045045045045045]
```

对于上述列表或者向量，我们可以直接对它们进行数学运算。

提示 我们可以通过多种方式加快对上述数据结构的处理[①]。现在我们只是基于基本要素进行处理，但很快我们就会想加快上面的步骤。

如果只处理一个元素，那么在数学上没什么意思。只有一篇文档对应一个向量是不够的，我们可以获取更多的文档，并为每篇文档创建其对应的向量。但是每个向量内部的值必须都要相对于某个在所有向量上的一致性结果进行计算（即所有文档上有个通用的东西，大家都要对它来计算）。如果要对这些向量进行计算，那么需要相对于一些一致的东西，在公共空间中表示一个位置。向量之间需要有相同的原点，在每个维度上都有相同的表示尺度（scale）或者"单位"。这个过程的第一步是计算归一化词项频率，而不是像在上一节中那样计算文档中的原始词频。第二步是将所有向量都转换到标准长度或维度上去。

此外，我们还希望每个文档向量同一维上的元素值代表同一个词。但我们可能会注意到，我们写给兽医的电子邮件中不会包含《战争与和平》（*War & Peace*）中的许多词。（也许会，谁知道呢？）但是，如果允许向量在不同的位置上都包含 0，那么这也是可以的（事实上也是必要的）。我们会在每篇文档中找到独立的词，然后将这些词集合求并集后从中找到每个独立的词。词汇表中的这些词集合通常称为词库（lexicon），这与前面章节中所引用的概念相同，只是前面都考虑的是某个特定的语料库。下面我们看看比《战争与和平》更短的电影会是什么样子。我们去看看 Harry，我们已经有了一篇"文档"，下面我们用更多的文档来扩充语料库：

```
>>> docs = ["The faster Harry got to the store, the faster and faster Harry
➥ would get home."]
>>> docs.append("Harry is hairy and faster than Jill.")
>>> docs.append("Jill is not as hairy as Harry.")
```

提示 如果我们不只是在计算机上敲出来这段程序，而是想一起玩转的话，那么可以从 nlpia 包导入这段程序：from nlpia.data.loaders import harry_docs as docs。

首先，我们来看看这个包含 3 篇文档的语料库的词库：

```
>>> doc_tokens = []
>>> for doc in docs:
...     doc_tokens += [sorted(tokenizer.tokenize(doc.lower()))]
>>> len(doc_tokens[0])
17
>>> all_doc_tokens = sum(doc_tokens, [])
>>> len(all_doc_tokens)
33
>>> lexicon = sorted(set(all_doc_tokens))
>>> len(lexicon)
18
>>> lexicon
[',',
 '.',
 'and',
```

[①] 详见标题为"NumPy"的网页。

```
'as',
'faster',
'get',
'got',
'hairy',
'harry',
'home',
'is',
'jill',
'not',
'store',
'than',
'the',
'to',
'would']
```

尽管有些文档并不包含词库中所有的 18 个词，但是上面 3 篇文档的每个文档向量都会包含 18 个值。每个词条都会被分配向量中的一个槽位（slot），对应的是它在词库中的位置。正如我们能想到的那样，向量中某些词条的频率会是 0：

```
>>> from collections import OrderedDict
>>> zero_vector = OrderedDict((token, 0) for token in lexicon)
>>> zero_vector
OrderedDict([(',', 0),
             ('.', 0),
             ('and', 0),
             ('as', 0),
             ('faster', 0),
             ('get', 0),
             ('got', 0),
             ('hairy', 0),
             ('harry', 0),
             ('home', 0),
             ('is', 0),
             ('jill', 0),
             ('not', 0),
             ('store', 0),
             ('than', 0),
             ('the', 0),
             ('to', 0),
             ('would', 0)])
```

接下来可以对上述基本向量进行复制，更新每篇文档的向量值，然后将它们存储到数组中：

> copy.copy()构建了完全独立的副本，即 0 向量的一个独立的实例，而非复用一个指针指向原始对象的内存位置，否则，就会在每次循环中用新值重写相同的 zero_vector，从而导致每次循环都没有使用新的零向量

```
>>> import copy
>>> doc_vectors = []
>>> for doc in docs:
...     vec = copy.copy(zero_vector)
...     tokens = tokenizer.tokenize(doc.lower())
...     token_counts = Counter(tokens)
...     for key, value in token_counts.items():
```

```
...            vec[key] = value / len(lexicon)
...        doc_vectors.append(vec)
```

现在每篇文档对应一个向量，我们有 3 个向量。那接下来怎么办？我们能对它们做些什么？实际上，这里的文档词频向量能够做任意向量能做的所有有趣的事情，因此，接下来我们首先学习一些有关向量和向量空间的知识[①]。

向量空间

向量是线性代数或向量代数的主要组成部分。它是一个有序的数值列表，或者说这些数值是向量空间中的坐标。它描述了空间中的一个位置，或者它也可以用来确定空间中一个特定的方向和大小或距离。空间（space）是所有可能出现在这个空间中的向量的集合。因此，两个值组成的向量在二维向量空间中，而 3 个值组成的向量在三维向量空间中，以此类推。

一张作图纸或者图像中的像素网格都是很好的二维向量空间。我们可以看到这些坐标顺序的重要性。如果把作图纸上表示位置的 x 坐标和 y 坐标倒转，而不倒转所有的向量计算，那么线性代数问题的所有答案都会翻转。由于 x 坐标和 y 坐标互相正交，因此作图纸和图像是直线空间或者欧几里得空间的例子。我们在本章中讨论的向量都是直线空间，或者欧几里得空间。

地图或地球仪上的经纬度算什么呢？地图或地球仪绝对是一个二维向量空间，因为它是经度和纬度两个数值的有序列表。但是每个经纬度对都描述了一个近似球面、凹凸不平的表面（地球的表面）上的一个点。经纬度坐标不是精确正交的，所以经纬度构成的向量空间并不是直线空间。这意味着我们计算像二维经纬度向量一样的向量对或者非欧几里得空间下的向量对所表示的两点之间的距离或相似度时，必须十分小心。设想一下如何基于经纬度坐标计算波特兰和纽约之间的距离[②]。

图 3-1 给出了二维向量(5, 5)、(3, 2)和(−1, 1)的一种图示方法。向量的头部（箭头的尖）用于表示向量空间中的一个位置。因此，图中 3 个向量的头部对应了 3 组坐标。位置向量的尾部（有向线段的尾部）总是在坐标原点(0, 0)。

如果是三维向量空间应该怎么办？我们生活的三维物理世界中的位置和速度可以用三维向量的坐标 x、y、z 来表示。或者，由所有经度-纬度-高度三元组形成的曲面空间可以描述近地球表面的位置。

但是，我们不仅仅局限于三维空间。我们可以有 5 维、10 维、5000 维等各种维度的空间。线性代数对它们的处理方式都是一样的。随着维数的增加，我们可能需要更加强大的算力。大家将会遇到所谓的"维数灾难"[③]问题，但是我们会到最后一章（即第 13 章）再处理这个问题。

对于自然语言文档向量空间，向量空间的维数是整个语料库中出现的不同词的数量。对于

---

① 想了解更多有关线性代数和向量的知识，参考本书附录 C。
② 大家需要使用类似于 GeoPy 的包来获得数学上正确的计算结果。
③ 维数灾难（curse-of-dimensionality）是指，随着维数的增加，向量之间的欧几里得距离会呈指数级增长。许多在 10 维或 20 维以上向量上的简单运算变得不切实际，例如根据向量与"查询"或"参照"向量（近似最近邻搜索）的距离对一个大规模的向量列表进行排序。要深入理解维数灾难，参考维基百科的"Curse of Dimensionality"条目，与本书的作者之一探索超空间，使用 Python 的 annoy 包，或者在谷歌学术（Google Scholar）中搜索"high dimensional approximate nearest neighbors"。

TF（和后面的 TF-IDF），有时我们会用一个大写字母 K，称它为 K 维空间。上述在语料库中不同的词的数量也正好是语料库的词汇量的规模，因此在学术论文中，它通常被称为|V|。然后可以用这个 K 维空间中的一个 K 维向量来描述每篇文档。在前面 3 篇关于 Harry 和 Jill 的文档语料库中，K = 18。因为人类无法轻易地对三维以上的空间进行可视化，所以我们接下来把大部分的高维空间放在一边，先看一下二维空间，这样我们就能在当前正在阅读的平面上看到向量的可视化表示。因此，在图 3-2 中，我们给出了 18 维 Harry 和 Jill 文档向量空间的二维视图，此时 K 被简化为 2。

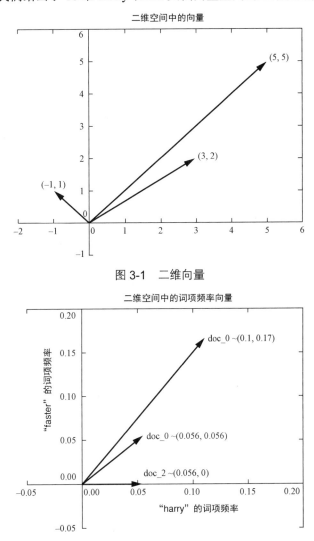

图 3-1　二维向量

图 3-2　二维词项频率向量

　　K 维向量和一般向量的工作方式是完全一样的，只是不太容易地对其进行可视化而已。既然现在已经有了每个文档的表示形式，并且知道它们共享公共空间，那么接下来可以对它们进行比较。我们可以通过向量相减，然后计算结果向量的大小来得到两个向量之间的欧几里得距离，也称为 2 范数距离。这是"乌鸦"从一个向量的顶点位置（头）到另一个向量的顶点位置飞行的（直线）距离。读者可以查看一下关于线性代数的附录 C，了解为什么欧几里得距离对词频（词项频率）向量来说不是一个好方法。

如果两个向量的方向相似，它们就"相似"。它们可能具有相似的大小（长度），这意味着这两个词频（词项频率）向量所对应的文档长度基本相等。但是，当对文档中词的向量表示进行相似度估算时，我们是否会关心文档长度？恐怕不会。我们在对文档相似度进行估算时希望能够找到相同词的相似使用比例。准确估算相似度会让我们确信，两篇文档可能涉及相似的主题。

余弦相似度仅仅是两个向量夹角的余弦值，如图 3-3 所示，可以用欧几里得点积来计算：

$$\boldsymbol{A} \cdot \boldsymbol{B} = |\boldsymbol{A}|\,|\boldsymbol{B}| \times \cos \Theta$$

余弦相似度的计算很高效，因为点积不需要任何对三角函数求值。此外，余弦相似度的取值范围十分便于处理大多数机器学习问题：–1 到 +1。

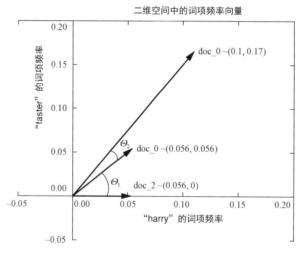

图 3-3　二维向量的夹角

在 Python 中，可以使用

```
a.dot(b) == np.linalg.norm(a) * np.linalg.norm(b) / np.cos(theta)
```
求解 cos(theta) 的关系，得到如下余弦相似度的计算公式：

$$\cos \Theta = \frac{\boldsymbol{A} \cdot \boldsymbol{B}}{|\boldsymbol{A}||\boldsymbol{B}|}$$

或者可以采用纯 Python（没有 numpy）中的计算方法，如代码清单 3-1 所示。

代码清单 3-1　Python 中的余弦相似度计算

```
>>> import math
>>> def cosine_sim(vec1, vec2):
```

```
...        """ Let's convert our dictionaries to lists for easier matching."""
...        vec1 = [val for val in vec1.values()]
...        vec2 = [val for val in vec2.values()]
...
...        dot_prod = 0
...        for i, v in enumerate(vec1):
...            dot_prod += v * vec2[i]
...
...        mag_1 = math.sqrt(sum([x**2 for x in vec1]))
...        mag_2 = math.sqrt(sum([x**2 for x in vec2]))
...
...        return dot_prod / (mag_1 * mag_2)
```

所以，我们需要将两个向量中的元素成对相乘，然后再把这些乘积加起来，这样就可以得到两个向量的点积。再将得到的点积除以每个向量的模（大小或长度），向量的模等于向量的头部到尾部的欧几里得距离，也就是它的各元素平方和的平方根。上述归一化的点积（normalized dot product）的输出就像余弦函数一样取−1 到 1 之间的值，它也是这两个向量夹角的余弦值。这个值等于短向量在长向量上的投影长度占长向量长度的比例，它给出的是两个向量指向同一方向的程度。

余弦相似度为 1 表示两个归一化向量完全相同，它们在所有维度上都指向完全相同的方向。此时，两个向量的长度或大小可能不一样，但是它们指向的方向相同。记住在计算上述余弦相似度时，两个向量的点积除以每个向量的模的计算可以在点积之前或之后进行。因此，归一化向量在计算点积时它们的长度都已经是 1。余弦相似度的值越接近于 1，两个向量之间的夹角就越小。对于余弦相似度接近于 1 的 NLP 文档向量，我们知道这些文档应该使用了比例相近的相似词。因此，那些表示向量彼此接近的文档很可能涉及的是同一主题。

余弦相似度为 0 表示两个向量之间没有共享任何分量。它们是正交的，在所有维度上都互相垂直。对于 NLP 中的词频向量，只有当两篇文档没有公共词时才会出现这种情况。因为这些文档使用完全不同的词，所以它们一定在讨论完全不同的东西。当然，这并不意味着它们一定就有不同的含义或主题，而只表明它们使用完全不同的词。

余弦相似度为−1 表示两个向量是反相似（anti-similar）的，即完全相反，也就是两个向量指向完全相反的方向。对于简单的词频向量，甚至是归一化的词频（词项频率）向量（我们稍后将讨论），都不可能会发生这种情况。因为词的数目永远不会是负数，所以词频（词项频率）向量总是处于向量空间的同一象限中。没有词项频率向量可以偷偷进入其他向量尾部后面的象限。词项频率向量的分量不可能与另一个词项频率向量分量的符号相反，这是因为频率不可能是负数。

在本章中，对于自然语言文档的向量对，我们不会看到任何负的余弦相似度的值。但是在下一章中，我们会给出互相“对立”的词和主题的某个概念，这表现为文档、词和主题之间的余弦相似度小于零，甚至等于−1。

异性相吸　上述计算余弦相似度的方法会带来一个有趣的结果。如果两个向量或文档都与第三个向量的余弦相似度为−1（即与第三个向量完全相反），那么它们一定完全相似，一定是完全相同的两个向量。但是，这两个向量所代表的文档可能并不完全相同。不但词的顺序可能会被打乱，而且如果它们使用相同词的比例相同，那么其中一篇文档可能比另一篇长得多。

后面，我们将针对更精确地对文档建模而构建文档向量。但是现在，我们已经很好地介绍了所需的工具。

3.3　齐普夫定律

现在进入我们的主要话题——社会学。好吧，不算是社会学，但是我们很快进入一个对人和词进行计数的世界，我们会学到一个看似普遍的规则，它决定着大多数事物的计数结果。事实证明，在语言中，就像大多数涉及生物体的事物一样，模式比比皆是。

20 世纪初，法国速记员 Jean-Baptiste Estoup 注意到，他在许多文档中费力地手工计算词的频率时，发现了一种模式（谢天谢地，现在我们有了计算机和 Python）。20 世纪 30 年代，美国语言学家乔治·金斯利·齐普夫（George Kingsley Zipf）试图将 Estoup 的观察结果形式化，这种关系最终以齐普夫的名字命名：

> 齐普夫定律（Zipf's Law）指出，在给定的自然语言语料库中，任何一个词的频率与它在频率表中的排名成反比。

> ——维基百科

具体地说，这里的反比例关系指的是这样一种情况：排序列表中某一项的出现频率与其在排序列表中的排名成反比。例如，排序列表中的第一项出现的频率是第二项的 2 倍，是第三项的 3 倍。对于任何语料库或文档，我们可以快速做的一件事就是，绘制词的使用频率与它们的频率排名之间的关系。如果大家在对数-对数（log-log）图中看到任何不在直线上的离群值，那么这个值就可能值得进行研究一下。

为了表明齐普夫定律不止可以用于文字世界，我们给出了图 3-4，它展示的是美国城市人口与该人口排名之间的关系。事实表明，齐普夫定律适用于很多东西的计数。自然界充满了经历过指数级增长和网络效应的系统，如人口动态、经济产出和资源分配[①]等。有趣的是，像齐普夫定律这么简单的东西，竟然在许多自然和人为现象中都成立。诺贝尔奖得主保罗·克鲁格曼（Paul Krugman）在谈到经济模型和齐普夫定律时是这样说的：

> 人们对经济理论通常的抱怨是，我们的模型过于简化，以至于它们对复杂、混乱的现实世界提供了过于清晰的看法。（使用齐普夫定律说明的是）这句话反过来也是正确的：模型虽然复杂、混乱，但现实世界却惊人地简洁和简单。

这里给出的是克鲁格曼的人口图的更新版本[②]。

就像我们在城市和社交网络上看到的一样，文字也满足相似的规律。接下来我们先从 NLTK 下载布朗语料库（Brown Corpus）：

---

① 详见标题为 "There is More than a Power Law in Zipf" 的网页。

② 利用 Pandas 从维基百科下载人口数据，参考本书 GitHub 上的 `nlpia.book.examples` 代码（src/nlpia/book/examples/ch03_zipf.py）。

布朗语料库是布朗大学在 1961 年创建的、第一个百万单词的英语电子语料库。该
语料库包含来自 500 个不同数据源的文本，这些数据源已按类型分类，如新闻、社论等。

——NLTK 文档

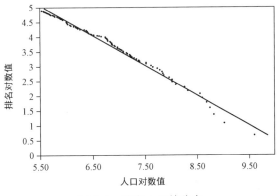

图 3-4　城市人口的分布

```
>>> nltk.download('brown')
>>> from nltk.corpus import brown
>>> brown.words()[:10]
 ['The',
 'Fulton',
 'County',
 'Grand',
 'Jury',
 'said',
 'Friday',
 'an',
 'investigation',
 'of']
>>> brown.tagged_words()[:5]
 [('The', 'AT'),
 ('Fulton', 'NP-TL'),
 ('County', 'NN-TL'),
 ('Grand', 'JJ-TL'),
 ('Jury', 'NN-TL')]
>>> len(brown.words())
1161192
```

布朗语料库的大小大概为 3 MB

words()是 NLTK corpus 对象内置的一个方法，它以字符串序列的方式返回分词后的语料库

在第 2 章中我们已经学习了词性标注

因此，在有超过 100 万个词条的情况下，就有值得一看的东西了：

```
>>> from collections import Counter
>>> puncs = set((',', '.', '--', '-', '!', '?',
...      ':', ';', '``', "''", '(', ')', '[', ']'))
>>> word_list = (x.lower() for x in brown.words() if x not in puncs)
>>> token_counts = Counter(word_list)
>>> token_counts.most_common(20)
[('the', 69971),
 ('of', 36412),
 ('and', 28853),
```

```
('to', 26158),
('a', 23195),
('in', 21337),
('that', 10594),
('is', 10109),
('was', 9815),
('he', 9548),
('for', 9489),
('it', 8760),
('with', 7289),
('as', 7253),
('his', 6996),
('on', 6741),
('be', 6377),
('at', 5372),
('by', 5306),
('i', 5164)]
```

快速浏览一下上述结果，布朗语料库中的词频符合齐普夫预测的对数线性关系。"The"（词项频率最高）出现的频率大约是"of"（词项频率次高）的 2 倍，大约是"and"（词项频率第三高）的 3 倍。不信的话，请使用 nlpia 包中的示例代码（src/nlpia/book/examples/ch03_zipf.py）自己运行一下试试。

简而言之，如果把语料库的词按照出现次数按降序排列，我们会发现：对一个足够大的样本，出现次数排名第一的词在语料库中的出现次数是排名第二的词的两倍，是排名第四的词的 4 倍。因此，给定一个大型语料库，可以用上述数字来粗略统计给定词出现在该语料库的任何给定文档中的可能性。

3.4 主题建模

现在我们回到文档向量。词计数是有用的，但是纯词计数，即使按照文档的长度进行归一化处理，也不能告诉我们太多该词在当前文档相对于语料库中其他文档的重要度信息。如果能弄清楚这些信息，我们就能开始描述语料库中的文档了。假设我们有一个收集了所有风筝书籍的语料库，那么几乎可以肯定的是，"Kite"这个词会在每一本书（文档）中出现很多次，但这不能提供任何新信息，对区分文档没有任何帮助。然而，像"construction"或"aerodynamics"这样的词可能不会在整个语料库中普遍出现，但是对于这些词频繁出现的那些文档，我们会对每篇文档的本质有更多的了解。为此，我们需要另一个工具。

逆文档频率（IDF），在齐普夫定律下为主题分析打开了一扇新的窗户。我们从前面的词项频率计数器开始，然后对它进行扩展。我们可以通过两种方式对词条计数并对它们装箱处理：对每篇文档进行处理或遍历整个语料库。下面我们只按文档计数。

我们回到维基百科中的"Kite"示例，并获取该条目下的另一部分文本（history 部分）。我们下面假设这是 Kite 语料库的第二篇文档：

Kites were invented in China, where materials ideal for kite building were readily available: silk fabric for sail material; fine, high-tensile-strength silk for flying line; and resilient bamboo for a strong, lightweight framework.

The kite has been claimed as the invention of the 5th-century BC Chinese philosophers Mozi (also Mo Di) and Lu Ban (also Gongshu Ban). By 549 AD paper kites were certainly being flown, as it was recorded that in that year a paper kite was used as a message for a rescue mission. Ancient and medieval Chinese sources describe kites being used for measuring distances, testing the wind, lifting men, signaling, and communication for military operations. The earliest known Chinese kites were flat (not bowed) and often rectangular. Later, tailless kites incorporated a stabilizing bowline. Kites were decorated with mythological motifs and legendary figures; some were fitted with strings and whistles to make musical sounds while flying. From China, kites were introduced to Cambodia, Thailand, India, Japan, Korea and the western world.

After its introduction into India, the kite further evolved into the fighter kite, known as the patang in India, where thousands are flown every year on festivals such as Makar Sankranti.

Kites were known throughout Polynesia, as far as New Zealand, with the assumption being that the knowledge diffused from China along with the people. Anthropomorphic kites made from cloth and wood were used in religious ceremonies to send prayers to the gods. Polynesian kite traditions are used by anthropologists get an idea of early "primitive" Asian traditions that are believed to have at one time existed in Asia.

——维基百科

首先，我们得到语料库中的每篇文档（即 intro_doc 和 history_doc）的总词频：

```
>>> from nlpia.data.loaders import kite_text, kite_history
>>> kite_intro = kite_text.lower()                          ◄─── "A kite is traditionally … ?"
>>> intro_tokens = tokenizer.tokenize(kite_intro)                "a kite is traditionally …"
>>> kite_history = kite_history.lower()
>>> history_tokens = tokenizer.tokenize(kite_history)
>>> intro_total = len(intro_tokens)
>>> intro_total
363
>>> history_total = len(history_tokens)
>>> history_total
297
```

现在，有两篇分词后的 kite 文档在手，我们看看 "kite" 在每篇文档中的词项频率。我们将词项频率存储到两个字典中，其中每个字典对应一篇文档：

```
>>> intro_tf = {}
>>> history_tf = {}
>>> intro_counts = Counter(intro_tokens)
>>> intro_tf['kite'] = intro_counts['kite'] / intro_total
>>> history_counts = Counter(history_tokens)
>>> history_tf['kite'] = history_counts['kite'] / history_total
>>> 'Term Frequency of "kite" in intro is: {:.4f}'.format(intro_tf['kite'])
'Term Frequency of "kite" in intro is: 0.0441'
```

```
>>> 'Term Frequency of "kite" in history is: {:.4f}'\
...     .format(history_tf['kite'])
'Term Frequency of "kite" in history is: 0.0202'
```

好了，我们看到了两个数字，即"kite"在两篇文档中的词项频率，其中一个数字是另一个数字的两倍。那是不是说就与"kite"的相关度而言，intro 部分就是 history 部分的两倍呢？不，不见得。因此，我们进一步挖掘一下。我们先看看其他一些词如"and"的词项频率数字：

```
>>> intro_tf['and'] = intro_counts['and'] / intro_total
>>> history_tf['and'] = history_counts['and'] / history_total
>>> print('Term Frequency of "and" in intro is: {:.4f}'\
...     .format(intro_tf['and']))
Term Frequency of "and" in intro is: 0.0275
>>> print('Term Frequency of "and" in history is: {:.4f}'\
...     .format(history_tf['and']))
Term Frequency of "and" in history is: 0.0303
```

太棒了！我们发现，这两篇文档和"and"的相关度，与它们和"kite"的相关度相差不大。这似乎没什么用，是吧？在本书的第一个例子中，系统似乎认为"the"是关于 Harry 的文档中最重要的单词，而在上面这个例子中，"and"也被认为与文档高度相关。即使轻轻一瞥，我们也能看出这不具启发意义。

考虑词项逆文档频率的一个好方法是，这个词条在此文档中有多稀缺？如果一个词项在某篇文档中出现很多次，但是却很少出现在语料库的其他文档中，那么就可以假设它对当前文档非常重要。这是我们迈向主题分析的第一步！

词项的 IDF 仅仅是文档总数与该词项出现的文档数之比。在当前示例中的"and"和"kite"，它们的 IDF 是相同的：

- 文档总数 / 出现"and"的文档数 = 2/2 = 1；
- 文档总数 / 出现"kite"的文档数 = 2/2 = 1；
- 上面两个词项的计算结果意义不大，我们看看另一个词"China"；
- 文档总数 / 出现"China"的文档数 = 2/1 = 2。

好了，这下出现了一个不同的结果。下面使用这种稀缺度指标来对词项频率加权：

```
>>> num_docs_containing_and = 0
>>> for doc in [intro_tokens, history_tokens]:
...     if 'and' in doc:                              ◀──┐ 对于"kite"和"China"类似
...         num_docs_containing_and += 1
```

接下来获取"China"在两篇文档中的词项频率值：

```
>>> intro_tf['china'] = intro_counts['china'] / intro_total
>>> history_tf['china'] = history_counts['china'] / history_total
```

最后，计算 3 个词的 IDF。我们就像存储词项频率一样把 IDF 存储在每篇文档的字典中：

```
>>> num_docs = 2
>>> intro_idf = {}
```

```
>>> history_idf = {}
>>> intro_idf['and'] = num_docs / num_docs_containing_and
>>> history_idf['and'] = num_docs / num_docs_containing_and
>>> intro_idf['kite'] = num_docs / num_docs_containing_kite
>>> history_idf['kite'] = num_docs / num_docs_containing_kite
>>> intro_idf['china'] = num_docs / num_docs_containing_china
>>> history_idf['china'] = num_docs / num_docs_containing_china
```

然后，对文档 intro 有：

```
>>> intro_tfidf = {}
>>> intro_tfidf['and'] = intro_tf['and'] * intro_idf['and']
>>> intro_tfidf['kite'] = intro_tf['kite'] * intro_idf['kite']
>>> intro_tfidf['china'] = intro_tf['china'] * intro_idf['china']
```

对文档 history 有：

```
>>> history_tfidf = {}
>>> history_tfidf['and'] = history_tf['and'] * history_idf['and']
>>> history_tfidf['kite'] = history_tf['kite'] * history_idf['kite']
>>> history_tfidf['china'] = history_tf['china'] * history_idf['china']
```

3.4.1 回到齐普夫定律

到现在为止，我们差不多可以正式开始了。我们已经拥有一个包含 100 万篇文档的语料库（也许可以看成一个微型 Google），有人搜索"cat"这个词，在上述 100 万篇文档中，只有一篇文档包含"cat"。那么这个词的原始或原生 IDF 为

1 000 000 / 1 = 1 000 000

假设有 10 篇文档包含"dog"，那么"dog"的 IDF 为

1 000 000 / 10 = 100 000

上述两个结果显著不同。齐普夫会说上面的差距太大了，因为这种差距可能会经常出现。齐普夫定律表明，当比较两个词如"cat"和"dog"的词频时，即使它们出现的次数类似，更频繁出现的词的词频也将指数级地高于较不频繁出现的词的词频。因此，齐普夫定律建议使用对数 log()（exp() 的逆函数）来对词频（和文档频率）进行尺度的缩放处理。这就能够确保像"cat"和"dog"这样的词，即使它们出现的次数类似，在最后的词频计算结果上也不会出现指数级的差异。此外，这种词频的分布将确保 TF-IDF 分数更加符合均匀分布。因此，我们应该将 IDF 重新定义为词出现在某篇文档中原始概率的对数。对于词项频率，我们也会进行对数处理[1]。

对数函数的底并不重要，因为我们只想使频率分布均匀，而不是将值限定在特定的数值范围内进行缩放[2]。如果用一个以 10 为底的对数函数，我们会得到：

---

[1] Gerard Salton and Chris Buckley 在他们的论文 "Term Weighting Approaches in Automatic Text Retrieval" 中第一次展示了对数缩放在信息检索中的作用。

[2] 后面我们会看到如何将已经过对数缩放处理的 TF-IDF 值进行向量的归一化处理。

search: cat

idf = lg(1 000 000/1) = 6

search: dog

idf = lg(1 000 000/10) = 5

所以现在要根据它们在语言中总体出现的次数，对每一个 TF 结果进行适当的加权。

最终，对于语料库 D 中给定的文档 d 里的词项 t，有：

$$\mathrm{tf}(t, d) = \frac{t 在 d 中出现的次数}{d 的长度}$$

$$\mathrm{idf}(t, D) = \lg \frac{文档数}{包含 t 的文档数}$$

$$\mathrm{tfidf}(t, d, D) = \mathrm{tf}(t, d) \times \mathrm{idf}(t, D)$$

因此，一个词在文档中出现的次数越多，它在文档中的 TF（进而 TF-IDF）就会越高。与此同时，随着包含该词的文档数增加，该词的 IDF（进而 TF-IDF）将下降。现在，我们有了一个计算机可以处理的数字。但这个数字到底是什么呢？它将特定的词或词条与特定语料库中的特定文档关联起来，然后根据该词在整个语料库中的使用情况，为该词在给定文档中的重要度赋予了一个数值。

在一些课程中，所有的计算都在对数空间中进行，这样乘法就变成加法，除法就变成减法：

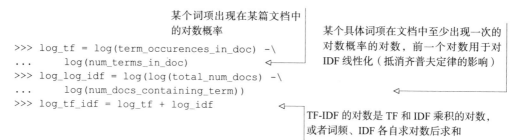

```
>>> log_tf = log(term_occurences_in_doc) -\
...        log(num_terms_in_doc)
>>> log_log_idf = log(log(total_num_docs) -\
...        log(num_docs_containing_term))
>>> log_tf_idf = log_tf + log_idf
```

TF-IDF 这个独立的数字，是简单搜索引擎的简陋的基础。随着我们已经坚实地从文本领域进入数字领域，是时候进行一些数学处理了。在计算 TF-IDF 时，我们可能永远不需要实现前面的公式。线性代数对于全面理解自然语言处理中使用的工具并不是必需的，但是大体上熟悉公式的工作原理可以使它们的使用更加直观。

3.4.2　相关度排序

正如在前面看到的那样，我们可以很容易地比较两个向量来得到它们的相似度。然而我们也已经了解到，仅仅对词计数并不像使用它们的 TF-IDF 那样具有可描述性。因此，在每个文档向量中，我们用词的 TF-IDF 替换 TF。现在，向量将更全面地反映文档的含义或主题，如下面这个 Harry 示例所示：

```
>>> document_tfidf_vectors = []
>>> for doc in docs:
...     vec = copy.copy(zero_vector)
...     tokens = tokenizer.tokenize(doc.lower())
...     token_counts = Counter(tokens)
...
...     for key, value in token_counts.items():
...         docs_containing_key = 0
...         for _doc in docs:
...             if key in _doc:
...                 docs_containing_key += 1
...         tf = value / len(lexicon)
...         if docs_containing_key:
...             idf = len(docs) / docs_containing_key
...         else:
...             idf = 0
...         vec[key] = tf * idf
...     document_tfidf_vectors.append(vec)
```

我们必须对 zero_vector 进行复制以创建一个新的独立的对象。否则，最终每次在循环中都会重写同一对象/向量

在上述设置下，我们就得到了语料库中每篇文档的 K 维向量表示。现在去打猎吧！在这里也就是搜索的意思。在给定的向量空间中，如果两个向量有相似的角度，可以说它们是相似的。想象一下，每个向量从原点出发，到达它规定的距离和方向，那些以相同角度到达的向量是相似的，即使它们没有到达相同的距离。

如果两个向量的余弦相似度很高，那么它们就被认为是相似的。因此，如果最小化余弦相似度，就可以找到两个相似的向量：

$$\cos\Theta = \frac{\boldsymbol{A} \cdot \boldsymbol{B}}{|\boldsymbol{A}||\boldsymbol{B}|}$$

现在，我们已经有了进行基本 TF-IDF 搜索的所有东西。我们可以将搜索查询本身视为文档，从而获得它的基于 TF-IDF 的向量表示。最后一步是找到与查询余弦相似度最高的向量的文档，并将这些文档作为搜索结果返回。

如果我们的语料库由关于 Harry 的 3 篇文档组成，而查询是"How long does it take to get to the store?"，如下所示：

```
>>> query = "How long does it take to get to the store?"
>>> query_vec = copy.copy(zero_vector)
>>> query_vec = copy.copy(zero_vector)
```

copy.copy()确保对独立的对象进行处理，而不是多个指向同一个对象的引用

```
>>> tokens = tokenizer.tokenize(query.lower())
>>> token_counts = Counter(tokens)

>>> for key, value in token_counts.items():
...     docs_containing_key = 0
...     for _doc in documents:
...       if key in _doc.lower():
...         docs_containing_key += 1
```

```
...        if docs_containing_key == 0:
...            continue
...        tf = value / len(tokens)
...        idf = len(documents) / docs_containing_key
...        query_vec[key] = tf * idf
>>> cosine_sim(query_vec, document_tfidf_vectors[0])
0.5235048549676834
>>> cosine_sim(query_vec, document_tfidf_vectors[1])
0.0
>>> cosine_sim(query_vec, document_tfidf_vectors[2])
0.0
```

在词库中没有发现当前词条，因此定位到下一个键

我们可以比较负责任地说，对于当前查询，文档 0 的相关度最高！通过这种方式我们可以在任何语料库中寻找相关的文档，无论是维基百科的文章、古腾堡图书，还是来自 Twitter 的推文。看上去谷歌应该担心我们这个小搜索引擎的竞争！

事实上，谷歌的搜索引擎是安全的，完全不害怕我们的竞争。对每个查询而言，都必须对所有 TF-IDF 向量进行"索引扫描"。这是一个复杂度为 $O(N)$ 的算法。由于使用了倒排索引[1]，大多数搜索引擎可以在常数时间（$O(1)$）内响应。我们不打算在这里实现一个可以在常数时间内找到这些匹配项的索引，但是如果大家对此感兴趣，可以去探索 Whoosh 包[2]及其源码[3]中最先进的 Python 实现。第 4 章中，我们不介绍如何构建这个传统的基于关键词的搜索引擎，而是给出捕获文本含义的最新语义索引方法。

提示 在前面的代码中，我们去掉了词库中没有找到的键，以避免零除错误。但是更好的方法是，每次计算 IDF 时分母都加 1，这样可以确保分母不为 0。事实上，这种称为**加法平滑**（拉普拉斯平滑）[4]的方法通常会改进基于 TF-IDF 关键词搜索的搜索结果。

关键词搜索只是 NLP 流水线中的一个工具，而我们的目标是建立一个聊天机器人。然而，大多数聊天机器人高度依赖搜索引擎。并且，一些聊天机器人完全依赖搜索引擎，将它作为生成回复的唯一算法。我们需要采取额外的步骤来将简单搜索索引（TF-IDF）转换为聊天机器人。我们需要将"问题（即句子）-回复"对形式的训练数据存储起来。然后，就可以使用 TF-IDF 搜索与用户输入的文本最相似的问题（即句子）。这里我们不返回数据库中最相似的语句，而是返回与该语句关联的回复。就像任何棘手的计算机科学问题一样，我们的问题可以通过加入一个间接层来解决。然后，就可以聊天了！

3.4.3 工具

很久以前搜索就已经自动化处理，有很多相关的实现代码。我们也可以使用 scikit-learn 包[5]找到与上一节结果相同的快速路径。如果还没有使用附录 A 来设置环境，以便包含 scikit-learn，

---

① 详见标题为 "Inverted index" 的网页。
② 详见标题为 "Whoosh" 的网页。
③ 详见标题为 "GitHub - Mplsbeb/whoosh: A fast pure-Python search engine" 的网页。
④ 详见标题为 "Additive smoothing" 的网页。
⑤ 详见标题为 "scikit-learn: machine learning in Python" 的网页。

可以用下面的方法来安装它：

```
pip install scipy
pip install sklearn
```

下面介绍如何使用 sklearn 来构建 TF-IDF 矩阵。sklearn TF-IDF 类是一个包含 .fit() 和 .transform() 方法的模型，这些方法遵循所有机器学习模型的 sklearn API：

> 因为大多数文档只使用词汇表中所有词的一小部分，所以 TF-IDF 矩阵的大部分元素都是零，因此 TFIDFVectorizer 模型会生成一个稀疏的 numpy 矩阵

```
>>> from sklearn.feature_extraction.text import TfidfVectorizer
>>> corpus = docs
>>> vectorizer = TfidfVectorizer(min_df=1)
>>> model = vectorizer.fit_transform(corpus)
>>> print(model.todense().round(2))
[[0.16 0.   0.48 0.21 0.21 0.   0.25 0.21 0.   0.   0.   0.21 0.   0.64
  0.21 0.21]
 [0.37 0.   0.37 0.   0.   0.37 0.29 0.   0.37 0.37 0.   0.   0.49 0.
  0.   0.  ]
 [0.   0.75 0.   0.   0.   0.29 0.22 0.   0.29 0.29 0.38 0.   0.   0.
  0.   0.  ]]
```

> 为方便查看，.todense() 方法将稀疏矩阵转换回常规的 numpy 矩阵（用 0 填充空格）

利用 scikit-learn，我们在上面的 4 行代码中创建了一个由 3 个文档组成的矩阵，以及词库中每个词项的逆文档频率。现在有一个表示 3 个文档（矩阵的 3 行）的矩阵（实际上是 Python 中的列表构成的列表）。词库中每个词项、词条或词的 TF-IDF 构成矩阵的列（或者同样说是每一行的索引）。因为分词方式不同，而且去掉了标点符号（原文有一个逗号和一个句号），所以词库中只有 16 个词项。对大规模文本而言，这种或其他一些预优化的 TF-IDF 模型将为我们省去大量工作。

3.4.4 其他工具

几十年来，TF-IDF 矩阵（词项–文档矩阵）一直是信息检索（搜索）的主流。因此，研究人员和企业花费了大量时间来优化 IDF 部分，以提高搜索结果的相关性。表 3-1 列出了一些可以归一化和平滑词项频率权重的方案[①]。

表 3-1　其他 TF-IDF 归一化方法

方案	定义
None	$w_{ij} = f_{ij}$
TF-IDF	$w_{ij} = \log(f_{ij}) \times \log\left(\dfrac{N}{n_j}\right)$

---

① 参考 Piero Molino 在 AI with the Best 2017 上的报告 "Word Embeddings Past, Present and Future"。

续表

方案	定义
TF-ICF	$w_{ij} = \log(f_{ij}) \times \log\left(\dfrac{N}{f_j}\right)$
Okapi BM25	$w_{ij} = \dfrac{f_{ij}}{0.5 + 1.5 \times \dfrac{f_j}{\dfrac{f_j}{j}} + f_{ij}} \log \dfrac{N - n_j + 0.5}{f_{ij} + 0.5}$
ATC	$w_{ij} = \dfrac{\left(0.5 + 0.5 \times \dfrac{f_{ij}}{max_f}\right)\log\left(\dfrac{N}{n_j}\right)}{\sqrt{\sum_{i=1}^{N}\left[\left(0.5 + 0.5 \times \dfrac{f_{ij}}{max_f}\right)\log\left(\dfrac{N}{n_j}\right)\right]^2}}$
LTU	$w_{ij} = \dfrac{\left(\log(f_{ij}) + 1.0\right)\log\left(\dfrac{N}{n_j}\right)}{0.8 + 0.2 \times f_j \times \dfrac{j}{f_j}}$
MI	$w_{ij} = \log \dfrac{P(t_{ij} \mid c_j)}{P(t_{ij})P(c_j)}$
PosMI	$w_{ij} = \max(0, MI)$
T-Test	$w_{ij} = \dfrac{P(t_{ij} \mid c_j) - P(t_{ij})P(c_j)}{\sqrt{P(t_{ij})P(c_j)}}$
x^2	参见 James Richard Curran 的 *From Distributional to Semantic Similarity* 的 4.3.5 节
Lin98a	$w_{ij} = \dfrac{f_{ij} \times f}{f_i \times f_j}$
Lin98b	$w_{ij} = -1 \times \log \dfrac{n_j}{N}$
Gref94	$w_{ij} = \dfrac{\log f_{ij} + 1}{\log n_j + 1}$

　　搜索引擎（信息检索系统）在查询和语料库中的文档之间匹配关键词（词项）。如果正在构建一个搜索引擎，并且希望提供可能与用户所需内容匹配的文档，那么大家应该花一些时间研究 Piero Molino 描述的替代方案（参见表 3-1）。

　　直接使用 TF-IDF 余弦距离对查询结果进行排序的一种替代方法是 Okapi BM25，或者其最新的变体 BM25F。

3.4.5 Okapi BM25

伦敦城市大学的聪明人想出了一个更好的方法来给搜索结果排序。除了计算 TF-IDF 余弦相似度，他们还对相似度进行了归一化和平滑处理。他们还忽略了查询文档中词项的重复出现，从而有效地将查询向量的词频都简化为 1。这里，余弦相似度的点积不是根据 TF-IDF 向量的模（文档和查询中的词项数）进行归一化，而是由文档长度本身的一个非线性函数进行归一化：

```
q_idf * dot(q_tf, d_tf[i]) * 1.5 /
➥ (dot(q_tf, d_tf[i]) + .25 + .75 * d_num_words[i] / d_num_words.mean()))
```

通过选择给用户提供最相关结果的权重方案，我们可以优化流水线。但是，如果所处理的语料库不是太大，可以考虑和我们一起继续往下探索，对词和文档的含义进行更有用和更准确的表示。在后续章节中，我们将介绍如何实现一个语义搜索引擎，该引擎可以找到与查询中的词含义相似的文档，而不只是使用与查询中相同词的文档。相比于 TF-IDF 加权、词干还原和词形归并所希望达到的目标，语义搜索要好很多。Google 和 Bing 以及其他网络搜索引擎不使用语义搜索方法的唯一原因是它们的语料库太大。词和主题的语义向量不会扩展到数十亿篇文档，但是数百万篇文档还是不成问题的。

因此，我们只需要将最基本的 TF-IDF 向量输入流水线中，对语义搜索、文档分类、对话系统和在第 1 章中提到的大多数其他应用来说，我们就可以获得目前最强的性能。TF-IDF 是流水线中的第一个阶段，是从文本中提取的最基本的特征集。在下一章中，我们将从 TF-IDF 向量计算主题向量。相比于上述这些经过仔细归一化和平滑处理的任何 TF-IDF 向量，主题向量更能表示词袋内容的语义。当我们在第 6 章学习 Word2vec 词向量以及在后续章节中学习词和文档含义的神经网络嵌入时，情况会变得更好。

3.4.6 未来展望

在把自然语言的文本转换成数值之后，我们就可以开始处理它们，并用它们来计算。我们将数值牢牢掌握在手中，在下一章中，我们将对这些数值进行进一步改进，以尝试表示自然语言文本的含义或主题，而不仅仅是词本身。

3.5 小结

- 任何具有毫秒级响应时间的 Web 级搜索引擎，其背后都具有 TF-IDF 词项文档矩阵的强大力量。
- 词项频率必须根据其逆文档频率加权，以确保最重要、最有意义的词得到应有的权重。
- 齐普夫定律可以帮助我们预测各种事物的频率，包括词、字符和人物。
- TF-IDF 词项-文档矩阵的行可以用作表示单个词含义的向量，从而创建词语义的向量空间模型。

- 在大多数 NLP 应用中，高维向量对之间的欧几里得距离和相似度不能充分代表它们之间的相似度。
- 余弦距离，即向量之间的重合度，可以将归一化向量的元素相乘后再将乘积相加，从而实现高效的计算。
- 余弦距离是大多数自然语言向量表示的相似度计算方法。

第 4 章　词频背后的语义

4

本章主要内容
- 分析语义（意义）以构建主题向量
- 利用主题向量之间的相似度来进行语义搜索
- 大规模语料库上可扩展的语义分析及语义搜索
- 在 NLP 流水线中将语义成分（主题）用作特征
- 高维向量空间的处理

　　到目前为止，大家已经学会了不少自然语言处理的技巧。但现在可能是我们第一次能够做一点儿神奇工作的时机。这也是我们第一次谈到机器能够理解词的意义。

　　第 3 章中的 TF-IDF 向量（词项频率–逆文档频率向量）帮助我们估算了词在文本块中的重要度。我们使用了 TF-IDF 向量和矩阵来表明每个词对于文档集合中一小段文本总体含义的重要度。

　　这些 TF-IDF"重要度"评分不仅适用于词，还适用于多个词构成的短序列（n-gram）。如果知道要查找的确分词或 n-gram，这些 n-gram 的重要度评分对于搜索文本非常有用。

　　过去的 NLP 实验人员发现了一种揭示词组合的意义的算法，该算法通过计算向量来表示上述词组合的意义。它被称为隐性语义分析（latent semantic analysis，LSA）。当使用该工具时，我们不仅可以把词的意义表示为向量，还可以用向量来表示整篇文档的意义。

　　在本章中，我们将学习这些语义或主题向量[①]。我们将使用 TF-IDF 向量的加权频率得分来计算所谓的主题得分，而这些得分构成了主题向量的各个维度。我们将使用归一化词项频率之间的关联来将词归并到同一主题中，每个归并结果定义了新主题向量的一个维度。

　　这些主题向量会帮助我们做很多十分有趣的事情。它们使基于文档的意义来搜索文档成为可能，这称为语义搜索。在大多数情况下，语义搜索返回的搜索结果比用关键词搜索（TF-IDF 搜索）要好得多。有时候，即使用户想不出正确的词来进行查询，语义搜索返回的也正是他们所需

---

① 在本章介绍主题分析时，我们使用术语"主题向量"（topic vector）。在第 6 章介绍 Word2Vec 时，我们使用术语"词向量"（word vector）。在正式的 NLP 教科书中，如 Jurafsky 和 Martin 攥写的 NLP 圣经，使用的是"主题向量"。而"Semantic Vector Encoding and Similarity Search"使用的是"语义向量"（semantic vector）。

要的文档。

同时，我们可以使用这些语义向量来识别那些最能代表语句、文档或语料库（文档集合）的主题的词和 n-gram。有了这个词向量和词之间的相对重要度，我们就可以向用户提供文档中最有意义的词，即那些能够概括文档意义的一组关键词。

现在，我们可以比较任意两个语句或文档，并给出它们在意义上的接近程度。

提示　术语 topic、semantic 和 meaning 具有相似的含义，在讨论 NLP 时往往可以互换使用。在本章中，我们将学习如何构建一个 NLP 流水线，它可以自己找出这类同义词。该流水线甚至可以找到短语"figure it out"和词"compute"在意义上的相似性。当然，机器只能"计算"意义，而不能"理解"意义。

大家很快就会看到，构成主题向量每一维的词的线性组合是非常强大的意义表示方法。

4.1　从词频到主题得分

我们已经知道如何计算词语的频率，还知道如何在 TF-IDF 向量或矩阵中给词的重要度打分。但这还不够，因为我们想要给这些词所要表达的意义和主题打分。

4.1.1　TF-IDF 向量及词形归并

TF-IDF 向量会对文档中词项的准确拼写形式进行计数。因此，如果表达相同含义的文本使用词的不同拼写形式或使用不同的词，将会得到完全不同的 TF-IDF 向量表示。这会使依赖词条计数的搜索引擎和文档相似性的比较变得乱七八糟。

在第 2 章中，我们对词尾进行了归一化处理，使那些仅仅最后几个字符不同的词被归并到同一个词条。我们使用了归一化方法（如词干还原和词形归并）来创建拼写相似、含义通常也相似的小型的词集合。我们用这些词集合的词元或词干来标记这些小型的词集合，然后处理这些新的词条而不是原始词。

上述分析中，词形归并的方法将拼写相似[①]的词放在一起，但是这些词的意义不一定相似。显然，它无法成功处理大多数同义词对，也无法将大多数同义词配对。同义词的区别通常不仅仅是词形归并和词干还原处理的词尾不同。更糟糕的是，词形归并和词干还原有时会错误地将反义词（即意思相反的词）归并在一起。

上述词形归并最终造成的结果是，在我们得到的 TF-IDF 向量空间模型下，如果两段文本讨论的内容相同，但是使用了不同的词，那么它们在此空间中不会"接近"。而有时，两个词形归并后的 TF-IDF 向量虽然相互接近，但在意义上根本不相似。即使是第 3 章中给出的最先进的

---

① 词干还原和词形归并都会去掉或者改变词尾（词最后的几个字符）和前缀。使用编辑距离计算来识别拼写相似（误拼写）的词会更好。

TF-IDF 相似度评分方法，如 Okapi BM25 或余弦相似度，也无法连接这些同义词或分开这些反义词。具有不同拼写形式的同义词所产生的 TF-IDF 向量在向量空间中彼此并不接近。

例如，本章中的 TF-IDF 向量，可能与大学教材中有关潜在语义索引的相似意义的段落一点儿也不接近，而这正是本章所关注的内容。但我们在本章中使用现代和口语化的术语，而教授和研究人员在教科书和讲座中会使用更一致、更严谨的语言。此外，教授们在十年前使用的术语体系很可能随着过去几年的快速发展而有所演变。例如，在过去术语"潜在语义索引"比现在使用的"潜在语义分析"更流行[①]。

4.1.2　主题向量

当我们对 TF-IDF 向量进行数学运算（如加、减法）时，这些和与差告诉我们的只是参与运算的向量表示的文档中词的使用频率。上述数学运算并没有告诉我们这些词背后的含义。通过将 TF-IDF 矩阵与其自身相乘，可以计算词与词的 TF-IDF 向量（词共现或关联向量）。但是利用这些稀疏的高维向量进行"向量推理"效果并不好。这是因为当我们将这些向量相加或相减时，它们并不能很好地表示一个已有的概念、词或主题。

因此，我们需要一种方法来从词的统计数据中提取一些额外的信息，即意义信息。我们需要更好地估算文档中的词到底意味着什么，也需要知道这些词的组合在一篇具体的文档中意味着什么。我们想用一个像 TF-IDF 一样的向量来表示意义，但是需要这个向量表示更紧凑、更有意义。

我们称这些紧凑的意义向量为"词-主题向量"（word-topic vector），称文档的意义向量为"文档-主题向量"（document-topic vector）。上述两种向量都可以称为"主题向量"，只要我们清楚主题向量所表示的对象到底是词还是文档。

这些主题向量可以很紧凑，也可以像我们想要的那样高维。LSA 主题向量可以少到只有一维，也可以多到有数千维。

我们可以像对其他向量一样对本章的主题向量进行加减运算。只是这里得到的向量和与向量差与 TF-IDF 向量（第 3 章）相比，意味着更多的东西。同时，主题向量之间的距离对于文档聚类或语义搜索之类的任务很有用。以前，我们可以使用关键词和 TF-IDF 向量进行聚类和搜索。而现在，我们可以使用语义和意义来进行聚类和搜索了！

处理完语料库之后，语料库中的每篇文档将会对应一个文档-主题向量。而且，更重要的是，对于一个新文档或短语，我们不必重新处理整个语料库就可以计算得到其对应的新主题向量。词汇表中的每个词都会有一个主题向量，我们可以使用这些词-主题向量来计算词汇表中部分词构成的任何文档的主题向量。

提示　有一些创建主题向量的算法，如潜在狄利克雷分配（Latent Dirichlet Allocation，LDiA），确实需要在每次添加新文档时重新处理整个语料库。

---

① 我喜欢像这样使用 Google Ngram Viewer 来对趋势进行可视化分析。

词库（词汇表）中的每个词都有一个词-主题向量。因此，我们可以计算任何新文档的主题向量，只需将其所有词的主题向量相加即可。

对词和句子的语义（含义）进行数值化表示可能比较棘手。对于像英语这样的"模糊性"语言更是如此，因为它包含多种方言，并且对于同一个词有许多不同的解释。即使是由英语教授编写的正式英语文本也无法回避这样一个事实，即大多数英语单词都具有多重含义，这对任何初学者（包括机器学习工具）都是一个挑战。一个词具有多重含义这一概念被称为一词多义：

■ 一词多义（polysemy）——词和短语包含不止一种含义。

一词多义会在多个方面影响词或语句的语义。为了了解 LSA 的能力，我们把它们列在下面。大家不必担心这些挑战，因为 LSA 会为我们处理好这一切：

■ 同音异义（homonym）——词的拼写和发音相同，但含义不同；

■ 轭式搭配（zeugma）——在同一句子中同时使用同一词的两种含义。

此外，LSA 也会处理语音交互（可以语音交谈的聊天机器人，如 Alexa 或 Siri）中的一词多义：

■ 同形异义（homograph）——词的拼写相同，但是发音不同，含义不同；

■ 同音异形（homophone）——词的发音相同，但是拼写不同，含义不同（这是语音交互 NLP 面对的一个挑战）。

想象一下，如果没有 LSA 之类的工具在手，我们又不得不处理如下这条语句该怎么办？

She felt ... less. She felt tamped down. Dim. More faint. Feint. Feigned. Fain.

Patrick Rothfuss

记住上面这些挑战，我们能想象如何将一个 100 维（词项）的 TF-IDF 向量压缩为一个 200 维（主题）左右的向量吗？这就像要确定正确的原色组合，从而试图重现大家所在公寓的油漆颜色，这样就可以盖住墙上的钉子洞。

我们需要找到属于同一个主题的那些词维度，然后对这些词维度的 TF-IDF 值求和，以创建一个新的数值来表示文档中该主题的权重。我们甚至可以对词维度进行加权以衡量它们对主题的重要度，以及我们所希望的每个词对这个组合（混合）的贡献度。我们也可以用负权重来表示词，从而降低文本与该主题相关的可能性。

4.1.3 思想实验

我们来做一个思想实验。假设有一篇特定文档的 TF-IDF 向量，我们想将其转换为主题向量。我们可以设想一下每个词对文档的主题的贡献度有多大。

假设我们正在处理一些有关纽约（NYC）中央公园中宠物的句子。我们创建 3 个主题：一个与宠物有关，一个与动物有关，另一个则与城市有关。我们可以把这些主题分别称为"petness""animalness"和"cityness"。因此，"petness"主题会给"cat"和"dog"这样的词打高分，但很可能会忽略"NYC"和"apple"这样的词。而"cityness"这个主题则会忽略"cat"和"dog"这样的词，但可能会给"apple"一些分值，因为有"Big Apple"联盟。

如果像上面这样"训练"主题模型，不用计算机，而只用常识，我们可能会得到一些下面这样的权重结果：

```
>>> topic = {}
>>> tfidf = dict(list(zip('cat dog apple lion NYC love'.split(),
...     np.random.rand(6))))
>>> topic['petness'] = (.3 * tfidf['cat'] +\
...                     .3 * tfidf['dog'] +\
...                      0 * tfidf['apple'] +\
...                      0 * tfidf['lion'] -\
...                     .2 * tfidf['NYC'] +\
...                     .2 * tfidf['love'])
>>> topic['animalness'] = (.1 * tfidf['cat'] +\
...                        .1 * tfidf['dog'] -\
...                        .1 * tfidf['apple'] +\
...                        .5 * tfidf['lion'] +\
...                        .1 * tfidf['NYC'] -\
...                        .1 * tfidf['love'])
>>> topic['cityness']   = ( 0 * tfidf['cat'] -\
...                        .1 * tfidf['dog'] +\
...                        .2 * tfidf['apple'] -\
...                        .1 * tfidf['lion'] +\
...                        .5 * tfidf['NYC'] +\
...                        .1 * tfidf['love'])
```

> 这个 tfidf 向量只是一个随机的例子，就好像它是为一篇用这些词按随机比例构成的文档计算出来的

> 人工设定的权重(0.3, 0.3, 0, 0, -0.2, 0.2)乘以上面虚构的 tfidf 值，从而为虚构的随机文档创建主题向量。稍后我们将计算真实的主题向量

在上述思想实验中，我们把可能表示每个主题的词频加起来，并根据词与主题关联的可能性对词频（TF-IDF 值）加权。同样，对于那些可能在某种意义上与主题相反的词，我们也会做类似的事，只不过这次是减而不是加。这并不是真实算法流程或示例的真正实现，而只是一个思想实验而已。我们只是想弄明白如何教会机器像人类一样思考。这里，我们只是很随意地选择将词和文档分解为 3 个主题（petness、animalness 和 cityness）。同时，我们这里的词汇量也极其有限，只有 6 个词。

下一步我们将要思考，人类是如何从数学上确定哪些主题和词相互关联以及这些关联的权重。一旦确定了 3 个要建模的主题，就必须确定这些主题中每个词的权重。我们按比例混合词，使主题也像颜色混合一样。主题建模转换（颜色混合配方）是一个 3×6 的比例矩阵（权重），代表 3 个主题与 6 个词之间的关联。用这个矩阵乘以一个假想的 6×1 TF-IDF 向量，就得到了该文档的一个 3×1 的主题向量。

上面我们给出了一个判断，即"cat"和"dog"这两个词项应该对"petness"主题有相似的贡献度（权重为 0.3）。因此，TF-IDF 主题转换矩阵左上角的两个值都是 0.3。我们能想象出用软件计算这些比例的方法吗？请记住，我们的计算机可以读取、切分文档并对切分词条进行计数，我们有 TF-IDF 向量来表示任意多的文档。大家继续阅读时，请考虑如何使用上述计数结果来计算词的主题权重。

我们确定"NYC"这个词项应该对"petness"这个主题有负向的权重。从某种意义上说，城市名称、一般的专有名词、缩写词及首字母缩写词与有关宠物的词几乎没有交集。想想词的交集意味着什么，TF-IDF 矩阵中是否有什么东西代表了词的交集？

我们给 "love" 这个词赋予了一个对 "pets" 主题的正向的权重，这可能是因为我们经常把 "love" 和有关宠物的词放在同一个句子中。毕竟，我们人类倾向于喜爱宠物。我们只能希望我们的人工智能也会同样爱我们。

需要注意的是，上面我们也将少许比例的词 "apple" 放入 "city" 的主题向量中。这可能是人工设定所致，因为我们知道 "NYC" 和 "Big Apple" 通常是同义词。在理想情况下，我们的语义分析算法可以根据 "apple" 和 "NYC" 在相同文档中的共现频率来计算出 "apple" 和 "NYC" 之间的同义性。

当阅读上述示例 "代码" 中的其余加权和时，我们尝试猜测应该如何得到这 3 个主题和 6 个词的权重。如何改变它们的值？我们能用什么值来客观地衡量这些比例值（权重）？大家头脑中的语料库可能和我们头脑中的语料库不一样，所以大家可能对这些词和为这些词赋予的权重有不同的看法。对于这 6 个词和 3 个主题，我们能做些什么才能达成共识呢？

> **注意**   我们选择了带符号的词权重来生成主题向量，这允许我们可以对与主题相反的词使用负权
> 重。因为采用手工计算，所以我们选择了使用易于计算的 1 范数（也称为曼哈顿距离、出租车距离
> 或城市街区距离）来对主题向量进行归一化处理。尽管如此，本章稍后介绍的 LSA 实际使用更有
> 用的 2 范数对主题向量进行归一化处理。2 范数是我们在几何课上所熟悉的传统欧几里得距离或长
> 度，也是毕达哥拉斯定理解出的直角三角形斜边的长度。

在阅读上述向量时，大家可能已经意识到词和主题之间的关系可以翻转。3 个主题向量组成的 3×6 矩阵可以转置，从而为词汇表中的每个词生成主题权重。这些权重向量就是 6 个词的词向量：

```
>>> word_vector = {}
>>> word_vector['cat']  =  .3*topic['petness'] +\
...                        .1*topic['animalness'] +\
...                         0*topic['cityness']
>>> word_vector['dog']  =  .3*topic['petness'] +\
...                        .1*topic['animalness'] -\
...                        .1*topic['cityness']
>>> word_vector['apple']=   0*topic['petness'] -\
...                        .1*topic['animalness'] +\
...                        .2*topic['cityness']
>>> word_vector['lion'] =   0*topic['petness'] +\
...                        .5*topic['animalness'] -\
...                        .1*topic['cityness']
>>> word_vector['NYC']  = -.2*topic['petness'] +\
...                        .1*topic['animalness'] +\
...                        .5*topic['cityness']
>>> word_vector['love'] =  .2*topic['petness'] -\
...                        .1*topic['animalness'] +\
...                        .1*topic['cityness']
```

这 6 个主题向量如图 4-1 所示，每个词对应一个主题向量，以三维向量的形式表示 6 个词的意义。

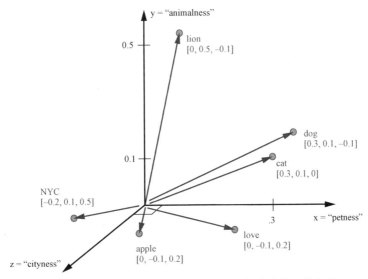

图 4-1 关于 pets 和 NYC 的 6 个词的思想实验的三维向量

之前,每个主题用向量来表示,而每个向量中给出了每个词的权重,我们在 3 个主题中使用六维向量来表示词的线性组合结果。在上述思想实验中,我们为单篇自然语言文档手工建立了一个三主题模型! 如果只是计算这 6 个词的出现次数,并将它们乘以权重,就会得到任何文档的三维主题向量。三维向量很有意思,因为它们很容易实现可视化。我们可以绘制出这些三维向量,并以图形形式来与他人共享关于语料库或具体文档的一些看法。三维向量(或任何低维向量空间)对于机器学习分类问题也很有用。分类算法可以用平面(或超平面)分割向量空间,从而将向量空间划分为类别。

我们语料库中的文档可能会使用更多的词,但是这个特定的主题向量模型只会受到这6 个词的用法的影响。我们可以将这种方法扩展到尽可能多的词,只要我们有足够的耐心(或算法)。只要模型还需要根据 3 个不同的维度或主题来区分文档,词汇表就可以像我们希望的那样不断增长。在上述思想实验中,我们将六维(TF-IDF 归一化频率)压缩为三维(主题)。

上述主观的、人力耗费型的语义分析方法依赖人们的直觉和常识来将文档分解为主题。但是,常识很难编码到算法中[①]。因此,上述方法是不可重现的,我们可能会得到和前面不一样的权重。显然,这并不适合机器学习流水线。另外,上述做法也不能很好地扩展到更多的主题和词。人类无法将足够多的词分配给足够多的主题,从而精确捕获需要机器处理的任何不同类型语料库中的文档的含义。

---

① 斯坦福大学的 Doug Lenat 正试图将常识编码到算法中。参见《连线》杂志上的文章 "Doug Lenat's Artificial Intelligence Common Sense Engine"。

下面我们来实现上述手工过程的自动化，我们将使用一种不依赖常识的算法来选择主题权重[①]。

如果我们稍微想一下，就会知道每一个加权和其实都是一个点积，3 个点积（加权和）就是一个矩阵乘法，或者说是内积。将一个 3 × n 的权重矩阵与 TF-IDF 向量相乘（文档中每个词对应一个值），其中 n 是词汇表中的词项数。这个乘法的输出是表示该文档的一个新的 3 × 1 主题向量。我们所做的就是将一个向量从一个向量空间（TF-IDF）转换到另一个低维向量空间（主题向量）。我们的算法应该创建一个 n 个词项乘以 m 个主题的矩阵，我们可以将其乘以文档的词频向量，从而得到该文档的新主题向量。

> **注意**　在数学中，词汇表（一种语言中所有可能的词的集合）的大小通常写成$|V|$。变量 V 单独用于表示词汇表中可能的词集合。所以，如果我们正在写一篇关于 NLP 的学术论文，在任何用 n 来描述词汇表的大小的地方，都可以用$|V|$来描述。

4.1.4　一个主题评分算法

我们仍然需要一种算法来确定上面提到的主题向量，我们也需要将 TF-IDF 向量转换为主题向量。机器无法分辨哪些词应该属于同一组，或者它们当中的任何一个表示什么含义，对不对？20 世纪的英国语言学家 J. R. Firth 研究了如何估计一个词或语素[②]的含义。1957 年，他给出了一条如何计算词主题的线索，他写道：

> 可以通过词的上下文来理解它。

——J. R. Firth

那么，如何来表示词的上下文呢？嗯，最直接的方法是计算词和上下文在同一文档中的共现次数。第 3 章中的词袋（BOW）和 TF-IDF 向量可以满足这一需求。这种计算共现次数的方法导致了多个算法的出现，这些算法通过创建向量来表示文档或句子中词使用的统计信息。

LSA 是一种分析 TF-IDF 矩阵（TF-IDF 向量构成的表格）的算法，它将词分组到主题中。LSA 也可以对词袋向量进行处理，但是 TF-IDF 向量给出的结果稍好一些。

LSA 还对这些主题进行了优化，以保持主题维度的多样性。当使用这些新主题而不是原始词时，我们仍然可以捕获文档的大部分含义（语义）。该模型中用于捕获文档含义所需的主题数量远远少于 TF-IDF 向量词汇表中的词的数量。因此，LSA 通常被认为是一种降维技术。LSA 减少了捕获文档含义所需的维数。

大家是否曾经对一个大型数值矩阵使用过降维技术呢？如像素矩阵？如果大家对图像或其他高维数据进行过机器学习，那么可能会遇到一种称为主成分分析（principal component analysis，

[①] 维基百科有关 topic model 的条目的网页中给出了一个视频，该视频展示了更多主题和词上的主题建模模型。像素的黑色程度代表了主题和词的权重或者得分，就像这里给出的手工示例一样。该视频给出的是一个称为 SVD 的具体算法，它将词和主题进行重排，以尽可能在对角线中给予更大的权重。该算法能够帮助识别能够同时表示主题和词的意义的模式。

[②] 语素（morpheme）是一个词的最小意义单元。参见维基百科条目 "Morpheme"。

PCA）的技术。事实证明，PCA 和 LSA 的数学计算方法是一样的。然而，当减少图像或其他数值表格而不是词袋向量或 TF-IDF 向量的维数时，我们就说这是 PCA。

直到最近，研究人员才发现也可以使用 PCA 对词进行语义分析。这时他们给这个特定的应用起了一个它自己的名字 LSA。尽管我们将很快看到要使用的是 scikit-learn PCA 模型，但是这个拟合与转换过程的输出是一个表示文档语义的向量，它仍然是 LSA。

此外，我们还可能会遇到 LSA 的另一个同义词。在信息检索领域，我们关注的是为全文本搜索建立索引，LSA 通常被称为隐性语义索引（latent semantic indexing，LSI）。但这个术语已经不再流行，因为它根本不产生任何索引。事实上，它生成的主题向量通常由于维度过高而无法被完美地索引。所以，我们从这里开始使用 LSA 这个术语。

提示 通过对数据库构建索引，我们能够根据某一行的部分信息来快速检索出表中的这一行。教材中索引的工作流程如下：如果要寻找特定的页面，那么可以在索引中查找页面应该包含的词。然后，我们就可以直接访问包含所有要找的词的一个或多个页面。

LSA 的"堂兄弟"们

有两种算法与 LSA 相似，它们也有相似的 NLP 应用，因此我们在这里一并提一下它们：
- 线性判别分析（linear discriminant analysis，LDA）；
- 隐性狄利克雷分布（latent Dirichlet allocation，LDiA）[1]。

LDA 将文档分解到单个主题中。而 LDiA 则更像 LSA，因为它可以将文档分解到任意多个主题中。

提示 因为 LDA 是一维的，所以它不需要奇异值分解（singular value decomposition，SVD）。我们可以只计算二类（如垃圾和非垃圾）问题中每一类的所有 TF-IDF 向量的质心（平均值）。我们的维度就变成了这两个质心之间的直线。TF-IDF 向量与这条直线越近（TF-IDF 向量与这条直线的点积），就表示它与其中一个类越近。

下面先给出了用于主题分析的简单 LDA 方法的一个示例，以便在使用 LSA 和 LDiA 之前让大家热热身做点准备工作。

4.1.5 一个 LDA 分类器

我们将会发现，LDA 是最直接也最快速的降维和分类模型之一。但本书可能是少有的大家会读到它的地方之一，因为它本身不是很光彩夺目[2]。但是在许多应用中，我们会发现它具有比最新论文中发表的更炫酷的算法更高的精确率。LDA 分类器是一种有监督算法，因此需要对文档的类进行标注。但是 LDA 所需的训练样本数要比更炫酷的算法少得多。

---

[1] 这里我们采用 LDiA 这种缩写形式来表示隐性狄利克雷分布。或许 Panupong (Ice) Pasupat 会赞同这一点。Panupong 是斯坦福大学一门有关 LDiA 的在线计算机科学 NLP 课程的授课老师。

[2] 读者可以在 20 世纪 90 年代的论文中看到它，那个时候人们需要十分高效地使用自己的计算和数据资源。

在本例中,我们给出了 LDA 的一个简单的实现版本,该实现无法在 scikit-learn 中找到。模型训练只有 3 个步骤,我们可以直接使用 Python 来实现。

(1)计算某个类(如垃圾短消息类)中所有 TF-IDF 向量的平均位置(质心)。

(2)计算不在该类(如非垃圾短消息类)中的所有 TF-IDF 向量的平均位置(质心)。

(3)计算上述两个质心之间的向量差(即连接这两个向量的直线)。

要"训练"LDA 模型,只需找到两个类的质心之间的向量(直线)。LDA 是一种有监督算法,因此需要为消息添加标签。要利用该模型进行推理或预测,只需要判断新的 TF-IDF 向量是否更接近类内(垃圾类)而不是类外(非垃圾类)的质心。首先,我们来训练一个 LDA 模型,将短消息分为垃圾类或非垃圾类(如代码清单 4-1 所示)。

代码清单 4-1 垃圾短消息数据集

```
>>> import pandas as pd
>>> from nlpia.data.loaders import get_data
>>> pd.options.display.width = 120
>>> sms = get_data('sms-spam')
>>> index = ['sms{}{}'.format(i, '!'*j) for (i,j) in\
...     zip(range(len(sms)), sms.spam)]
>>> sms = pd.DataFrame(sms.values, columns=sms.columns, index=index)
>>> sms['spam'] = sms.spam.astype(int)
>>> len(sms)
4837
>>> sms.spam.sum()
638
>>> sms.head(6)
     spam                                                text
sms0    0  Go until jurong point, crazy.. Available only ...
sms1    0                     Ok lar... Joking wif u oni...
sms2!   1  Free entry in 2 a wkly comp to win FA Cup fina...
sms3    0  U dun say so early hor... U c already then say...
sms4    0  Nah I don't think he goes to usf, he lives aro...
sms5!   1  FreeMsg Hey there darling it's been 3 week's n...
```

这一行有助于在 Pandas DataFrame 打印输出中显示宽列的短消息文本

这只是为了显示。我们已经通过添加感叹号!标注了垃圾短消息

因此,上述数据集中有 4837 条短消息,其中 638 条被标注为二类标签"spam"(垃圾类)。下面我们就对所有这些短消息进行分词,并将它们转换为 TF-IDF 向量:

```
>>> from sklearn.feature_extraction.text import TfidfVectorizer
>>> from nltk.tokenize.casual import casual_tokenize
>>> tfidf_model = TfidfVectorizer(tokenizer=casual_tokenize)
>>> tfidf_docs = tfidf_model.fit_transform(\
...     raw_documents=sms.text).toarray()
>>> tfidf_docs.shape
(4837, 9232)
>>> sms.spam.sum()
638
```

nltk.casual_tokenizer 处理后的词汇表中包含 9232 个词。词的数量几乎是短消息数的两倍,是垃圾短消息数的十倍。因此,模型不会有很多有关垃圾短消息指示词的信息。通常,当词汇表的规模远远大于数据集中标注的样本数量时,朴素贝叶斯分类器就不是很奏效,而这种情况下本

章的语义分析技术就可以提供帮助。

下面先从最简单的语义分析技术 LDA 开始。我们可以在 `sklearn.discriminant_analysis.LinearDiscriminantAnalysis` 中使用 LDA 模型。但是，为了训练这个模型，只需要计算两个类（垃圾类和非垃圾类）的质心，因此我们可以直接这样做：

> 可以使用掩码从 numpy.array 或 pandas.DataFrame 中仅返回垃圾类的行

```
>>> mask = sms.spam.astype(bool).values
>>> spam_centroid = tfidf_docs[mask].mean(axis=0)
>>> ham_centroid = tfidf_docs[~mask].mean(axis=0)

>>> spam_centroid.round(2)
array([0.06, 0.  , 0.  , ..., 0.  , 0.  , 0.  ])
>>> ham_centroid.round(2)
array([0.02, 0.01, 0.  , ..., 0.  , 0.  , 0.  ])
```

> 因为 TF-IDF 向量是行向量，所以需要确保 numpy 使用 axis=0 独立计算每一列的平均值

现在可以用一个质心向量减去另一个质心向量从而得到分类线：

```
>>> spamminess_score = tfidf_docs.dot(spam_centroid -\
...     ham_centroid)
>>> spamminess_score.round(2)
array([-0.01, -0.02, 0.04, ..., -0.01, -0. , 0. ])
```

> 该点积计算的是每个向量在质心连线上的"阴影"投影

这个原始的 `spamminess_score` 得分是非垃圾类质心到垃圾类质心的直线距离。我们用点积将每个 TF-IDF 向量投影到质心之间的连线上，从而计算出这个得分。在一个"向量化"的 numpy 运算中，我们同时完成了 4837 次点积计算。与 Python 循环相比，这可以将处理速度提高 100 倍。

图 4-2 给出了三维 TF-IDF 向量的视图，同时给出了短消息数据集类的质心所在的位置。

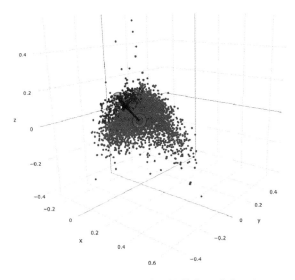

图 4-2　TF-IDF 向量的三维散点图（点云）

图 4-2 中从非垃圾类质心到垃圾类质心的箭头就是模型训练得到的直线,该直线定义了模型。我们可以看到箭头尾部一些淡色点(彩色图中为绿点)的分布情况,当将它们投影到质心的连线上时,我们可能会得到一个负的垃圾信息评分。

在理想情况下,我们希望上述评分就像概率那样取值在 0 到 1 之间。sklearnMinMaxScaler 可以帮我们做到这一点:

```
>>> from sklearn.preprocessing import MinMaxScaler
>>> sms['lda_score'] = MinMaxScaler().fit_transform(\
...    spamminess_score.reshape(-1,1))
>>> sms['lda_predict'] = (sms.lda_score > .5).astype(int)
>>> sms['spam lda_predict lda_score'.split()].round(2).head(6)
      spam lda_predict lda_score
sms0     0           0      0.23
sms1     0           0      0.18
sms2!    1           1      0.72
sms3     0           0      0.18
sms4     0           0      0.29
sms5!    1           1      0.55
```

上面的结果看起来不错,当将阈值设置为 50% 时,前 6 条消息都被正确分类。我们接下来看看它在训练集其余部分的表现:

```
>>> (1. - (sms.spam - sms.lda_predict).abs().sum() / len(sms)).round(3)
0.977
```

这个简单的模型对 97.7% 的消息进行了正确分类。在真实世界中,我们不太可能得到这样的结果,这是因为刚才我们并没有分离出一个测试集。对于这里得到如此高精度结果的原因在于,我们用于测试的问题,分类器实际已经在训练过程中“见过”。但是,LDA 是一个非常简单的模型,参数很少,所以它应该可以很好地泛化,只要这里的短消息能够代表将要分类的消息即可。大家可以尝试用自己的例子来寻找答案。或者,一种更好的做法是查看附录 D,学习如何进行所谓的交叉验证(cross validation)。

这就是语义分析方法的威力。与朴素贝叶斯或对率回归(logistic regression)模型不同,语义分析并不依赖独立的词[1]。语义分析会聚合语义相似的词(如 spamminess)并将它们一起使用。但是请记住,这个训练集只包含有限的词汇表和一些非英语词。因此,如果希望正确分类,测试消息也需要使用相似的词。

下面看看训练集上的混淆矩阵的样子。它给出了标注为垃圾但是根本不是垃圾的消息(假阳),也给出了标注为非垃圾但是本应该标注为垃圾的消息(假阴)。

```
>>> from pugnlp.stats import Confusion
>>> Confusion(sms['spam lda_predict'.split()])
lda_predict      0     1
spam
0             4135    64
1               45   593
```

---

[1] 实际上,朴素贝叶斯和对率回归模型均与这里的简单 LDA 模型等价。如果需要,可以深入研究一下相关数学原理和 sklearn 代码。

　　上面的结果看起来不错。如果假阳（64）或假阴（45）失衡，我们可以调整 0.5 这个阈值。现在，我们已经准备好学习可以计算多维语义向量而不仅仅是一维语义得分的模型。到目前为止，一维向量"理解"的唯一事情是词和文档的垃圾性，我们希望它能够学习更多的词上的细微差别，并提供一个多维向量来捕捉词的含义。

　　在深入研究 SVD（多维 LSA 背后的数学）之前，我们应该先介绍一些其他方法。

LSA 的另一位"堂兄弟"

　　LSA 还有另一位"堂兄弟"，它有一个类似于 LDA 的缩写——LDiA。LDiA 代表 Latent Dirichlet Allocation（隐性狄利克雷分布）[①]。LDiA 还可以用来生成捕捉词或文档语义的向量。

　　LDiA 和 LSA 在数学上并不一样，它使用非线性统计算法将词分组。因此，它通常会比线性方法（如 LSA）的训练时间长很多。这常常使 LDiA 在许多实际应用中并不实用，而且它基本不会是我们要尝试的第一种方法。尽管如此，它所创建的主题的统计数据有时更接近于人类对词和主题的直觉，所以 LDiA 主题通常更易于向上级解释。

　　此外，LDiA 对于一些单文档问题有用，如文档摘要。这时，语料库就是单篇文档，文档的句子就是该"语料库"中的一篇篇"文档"。这就是 `gensim` 和其他软件包使用 LDiA 来识别文档中最核心句子的做法。然后这些句子可以串在一起形成一篇由机器生成的摘要[②]。

　　对于大多数分类或回归问题，通常最好使用 LSA。因此，我们首先解释隐性语义分析（LSA）及其底层的 SVD 线性代数知识。

4.2　隐性语义分析

　　隐性语义分析基于最古老和最常用的降维技术——奇异值分解（SVD）。SVD 甚至早在"机器学习"这个术语出现之前就已经广泛使用。SVD 将一个矩阵分解成 3 个方阵，其中一个是对角矩阵。

　　SVD 的一个应用是求逆矩阵。一个矩阵可以分解成 3 个更简单的方阵，然后对这些方阵求转置后再把它们相乘，就得到了原始矩阵的逆矩阵。设想一下上述算法的所有应用，它为我们提供了一个对大型复杂矩阵求逆的捷径。SVD 适用于桁架结构的应力和应变分析等机械工程问题，它对电气工程中的电路分析也很有用，它甚至在数据科学中被用于基于行为的推荐引擎，其与基于内容的 NLP 推荐引擎一起运行。

　　利用 SVD，LSA 可以将 TF-IDF 词项–文档矩阵分解为 3 个更简单的矩阵。这 3 个矩阵可以

[①] 我们使用了一个非标准的缩写方式 LDiA 来和 LDA 进行区分，LDA 通常表示线性判别分析，当然并不一直是这样。至少在本书中，我们不需要猜测到底是哪个算法：LDA 就是线性判别分析，而 LDiA 则代表隐性狄利克雷分布。

[②] 我们使用了类似的数学知识来生成 "About the book" 这一节中的部分文本，不过我们实现的是神经网络算法（参考第 12 章）。

相乘得到原始矩阵，得到的原始矩阵不会有任何改变。这就像大整数因子分解。让我们为这个发现大声欢呼一下！但是，经过 SVD 后得到的这 3 个更简单的矩阵揭示了原始 TF-IDF 矩阵的一些性质，我们可以利用这些性质来简化原始矩阵。我们可以在将这些矩阵相乘之前对它们进行截断处理（忽略一些行和列），这将减少在向量空间模型中需要处理的维数。

这些截断的矩阵相乘并不能得到和原始 TF-IDF 矩阵完全一样的矩阵，然而它们却给出了一个更好的矩阵。文档的新表示包含了这些文档的本质，即隐性语义。这就是 SVD 被用于其他领域如压缩的原因。它能捕捉数据集的本质，并且忽略噪声。JPEG 图像大小是原始位图的十分之一，但仍然包含原始图像的所有信息。

当在自然语言处理中以这种方式使用 SVD 时，我们将其称为隐性语义分析（LSA）。LSA 揭示了被隐藏并等待被发现的词的语义或意义。

隐性语义分析是一种数学上的技术，用于寻找对任意一组 NLP 向量进行最佳线性变换（旋转和拉伸）的方法，这些 NLP 向量包括 TF-IDF 向量或词袋向量。对许多应用来说，最好的变换方法是将坐标轴（维度）对齐到新向量中，使其在词频上具有最大的散度（spread）或方差（variance）[1]。然后，我们可以在新的向量空间中去掉那些对不同文档向量的方差贡献不大的维度。

这种使用 SVD 的方法称为截断的奇异值分解（truncated singular value decomposition，截断的 SVD）。在图像处理和图像压缩领域，大家可能听说过这个方法，在那里叫作主成分分析（principal component analysis，PCA）。另外，我们会展示一些有助于提高 LSA 向量精确率的技巧。当我们在其他领域使用 PCA 处理机器学习和特征工程问题时，这些技巧也很有用。

如果大家学过线性代数，就可能学过 LSA 背后的代数称为奇异值分解。如果对图像或其他高维数据（如时间序列）进行过机器学习，那么就可能对这些高维向量使用过 PCA。自然语言文档上的 LSA 等价于 TF-IDF 向量上的 PCA。

LSA 使用 SVD 查找导致数据中最大方差的词的组合。我们可以旋转 TF-IDF 向量，使旋转后的向量的新维度（基向量）与这些最大方差方向保持一致。"基向量"是新向量空间的坐标轴，与本章开始时思想实验中的 3 个六维主题向量类似。每个维度（轴）都变成了词频的组合，而不是单个词频，因此，我们可以把这些维度看作是构成语料库中各种"主题"的词的加权组合。

机器不能理解词的组合所表达的意义，只能理解这些词是在一起的。当它看到像"dog""cat""love"这样的词总是在一起出现时，就会把它们放到一个主题中。它并不知道这样的主题可能是关于"pets"的。这个主题可能包含很多词，包括"domesticated"和"feral"这种意义完全相反的词。如果它们经常一起出现在同一篇文档中，那么 LSA 会给它们赋予相同主题下的高分。这取决于我们人类，看看哪些词在每个主题中有很高的权重，并给它们起个名字。

但是，我们并不需要通过为主题指定名字来使用它们。正如前面章节中我们并没有分析词干还原后的词袋向量或 TF-IDF 向量中的所有 1000 维一样，我们也不必知道所有主题的含义。我们仍然可以用这些新的主题向量进行数学运算，就像在 TF-IDF 向量上做的一样。我们还可以对这

---

① Jurafsky 和 Martin 的 NLP 教材第 16 章给出了一些很好的可视化例子和相关解释。

些主题向量进行加减运算并估算文档之间的相似度,与以前不同的是,这里是基于主题向量而不只是词频向量进行计算。

LSA 提供了另外一条有用的信息。类似于 TF-IDF 的 IDF 部分,LSA 告诉我们向量中的哪些维度对文档的语义(含义)很重要。于是,我们可以丢弃文档之间方差最小的维度(主题)。对任何机器学习算法来说,这些小方差的主题通常是干扰因素与噪声。如果每篇文档都有大致相同含量的某个主题,而该主题却不能帮助我们区分这些文档,那么就可以删除这个主题。这将有助于泛化向量表示,因此当将 LSA 用于流水线上从没见过的新文档时,即使这篇文档来自完全不同的上下文,它也会工作得很好。

LSA 的这种泛化和压缩实现了我们在第 2 章中去掉停用词时所尝试的功能。但是 LSA 降维的结果要好得多,这是因为它在某种意义上是最优的。它会保留尽可能多的信息。它不丢弃任何词,而只丢弃某些维度(主题)。

LSA 将更多的意义压缩到更少的维度中。我们只需要保留高方差维度,即语料库以各种方式(高方差)讨论的主要主题。留下来的每个维度都成为"主题",包含所有捕捉到的词的某种加权组合。

思想实验的实际实现

下面从前面提到的思想实验出发,我们使用一个算法来计算一些主题,如"animalness""petness"和"cityness"。我们无法告知 LSA 算法想要的主题到底关于什么[1],我们只是试一下,看看会发生什么。对于一个小规模的短文档语料库(如推文、聊天消息或几行诗歌),只需要几个维度(主题)就可以捕捉这些文档的语义。具体做法如代码清单 4-2 所示。

代码清单 4-2　16 个关于 cat、dog 和 NYC 短句子上的 LSA 主题-词矩阵

```
>>> from nlpia.book.examples.ch04_catdog_lsa_3x6x16\
...     import word_topic_vectors
>>> word_topic_vectors.T.round(1)
      cat  dog  apple  lion  nyc  love
top0 -0.6 -0.4    0.5  -0.3  0.4  -0.1
top1 -0.1 -0.3   -0.4  -0.1  0.1   0.8
top2 -0.3  0.8   -0.1  -0.5  0.0   0.1
```

上述主题-词矩阵中的每列是词的主题向量或者每个词对应的主题向量。该向量中的每个元素就像在第 2 章情感分析模型中所使用的词得分。这些向量可以用来表示任何机器学习流水线中词的含义,它们有时也被称为词的语义向量。文档中每个词的主题向量可以相加从而得到该文档的主题向量。

令人惊讶的是,上述 SVD 创建的主题向量类似于在前面的思想实验从想象中提取出的主题

---

① 有一个称为"learned metrics"(习得性度量指标)的研究领域,可以用它来引导想要关注的主题。参考 Lalit Jain、Blake Mason 及 Robert Nowak 的 NIPS 论文"Learning Low-Dimensional Metrics"。

向量。这里的第一个主题标注为 topic0，有点儿像前面提到的"cityness"主题。topic0 向量中 apple 和 NYC 的权重更大。但是 topic0 在这里的 LSA 主题排序中排名第一，而在前面想象的主题中则排名最后。LSA 根据主题的重要度，即它们所代表数据集的信息量或方差大小，对主题进行排序。topic0 对应的维度方向和数据集中方差最大的轴保持一致。我们注意到关于城市主题的方差比较大，有些句子会使用 NYC 和 apple，而另一些句子根本不会使用这些词。

topic1 看起来和思想实验中的所有主题都不一样。LSA 算法发现，对于要捕捉这篇文档本质而言，"love"是比"animalness"更重要的主题。最后一个主题 topic2，似乎是关于"dog"的，也混合了一点儿"love"。"cat"这个词被归为"anti-cityness"主题（城市的反面），这是因为"cat"和"city"并不经常放在一起。

下面再做一个简短的思想实验，应该可以帮助大家理解 LSA 的工作机理，即算法是如何在不知道词的含义的情况下创建主题向量的。

文字游戏

对于下面这个语句，大家能从"awas"的上下文中猜出这个词的意思吗？

Awas! Awas! Tom is behind you! Run!

大家可能不会猜到，Tom 实际是马来西亚婆罗洲李基公园的阿尔法红毛猩猩。大家可能也不知道 Tom 已经习惯了人类，但它很有地盘意识，有时会变得极具攻击性。人类内在的自然语言"处理器"可能没有时间有意识地弄明白 awas 是什么意思，直到逃到安全的地方为止。

但是，一旦大家稳住呼吸，仔细想想，可能会猜到 awas 在印度尼西亚语中的意思是"danger"或"watch out"（当心）。不考虑现实世界，只把注意力集中在语言上下文及词本身，我们经常可以把所知道的很多词的意义或语义转移到不知道的词上。

大家有空的时候，可以自己或者和朋友，试着玩玩像上面一样的文字游戏[1]，将句子中的某个词替换为外来词甚至是自己造的一个词，然后让朋友猜猜这个词的意思，或者让他们用英语词填空。通常情况下，你朋友的猜测结果不会过于偏离该外来词或者编造词的正确翻译结果。

机器，从零开始，没有一种可以基于的语言。因此，它们需要的不仅仅是一个简单的例子而是需要更多信息来理解词的意义。就像大家看到一个充满外来词的句子，而机器使用 LSA 后可以很好地处理这一问题，即使面对的只是随机提取的、包含至少几个大家感兴趣的词的文档。

大家能看出来，像句子这样较短的文档比像文章或书籍这样的大型文档更适合上述过程吗？这是因为一个词的意思通常与包含它的句子中的词的意思紧密相关。但是，对于较长文档中相隔很远的词，情况并非如此[2]。

LSA 是一种通过给机器一些样例来训练机器识别词和短语的意义（语义）的方法。和人类一

---

① 详见标题为"Mad Libs"的网页。

② 当 Tomas Mikolov 开发 Word2vec 时考虑到了上述问题，他意识到如果进一步收紧上下文，就可以聚集词向量的含义，于是他把上下文限制在 5 个词以内。

样，机器从词的示例用法中学习语义要比从字典定义中学习更快也更容易。从示例用法中提取词的含义所需的逻辑推理，要比阅读字典中词的所有可能定义和形式然后将其编码到某个逻辑中所需的逻辑推理少。

在 LSA 中提取出词的含义的数学方法称为奇异值分解（SVD）。SVD 来自线性代数，是 LSA 用来创建类似刚才讨论的词–主题矩阵[①]中的向量的数学工具。

最后，我们进行 NLP 实战：如何让机器能够通过玩文字游戏来理解词的意义。

4.3 奇异值分解

奇异值分解是 LSA 背后的算法。同前面思想实验类似，我们从只包含 11 篇文档、词汇表大小为 6 的语料库开始[②]：

```
>>> from nlpia.book.examples.ch04_catdog_lsa_sorted\
...        import lsa_models, prettify_tdm
>>> bow_svd, tfidf_svd = lsa_models()          这里使用思想实验中的词汇表在 cats_and_dogs 语
>>> prettify_tdm(**bow_svd)                     料库上运行 LSA，很快我们就会在这个黑盒子里达
   cat dog apple lion nyc love                  到最高点
text
0            1    1                                        NYC is the Big Apple.
1            1    1                               NYC is known as the Big Apple.
2                 1    1                                            I love NYC!
3            1    1                    I wore a hat to the Big Apple party in NYC.
4            1    1                                Come to NYC. See the Big Apple!
5            1                               Manhattan is called the Big Apple.
6    1                                       New York is a big city for a small cat.
7    1                1                    The lion, a big cat, is the king of the jungle.
8    1                     1                                       I love my pet cat.
9                     1    1                             I love New York City (NYC).
10   1    1                                              Your dog chased my cat.
```

上面是一个文档–词项矩阵，其中的每一行都是文档对应的词袋向量。

这里我们限制了词汇表的大小以便与前面的思想实验保持一致。同时，我们将语料库限制为仅包含 11 篇使用了词汇表中的 6 个词的文档。遗憾的是，排序算法和大小有限的词汇表创建了几个完全相同的词袋向量（NYC、apple）。但是，SVD 应该能够"看到"这一点，并将主题分配给这对词。

下面将首先在词项–文档矩阵（上述文档–词项矩阵的转置矩阵）上使用 SVD，但是 SVD 也适用于 TF-IDF 矩阵或任何其他向量空间模型：

```
>>> tdm = bow_svd['tdm']
>>> tdm
        0   1   2   3   4   5   6   7   8   9   10
```

---

① 想了解相关文档和上述思想实验实现中的向量数学，可以参考 nlpia/book/examples/ch04_*.py 中的例子。这个思想实验发生在 SVD 用于实际自然语言语句之前。幸运的是，所有的主题完全类似。

② 为保持印刷上的简洁，这里只选择了 11 个短的句子来做实验。通过查看 nlpia 中的 ch04 示例并在越来越大的语料库上运行 SVD，可以学到更多的内容。

cat	0	0	0	0	0	0	1	1	1	0	1
dog	0	0	0	0	0	0	0	0	0	0	1
apple	1	1	0	1	1	1	0	0	0	0	0
lion	0	0	0	0	0	0	0	1	0	0	0
nyc	1	1	1	1	1	0	0	0	0	1	0
love	0	0	0	0	0	0	0	0	1	1	0

　　SVD 是一种可以将任何矩阵分解成 3 个因子矩阵的算法，而这 3 个因子矩阵可以相乘来重建原始矩阵。这类似于为一个大整数找到恰好 3 个整数因子，但是这里的因子不是标量整数，而是具有特殊性质的二维实矩阵。通过 SVD 计算出的 3 个因子矩阵具有一些有用的数学性质，这些性质可以用于降维和 LSA。在线性代数课上，我们可能已经用过 SVD 来求逆矩阵。这里，我们将使用它为 LSA 计算出主题（相关词的组合）。

　　无论是在基于词袋的词项-文档矩阵还是基于 TF-IDF 的词项-文档矩阵上运行 SVD，SVD 都会找到属于同类的词组合。SVD 通过计算词项-文档矩阵的列（词项）之间的相关度来寻找那些同时出现的词[1]。SVD 能同时发现文档间词项使用的相关性和文档之间的相关性。利用这两条信息，SVD 还可以计算出语料库中方差最大的词项的线性组合。这些词项频率的线性组合将成为我们的主题。我们将只保留那些在语料库中包含信息最多、方差最大的主题。SVD 同时也提供了词项-文档向量的一个线性变换（旋转），它可以将每篇文档的向量转换为更短的主题向量。

　　SVD 将相关度高（因为它们经常一起出现在相同的文档中）的词项组合在一起，同时这一组合在一组文档中出现的差异很大。我们认为这些词的线性组合就是主题。这些主题会将词袋向量（或 TF-IDF 向量）转换为主题向量，这些主题向量会给出文档的主题。主题向量有点儿像文档内容的摘要或概括总结。

　　目前还不清楚是谁提出了将 SVD 应用于词频来创建主题向量的想法。当初，几位语言学家同时在研究类似的方法。他们都发现，两个自然语言表达（或单个词）之间的语义相似度与词或表达被引用的上下文之间的相似度成正比。这些研究人员包括 Harris[2]、Koll[3]、Isbell[4]、Dumais[5]、Salton 和 Lesk[6]以及 Deerwester[7]。

　　SVD（LSA 的核心）用数学符号表示如下：

$$W_{m\times n} \Rightarrow U_{m\times p}S_{p\times p}V_{p\times n}{}^{\mathrm{T}}$$

---

[1] 这等价于两列（词项-文档矩阵中的共现向量）之间点积的平方根，但是 SVD 提供了直接计算相关性所不能提供的额外信息。

[2] Jurafsky 和 Schone 在其 2000 年的论文 "Knowledge-Free Induction of Morphology Using Latent Semantic Analysis" 及报告中引用了 Harris, Z. S.发表于 1951 年的论文 "Methods in structural linguistics"。

[3] Koll, M. (1979) "Generalized vector spaces model in information retrieval" 和 Koll, M. (1979) "Approach to Concept Based Information Retrieval"。

[4] Charles Lee Isbell, Jr. (1998) "Restructuring Sparse High-Dimensional Data for Effective Retrieval"。

[5] Dumais et al. (1988) "Using latent semantic analysis to improve access to textual information"。

[6] Salton, G., (1965) "The SMART automatic document retrieval system"。

[7] Deerwester, S. et al. "Indexing by Latent Semantic Indexing"。

在上式中,m 为词汇表中的词项数量,n 为语料库中的文档数量,p 为语料库中的主题数量。我们不是想得到更小的维度吗?我们希望最终得到比词数更少的主题,因此可以使用这些主题向量(主题-文档矩阵的行)作为原始 TF-IDF 向量的降维表示。最终我们会得到这个结果。但是在现在第一阶段,我们还是保留了矩阵中的所有维度。

下面几节将给出上述 3 个矩阵(U、S 和 V)的形式。

4.3.1 左奇异向量 U

U 矩阵包含词项-主题矩阵,它给出词所具有的上下文信息[①]。这是 NLP 中最重要的用于语义分析的矩阵。U 矩阵称为"左奇异向量",因为它包含一系列行向量,这些行向量必须左乘列向量组成的矩阵[②]。基于词在同一文档中的共现关系,U 给出了词与主题之间的相互关联。在截断(删除列)之前,它是一个方阵,其行数和列数与词汇表中的词数(m)相同,在上例中都是 6。如代码清单 4-3 所示,这里仍然得到 6 个主题(主题数目为 p),因为我们还没有截断这个矩阵。

代码清单 4-3 $U_{m \times p}$

```
>>> import numpy as np
>>> U, s, Vt = np.linalg.svd(tdm)        ← 这里重用了前面代码中
>>> import pandas as pd                      的词项-文档矩阵
>>> pd.DataFrame(U, index=tdm.index).round(2)
          0     1     2     3     4     5
cat   -0.04  0.83 -0.38 -0.00  0.11 -0.38
dog   -0.00  0.21 -0.18 -0.71 -0.39  0.52
apple -0.62 -0.21 -0.51  0.00  0.49  0.27
lion  -0.00  0.21 -0.18  0.71 -0.39  0.52
nyc   -0.75 -0.00  0.24 -0.00 -0.52 -0.32
love  -0.22  0.42  0.69  0.00  0.41  0.37
```

注意,SVD 算法是一个基本的 numpy 数学运算,并非一个精巧的 scikit-learn 机器学习算法。

U 矩阵包含所有的主题向量,其中每一列主题向量对应语料库中的一个词。这意味着它可以用作一个转换因子,将词-文档向量(TF-IDF 向量或词袋向量)转换为主题-文档向量。我们只需将 U 矩阵(主题-词矩阵)乘以任何词-文档列向量,就可以得到一个新的主题-文档向量,这是因为 U 矩阵中每个元素位置上的权重或得分,分别代表每个词对每个主题的重要程度。这正是我们在前面思想实验中所做的事情,也正是这个实验开启了在 NYC 的"cats""dogs"冒险之旅。

[①] 如果试图用 sklearn 中的 PCA 模型复现这些结果,我们会注意到它会从 V^T 矩阵中获得这里的词项-主题矩阵,这是因为输入数据集相对于这里的处理进行了转置。scikit-learn 总是将数据作为行向量进行排列,因此当使用 `PCA.fit()` 或任何其他 sklearn 模型进行训练时,`tdm` 中的词项-文档矩阵将被转置为文档-词项矩阵。

[②] 数学家称这些向量为左特征向量或行特征向量。参考维基百科的文章"Eigenvalues and eigenvectors"。

即使上面已经有了将词频映射到主题所需的因子矩阵，我们仍将解释 SVD 所提供的其余因子矩阵以及如何使用这些矩阵。

4.3.2 奇异值向量 S

Sigma 或 S 矩阵是一个对角方阵，其对角线上的元素主题即"奇异值"[①]。奇异值给出了在新的语义（主题）向量空间中每个维度所代表的信息量。对角矩阵只有在从左上角到右下角的对角线上才包含非零值，而 S 矩阵的其余元素都是 0。因此，numpy 通过以数组的形式返回奇异值来节省空间，但是也可以使用 numpy.diag 函数轻松地将其转换为对角矩阵，如代码清单 4-4 所示。

代码清单 4-4 $S_{p \times p}$

```
>>> s.round(1)
array([3.1, 2.2, 1.8, 1. , 0.8, 0.5])
>>> S = np.zeros((len(U), len(Vt)))
>>> pd.np.fill_diagonal(S, s)
>>> pd.DataFrame(S).round(1)
     0    1    2    3    4    5    6    7    8    9    10
0  3.1  0.0  0.0  0.0  0.0  0.0  0.0  0.0  0.0  0.0  0.0
1  0.0  2.2  0.0  0.0  0.0  0.0  0.0  0.0  0.0  0.0  0.0
2  0.0  0.0  1.8  0.0  0.0  0.0  0.0  0.0  0.0  0.0  0.0
3  0.0  0.0  0.0  1.0  0.0  0.0  0.0  0.0  0.0  0.0  0.0
4  0.0  0.0  0.0  0.0  0.8  0.0  0.0  0.0  0.0  0.0  0.0
5  0.0  0.0  0.0  0.0  0.0  0.5  0.0  0.0  0.0  0.0  0.0
```

同 U 矩阵一样，6 个词 6 个主题的语料库的 S 矩阵有 6 行（p），但是它有很多列（n）都是 0。每篇文档都需要一个列向量来表示，这样就可以将 S 乘以后面马上要学到的文档-文档矩阵 V^T。因为目前还没有通过截断该对角矩阵来降维，所以词汇表中的词项数就是主题数 6（p）。这里的维度（主题）是这样构造的：第一个维度包含关于语料库的最多信息（前面已解释的方差）。这样，当想要截断主题模型时，可以一开始将右下角的维度归零，然后往左上角移动。当截断主题模型造成的错误开始对整个 NLP 流水线错误产生显著影响时，就可以停止将这些奇异值归零。

提示 这是我们之前提到过的技巧。对于 NLP 和大多数其他应用，我们不希望在主题模型中保留方差信息。将来处理的文档可能不会与完全一样的主题相关。

在大多数情况下，最好将 S 矩阵的对角线元素设置为 1，从而创建一个矩形单位矩阵，它只是重塑了 V^T 文档-文档矩阵，使之兼容于 U 词-主题矩阵。这样，如果将这个 S 矩阵乘以一些新的文档向量集，就不会使主题向量向原始主题组合（分布）倾斜。

---

① 数学家称这些元素为特征值。

4.3.3 右奇异向量 V^T

V^T 是一个文档-文档矩阵，其中每一列是"右奇异向量"。该矩阵将在文档之间提供共享语义，因为它度量了文档在新的文档语义模型中使用相同主题的频率。它的行数（p）和列数与小型语料库中的文档数相同，都是 11。具体做法参见代码清单 4-5。

代码清单 4-5　V_{pxn}^T

```
>>> pd.DataFrame(Vt).round(2)
      0     1     2     3     4     5     6     7     8     9    10
0  -0.44 -0.44 -0.31 -0.44 -0.44 -0.20 -0.01 -0.01 -0.08 -0.31 -0.01
1  -0.09 -0.09  0.19 -0.09 -0.09 -0.09  0.37  0.47  0.56  0.19  0.47
2  -0.16 -0.16  0.52 -0.16 -0.16 -0.29 -0.22 -0.32  0.17  0.52 -0.32
3   0.00 -0.00 -0.00  0.00  0.00  0.00 -0.00  0.71  0.00 -0.00 -0.71
4  -0.04 -0.04 -0.14 -0.04 -0.04  0.58  0.13 -0.33  0.62 -0.14 -0.33
5  -0.09 -0.09  0.10 -0.09 -0.09  0.51 -0.73  0.27 -0.01  0.10  0.27
6  -0.57  0.21  0.11  0.33 -0.31  0.34  0.34 -0.00 -0.34  0.23  0.00
7  -0.32  0.47  0.25 -0.63  0.41  0.07  0.07  0.00 -0.07 -0.18  0.00
8  -0.50  0.29 -0.20  0.41  0.16 -0.37 -0.37 -0.00  0.37 -0.17  0.00
9  -0.15 -0.15 -0.59 -0.15  0.42  0.04  0.04 -0.00 -0.04  0.63 -0.00
10 -0.26 -0.62  0.33  0.24  0.54  0.09  0.09 -0.00 -0.09 -0.23 -0.00
```

就像 S 矩阵一样，当把新的词-文档向量转换成主题向量空间时，可以忽略 V^T 矩阵。我们仅仅使用 V^T 来检查主题向量的准确性，以重建用于"训练"该矩阵的原始词-文档向量。

4.3.4 SVD 矩阵的方向

如果你以前使用自然语言文档进行过机器学习，那么可能会注意到，相对于在 scikit-learn 和其他软件包中习惯看到的内容，这里的词项-文档矩阵是"翻转"（转置）的。在第 2 章末尾的朴素贝叶斯情感模型和第 3 章的 TF-IDF 向量中，我们将训练集创建为一个文档-词项矩阵。这就是 scikit-learn 模型所需要的方向。机器学习训练集对应的样本-特征矩阵中的每一行都是一篇文档，而每一列都代表该文档的一个词或特性。但是要直接进行 SVD 线性代数运算时，矩阵需要转换成词项-文档格式[①]。

> **重要说明**　矩阵的命名和大小描述先由行开始，然后才是列。因此，词项-文档矩阵的行代表词，列代表文档。矩阵的维数（大小）描述也是如此。一个 2×3 矩阵有 2 行和 3 列，这意味着 np.shape() 的结果为(2, 3)，而 len() 的结果为 2。

在训练机器学习模型之前，不要忘了将词项-文档矩阵或主题-文档矩阵转回到 scikit-learn 中规定的方向。在 scikit-learn 中，NLP 训练集中的每一行都应该包含与文档（电子邮件、短消息、句子、网页或任何其他文本块）相关的特征向量。在 NLP 训练集中，向量是行向量。而在传统

---

① 实际上，在 sklearn 中，PCA 模型并没有翻转文档-词项矩阵，只是翻转了 SVD 矩阵的数学运算。因此，scikit-learn 中的 PCA 模型忽略了 U 矩阵和 S 矩阵，只使用 V^T 矩阵将新的文档-词项行向量转换为文档-主题行向量。

的线性代数运算中，向量通常被认为是列向量。

在下一节中，我们将与大家一起训练一个 scikit-learnTruncatedSVD 转换器，它会将词袋向量转换为主题-文档向量。然后将这些向量转置回来得到机器学习训练集的行，这样就可以在这些文档-主题向量上训练一个 scikit-learn（sklearn）分类器。

> **警告**　如果使用 scikit-learn，必须将特征-文档矩阵（在 sklearn 中通常称为 X）转置，以创建一个文档-特征矩阵，然后将其传递到模型的 `.fit()` 和 `.predict()` 方法中。训练集矩阵中的每一行都应该是特定样本文本（通常是文档）的特征向量[1]。

4.3.5　主题约简

现在我们得到了一个主题模型，它可以将词频向量转换为主题权重向量。但是因为主题数和词数一样多，所以得到的向量空间模型的维数和原来的词袋向量一样多。刚才我们创建了一些新词并将它们命名为主题，因为它们以不同的比例将词组合在一起。到目前为止，我们还没有减少维数。

这里可以忽略 **S** 矩阵，因为 **U** 矩阵的行和列已经排列妥当，以使最重要的主题（具有最大的奇异值）都在左边。可以忽略 **S** 的另一个原因是，将在此模型中使用的大部分词-文档向量（如 TF-IDF 向量），都已经进行了归一化处理。最后，如果这样设置的话，它只会生成更好的主题模型[2]。

因此，我们开始砍掉 **U** 右边的列。但是稍等一下，到底需要多少个主题才足以捕捉文档的本质呢？度量 LSA 精确率的一种方法是看看从主题-文档矩阵重构词项-文档矩阵的精确率如何。代码清单 4-6 展示了前面用于演示 SVD 的 9 词项 11 文档矩阵的重构精确率。

代码清单 4-6　词项-文档矩阵重构误差

```
>>> err = []
>>> for numdim in range(len(s), 0, -1):
...     S[numdim - 1, numdim - 1] = 0
...     reconstructed_tdm = U.dot(S).dot(Vt)
...     err.append(np.sqrt(((\
...         reconstructed_tdm - tdm).values.flatten() ** 2).sum()
...         / np.product(tdm.shape)))
>>> np.array(err).round(2)
array([0.06, 0.12, 0.17, 0.28, 0.39, 0.55])
```

当使用奇异向量为 11 篇文档重构词项-文档矩阵时，截断的内容越多，误差就越大。如果大家使用前面的 3 主题模型为每篇文档重构词袋向量，那么将有大约 28% 的均方根误差。图 4-3 显示了随着主题模型丢弃的维度越来越多精确率不断下降的情况。

正如所看到的那样，无论在模型中使用 TF-IDF 向量还是词袋向量，精确率下降的趋势都非常相似。但是，如果计划在模型中只保留几个主题的话，使用 TF-IDF 向量的效果会稍好一些。

这只是一个简单的例子，但是我们可以看到如何使用这样的图来确定模型中到底需要保留多

---

① 参考有关 LSA 的 scikit-learn 文档。

② Levy、Goldberg 和 Dagan 在 2015 年发表的 "Improving Distributional Similarity with Lessons Learned from Word Embeddings"。

少个主题（维度）。在某些情况下，在去掉了词项-文档矩阵中的几个维度之后，我们可能会发现获得了完美的精确率，大家能猜到是什么原因吗？

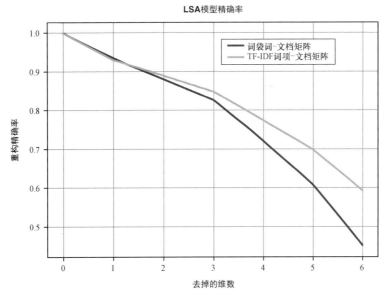

图 4-3　忽略的维度越多，词项-文档矩阵重构精确率越低

LSA 背后的 SVD 算法会"注意"到某些词总在一起使用，并将它们放在一个主题中。这就是它可以"无偿"获得几个维度的原因。即使不打算在流水线中使用主题模型，LSA（SVD）也可以是为流水线压缩词-文档矩阵以及识别潜在复合词或 *n*-gram 的一种好方法。

4.4　主成分分析

当 SVD 用于降维（就像之前实现 LSA 所做的那样）时，主成分分析（PCA）是 SVD 的另一个叫法。scikit-learn 中的 PCA 模型对 SVD 做了一些调整，这将提高 NLP 流水线的精确率。

一方面，sklearn.PCA 自动通过减去平均词频来"中心化"数据。另一方面，其实现时使用了一个更微妙的技巧，即使用一个名为 flip_sign 的函数来确切地计算奇异向量的符号[1]。

最后，sklearn 中的 PCA 实现了一个可选的"白化"（whitening）步骤。这类似于在将词-文档向量转换为主题-文档向量时忽略奇异值的技巧。与仅仅将 **S** 矩阵中所有的奇异值设为 1 不同（参考 4.3.2 节最后一段），白化技术可以像 sklearn.StandardScaler 转换一样将数据除以这些方差（方差归一化处理）。这有助于分散数据，使任何优化算法都不太可能迷失于数据的 U 型"半管道"或"河流"（指局部集中的数据）中。而当数据集中的特征相互关联时，这些现象就会出现[2]。

---

① 在 nlpia.book.examples.ch04_sklearn_pca_source 中，可以找到一些使用 PCA 中这些函数的实验，这些实验可以用于理解所有这些微妙的技巧。

② 详见标题为"Deep Learning Tutorial - PCA and Whitening"的网页。

在将 PCA 应用于真实世界中的高维 NLP 数据之前，我们回过头来看看 PCA 和 SVD 的更可视化的表示，这也将有助于我们理解 scikit-learn PCA 实现中的 API。PCA 对于很多应用都很有用，所以这种可视化理解不仅仅对 NLP 有用。在对高维自然语言数据进行尝试之前，我们将在三维的点云上进行 PCA 处理。

对于大多数"实际"问题，我们想使用 sklearn.PCA 模型来进行 LSA 分析。唯一的例外是，要处理的文档数多于内存中所能容纳的文档数，那么在这种情况下，将需要使用 sklearn 中的 IncrementalPCA 模型，或者我们将在第 13 章中介绍的一些缩放（scaling）技术。

提示　如果有一个巨大的语料库，并且迫切需要主题向量（LSA），那么请跳到第 13 章，查看 gensim.models.LsiModel。如果单台机器还不足以快速完成任务的话，请查看 SVD 算法的 RocketML 并行化版本。

下面我们将从一组真实的三维向量而不是超过 10 000 维的文档–词向量开始。三维空间的可视化要比 10 000 维容易得多。因为这里只处理三维数据，所以可以直接使用 Matplotlib 中的 `Axes3D` 类来绘制。请参阅 nlpia 包中的代码，以创建类似这样的可旋转三维图。

事实上，图 4-4 中的点云来自对真实物体表面的三维扫描，而不是来自一组词袋向量箭头顶端对应的点。但这将帮助我们了解 LSA 的工作机制。在处理高维向量（如文档–词向量）之前，我们会看到如何操作和绘制低维小向量。

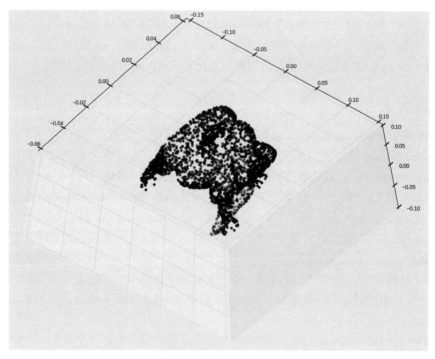

图 4-4　从真实物体点云的"腹部"下方仰望

大家能猜到构建出这些三维向量的三维对象是什么吗？本书上只有一个二维的投影结果。大家能想到如何编程使机器能够旋转物体以便得到更好的视图吗？有关数据点的统计数据是否可以用来优化 x 轴、y 轴与对象的对齐？当在脑海中旋转图中的这个三维斑点时，想象一下，此时沿 x、y 和 z 轴的方差会随着旋转发生怎样的变化。

4.4.1 三维向量上的 PCA

我们手动将点云旋转到这个特定的方向，以最小化图中窗口轴上的方差。我们之所以这样做是为了让大家一下子很难认出它的本来面目。如果 SVD（LSA）对文档-词向量这样做的话，它将在这些向量中隐藏信息。在二维投影中，我们将这些点叠加在一起，可以防止人眼或机器学习算法将这些点分隔成有意义的簇。但是，SVD 通过沿着高维空间的低维阴影的维度方向最大化方差来保持向量的结构和信息内容。这就是机器学习所需要的，这样每个低维向量就能捕捉到它所代表的东西的本质。SVD 最大化每个轴上的方差。而方差是一个很好的信息指标，或者说就是要找的本质。

```
>>> import pandas as pd
>>> pd.set_option('display.max_columns', 6)          确保 pd.DataFrame 能以适合页
>>> from sklearn.decomposition import PCA             宽的方式打印输出
>>> import seaborn
>>> from matplotlib import pyplot as plt              尽管在 scikit-learn 中它被称为
>>> from nlpia.data.loaders import get_data           PCA，但这确实是 SVD

>>> df = get_data('pointcloud').sample(1000)          将三维点云缩减为二维投影，
>>> pca = PCA(n_components=2)                          以便在二维散点图中显示
>>> df2d = pd.DataFrame(pca.fit_transform(df), columns=list('xy'))
>>> df2d.plot(kind='scatter', x='x', y='y')
>>> plt.show()
```

如果运行上述脚本，二维投影的方向可能会随机地从左到右翻转，但它不会扭转到新的角度。我们计算二维投影的方向，使最大的方差始终与 x 轴（第一个轴）对齐，第二大的方差总是与 y 轴（也就是阴影或投影的第二维）对齐。但是，这些轴的极性（符号）是任意的，因为优化还剩有两个自由度，于是可以自由地沿着沿 x 轴或 y 轴或者同时沿着这两个轴翻转向量（点）的极性。

如果想尝试一下"马"的三维方向，可以运行 nlpia/data 目录下的 horse_plot.py 脚本。实际上，可能存在一种更优化的数据转换方法，它去掉了一个维度，而不会减少（大家眼中的）该数据的信息内容。毕加索立体主义的"眼睛"可能会提出一种非线性变换，它可以同时从多个角度保持视图的信息内容。有一些诸如我们即将在第 6 章讨论的嵌入算法，可以做到上述这一点。

但是，大家难道不认为在保存点云向量数据中的信息方面，传统的线性 SVD 和 PCA 做得很好吗？三维马的二维投影难道不能提供很好的数据视图吗？机器是否能够从马表面的三维向量计算出的这些二维向量的统计数据中学习到一些东西（如图 4-5 所示）呢？

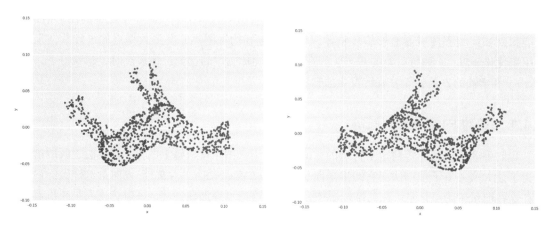

图 4-5 头对头颠倒的"马"点云

4.4.2 回归 NLP

我们回到 NLP, 看看 SVD 如何处理一些自然语言文档。在 5000 条标记为垃圾短消息 (或非垃圾短消息) 的短消息语料中, 我们使用 SVD 来寻找主成分。考虑到来自大学实验室的这份短消息语料的词汇量和主题数都有限, 所以我们把主题数限制在 16 个。我们将同时使用 scikit-learn PCA 模型和截断的 SVD 模型来观察两者是否有所不同。

截断的 SVD 模型被设计成用于稀疏矩阵。稀疏矩阵是存在很多相同值 (通常为零或 NaN) 元素的矩阵。NLP 词袋和 TF-IDF 矩阵几乎总是稀疏的, 因为大多数文档不会包含词汇表中的大部分词。大部分的词频都为 0 (在将 "幽灵" 计数添加到所有词频以进行数据平滑之前)。

稀疏矩阵就像大部分都为空的电子表格, 但是一些有意义的值分散在矩阵中。与 TruncatedSVD 相比, sklearn PCA 模型使用填充了所有这些零的密集矩阵, 可以提供更快的解决方案。但 sklearn.PCA 浪费了很多内存来保存所有那些 0。scikit-learn 中的 TfidfVectorizer 输出稀疏矩阵, 因此在将结果与 PCA 进行比较之前, 需要将这些矩阵转换为密集矩阵。

首先, 我们从 nlpia 包中的 DataFrame 加载短消息:

```
>>> import pandas as pd
>>> from nlpia.data.loaders import get_data
>>> pd.options.display.width = 120                    ◁── 这有助于宽 Pandas DataFrame
                                                          数据输出得更漂亮一些
>>> sms = get_data('sms-spam')
>>> index = ['sms{}{}'.format(i, '!'*j)
➥ for (i,j) in zip(range(len(sms)), sms.spam)]        ◁── 我们向短消息的索引号后面添加一个
>>> sms.index = index                                     感叹号, 以使它们更容易被发现
>>> sms.head(6)

     spam                                                                  text
sms0    0  Go until jurong point, crazy.. Available only ...
sms1    0                          Ok lar... Joking wif u oni...
```

```
sms2!    1  Free entry in 2 a wkly comp to win FA Cup fina...
sms3     0  U dun say so early hor... U c already then say...
sms4     0  Nah I don't think he goes to usf, he lives aro...
sms5!    1  FreeMsg Hey there darling it's been 3 week's n...
```

接下来可以计算每条消息的 TF-IDF 向量：

```
>>> from sklearn.feature_extraction.text import TfidfVectorizer
>>> from nltk.tokenize.casual import casual_tokenize

>>> tfidf = TfidfVectorizer(tokenizer=casual_tokenize)
>>> tfidf_docs = tfidf.fit_transform(raw_documents=sms.text).toarray()
>>> len(tfidf.vocabulary_)
9232

>>> tfidf_docs = pd.DataFrame(tfidf_docs)
>>> tfidf_docs = tfidf_docs - tfidf_docs.mean()   ◁—— 通过减去平均值对向量化的文档（词袋向量）进行中心化处理
>>> tfidf_docs.shape
(4837, 9232)   ◁—— 对任意 numpy 数组，.shape 属性给出的每个维度的长度
>>> sms.spam.sum()   ◁——
638
```

Pandas Series 上的.sum()方法的行为类似于对电子表格的列求和，即将所有元素相加

至此，我们有 4837 条短消息，其中包含来自分词器（casual_tokenize）的 9232 个不同的 1-gram 词条。在 4837 条短消息中，只有 638 条（13%）被标记为垃圾短消息。所以这个训练集不均衡，非垃圾短消息（正常的短消息）和垃圾短消息（人们不想要的诱惑和广告）的比大约为 8:1。

针对这种正常短消息的抽样偏差，我们可以通过减少任何对正常短消息分类正确的模型的"回报"来解决。但是大型词汇表的数量|V|很难处理，词汇表中的 9232 个词条比要处理的 4837 条消息（样本）还多，也就是说，词库（或词汇表）中包含的独立词数，比短消息数还要多。而这些短消息中，只有一小部分（1/8）被标记为垃圾短消息。这就是造成过拟合的原因。在大型词汇表中，只有少数独立的词会被标记为垃圾词。

过拟合的意思是指我们只会在从词汇表提取出几个关键的词。因此，垃圾短消息过滤器将依赖这些垃圾词，它们存在于那些过滤掉的垃圾短消息的某处。垃圾消息散布者只须使用这些垃圾词的同义词，就可以很容易地绕过过滤器。如果词汇表中没有包含这些垃圾消息散布者使用的新同义词，那么过滤器就会将那些巧妙构造的垃圾短消息误分类为正常短消息。

上述这种过拟合是自然语言处理中的一个固有问题。很难找到一个标注好的自然语言数据集，它包含了人们可能会说的标注为语料库中的所有方式。我们无法找到这样一个大规模的短消息数据库，该数据库包含了垃圾和非垃圾的所有表达方式，而且只有少数公司有资源创建这样的数据集。所以对我们来说，剩下的就需要有针对过拟合的应对措施。我们必须使用在少量样本上就可以泛化得很好的算法。

降维是针对过拟合的主要应对措施。通过将多维度（词）合并到更少的维度（主题）中，我们的 NLP 流水线将变得更加通用。如果降维或缩小词汇表，我们的垃圾短消息过滤器将能够处

理更大范围的短消息。

　　这正是 LSA 所做的事情，它减少了维度，因此有助于防止过拟合（overfitting）[①]。通过假设词频之间的线性关系，LSA 可以基于小数据集进行泛化。因此，如果词"half"出现在包含诸如大量"off"的垃圾消息中（如"Half off!"），LSA 帮助找到这些词之间的关联并得到关联的程度，因此它将垃圾消息中的短语"half off"推广到诸如"80% off"这样的短语，而且，如果 NLP 数据中还存在"discount"和"off"之间的关联，它还可以进一步推广到短语"80% discount"。

> **提示**　有些人认为泛化是机器学习和人工智能的核心挑战。小样本学习（one-shot learning）常被用来描述对这类极致模型的研究。这些模型需要的数据量的数量级远远低于传统模型，但是它们能达到与传统模型相同的精确率。

　　泛化 NLP 流水线有助于确保它适用于更广泛的现实世界的短消息集，而不仅仅是这一组特定的消息集。

4.4.3　基于 PCA 的短消息语义分析

　　下面我们先尝试一下 scikit-learn 中的 PCA 模型。我们已经看到，它在实战当中已经把三维的"马"变成了二维的"笔"。现在，我们把数据集 9232 维的 TF-IDF 向量转换为 16 维主题向量：

```
>>> from sklearn.decomposition import PCA

>>> pca = PCA(n_components=16)
>>> pca = pca.fit(tfidf_docs)
>>> pca_topic_vectors = pca.transform(tfidf_docs)
>>> columns = ['topic{}'.format(i) for i in range(pca.n_components)]
>>> pca_topic_vectors = pd.DataFrame(pca_topic_vectors, columns=columns,\
...     index=index)
>>> pca_topic_vectors.round(3).head(6)
        topic0  topic1  topic2  ...   topic13  topic14  topic15
sms0     0.201   0.003   0.037  ...    -0.026   -0.019    0.039
sms1     0.404  -0.094  -0.078  ...    -0.036    0.047   -0.036
sms2!   -0.030  -0.048   0.090  ...    -0.017   -0.045    0.057
sms3     0.329  -0.033  -0.035  ...    -0.065    0.022   -0.076
sms4     0.002   0.031   0.038  ...     0.031   -0.081   -0.021
sms5!   -0.016   0.059   0.014  ...     0.077   -0.015    0.021
```

　　如果大家对这些主题感兴趣，可以通过检查权重来找出每个词的权重。通过查看权重，可以看到词 half 和 off（如在 half off 中）一起出现的频率，然后确定哪个主题是"discount"。

> **提示**　通过检查 .components_ 属性，可以获得任何已经拟合好的 *sklearn* 转换的权重。

　　首先，我们将词分配给 PCA 转换中的所有维度。这里需要将词按正确的顺序排列，因为 TFIDFVectorizer 将词汇表存储为字典，并将词汇表中的每个词项映射为索引号（列号）：

---

① 更多关于过拟合和泛化的内容请参考附录 D。

```
>>> tfidf.vocabulary_
{'go': 3807,
 'until': 8487,
 'jurong': 4675,
 'point': 6296,
...
>>> column_nums, terms = zip(*sorted(zip(tfidf.vocabulary_.values(),\
...     tfidf.vocabulary_.keys())))
>>> terms
('!',
 '"',
 '#',
 '#150',
...
```

根据词项频率对词汇表进行排序。当对某个不按照最左边元素排序的序列解压并在排序后重新压缩时，这里的 "zip(*sorted(zip()))" 模式十分有用

现在，我们可以创建一个包含权重的不错的 Pandas DataFrame，所有列和行的标签都处在正确的位置上：

```
>>> weights = pd.DataFrame(pca.components_, columns=terms,
➥     index=['topic{}'.format(i) for I in range(16)])
>>> pd.options.display.max_columns = 8
>>> weights.head(4).round(3)
           !      "      #  ...        …      ?    ?ud      ?
topic0 -0.071  0.008 -0.001  ...  -0.002  0.001  0.001  0.001
topic1  0.063  0.008  0.000  ...   0.003  0.001  0.001  0.001
topic2  0.071  0.027  0.000  ...   0.002 -0.001 -0.001 -0.001
topic3 -0.059 -0.032 -0.001  ...   0.001  0.001  0.001  0.001
```

其中，有些列（词项）并不那么有意思，所以下面我们来探索一下 tfidf.vocabulary，看看是否能找到那些 "half off" 词项以及它们所属的主题：

```
>>> pd.options.display.max_columns = 12
>>> deals = weights['! ;) :] half off free crazy deal only $ 80 %'.split()].
    round(3) * 100
>>> deals
           !    ;)     :)  half   off  free  crazy  deal  only    $   80    %
topic0  -7.1   0.1   -0.5  -0.0  -0.4  -2.0   -0.0  -0.1  -2.2  0.3 -0.0 -0.0
topic1   6.3   0.0    7.4   0.1   0.4  -2.3   -0.2  -0.1  -3.8 -0.1 -0.0 -0.2
topic2   7.1   0.2   -0.1   0.1   0.3   4.4    0.1  -0.1   0.7  0.0  0.0  0.1
topic3  -5.9  -0.3   -7.1   0.2   0.3  -0.2    0.0   0.1  -2.3  0.1 -0.1 -0.3
topic4  38.1  -0.1  -12.5  -0.1  -0.2   9.9    0.1  -0.2   3.0  0.3  0.1 -0.1
topic5 -26.5   0.1   -1.5  -0.3  -0.7  -1.4   -0.6  -0.2  -1.8 -0.9  0.0  0.0
topic6 -10.9  -0.5   19.9  -0.4  -0.9  -0.6   -0.2  -0.1  -1.4 -0.0  0.0 -0.1
topic7  16.4   0.1  -18.2   0.8   0.8  -2.9    0.0   0.0  -1.9 -0.3  0.0 -0.1
topic8  34.6   0.1    5.2  -0.5  -0.5  -0.1   -0.4  -0.4   3.3 -0.6 -0.0 -0.2
topic9   6.9  -0.3   17.4   1.4  -0.9   6.6   -0.5  -0.4   3.3 -0.4 -0.0  0.0
...
>>> deals.T.sum()
topic0   -11.9
topic1     7.5
topic2    12.8
topic3   -15.5
```

```
topic4      38.3
topic5     -33.8
topic6       4.8
topic7      -5.3
topic8      40.5
topic9      33.1
...
```

主题 4、8 和 9 似乎都包含 "deal"（交易）主题的正向情感。而主题 0、3 和 5 似乎是反 deal 的主题，即 deal 反面的消息：负向 deal。因此，与 deal 相关的词可能对一些主题产生正向影响，而对另一些主题产生负向影响。并不存在一个明显的 "deal" 主题编号。

重要说明　casual_tokenize 分词器将"80%"切分成["80", "%"]，将"$80 million"切分成["$","80", "million"]。因此，除非使用 LSA 或 2-gram 分词器，否则 NLP 流水线不会注意到"80%"和"$80 million"之间的差别，它们共享词条 "80"。

上面对主题的理解，就是 LSA 的挑战之一。LSA 只允许词之间的线性关系。另外，我们通常处理的只有小规模语料库。所以 LSA 主题倾向于以人们认为没有意义的方式将词组合起来。来自不同主题的几个词将被塞进单一维度（主成分）中，以确保模型在使用 9232 个词时能够捕捉到尽可能多的差异。

4.4.4　基于截断的 SVD 的短消息语义分析

现在我们可以在 scikit-learn 中试用一下 TruncatedSVD 模型。这是一种更直接的 LSA 方式，它绕过了 scikit-learn PCA 模型，因此我们可以看到在 PCA 包装器内部到底发生了什么。它可以处理稀疏矩阵，所以如果我们正在处理大规模数据集，那么无论如何都要使用 TruncatedSVD 而非 PCA。TruncatedSVD 的 SVD 部分将 TF-IDF 矩阵分解为 3 个矩阵，其截断部分将丢弃包含 TF-IDF 矩阵最少信息的维度。这些被丢弃的维度表示文档集中变化最小的主题（词的线性组合），它们可能对语料库的总体语义没有意义。它们可能会包含许多停用词和其他词，这些词在所有文档中均匀分布。

下面将使用 TruncatedSVD 仅仅保留 16 个最有趣的主题，这些主题在 TF-IDF 向量中所占的方差最大：

> 就像在 PCA 中一样，这里将计算 16 个主题，但是将在数据上迭代 100 次（默认为 5 次），以确保这里的结果几乎与在 PCA 中一样精确

> fit_transpose 在一步当中分解 TF-IDF 向量并将它们转换为主题向量

```
>>> from sklearn.decomposition import TruncatedSVD

>>> svd = TruncatedSVD(n_components=16, n_iter=100)
>>> svd_topic_vectors = svd.fit_transform(tfidf_docs.values)
>>> svd_topic_vectors = pd.DataFrame(svd_topic_vectors, columns=columns,\
...     index=index)
>>> svd_topic_vectors.round(3).head(6)
          topic0  topic1  topic2  ...    topic13  topic14  topic15
sms0       0.201   0.003   0.037  ...     -0.036   -0.014    0.037
sms1       0.404  -0.094  -0.078  ...     -0.021    0.051   -0.042
```

```
sms2!   -0.030   -0.048    0.090   ...        -0.020   -0.042    0.052
sms3     0.329   -0.033   -0.035   ...        -0.046    0.022   -0.070
sms4     0.002    0.031    0.038   ...         0.034   -0.083   -0.021
sms5!   -0.016    0.059    0.014   ...         0.075   -0.001    0.020
```

`TruncatedSVD` 的这些主题向量与 PCA 生成的主题向量完全相同！这个结果是因为我们非常谨慎地使用了很多的迭代次数（`n_iter`），并且还确保每个词项（列）的 TF-IDF 频率都做了基于零的中心化处理（通过减去每个词项上的平均值）。

下面花点儿时间看看每个主题的权重，并试着能够理解它们。在既不知道这些主题的相关对象也不知道高权重词的情况下，大家认为自己能把这 6 条短消息判定为垃圾或非垃圾短消息吗？也许看看垃圾短消息行标签后面的 "!" 标签将有助于上述判定。这虽然很困难，但还是有可能的，特别是对机器来说，它可以查看所有 5000 个训练样本，计算出每个主题的阈值来分离垃圾和非垃圾短消息的主题空间。

4.4.5 基于 LSA 的垃圾短消息分类的效果

要了解向量空间模型在分类方面的效果如何，一种方法是查看类别内部向量之间的余弦相似度与它们的类别归属之间的关系。下面，我们看看对应文档对之间的余弦相似度是否对这里的特定二分类问题有用。我们计算前 6 条短消息对应的前 6 个主题向量之间的点积，我们应该会看到，任何垃圾短消息（"sms2!"）之间的正的余弦相似度（点积）更大。

```
>>> import numpy as np                        对每个主题向量按照其长度（2 范数）进
                                              行归一化，然后用点积计算余弦距离
>>> svd_topic_vectors = (svd_topic_vectors.T / np.linalg.norm(\
...     svd_topic_vectors, axis=1)).T
>>> svd_topic_vectors.iloc[:10].dot(svd_topic_vectors.iloc[:10].T).round(1)
        sms0  sms1  sms2!  sms3  sms4  sms5!  sms6  sms7  sms8!  sms9!
sms0     1.0   0.6   -0.1   0.6  -0.0   -0.3  -0.3  -0.1   -0.3   -0.3
sms1     0.6   1.0   -0.2   0.8  -0.2    0.0  -0.2  -0.2   -0.1   -0.1
sms2!   -0.1  -0.2    1.0  -0.2   0.1    0.4   0.0   0.3    0.5    0.4
sms3     0.6   0.8   -0.2   1.0  -0.2   -0.3  -0.1  -0.3   -0.2   -0.1
sms4    -0.0  -0.2    0.1  -0.2   1.0    0.2   0.0   0.1   -0.4   -0.2
sms5!   -0.3   0.0    0.4  -0.3   0.2    1.0  -0.1   0.1    0.3    0.4
sms6    -0.3  -0.2    0.0  -0.1   0.0   -0.1   1.0   0.1   -0.2   -0.2
sms7    -0.1  -0.2    0.3  -0.3   0.1    0.1   0.1   1.0    0.1    0.4
sms8!   -0.3  -0.1    0.5  -0.2  -0.4    0.3  -0.2   0.1    1.0    0.3
sms9!   -0.3  -0.1    0.4  -0.1  -0.2    0.4  -0.2   0.4    0.3    1.0
```

从上到下读取 sms0 对应的列（或从左到右读取 sms0 对应的行），我们会发现，sms0 和垃圾短消息（sms5!、sms6!、sms8!、sms9!）之间的余弦相似度是显著的负值。sms0 的主题向量与垃圾短消息的主题向量有显著不同，非垃圾短消息所谈论的内容与垃圾短消息是不同的。

对 sms2!对应的列进行相同的处理，我们会看到它与其他垃圾短消息正相关。垃圾短消息具有相似的语义，它们谈论相似的"主题"。

这也是语义搜索的工作原理。我们可以使用查询向量和文档库中所有主题向量之间的余弦相似性来查找其中语义最相似的消息。离该查询向量最近的文档（最短距离）对应的是含义最接近的文档。垃圾性只是混入的短消息主题中的一种"意义"。

遗憾的是，每个类（垃圾短消息和非垃圾短消息）中主题向量之间的相似性并没有针对所有消息进行维护。对这组主题向量来说，在垃圾短消息和非垃圾短消息之间画一条直线把它们区分开十分困难。我们很难设定某个与单个垃圾短消息之间的相似度阈值，以确保该阈值始终能够正确地区分垃圾和非垃圾短消息。但是，一般来说，短消息的垃圾程度越低，它与数据集中另外的垃圾短消息之间的距离就越远（不太相似）。如果想使用这些主题向量构建垃圾短消息过滤器的话，那么这就是你所需要的。机器学习算法可以单独查看所有垃圾和非垃圾短消息标签的主题，并可能在垃圾和非垃圾短消息之间绘制超平面或其他分界面。

在使用截断的 SVD 时，计算主题向量之前应该丢弃特征值。scikit-learn 在实现 TruncatedSVD 时采用了一些技巧，使其忽略了特征值（图表中的 Sigma 或 S 矩阵）中的尺度信息，其方法是：

- 将 TF-IDF 向量按其长度（2 范数）对 TF-IDF 词频进行归一化；
- 通过减去每个词项（词）的平均频率进行中心化处理。

归一化过程消除了特征值中的任何缩放或偏离，并将 SVD 集中于 TF-IDF 向量变换的旋转部分。通过忽略特征值（向量尺度或长度），可以摆好对主题向量空间进行限定的超立方体，这允许我们对模型中的所有主题一视同仁。如果想在自己的 SVD 实现中使用该技巧，那么可以在计算 SVD 或截断的 SVD 之前，按 2 范数对所有 TF-IDF 向量进行归一化，在 PCA 的 scikit-learn 实现中，可以通过对数据进行中心化和白化处理来实现这一点。

如果没有这种归一化，出现不频繁的主题会获得比它们应该获得的稍微多一点的权重。由于垃圾性是一个罕见的主题，只在 13% 的时间发生，通过上述归一化或者丢弃特征值的做法，有关它的主题将被赋予更大的权重。通过采用这种方法，生成的主题与细微的特性（如垃圾性）更相关。

> **提示**　无论使用哪种算法或具体实现来进行语义分析（LSA、PCA、SVD、截断的 SVD 或 LDiA），都应该首先对词袋向量或 TF-IDF 向量进行归一化。否则，可能会在主题之间产生巨大的尺度差异。主题之间的尺度差异会降低模型区分细微的、出现不频繁的主题的能力。上述问题的另一种考虑思路是，尺度差异可以在目标函数的等高线图中创建深"峡谷"和"河流"，这使得其他机器学习算法很难在这个粗糙的地形中为主题找到最佳阈值。

LSA 和 SVD 的增强

SVD 在语义分析和降维方面的成功，促使研究者对其进行扩展和增强。这些增强主要针对非 NLP 问题，我们在这里稍微提一下，以防以后会遇到它们。它们有时与基于 NLP 内容的推荐引擎一起用于基于行为的推荐引擎。它们被用于自然语言词性统计[①]。任何矩阵分解或降维方法都可以用于处理自然语言的词项频率。因此，在大家的语义分析流水线中也可以找到下列方法的用途：

---

① 参考 S. Feldman、M. A. Marin、M. Ostendorf 及 M. R. Gupta 的论文 "Part-of-speech Histograms for Genre Classification of Text"。

- 二次判别分析（quadratic discriminant analysis，QDA）；
- 随机投影（random projection）；
- 非负矩阵分解（nonnegative matrix factorization，NMF）。

QDA 是 LDA 的一种替代方法。QDA 创建的是二次多项式变换，而不是线性变换。这些变换定义了一个可以用于区分类的向量空间。QDA 向量空间中的类之间的边界是二次曲面，就像碗、球或半管一样。

随机投影是一种与 SVD 类似的矩阵分解和变换方法，但其算法是随机的，因此每次运行得到的结果都不一样。但是这种随机性使它更容易在并行机器上运行。在某些情况下（对于某些随机运行），可以得到比从 SVD（和 LSA）得到的更好的变换。然而，随机投影很少用于 NLP 问题，在 Spacy 或 NLTK 等 NLP 包中也没有得到广泛的实现。如果大家认为它可能适用于你自己的问题，我们将把随机投影方法留给大家进一步研究探索。

在大多数情况下，大家最好坚持使用 LSA，它在底层使用了经过验证的 SVD 算法[1]。

4.5 隐性狄利克雷分布（LDiA）

本章的大部分时间里我们都在讨论 LSA，以及基于 scikit-learn 甚至简单的 numpy 的各种实现方法。对大多数主题建模、语义搜索或基于内容的推荐引擎来说，LSA 应该是我们的首选方法[2]。它的数学机理直观、有效，它会产生一个线性变换，可以应用于新来的自然语言文本而不需要训练过程，并几乎不会损失精确率。但是，在某些情况下，LDiA 可以给出稍好的结果。

LDiA 和前面 LSA（以及底层的 SVD）一样做了很多创建主题模型的工作，但是与 LSA 不同的是，LDiA 假设词频满足狄利克雷分布。相对于 LSA 的线性数学，LDiA 则更精确地给出了将词赋给主题的统计信息。

LDiA 创建了一个语义向量空间模型（就像前面的主题向量），使用的方法类似于在本章前面的思想实验中我们大脑的工作方式。在思想实验中，我们根据词在同一文档中的共现频率手动地将它们分配给主题。然后，文档的主题混合可以由每个主题中的词的混合结果来确定，而这些词被分配到每个主题中。这使得 LDiA 主题模型更容易理解，因为分配给主题的词以及分配给文档的主题往往比 LSA 更有意义。

LDiA 假设每篇文档都由某个任意数量的主题混合（线性组合）而成，该数量是在开始训练 LDiA 模型时选择的。LDiA 还假设每个主题都可以用词的分布（词项频率）来表示。文档中每个主题的概率或权重，以及某个词被分配到一个主题的概率，都假定一开始满足狄利克雷概率分布（如果还记得统计学，则应该知道这个概率称为先验）。这就是该算法得名的来历。

① SVD 方法传统上用于求解非方阵的伪逆矩阵，大家可以想象一下矩阵求逆有多少种应用。

② Sonia Bergamaschi 和 Laura Po 在 2015 年对基于内容的电影推荐算法的比较中发现 LSA 约是 LDiA 精度的两倍，参见他们所著的 "Comparing LDA and LSA Topic Models for Content-Based Movie Recommendation Systems"。

4.5.1 LDiA 思想

LDiA 是几个英国遗传学家于 2000 年开发出来的算法，目的是帮助他们从基因序列推断种群结构[1]。斯坦福大学的研究人员（包括 Andrew Ng）2003 年在 NLP 中对该方法进行了推广。但是，不要被提出这种方法的大牌人物所吓倒，我们很快将用 Python 的几行代码来简要解释它的要点。我们只需要充分理解它，以便对它能做的事情有直观的感受，这样就可以知道在流水线中如何使用它。

Blei 和 Ng 通过掷骰子来实现前面的思想实验从而提出了这个想法。他们设想，一台只能掷骰子（生成随机数字）的机器如何能写出语料库中的文档。当然，由于我们仅基于词袋进行处理，因此在编写一篇真正的文档时，他们去掉了词序对文档语义的影响。他们只对词的混合统计数据进行建模，而这些词混合构成了每篇文档的词袋。

他们设想有一台机器，该机器只有两个选择项来开始生成特定文档的词混合结果。他们设想文档生成器会以某种概率分布来随机选择这些词，就像选择骰子的边数然后将骰子的组合情况加在一起创建一个 D&D 人物卡[2]。我们的文档"人物卡"只需要骰子的两轮投掷过程。但是骰子本身很大，而且有好几个，关于如何组合它们来为不同的值生成所需的概率，有十分复杂的规则。我们希望词的数量和主题的数量有特定的概率分布，这样它们就可以匹配待分析的真实文档中的词和主题的分布。

骰子的两轮投掷过程分别代表：

（1）生成文档的词的数量（泊松分布）

（2）文档中混合的主题的数量（狄利克雷分布）

有了上面两个数值之后，就会遇到较难的部分，也就是要为文档选择词。设想的词袋生成机会在这些主题上迭代，并随机选择适合该主题的词，直到达到文档应该包含的词数量（见步骤 1）为止。确定这些词对应主题的概率（每个主题的词的适宜度）是比较困难的。但是一旦确定，"机器人"就会从一个词项-主题概率矩阵中查找每个主题的词的概率。如果大家忘了这个矩阵的样子，请回顾本章前面的简单示例。

因此，这台机器只需要一个泊松分布的参数（在步骤 1 的骰子投掷中）来告诉它文档的平均长度应该有多长，以及两个另外的参数来定义设置主题数的狄利克雷分布。然后，文档生成算法需要文档喜欢使用的所有词和主题组成的词项-主题矩阵，并且，它还需要喜欢谈论的一个主题混合。

下面我们将文档生成（编写）问题转回到最初的问题，即从现有文档中估算主题和词。我们需要为前两个步骤测算或计算关于词和主题的那些参数。然后需要从一组文档中计算出词项-主

---

[1] 参考 Jonathan K. Pritchard、Matthew Stephens 和 Peter Donnelly 的论文 "Inference of Population Structure Using Multilocus Genotype Data"。

[2] D&D 指的是 "Dungeons & Dragons"，即《龙与地下城》，这是一款奇幻背景的角色扮演游戏，并且是世界上第一个商业化的桌上角色扮演游戏。游戏中有人物扮演角色的人物卡。——译者注

题矩阵。这就是 LDiA 所做的事情。

Blei 和 Ng 意识到，他们可以通过分析语料库中文档的统计数据来确定步骤 1 和步骤 2 的参数。例如，对于步骤 1，他们可以计算出语料库中文档的所有词袋中的平均词（或 n-gram）数量，就像下面这样：

```
>>> total_corpus_len = 0
>>> for document_text in sms.text:
...     total_corpus_len += len(casual_tokenize(document_text))
>>> mean_document_len = total_corpus_len / len(sms)
>>> round(mean_document_len, 2)
21.35
```

或者，通过下面一行代码来求解：

```
>>> sum([len(casual_tokenize(t)) for t in sms.text]) * 1. / len(sms.text)
21.35
```

请记住，大家应该直接从词袋来计算这个统计数据。我们需要确保正在对文档中的已分词和已向量化（已经 `Counter()` 过）的词计数，并确保在对独立词项进行计数之前，已应用任一停用词过滤器或其他归一化方法。这样的话，我们的计数就不仅包括词袋向量词汇表中的所有词（正在计数的所有 n-gram），而且包括词袋使用的那些词（如非停用词）。与本章的其他算法一样，LDiA 算法也依赖一个词袋向量空间模型。

设定 LDiA 模型所需的第二个参数即主题的数量更加棘手。在一组特定的文档中，只有在为这些主题分配了词之后，才能直接得到主题的数量。就像 KNN、k 均值以及其他的聚类算法一样，我们必须提前设定 k 的值。我们可以猜测主题的数量（类似于 k 均值中的 k，即簇的数量），然后检查这是否适用于这组文档。一旦设定好 LDiA 要寻找的主题数量，它就会找到要放入每个主题中的词的混合结果，从而优化其目标函数[1]。

我们可以通过调整这个"超参数"（k，即主题的数量）[2]来对其进行优化，直到它适合我们的应用为止。如果能够度量表示文档含义的 LDiA 语言模型的质量，就可以自动化上述优化过程。可以用于此优化的一个代价函数（cost function）是，LDiA 模型在某些分类或回归问题（如情绪分析、文档关键词标注或主题分析）中的表现如何（好或差）。我们只需要一些带标签的文档来测试主题模型或分类器[3]。

4.5.2　基于 LDiA 主题模型的短消息语义分析

LDiA 生成的主题对人类来说更容易理解和解释。这是因为经常一起出现的词被分配给相同

---

[1] 有关 LDiA 目标函数的详细信息，请参阅 Matthew D. Hoffman、David M. Blei 和 Francis Bach 所著的论文"Online Learning for Latent Dirichlet Allocation"。

[2] Blei 和 Ng 使用的这个参数的符号是 *theta* 而不是 k。

[3] 克雷格·鲍曼（Craig Bowman）是俄亥俄州迈阿密大学（University of Miami）的一名图书管理员，他正在使用美国国会图书馆（Library of Congress）的分类系统作为古腾堡计划（Gutenberg Project）图书的主题标签。到目前为止，这肯定是我遇到过的最雄心勃勃、最亲社会的开放科学 NLP 项目。

的主题，而人类的期望也是如此。LSA（PCA）试图将原本分散的东西分散开来，而 LDiA 则试图将原本接近的东西接近在一起。

这听起来好像是一回事，但事实并非如此。其背后的数学在优化不同的东西，优化器有不同的目标函数，因此它将达到一个不同的目标。为了让接近的高维空间向量在低维空间中继续保持接近，LDiA 必须以非线性的方式变换（扭转和扭曲）空间（和向量）。这种过程很难实现可视化，除非在某个三维空间上执行上述操作并将结果向量投影到二维空间。

如果想帮助其他人并在此过程中学习一些东西，请向 nlpia 中的 horse 示例（src/nlpia/book/examples/ch04_horse.py）提交一些额外的代码。我们可以为 horse 中的数千个点创建词-文档向量，方法是将它们转换为词 x、y 和 z（即三维向量空间的维数）上的整数计数结果。然后，可以从这些计数生成人造文档，并将它们传递给本章前面所有的 LDiA 和 LSA 示例。然后，我们就可以直接实现上述每一种方法产生马的不同的二维"影子"（投影）的过程的可视化。

下面我们来看看，对于一个包含数千条短消息的数据集（按照是否垃圾来标记）上述方法的应用过程。首先计算 TF-IDF 向量，然后为每个短消息（文档）计算一些主题向量。和以前一样，我们假设只使用 16 个主题（成分）来对垃圾消息进行分类。保持主题（维度）的数量较低有助于减少过拟合的可能性[①]。

LDiA 使用原始词袋词频向量，而不是归一化的 TF-IDF 向量。这里有一个简单的方法在 scikit-learn 中计算词袋向量：

```
>>> from sklearn.feature_extraction.text import CountVectorizer
>>> from nltk.tokenize import casual_tokenize
>>> np.random.seed(42)

>>> counter = CountVectorizer(tokenizer=casual_tokenize)
>>> bow_docs = pd.DataFrame(counter.fit_transform(raw_documents=sms.text)\
...      .toarray(), index=index)
>>> column_nums, terms = zip(*sorted(zip(counter.vocabulary_.values(),\
...      counter.vocabulary_.keys())))
>>> bow_docs.columns = terms
```

我们再次检查一下，看看这里的词频是否对标记为"sms0"的第一条短消息有意义：

```
>>> sms.loc['sms0'].text
'Go until jurong point, crazy.. Available only in bugis n great world la e
buffet... Cine there got amore wat...'
>>> bow_docs.loc['sms0'][bow_docs.loc['sms0'] > 0].head()
,             1
..            1
...           2
amore         1
available     1
Name: sms0, dtype: int64
```

下面给出了如何使用 LDiA 为短消息语料库创建主题向量的过程：

---

① 更多关于过拟合的不良后果，以及泛化如何有助于解决这个问题的信息，参见附录 D。

```
>>> from sklearn.decomposition import LatentDirichletAllocation as LDiA

>>> ldia = LDiA(n_components=16, learning_method='batch')
>>> ldia = ldia.fit(bow_docs)          ←
>>> ldia.components_.shape
(16, 9232)
```
LDiA 要比 PCA 或 SVD 花费更长的时间，特别是在语料库包含大量主题和大量词的情况下更是如此

因此，上述模型已经将 9232 个词（词项）分配给 16 个主题（成分）。下面来看看开头的几个词，我们了解一下它们是如何分配到 16 个主题中的。记住，大家的词和主题将不同于这里的例子。LDiA 是一种随机算法，它依赖随机数生成器做出一些统计决策来为主题分配词。因此，大家自己的主题词权重将不同于上面给出的结果，但它们应该大小类似。每次运行 `sklearn.LatentDirichletAllocation`（或任何 LDiA 算法），如果随机种子没有设定为固定值，我们将获得不一样的结果：

```
>>> pd.set_option('display.width', 75)
>>> components = pd.DataFrame(ldia.components_.T, index=terms,\
...       columns=columns)
>>> components.round(2).head(3)
        topic0  topic1  topic2  ...  topic13  topic14  topic15
!       184.03   15.00   72.22  ...   297.29    41.16    11.70
"         0.68    4.22    2.41  ...    62.72    12.27     0.06
#         0.06    0.06    0.06  ...     4.05     0.06     0.06
```

因此，感叹号（!）被分配到大多数主题中，但它其实是 `topic3` 中一个特别重要的部分，在该主题中引号（"）几乎不起作用。或许"topic3"关注情感的强度或强调，并不太在意数值或引用。我们来看看：

```
>>> components.topic3.sort_values(ascending=False)[:10]
!       394.952246
.       218.049724
to      119.533134
u       118.857546
call    111.948541
£       107.358914
,        96.954384
*        90.314783
your     90.215961
is       75.750037
```

因此，该主题的前十个词条似乎是在要求某人做某事或支付某事的强调指令中可能使用的词类型。如果这个主题更多使用在垃圾消息而不是非垃圾消息的话，那么上述发现十分有趣。我们可以看到，即使这样粗略浏览一下，也可以对主题的词分配进行合理化解释或推理。

在拟合 LDA 分类器之前，需要为所有文档（短消息）计算出 LDiA 主题向量。下面我们看看，这些向量与 SVD 及 PCA 为相同文档生成的主题向量有什么不同：

```
>>> ldia16_topic_vectors = ldia.transform(bow_docs)
>>> ldia16_topic_vectors = pd.DataFrame(ldia16_topic_vectors,\
```

```
...        index=index, columns=columns)
>>> ldia16_topic_vectors.round(2).head()
        topic0   topic1   topic2   ...      topic13   topic14   topic15
sms0     0.00     0.62     0.00    ...       0.00      0.00      0.00
sms1     0.01     0.01     0.01    ...       0.01      0.01      0.01
sms2!    0.00     0.00     0.00    ...       0.00      0.00      0.00
sms3     0.00     0.00     0.00    ...       0.00      0.00      0.00
sms4     0.39     0.00     0.33    ...       0.00      0.00      0.00
```

我们可以看到，上述主题之间分隔得更加清晰。在为消息分配主题时，会出现很多 0。在基于 NLP 流水线结果做出业务决策时，这是使 LDiA 主题更容易向同事解释的做法之一。

所以 LDiA 主题对人类很有效，但是对机器呢？LDA 分类器将如何处理这些主题？

4.5.3   LDiA+LDA=垃圾消息过滤器

下面我们看看这些 LDiA 主题在预测（如消息的垃圾性）时的有效性。我们将再次使用 LDiA 主题向量来训练 LDA 模型（就像前面使用 PCA 主题向量所做的一样）：

```
>>> from sklearn.discriminant_analysis import LinearDiscriminantAnalysis as LDA

>>> X_train, X_test, y_train, y_test =
➥ train_test_split(ldia16_topic_vectors, sms.spam, test_size=0.5,
➥ random_state=271828)
>>> lda = LDA(n_components=1)
>>> lda = lda.fit(X_train, y_train)
>>> sms['ldia16_spam'] = lda.predict(ldia16_topic_vectors)
>>> round(float(lda.score(X_test, y_test)), 2)
0.94
```

在测试集上取得 94% 的精确度是相当不错的，但不如 4.7.1 节中的 LSA（PCA）那么好

ldia_topic_vectors 矩阵的行列式接近于零，所以很可能会得到"变量是共线的"这类警告。这种情况可能发生在小型语料库上使用 LDiA 的场景，因为这时的主题向量中有很多 0，并且一些消息可以被重新生成为其他消息主题的线性组合。另一种可能的场景是，语料库中有一些具有相似（或相同）主题混合的短消息

train_test_split() 和 LDiA 的算法是随机的，所以每次运行会得到不同的结果和不同的精确率。如果希望使流水线可重现结果，就需要为这些模型和数据集分割器寻找 seed 参数。我们可以在每次运行时将种子设置为相同的值，从而获得可重现结果。

共线警告可能发生的一种情况是，如果文本包含一些 2-gram 或 3-gram，其中组成它们的词只同时出现在这些 2-gram 或 3-gram 中。因此，最终的 LDiA 模型必须在这些相等的词项频率之间任意分配权重。大家能在短消息中找到导致共线性（零行列式）的词吗？大家寻找的这种词，当它出现时，另一个词（它的配对）总是在相同的消息中。

我们可以使用 Python 而不是手工进行搜索。首先，我们可能只想在语料库中寻找任何相同的词袋向量。这些向量可能出现在不完全相同的短消息中，如"Hi there Bob!"或"Bob, Hi there"，因为它们有相同的出现频率。我们可以遍历所有词袋对，以寻找相同的向量。这些向量肯定会在 LDiA 或 LSA 中引发共线警告。

如果没有找到任何词袋向量的精确副本，那么可以遍历词汇表中所有的词对。然后遍历所有的词袋，以寻找包含完全相同词对的短消息。如果这些词在短消息中没有单独出现过，那么已经在数据集中找到了一个"共线"。一些常见的 2-gram（名人的姓和名总是同时出现）可能会导致这种情况，而且从来没有分开使用过，例如"Bill Gates"（只要短消息中没有其他 Bill）。

> **提示**　当需要遍历一组对象的所有组合（词对或三元组）时，可以使用 Python 内置的 product() 函数：
> ```
> >>> from itertools import product
> >>> all_pairs = [(word1, word2) for (word1, word2) in product(word_list,
> ➥ word_list) if not word1 == word2]
> ```

我们在测试集上获得的精确率超过 90%，而且只需要在一半的可用数据上进行训练。但是，由于数据集有限，我们确实得到了关于特征共线的警告，这给 LDA 带来了一个待确定问题。一旦使用 train_test_split 丢弃了一半的文档，那么主题-文档矩阵的行列式就接近于零。如果需要的话，可以关闭 LDiA n_components 来解决这个问题，但是它往往会将这些主题组合在一起，而这些主题是彼此的线性组合（共线）。

但是，我们看看这里的 LDiA 模型与基于 TF-IDF 向量的高维模型相比结果如何。TF-IDF 向量有更多的特征（超过 3000 个独立的词项）。所以很可能会遇到过拟合和弱泛化问题，这就是 LDiA 和 PCA 泛化的用武之地：

```
>>> from sklearn.feature_extraction.text import TfidfVectorizer
>>> from nltk.tokenize.casual import casual_tokenize
>>> tfidf = TfidfVectorizer(tokenizer=casual_tokenize)
>>> tfidf_docs = tfidf.fit_transform(raw_documents=sms.text).toarray()
>>> tfidf_docs = tfidf_docs - tfidf_docs.mean(axis=0)

>>> X_train, X_test, y_train, y_test = train_test_split(tfidf_docs,\
...      sms.spam.values, test_size=0.5, random_state=271828)
>>> lda = LDA(n_components=1)
>>> lda = lda.fit(X_train, y_train)
>>> round(float(lda.score(X_train, y_train)), 3)
1.0
>>> round(float(lda.score(X_test, y_test)), 3)
0.748
```

我们将"假装"所有短消息中都只有一个主题，因为我们只对"spamminess"主题的一个标量得分感兴趣

使 LDA 模型拟合所有数千个特征需要相当长的时间。要有耐心，它用一个 9232 维的超平面在分割向量空间！

在训练集上基于 TF-IDF 的模型的精确率是完美的！但是，当使用低维主题向量而不是 TF-IDF 向量训练时，测试集上的精确率要低很多。

测试集的精确率是唯一重要的精确率。这正是主题建模（LSA）应该做的事情。它可以帮助我们从一个小型的训练集中泛化出模型，因此它仍然可以很好地处理使用不同词组合（但主题相似）的消息。

4.5.4　更公平的对比：32 个 LDiA 主题

下面我们再试一次，这次会用更多的维度和更多的主题。也许 LDiA 不如 LSA（PCA）高效，

所以它需要更多的主题来分配词。下面我们试试 32 个主题（成分）：

```
>>> ldia32 = LDiA(n_components=32, learning_method='batch')
>>> ldia32 = ldia32.fit(bow_docs)
>>> ldia32.components_.shape
(32, 9232)
```

现在我们计算所有文档（短消息）的新的 32 维主题向量：

```
>>> ldia32_topic_vectors = ldia32.transform(bow_docs)
>>> columns32 = ['topic{}'.format(i) for i in range(ldia32.n_components)]
>>> ldia32_topic_vectors = pd.DataFrame(ldia32_topic_vectors, index=index,\
...        columns=columns32)
>>> ldia32_topic_vectors.round(2).head()
      topic0  topic1  topic2  ...   topic29  topic30  topic31
sms0    0.00     0.5     0.0  ...       0.0      0.0      0.0
sms1    0.00     0.0     0.0  ...       0.0      0.0      0.0
sms2!   0.00     0.0     0.0  ...       0.0      0.0      0.0
sms3    0.00     0.0     0.0  ...       0.0      0.0      0.0
sms4    0.21     0.0     0.0  ...       0.0      0.0      0.0
```

我们可以看到，这些主题甚至更加稀疏，而且能更加清晰地分隔开。

下面是 LDA 模型（分类器）的训练过程，这次我们使用 32 维的 LDiA 主题向量：

```
>>> X_train, X_test, y_train, y_test =
➥   train_test_split(ldia32_topic_vectors, sms.spam, test_size=0.5,
➥   random_state=271828)
>>> lda = LDA(n_components=1)
>>> lda = lda.fit(X_train, y_train)
>>> sms['ldia32_spam'] = lda.predict(ldia32_topic_vectors)
>>> X_train.shape                                          ← .shape 是检查主题向量维
(2418, 32)                                                    数的另一种方法
>>> round(float(lda.score(X_train, y_train)), 3)
0.924
>>> round(float(lda.score(X_test, y_test)), 3)
0.927 ←─── 重要的是测试精确率，这里 92.7%的测试结果与使用
           16 维 LDiA 主题向量时 94%的测试结果相当
```

不要将这里"主题"或成分数量的优化与前面的共线性问题混淆。增加或减少主题的数量并不能解决或造成共线问题。这是底层数据造成的问题。如果想摆脱这个警告，那么需要将"噪声"或元数据以人造词的方式添加到短消息中，或者需要删除那些重复的词向量。如果文档中有重复出现多次的词向量或词对，那么主题的数量优化也无法解决这个问题。

主题的数量越多，那么主题的精确率就可以越高，至少对这个数据集来说，产品这一主题线性分隔得更好。但是这里的效果仍然不如 PCA + LDA 96%的精确率。因此，PCA 能使这里的短消息主题向量更有效地展开，这样就允许使用超平面以更大的消息间隔来分隔类。

大家可以自由探索 scikit-learn 和 gensim 中都提供的狄利克雷分布模型的源代码，它们有一个类似于 LSA 的 API（sklearn.TruncatedSVD 和 gensim.LsiModel）。在后面的章节中我们讨论摘

要时，将向大家展示一个示例应用。LDiA 擅长挖掘可解释的主题，如用于摘要的主题，而且在产生对线性分类有用的主题方面 LDiA 也不差。

深入工具箱

我们可以在任何 Python 模块上的_file__属性中找到源代码路径，如 sklearn.__file__。在 ipython（jupyter 控制台）中，我们可以使用??查看任何函数、类或对象的源代码，如 LDA??：

```
>>> import sklearn
>>> sklearn.__file__
'/Users/hobs/anaconda3/envs/conda_env_nlpia/lib/python3.6/site-packages/skl
earn/__init__.py'
>>> from sklearn.discriminant_analysis\
...       import LinearDiscriminantAnalysis as LDA
>>> LDA??
Init signature: LDA(solver='svd', shrinkage=None, priors=None, n_components
=None, store_covariance=False, tol=0.0001)
Source:
class LinearDiscriminantAnalysis(BaseEstimator, LinearClassifierMixin,
                                 TransformerMixin):
    """Linear Discriminant Analysis

    A classifier with a linear decision boundary, generated by fitting
    class conditional densities to the data and using Bayes' rule.

    The model fits a Gaussian density to each class, assuming that all
    classes share the same covariance matrix.
...
```

上述做法对扩展函数和类不起作用，它们的源代码隐藏在已编译的 C++模块中。

4.6　距离和相似度

这里我们需要重温第 2 章和第 3 章中讨论过的那些相似度评分方法，以确保我们得到的新主题向量空间能够使用这些方法。请记住，我们可以使用相似度评分（和距离），根据两篇文档的表示向量间的相似度（或距离）来判断文档间有多相似。

我们可以使用相似度评分（和距离）来查看 LSA 主题模型与第 3 章的高维 TF-IDF 模型之间的一致性。我们将看到，在去掉了包含在高维词袋中的大量信息之后，LSI 模型在保持这些距离方面十分出色。我们可以检查主题向量之间的距离，以及这个距离是否较好地表示文档主题之间的距离。我们想要检查意义相近的文档在新主题向量空间中彼此接近。

LSA 能够保持较大的距离，但它并不总能保持小的距离（文档之间关系的精细结构）。LSA 底层的 SVD 算法的重点是使新主题向量空间中所有文档之间的方差最大化。

特征向量（词向量、主题向量、文档上下文向量等）之间的距离驱动着 NLP 流水线或任何机器学习流水线的性能。那么，在高维空间中度量距离有哪些选择呢？对一个具体的 NLP 问题来说，又应该选择哪一个呢？这些常用的例子中有一些可以从几何课程或线性代数中所熟知，但很多例子对我们来说可能是新的。

- 欧几里得距离或笛卡儿距离，或均方根误差（RMSE）：2 范数或 L_2。
- 平方欧几里得距离，距离平方和（SSD）：L_2^2。
- 余弦、夹角或投影距离：归一化点积。
- 闵可夫斯基距离：p 范数或 L_p。
- 分级距离，分级范数：p 范数或 L_p 为 $0 < p < 1$。
- 城市街区距离、曼哈顿距离或出租车距离，绝对距离之和（SAD）：1 范数或 L_1。
- 杰卡德距离，逆集合相似性。
- 马哈拉诺比斯距离。
- 莱文斯坦距离或编辑距离。

计算距离的各种方法都说明了它的重要性。除了在 scikit-learn 中成对距离的实现，还有许多其他的实现用于数学专业，如拓扑学、统计学和工程学等。为便于参考，代码清单 4-7 中给出了可以在 sklearn.metrics.pairwise 模块中找到的距离。

代码清单 4-7　sklearn 中可用的成对距离

```
'cityblock', 'cosine', 'euclidean', 'l1', 'l2', 'manhattan', 'braycurtis',
'canberra', 'chebyshev', 'correlation', 'dice', 'hamming', 'jaccard',
'kulsinski', 'mahalanobis', 'matching', 'minkowski', 'rogerstanimoto',
'russellrao', 'seuclidean', 'sokalmichener', 'sokalsneath', 'sqeuclidean',
'yule'
```

距离通常由相似度（分数）计算，反之亦然，因此距离与相似度得分成反比。相似度得分设计为 0 到 1 之间。典型的距离与相似度之间的换算公式如下：

```
>>> similarity = 1. / (1. + distance)
>>> distance = (1. / similarity) - 1.
```

但是，对于 0 到 1 之间（像概率一样）的距离和相似度得分，更常用的公式如下：

```
>>> similarity = 1. - distance
>>> distance = 1. - similarity
```

余弦距离对于取值范围有自己的约定。两个向量之间的夹角距离通常被计算为两个向量之间最大可能的角间距（180° 或 pi 弧度）[①]的一个分数表示。

因此，余弦相似度与余弦距离互为倒数：

```
>>> import math
>>> angular_distance = math.acos(cosine_similarity) / math.pi
>>> distance = 1. / similarity - 1.
>>> similarity = 1. - distance
```

术语"距离"（distance）和"长度"（length）经常与术语"度量指标"（metric）混淆，因为

---

① 详见标题为"Cosine similarity"的网页。

许多距离和长度都是有效和有用的度量指标。但不幸的是，并非所有的距离都可以称为度量指标。更令人困惑的是，在正式的数学和集合论文章中[①]，度量指标有时也称为"距离函数"（distance function）或"距离度量指标"（distance metric）中。

度量指标

一个真正的度量指标必须具有下列 4 个数学性质，而距离或"得分"可能不具有这些性质。

- 非负性：度量指标永远不可能是负的，metric(A, B) >= 0。
- 不可分辨性：如果两个对象之间的度量指标为零，那么它们是相同的。如果 metric(A, B) == 0: assert(A == B)。
- 对称性：度量指标不关心方向，metric(A, B) = metric(B, A)。
- 三角不等式：无法通过 A 和 C 中间的 B 更快地从 A 到 C，即 metric(A, C) <= metric(A, B) + metric(B, C)。

一个相关的数学术语度量（measure），既有自然的英语含义，又有严格的数学定义。我们会在韦氏词典和数学教科书的词汇表中找到"measure"，但它们对这个词的定义完全不同。所以我们和数学教授谈话时要分外小心。

对数学教授来说，measure 是数学对象构成的集合的大小，我们可以通过集合的长度来度量 Python set 的大小，但是很多数学集合是无限的。在集合论中，对象可以以不同的方式表示无限。度量是计算一个数学集合的 len() 或大小的所有不同方法，这些方法针对的是无限的对象。

定义 和 metric 一样，measure 一词也有精确的数学定义，它与对象集合的大小有关。因此，在描述从 NLP 中的对象或对象组合中衍生得到的任何分数或统计数据时，也应该谨慎使用 measure 这个词[②]。

但是在现实世界中，我们可以度量各种各样的东西。当把它用作动词时，可能是指用卷尺、直尺、磅秤或分数来测量某物。这就是本书中所使用的 measure 这个词的方式，但是我们尽量不使用它，这样数学教授就不会责备我们了。

4.7 反馈及改进

前面所有的 LSA 方法都没有考虑文档之间的相似度信息。我们创建的主题对一组通用规则来说是最优的。在这些特征（主题）提取模型的无监督学习中，没有任何关于主题向量之间应该多么接近的数据。我们也不允许任何关于主题向量在哪里结束或者它们之间相关性如何的反馈。引导（steering）或"习得型距离指标"（learned distance metrics）是在降维和特征提取方面的最新进展。通过调整向聚类和嵌入算法报告的距离分数，我们可以控制自己的向量，从而让它们使一些代价函数最小化。通过这种方式，可以"强制"向量专注于我们感兴趣的信息内容的某个方面。

---

① 详见标题为"Metric (mathematics)"的维基百科词条。
② 详见标题为"Measure (mathematics)"的维基百科词条。

在前面关于 LSA 的小节中，我们忽略了文档的所有元信息。例如，对短消息来说，我们忽略了消息的发送者。这是一个很好的主题相似度的指示信息，可以用于通知主题向量的转换（LSA）。

在 Talentpair 公司，我们使用每篇文档主题向量之间的余弦距离，对简历和职位描述进行匹配。这种做法效果不错。但我们很快就学到，当开始根据职位候选人和负责帮助他们找工作的客户经理的反馈来"引导"我们的主题向量时，我们得到了更好的结果。相比于其他所有向量对，相似向量被引导得更加接近。

一种方法是计算两个质心之间的平均差（就像在 LDA 中做的那样），并在所有的简历或职位描述向量中添加部分这样的"偏差"。这样做应该去掉简历和职位描述之间的平均主题向量差异。午餐啤酒之类的主题可能会出现在职位描述中，但绝不会出现在简历中。类似地，一些简历中可能会出现一些奇怪的爱好，如水下雕塑，但从来不会出现在职位描述中。引导主题向量可以帮助我们集中在感兴趣的建模主题上。

如果大家对优化主题向量、消除偏差感兴趣，可以在谷歌学术（Google Scholar）上搜索"learned distance/similarity metric"或者"distance metrics for nonlinear embeddings"[①]。遗憾的是，目前 scikit-learn 中还没有实现这个功能的模块。如果你有时间添加一些"引导"特征的建议或代码到 Scikit-Learn 项目，那么你会成为一个英雄。

线性判别分析

下面我们在标注好的短消息数据集上训练一个线性判别分析（LDA）模型。LDA 的工作原理与 LSA 类似，但是它需要分类标签或其他分数才能找到高维空间中维度（词袋或 TF-IDF 向量中的词项）的最佳线性组合。LDA 没有最大化新空间中所有向量之间的分离程度（方差），而是最大化了每个类质心向量之间的距离。

但是，这意味着必须通过给出样例（标注好的向量）来告诉 LDA 算法想对哪些主题建模。只有这样，算法才能计算出从高维空间到低维空间的最优转换。得到的低维向量的维数不能超过所能提供的类标签或分数的数量。因为只需要训练一个"垃圾性"主题，下面我们看看一维主题模型在垃圾短消息分类方面能达到多高的精确率。

```
>>> lda = LDA(n_components=1)
>>> lda = lda.fit(tfidf_docs, sms.spam)
>>> sms['lda_spaminess'] = lda.predict(tfidf_docs)
>>> ((sms.spam - sms.lda_spaminess) ** 2.).sum() ** .5
0.0
>>> (sms.spam == sms.lda_spaminess).sum()
4837
>>> len(sms)
4837
```

上面每一个都答对了！哦，等一下。我们之前是怎么讨论过拟合的？在 TF-IDF 向量中有 10 000

---

① 详见标题为"Distance Metric Learning: A Comprehensive Survey"的网页。

个词项，它可以"记住"答案，这一点儿也不奇怪。下面我们来做一些交叉验证：

```
>>> from sklearn.model_selection import cross_val_score
>>> lda = LDA(n_components=1)
>>> scores = cross_val_score(lda, tfidf_docs, sms.spam, cv=5)
>>> "Accuracy: {:.2f} (+/-{:.2f})".format(scores.mean(), scores.std() * 2)
'Accuracy: 0.76 (+/-0.03)'
```

显然这个模型并不好。这里再次给我们的提醒是，永远不要对模型在训练集上的效果感到兴奋。

为了确保 76% 的精确率数值是正确的，下面我们保留三分之一的数据集用于测试：

```
>>> from sklearn.model_selection import train_test_split
>>> X_train, X_test, y_train, y_test = train_test_split(tfidf_docs,\
...     sms.spam, test_size=0.33, random_state=271828)
>>> lda = LDA(n_components=1)
>>> lda.fit(X_train, y_train)
LinearDiscriminantAnalysis(n_components=1, priors=None, shrinkage=None,
            solver='svd', store_covariance=False, tol=0.0001)
>>> lda.score(X_test, y_test).round(3)
0.765
```

同样，测试集的精确率也较低。因此，看起来并不像是数据抽样做得不好，这是一个糟糕的过拟合的模型。

下面我们看看 LSA 和 LDA 结合起来是否有助于创建一个精确的、泛化能力强的模型，这样面对新的短消息时就不会出错：

```
>>> X_train, X_test, y_train, y_test =
➥ train_test_split(pca_topicvectors.values, sms.spam, test_size=0.3,
➥ random_state=271828)
>>> lda = LDA(n_components=1)
>>> lda.fit(X_train, y_train)
LinearDiscriminantAnalysis(n_components=1, priors=None, shrinkage=None,
            solver='svd', store_covariance=False, tol=0.0001)
>>> lda.score(X_test, y_test).round(3)
0.965
>>> lda = LDA(n_components=1)
>>> scores = cross_val_score(lda, pca_topicvectors, sms.spam, cv=10)
>>> "Accuracy: {:.3f} (+/-{:.3f})".format(scores.mean(), scores.std() * 2)
'Accuracy: 0.958 (+/-0.022)'
```

因此，通过使用 LSA，我们可以刻画一个只有 16 个维度的短消息，并且仍然有足够的信息将它们分类为垃圾信息（或非垃圾信息）。我们的低维模型不太可能过拟合，它应该有很好的泛化能力，并且能够对尚未看到的短消息或聊天信息进行分类。

现在我们已经回到了本章开始时的简单模型。在尝试所有这些语义分析之前，使用简单的 LDA 模型可以获得更高的精确率。但是这个新模型的优点是，现在可以在多于一个的维度上创建表示语句语义的向量。

4.8　主题向量的威力

通过使用主题向量，我们可以比较词、文档、语句和语料库的含义，我们也可以找到相似文档和语句的"簇"。我们不再仅仅根据词的用法来比较文档之间的距离，也不再局限于完全基于词的选择或词汇表进行关键词搜索和相关性排名。现在，我们可以找到与查询相关的文档，而不仅仅只是与词统计信息本身很好地匹配。

这被称为语义搜索，不要与语义 Web[1]混淆。当文档不包含查询词但实际却与查询相关时，强大的搜索引擎通过语义搜索实现上述查询和文档的匹配。这些高级搜索引擎使用 LSA 主题向量，来区分 The Cheese Shop[2]中的 Python 包和佛罗里达州宠物店水族馆中的蟒蛇（python），同时仍然能识别出它们与 Ruby gem[3]的相似之处。

语义搜索为我们提供了一个查找和生成有意义文本的工具，但是我们的大脑并不擅长处理高维物体、向量、超平面、超球体和超立方体。作为开发人员和机器学习工程师，我们的直觉对于三维以上的事物就会崩溃。

例如，要在二维向量上执行查询，例如在谷歌地图（Google Maps）上的经度/纬度位置，我们可以快速找到附近的所有咖啡店，而无须进行太多搜索。我们只需要扫描（用眼睛或代码）附近的位置，然后向外螺旋式搜索即可。或者，我们可以用代码创建越来越大的边界框，检查某个范围内的经度和纬度。在超空间中使用超平面和超立方体来形成搜索的边界是不可能的。

正如 Geoffry Hinton 所说："要在一个 14 维空间中处理超平面，我们先可视化一个三维空间，然后大声地对自己说这是 14 维空间。"如果大家在年轻易受影响的时期读过 Abbott 发表于 1884 年的《平地》（Flatland），那么可能会做得比挥挥手好一点。甚至大家可以把头从三维世界的窗口探出一半，进入超空间，足以从外面瞥见那个三维世界。就像在《平地》中一样，本章使用了大量二维可视化效果来帮助探索超空间中的词在三维世界中留下的阴影。如果急于想看看它们，请跳到显示词向量的散布矩阵（scatter matrix）部分。我们可能还想回顾上一章中的三维词袋向量，并尝试想象一下，如果在词汇表中再添加一个词，以创建一个具有语言意义的四维世界，这些点看起来将会是什么样子。

如果花一点儿时间去深入思考四维空间，记住这种复杂度的爆炸程度超过二维到三维的复杂度的增长程度，指数级超过从一维数字世界到三角形、正方形和圆形所组成的二维世界的复杂度的增长程度。

> **注意**　一维线、二维矩形、三维立方体等各种可能性的爆炸式增长，通过了具有非整数分形维数的奇异宇宙，如 1.5 维分形。一个 1.5 维的分形具有无限的长度，虽然小于二维[4]，却完全填充了一个

---

[1] 语义 Web 是结构化自然语言文本的一种实践，它在 HTML 文档中使用标签，因此标签的层级以及内容能够揭示网页中元素（文本、图像、视频）之间的关系。

[2] Python Package Index 的别名。——译者注

[3] Ruby 是一种编程语言，有个软件包叫 gem。

[4] 分形维度（参见下载资源中的 research-talk.pdf）。

二维平面！但幸运的是，这些并不是"真实的"维度[1]。除非我们对分数距离度量（如 p 范数，其公式中有非整数指数[2]）感兴趣，否则我们在 NLP 中不必担心这些维度。

4.8.1 语义搜索

当根据文档中包含的词或部分词搜索文档时，称为全文搜索。这就是搜索引擎所做的事情。它们将文档分成块（通常是词），这些块可以像教科书后面的索引那样用倒排索引来建立索引。它利用大量簿记和猜测来处理拼写错误和录入错误，但效果非常好[3]。

语义搜索也是一种全文搜索，但它会考虑词在查询和正在搜索的文档中的含义。在本章中，我们已经学习了利用 LSA 和 LDiA 这两种方法计算主题向量，它们在向量中捕捉了词和文档的语义（意义）。隐性语义分析最初被称为隐性语义索引的原因之一是，它承诺用一个数值索引（如词袋表和 TF-IDF 表）来支持语义搜索。语义搜索将是信息检索的下一件大事。

但与词袋表和 TF-IDF 表不同的是，传统的倒排索引技术很难对语义向量表进行离散化和索引处理。传统的索引方法适用于二值词出现向量、离散向量（词袋向量）、稀疏连续向量（TF-IDF 向量）和低维连续向量（三维 GIS 数据）。但是高维连续向量，如来自 LSA 或 LDiA 的主题向量，是一个挑战[4]。倒排索引适用于离散向量或二值向量，就像二值或整数型词–文档向量表一样，因为索引只需要为每个非零的离散维度维护一个条目，该维度的值在引用的向量或文档中可能存在也可能不存在。由于 TF-IDF 向量是稀疏的，大部分为零，因此对于大多数文档的大多数维度，索引中不需要有对应条目[5]。

LSA（和 LDiA）生成高维、连续和密集的主题向量（零很少）。并且，语义分析算法无法生成一个高效的用于可扩展搜索的索引。事实上，前一节中讨论的"维数灾难"问题使得精确索引是不可能的。隐性语义索引的"索引"是一种希望，而不是现实，所以术语 LSI 是一个容易误导的名称。也许这就是 LSA 成为描述产生主题向量的语义分析算法的更流行的方法的原因。

解决高维向量问题的一种方法是使用局部敏感哈希（locality sensitive hash，LSH）来进行索引。LSH 类似于邮政编码，它指定一个超空间区域，以便以后可以轻松地再次找到它。和常规哈希一样，它是离散的，只依赖向量中的值。但是一旦向量超过约 12 维，LSH 也不是很奏效。在图 4-6 中，每一行表示一个主题向量的大小（维数），该维数从二维开始，一直到 16 维，就像之前在垃圾短消息问题中使用的向量一样。

---

[1] 分形维度。

[2] 参见"The Concentration of Fractional Distances"。

[3] 像 PostgreSQL 数据库中的全文索引往往基于字符的 3-gram，这是为了处理拼写错误和无法解析成词的文本。

[4] 对高维数据聚类等价于利用分界框离散化或者索引高维数据，关于这些内容可以参考维基百科词条 "Clustering high dimensional data"。

[5] 详见标题为"Inverted index"的网页。

维数	第100个余弦距离	前1位是否正确	前2位是否正确	前10位是否正确	前100位是否正确
2	.00	TRUE	TRUE	TRUE	TRUE
3	.00	TRUE	TRUE	TRUE	TRUE
4	.00	TRUE	TRUE	TRUE	TRUE
5	.01	TRUE	TRUE	TRUE	TRUE
6	.02	TRUE	TRUE	TRUE	TRUE
7	.02	TRUE	TRUE	TRUE	FALSE
8	.03	TRUE	TRUE	TRUE	FALSE
9	.04	TRUE	TRUE	TRUE	FALSE
10	.05	TRUE	TRUE	FALSE	FALSE
11	.07	TRUE	TRUE	TRUE	FALSE
12	.06	TRUE	TRUE	FALSE	FALSE
13	.09	TRUE	TRUE	FALSE	FALSE
14	.14	TRUE	FALSE	FALSE	FALSE
15	.14	TRUE	TRUE	FALSE	FALSE
16	.09	TRUE	TRUE	FALSE	FALSE

图 4-6　语义搜索的精确率在约 12 维时下降

图 4-6 展示的是使用 LSH 对大量语义向量进行索引时的搜索效果。一旦向量的维数超过 16，就很难返回两个好的搜索结果。

那么如何在没有索引的情况下对 100 维向量进行语义搜索呢？现在我们已经知道如何使用 LSA 将查询串转换为主题向量，还知道如何使用余弦相似度评分（标量积、内积或点积）来比较两个向量的相似度从而找到最接近的匹配结果。要找到精确的语义匹配，我们需要找到与特定查询（搜索）主题向量最接近的所有文档主题向量。但如果我们有 n 篇文档，则必须对查询主题向量进行 n 次比较，这里有大量的点积计算。

我们可以使用矩阵乘法将 numpy 中的运算向量化，但这不会减少运算的数量，而只会让运算的速度提高 100 倍[①]。基本的情况是，精确的语义搜索仍然需要对每个查询进行 $O(n)$ 次乘法和加法运算，因此它的扩展只与语料库的大小呈线性关系。这对大规模语料库（如 Google 搜索或维基百科语义搜索）来说是行不通的。

这里的关键是，我们为高维向量设定一个足够好的索引方法即可，并不追求完美的索引或 LSH 算法。现在有几个使用 LSH 来高效地实现语义搜索的开源实现，它们实现了一些高效、精确的近似最近邻（approximate nearest neighbors）算法。一些最容易使用和安装的工具有：

■ Spotify 的 Annoy 软件包[②]

---

① 对计算成对距离的 Python 代码特别是双重嵌套的 `for` 循环进行向量化处理，代码的执行速度可以提高约 100 倍。参考 Hacker Noon 的文章 "Vectorizing the Loops with Numpy"。

② Spotify 的研究人员在其 GitHub 库中对比了 `annoy` 和其他算法及实现的性能。

■ Gensim 的 `gensim.models.KeyedVector` 类[①]

从技术上讲,这些索引或哈希解决方案并不能保证能找到所有与语义搜索查询匹配的最佳结果。但是,如果我们愿意放弃一点儿精确率的话,它们几乎可以像传统的 TF-IDF 向量或词袋向量的倒排索引一样,快速得到一个很好的近似匹配列表[②]。

4.8.2 改进

在下一章中,我们将学习如何微调主题向量的概念,以便与词关联的向量更加精确和有用。为做到这一点,我们首先开始学习神经网络。这将提高流水线从短文本甚至单个词中提取意义的能力。

4.9 小结

■ 可以使用 SVD 进行语义分析,将 TF-IDF 和词袋向量分解并转换为主题向量。

■ 当需要计算可解释的主题向量时,请使用 LDiA。

■ 无论以何种方式创建主题向量,都可以使用它们进行语义搜索,即根据文档的含义来查找文档。

■ 主题向量可以用来预测一个社交网络帖子是否是垃圾的,或者是否可能被喜欢。

■ 现在我们知道了如何绕过"维数灾难",在语义向量空间中找到近似最近邻。

---

① gensim 中用于数百维词向量的方法也适用于任何语义向量或主题向量。参考 gensim 的 "KeyedVectors" 文档。

② 如果读者想了解更快地寻找高维向量最近邻的方法,可以查看附录 F,或者使用 Spotify annoy 包对主题向量进行索引。

深度学习（神经网络）

第一部分汇总了自然语言处理工具，并深入了解了基于统计型向量空间模型的机器学习算法。我们会发现，即使只看词之间的关系统计信息也能发现许多含义[1]。在第一部分中我们还学习了一些算法，例如 LSA，通过将词汇聚到主题中来理解词之间的关系。

但是第一部分只考虑了词之间的线性关系，并且，通常需要人工判别来设计特征提取器并选择模型参数。而第二部分的神经网络则可以完成大部分烦琐的特征提取工作。并且，第二部分介绍的模型将比第一部分中通过手动调整特征提取器构建出来的模型更精确。

使用多层神经网络进行机器学习被称为深度学习。这种新的 NLP 方法或者对人类思维建模的方法经常被哲学家和神经科学家称为“连接主义”[2]。通过可用性更高的计算资源和丰富的开源文化更深入地了解深度学习，将帮助大家更深入地理解自然语言。在第二部分，我们将开启深度学习的“黑盒”，学习如何以更深层次的非线性方法进行文本建模。

接下来，我们首先介绍神经网络的入门知识，然后研究一些不同类型的神经网络及其在 NLP 领域中的应用。同时，我们也会研究词之间的模式以及词中各个字符之间的模式。最后，我们将向大家展示如何使用机器学习来实际生成新文本。

---

① 条件概率（conditional probability）是统计词之间关系的一个术语（给定一个词前后出现的词，计算该词出现的概率）。互相关（cross correlation）是另一个统计术语（词同时出现的似然率）。词-文档矩阵的奇异值和奇异向量可用于将词汇聚为主题，对词频进行线性组合。
② 参见标题为“Stanford Encyclopedia of Philosophy, Connectionism”的网页。

第 5 章 神经网络初步 (感知机与反向传播)

本章主要内容

- 神经网络的历史
- 堆叠感知机
- 反向传播算法
- 初识神经网络
- 用 Keras 实现一个基本的神经网络

近年来，围绕神经网络前景的新闻频频出现，起初它们主要针对神经网络对于输入数据进行分类和识别的能力进行报道，最近几年来有关特定神经网络结构生成原创性内容的报道也不断出现。大大小小的公司都在使用神经网络，并将其应用于各种领域，从图像描述生成、自动驾驶车载导航，到卫星图像中的太阳能电池板检测，以及监控视频中的人脸识别。幸运的是，神经网络也被应用于 NLP 领域。虽然深度神经网络引发了大量的关注，但机器人统治世界可能比所有标题党所说的还要遥远。然而，神经网络确实非常强大，大家可以轻易地使用它来完成 NLP 聊天机器人流水线里的输入文本分类、文档摘要甚至小说作品生成任务。

本章旨在作为神经网络初学者的入门知识。在本章中，我们不局限于 NLP 领域的内容，而是对神经网络底层做一个基本的了解，为接下来的章节做准备。如果大家已经熟悉神经网络的基本知识，则可以跳到下一章，在那里我们将深入了解各种用于文本处理的神经网络。虽然反向传播（backpropagation）算法的数学基础知识超出了本书的范围，但熟练掌握其基本的工作原理将帮助我们理解语言及其背后隐藏的模式。

提示 Manning 出版社还出版了另外两本关于深度学习的重要著作：
- *Deep Learning with Python*[①]，François Chollet，由 Keras 作者撰写的关于深度学习的深入理解的书；
- *Grokking Deep Learning*，Andrew Trask，关于各种深度学习模型和实践的概述性的书。

---

① 中译本书名为《Python 深度学习》，由人民邮电出版社出版。——译者注

5.1　神经网络的组成

随着近十年来计算能力和存储能力的爆炸式增长，一项旧技术又迎来了新的发展。在 20 世纪 50 年代，弗兰克·罗森布莱特（Frank Rosenblatt）首次提出了感知机算法[①]，用于数据中的模式识别。

感知机的基本思路是简单地模仿活性神经元细胞的运行原理。当电信号通过树突（dendrite）进入细胞核（nucleus）时（如图 5-1 所示），会逐渐积聚电荷。达到一定电位后，细胞就会被激活，然后通过轴突（axon）发出电信号。然而，树突之间具有一定的差异性。由于细胞对通过某些特定树突的信号更敏感，因此在这些通路中激活轴突所需要的信号更少。

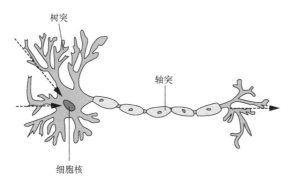

图 5-1　神经元细胞

控制神经元运行的生物学知识毫无疑问超出了本书的范围，但是这里面有一个值得注意的关键概念，那就是决定细胞何时激活时细胞如何对输入信号进行加权。神经元会在其生命周期内的决策过程中动态调整这些权重。接下来我们将会模拟这个过程。

5.1.1　感知机

罗森布莱特最初的项目是教会机器识别图像。最初的感知机是光接收器和电位器的集合体，而不是现代意义上的计算机。抛开具体的实现不谈，罗森布莱特的想法是取一幅图像的特征，并为每项特征赋予相应的权重，用于度量其重要性。输入图像的每项特征都是图像的一小部分。

通过将图像暴露给光接收器栅格，每个光接收器都会接收图像的一小部分。特定的光接收器所能接收的图像亮度将决定它发送给相关"树突"的信号强度。

每个树突都有一个电位器形式的权值。当输入信号足够强时，它就会把信号传递给"原子核"的主体"细胞"。一旦所有电位器发出的信号达到一定程度的阈值，感知机会激活轴突，表示当前展示的图像是正向匹配。如果对于给定的图像没有激活，那就是一个负向匹配。类似于识别一个图像是不是热狗或者是不是鸢尾花。

[①] Frank Rosenblatt（1957）"The perceptron-a perceiving and recognizing automaton"，Report 85-460-1，康奈尔航空实验室。

5.1.2 数字感知机

到目前为止，大家可能已经有很多关于生物学、电流和光接收器方面的疑问。我们暂停一下，把神经元里最重要的概念抽离出来。

从本质上说，这个过程就是从数据集中选取一个样本（example），并将其展示给算法，然后让算法判断"是"或"不是"，这就是目前我们所做的事情。我们所需完成的第一步是确定样本的特征。选择适合的特征是机器学习中一个极具挑战性的部分。在"一般性"的机器学习问题中，如预测房价，特征可能是房屋面积（平方英尺）、最终售价和所在地区的邮政编码。或者，也许大家想用鸢尾花数据集[①]来预测某种花的种类，那样的话，特征就变成花瓣长度、花瓣宽度、萼片长度和萼片宽度。

在罗森布莱特的实验中，特征是每个像素（图像的子区域）的强度值，每个照片接收器接收一个像素。然后为每个特征分配权重。这里不用担心如何得到这些权重，只要把它们理解为能够输入神经元所需的信号强度值的百分比即可。如果大家熟悉线性回归，可能已经知道这些权重是如何得到的[②]。

提示 一般而言，把单个特征表示为 x_i，其中 i 是整数。所有特征的集合表示为 X，表示一个向量：

$$X = [x_1, x_2, \cdots, x_i, \cdots, x_n]$$

类似地，每个特征的权重表示为 w_i，其中 i 对应于与该权重关联的特征 x 的下标，所有权重可统一表示为一个向量 W：

$$W = [w_1, w_2, \cdots, w_i, \cdots, w_n]$$

有了这些特征，只需将每个特征（x_i）乘以对应的权重（w_i），然后将这些乘积求和：

$$(x_1 w_1) + (x_2 w_2) + \cdots + (x_i w_i) + \cdots$$

这里有一个缺少的部分是是否激活神经元的阈值。一旦加权和超过某个阈值，感知机就输出 1，否则输出 0。

我们可以使用一个简单的阶跃函数（在图 5-2 中标记为"激活函数"）来表示这个阈值。

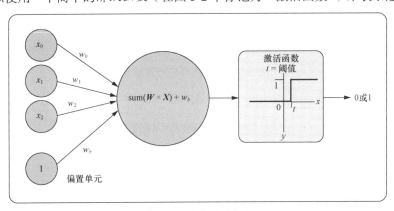

图 5-2　基本的感知机

---

① 鸢尾花数据集经常用于向新接触的学生介绍机器学习。具体参见 Scikit-Learn 文档。
② 单个神经元的输入权值在数学上等价于多元线性回归或对率回归函数的斜率。

5.1.3　认识偏置

图 5-2 的例子中提到了偏置。这到底是什么？实际上，偏置是神经元中常用的输入项。和其他输入元素一样，神经元会给偏置一个权重，该权重与其他权重用同样的方式来训练。在关于神经网络的各种文献中，偏置有两种表示形式。一种表示形式是将其表示为输入向量，例如对于 n 维向量的输入，在向量的开头或结尾处增加一个元素，构成一个 $n + 1$ 维的向量。1 的位置与网络无关，只要在所有样本中保持一致即可。另一种表示形式是，首先假定存在一个偏置项，将其独立于输入之外，其对应一个独立的权重，将该权重乘以 1，然后与样本输入值及其相关权重的点积进行加和。这两者实际上是一样的，只不过分别是两种常见的表示形式而已。

设置偏置权重的原因是神经元需要对全 0 的输入具有弹性。网络需要学习在输入全为 0 的情况下输出仍然为 0，但它可能做不到这一点。如果没有偏置项，神经元对初始或学习的任意权重都会输出 0 × 权重 = 0。而有了偏置项之后，就不会有这个问题了。如果神经元需要学习输出 0，在这种情况下，神经元可以学会减小与偏置相关的权重，使点积保持在阈值以下即可。

图 5-3 用可视化方法对生物的大脑神经元的信号与深度学习人工神经元的信号进行了类比，如果想要做更深入的了解，可以思考一下你是如何使用生物神经元来阅读本书并学习有关自然语言处理的深度学习知识的[1]。

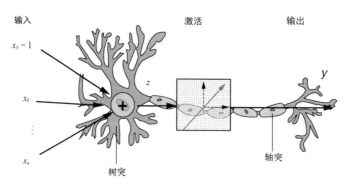

图 5-3　感知机与生物神经元

用数学术语来说，感知机的输出表示为 $f(x)$，如下：

$$f(\vec{x}) = \begin{cases} 1, & \sum_{i=0}^{n} x_i w_i > \text{阈值} \\ 0, & \text{其他} \end{cases}$$

公式 5-1　阈值激活函数

---

[1] 自然语言理解（NLU）是学术界经常使用的一个术语，是机器表现出能够理解自然语言文本的一种自然语言处理过程。Word2vec 词嵌入是自然语言理解任务的一个例子。问答系统和阅读理解任务也属于自然语言理解范畴。神经网络经常用于自然语言理解任务中。

提示 输入向量（*X*）与权重向量（*W*）两两相乘后的加和就是这两个向量的点积。这是线性代数在神经网络中最基础的应用，对神经网络的发展影响巨大。另外，通过现代计算机 GPU 对线性代数操作的性能优化来完成感知机的矩阵乘法运算，使得实现的神经网络变得极为高效。

此时的感知机并未学到任何东西，不过大家已经获得了非常重要的结果，我们已经向模型输入数据并且得到输出。当然这个输出可能是错误的，因为还没有告诉感知机如何获得权重，而这正是最有趣的地方所在。

提示 所有神经网络的基本单位都是神经元，基本感知机是广义神经元的一个特例，从现在开始，我们将感知机称为一个神经元。

1. Python 版神经元

在 Python 中，计算神经元的输出是很简单的。大家可以用 numpy 的 dot 函数将两个向量相乘：

```
>>> import numpy as np

>>> example_input = [1, .2, .1, .05, .2]
>>> example_weights = [.2, .12, .4, .6, .90]

>>> input_vector = np.array(example_input)
>>> weights = np.array(example_weights)
>>> bias_weight = .2

>>> activation_level = np.dot(input_vector, weights) +\
...     (bias_weight * 1)
>>> activation_level
0.674
```

这里 bias_weight * 1 只是为了强调 bias_weight 和其他权重一样：权重与输入值相乘，区别只是 bias_weight 的输入特征值总是 1

接下来，假设我们选择一个简单的阈值激活函数，并选择 0.5 作为阈值，结果如下：

```
>>> threshold = 0.5
>>> if activation_level >= threshold:
...     perceptron_output = 1
... else:
...     perceptron_output = 0
>>> perceptron_output)
1
```

对于给定的输入样本 example_input 和权重，这个感知机将会输出 1。如果有许多 example_input 向量，输出将会是一个标签集合，大家可以检查每次感知机的预测是否正确。

2. 课堂时间

大家已经构建了一个基于数据进行预测的方法，它为机器学习创造了条件。到目前为止，权重都作为任意值而被我们忽略了。实际上，它们是整个架构的关键，现在我们需要一种算法，基于给定样本的预测结果来调整权重值的大小。

感知机将权重的调整看成是给定输入下预测系统正确性的一个函数，从而学习这些权重。但是这一切从何开始呢？未经训练的神经元的权重一开始是随机的！通常是从正态分布中选取趋近于零的随机值。在前面的例子中，大家可以看到从零开始的权重（包括偏置权重）为何会导致输出全部为零。但是通过设置微小的变化，无须提供给神经元太多的能力，神经元便能以此为依据判断结果何时为对何时为错。

然后就可以开始学习过程了。通过向系统输入许多不同的样本，并根据神经元的输出是否是我们想要的结果来对权重进行微小的调整。当有足够的样本（且在正确的条件下），误差应该逐渐趋于零，系统就经过了学习。

其中最关键的一个诀窍是，每个权重都是根据它对结果误差的贡献程度来进行调整。权重越大（对结果影响越大），那么该权重对给定输入的感知机输出的正确性/错误性就负有越大的责任。

假设之前的输入 example_input 对应的结果是 0：

```
>>> expected_output = 0
>>> new_weights = []
>>> for i, x in enumerate(example_input):
...     new_weights.append(weights[i] + (expected_output -\
...         perceptron_output) * x)
 >>> weights = np.array(new_weights)

>>> example_weights
[0.2, 0.12, 0.4, 0.6, 0.9]
>>> weights
[-0.8  -0.08  0.3  0.55  0.7
```

例如，在上述的第一次计算中，
new_weight = $0.2 + (0 - 1) \times 1 = -0.8$

初始权重

新的权重

这个处理方法将同一份训练集反复输入网络中，在适当的情况下，即使是对于之前没见过的数据，感知机也能做出正确的预测。

3. 有趣的逻辑学习问题

上面使用了一些随机数字做例子。我们把这个方法应用到一个具体问题上，来看看如何通过仅向计算机展示一些标记样本来教它学会一个概念。

接下来，我们将让计算机理解逻辑或（OR）。如果一个表达式的一边或另一边为真（或两边都为真），则逻辑或语句的结果为真。这个逻辑非常简单。对于以下这个问题，我们可以手动构造所有可能的样本（在现实中很少出现这种情况），每个样本由两个信号组成，其中每个信号都为真（1）或假（0），如代码清单 5-1 所示。

代码清单 5-1　逻辑或问题

```
>>> sample_data = [[0, 0],   # False, False
...                [0, 1],   # False, True
...                [1, 0],   # True, False
...                [1, 1]]   # True, True
```

```
>>> expected_results = [0,    # (False OR False) gives False
...                      1,    # (False OR True ) gives True
...                      1,    # (True  OR False) gives True
...                      1]    # (True  OR True ) gives True

>>> activation_threshold = 0.5
```

我们需要一些工具，numpy 可以用来做向量（数组）乘法，random 用来初始化权重：

```
>>> from random import random
>>> import numpy as np

>>> weights = np.random.random(2)/1000   # Small random float 0 < w < .001
>>> weights
[5.62332144e-04 7.69468028e-05]
```

这里还需要一个偏置：

```
>>> bias_weight = np.random.random() / 1000
>>> bias_weight
0.0009984699077277136
```

然后将其传递到流水线中，计算得到 4 个样本的预测结果，如代码清单 5-2 所示。

代码清单 5-2　感知机随机预测

```
>>> for idx, sample in enumerate(sample_data):
...     input_vector = np.array(sample)
...     activation_level = np.dot(input_vector, weights) +\
...         (bias_weight * 1)
...     if activation_level > activation_threshold:
...         perceptron_output = 1
...     else:
...         perceptron_output = 0
...     print('Predicted {}'.format(perceptron_output))
...     print('Expected: {}'.format(expected_results[idx]))
...     print()
Predicted 0
Expected: 0

Predicted 0
Expected: 1

Predicted 0
Expected: 1

Predicted 0
Expected: 1
```

随机的权重值对这个神经元没有多大帮助，我们得到 1 个正确、3 个错误的预测结果。接下来我们让网络继续学习，并在每次迭代中不只是打印 1 或 0，而是同时更新权重值，如代码清单 5-3 所示。

代码清单 5-3 感知机学习

```
>>> for iteration_num in range(5):
...     correct_answers = 0
...     for idx, sample in enumerate(sample_data):
...         input_vector = np.array(sample)
...         weights = np.array(weights)
...         activation_level = np.dot(input_vector, weights) +\
...             (bias_weight * 1)
...         if activation_level > activation_threshold:
...             perceptron_output = 1
...         else:
...             perceptron_output = 0
...         if perceptron_output == expected_results[idx]:
...             correct_answers += 1
...         new_weights = []
...         for i, x in enumerate(sample):
...             new_weights.append(weights[i] + (expected_results[idx] -\
...                 perceptron_output) * x)
...         bias_weight = bias_weight + ((expected_results[idx] -\
...             perceptron_output) * 1)
...         weights = np.array(new_weights)
...     print('{} correct answers out of 4, for iteration {}'\
...         .format(correct_answers, iteration_num))
3 correct answers out of 4, for iteration 0
2 correct answers out of 4, for iteration 1
3 correct answers out of 4, for iteration 2
4 correct answers out of 4, for iteration 3
4 correct answers out of 4, for iteration 4
```

偏置权重也会随着输入一起更新

这就是使用魔法的地方。当然还有一些更高效的方法来实现，不过我们还是通过循环来强调每个权重是由其输入（xi）更新的。如果输入数据很小或为零，则无论误差大小，该输入对该权重的影响都将会很小。相反，如果输入数据很大，则影响会很大

　　哈哈！这个感知机真是个好学生。通过内部循环更新权重，感知机从数据集中学习了经验。在第一次迭代后，它比随机猜测（正确率为 1/4）多得到了两个正确结果（正确率为 3/4）。

　　在第二次迭代中，它过度修正了权重（更改了太多），然后通过调整权重来回溯结果。当第四次迭代完成后，它已经完美地学习了这些关系。随后的迭代将不再更新网络，因为每个样本的误差为 0，所以不会再对权重做调整。

　　这就是所谓的收敛。当一个模型的误差函数达到了最小值，或者稳定在一个值上，该模型就被称为收敛。有时候可能没有这么幸运。有时神经网络在寻找最优权值时不断波动以满足一批数据的相互关系，但无法收敛。在 5.8 节中，大家将看到目标函数（objective function）或损失函数（loss function）如何影响神经网络对最优权重的选择。

4．下一步

　　基本感知机有一个固有缺陷，那就是，如果数据不是线性可分的，或者数据之间的关系不能用线性关系来描述，模型将无法收敛，也将不具有任何有效预测的能力，因为它无法准确地预测目标变量。

　　早期的实验在仅基于样本图像及其类别来进行图像分类的学习上取得了成功。这个概念在早期很激动人心，但很快受到了来自明斯基（Minsky）和佩珀特（Papert）的考验[1]，他们指出感知机在分类方面有严重的局限性，他们证明了如果数据样本不能线性可分为独立的组，那么感知机将无法学习如何对输入数据进行分类。

　　线性可分的数据点（如图 5-4 所示）对感知机来说是没有问题的，而存在类别交叉的数据将导致单神经元感知机原地踏步，学习预测的结果将不比随机猜测好，表现得就像是在随机抛硬币。在图 5-5 中我们就无法在两个类（分别用点和叉表示）之间画一条分割线。

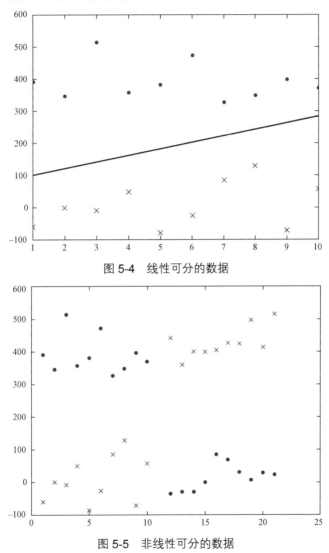

图 5-4　线性可分的数据

图 5-5　非线性可分的数据

---

① Minsky 和 Papert 的感知机，1969。

感知机会用线性方程来描述数据集的特征与数据集中的目标变量之间的关系，这就是线性回归，但是感知机无法描述非线性方程或者非线性关系。

> **局部极小值与全局极小值**
>
> 　　当一个感知机收敛时，可以说它找到了一个描述数据与目标变量之间关系的线性方程。然而，这并不能说明这个描述性线性方程有多好，或者说代价有多 "小"。如果有多个解决方案，即存在着多个可能的极小代价，它只会确定一个由权重初始值决定的、特定的极小值。这被称为局部极小值，因为它是在权重开始的地方附近找到的最优值（最小的代价）。它可能不是全局极小值，因为全局极小值需要搜索所有可能的权重值。在大多数情况下，无法确定是否找到了全局极小值。

很多数据值之间的关系不是线性的，也没有好的线性回归或线性方程能够描述这些关系。许多数据集不能用直线或平面来线性分割。因为世界上的大多数数据不能由直线或平面来清楚地分开，明斯基和佩珀特发表的 "证明" 让感知机被束之高阁。

但是有关感知机的想法并不会就此消亡。Rumelhardt McClelland 的合作成果[1]（Geoffrey Hinton 也参与其中）展示了可以使用多层感知机的组合来解决异或（XOR）问题[2]，此后感知机再次浮出水面。之前，大家使用单层感知机解决的或（OR）问题属于比较简单的问题，也没有用到多层反向传播。Rumelhardt McClelland 的关键突破是发现了一种方法，该方法可以为每个感知机适当地分配误差。他们使用的是一种叫反向传播的传统思想，通过这种跨越多个神经元层的反向传播思想，第一个现代神经网络诞生了。

基本感知机有一个固有的缺陷，即如果数据不是线性可分的，则模型不会收敛到具有有效预测能力的解。

> **注意**　代码清单 5-3 中的代码通过一个单层感知机解决了或问题。代码清单 5-1 代码中感知机学到的 0 和 1 组成的表格是二元逻辑或的输出结果。异或问题稍微改变了一下该数据表，以此来教感知机如何模拟一个独占的逻辑或门。如果改变一下最后一个示例的正确结果，将 1（真）改为 0（假），从而将其转换为逻辑异或，这个问题就会变得困难许多。在不向神经网络添加额外神经元的情况下，每类（0 或 1）样本将是非线性可分的。在二维特征向量空间中，这些类彼此呈对角线分布（类似于图 5-5），所以无法通过画一条直线来区分出数据样本 1（逻辑真）和 0（逻辑假）。

尽管神经网络可以解决复杂的非线性问题，但是那时计算成本太高，用两个感知机和一堆花哨的反向传播数学算法来解决异或问题被认为是对宝贵计算资源的极大浪费，因为这个问题只需要用一个逻辑门或一行代码就能解决。事实证明，它们不适合被广泛使用，所以只能再次回到学术界和超级计算机实验的角落。由此开启了第二次 "人工智能寒冬"，这种情况从 1990 年持续到 2010 年左右[3]。后

---

① Rumelhart, D. E.、Hinton, G. E. 和 Williams, R. J. 1986 年在《自然》（*Nature*）上发表的 "Learning representations by back-propagating errors"（参见第 323、533 ~ 536 页）。

② 参见维基百科词条 "The XOR affair"。

③ 详见标题为 "Philosophical Transactions of the Royal Society B: Biological Sciences" 的网页。

来，随着计算能力、反向传播算法和原始数据（例如猫和狗的标注图像[①]）的发展，昂贵的计算算法和有限的数据集都不再是障碍。第三次神经网络时代开始了。

下面我们来看看他们发现了什么。

5. 第二次人工智能寒冬的出现

和大多数伟大的思想一样，好的思想最终都会浮出水面。人们发现只要对感知机背后的基本思想进行扩展，就可以克服之前的那些限制。将多个感知机集合到一起，并将数据输入一个（或多个）感知机中，并且以这些感知机的输出作为输入，传递到更多的感知机，最后将输出与期望值进行比较，这个系统（神经网络）便可以学习更复杂的模式，克服了类的线性不可分的挑战，如异或问题。其中的关键是：如何更新前面各层中的权重？

接下来我们暂停一下，将这个过程的一个重要部分形式化。到目前为止，我们已经讨论了误差和感知机的预测结果与真实结果的偏离程度。测量这个误差是由代价函数或损失函数来完成的。正如我们看到的，代价函数量化了对于输入"问题"（x）网络应该输出的正确答案与实际输出值（y）之间的差距。损失函数则表示网络输出错误答案的次数以及错误总量。公式 5-2 是代价函数的一个例子，表示真实值与模型预测值之间的误差：

$$err(x) = |y - f(x)|$$

公式 5-2 真实值与预测值之间的误差

训练感知机或者神经网络的目标是最小化所有输入样本数据的代价函数。

$$J\left(x\right) = \min \sum_{i=1}^{n} err\left(x_i\right)$$

公式 5-3 希望最小化的代价函数

接下来大家会看到还有一些其他种类的代价函数，如均方误差，这些通常已经在神经网络框架中定义好了，大家无须自己去决定哪些是最好的代价函数。需要牢记的是，最终目标是将数据集上的代价函数最小化，这样此处给出的其他概念才有意义。

6. 反向传播算法

辛顿（Hinton）和他的同事提出一种用多层感知机同时处理一个目标的方法。这个方法可以解决线性不可分问题。通过该方法，他们可以像拟合线性函数那样去拟合非线性函数。

但是如何更新这些不同感知机的权重呢？造成误差的原因是什么？假设两个感知机彼此相邻，并接收相同的输入，无论怎样处理输出（连接、求和、相乘），当我们试图将误差传播回到初始权重的时候，它们（输出）都将是输入的函数（两边是相同的），所以它们每一步的更新量都是一样的，感知机不会有不同的结果。这里的多个感知机将是冗余的。它们的权重一样，神经

---

① 参见下载资源中的 Learning_Multiple_Layers_of_Features_from_Tiny_Images.pdf 文件，作者为 Alex Krizhevsky。

网络也不会学到更多东西。

大家再来想象一下，如果将一个感知机作为第二个感知机的输入，是不是更令人困惑了，这到底是在做什么？

反向传播可以解决这个问题，但首先需要稍微调整一下感知机。记住，权重是根据它们对整体误差的贡献来更新的。但是如果权重对应的输出成为另一个感知机的输入，那么从第二个感知机开始，我们对误差的认识就变得有些模糊了。

如图 5-6 所示，权重 w_{1i} 通过下一层的权重（w_{1j}）和（w_{2j}）来影响误差，因此我们需要一种方法来计算 w_{1i} 对误差的贡献，这个方法就是反向传播。

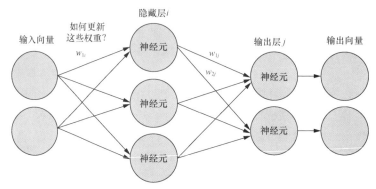

图 5-6   包含隐藏权重的神经网络

现在是时候停止使用"感知机"这个术语了，因为之后大家将改变每个神经元权重的更新方式。从这里开始，我们提到的神经元将更通用也更强大，它包含了感知机。在很多文献中神经元也被称为单元或节点，在大多数情况下，这些术语是可以互换的。

所有类型的神经网络都是由一组神经元和神经元之间的连接组成的。我们经常把它们组织成层级结构，不过这不是必需的。如果在神经网络的结构中，将一个神经元的输出作为另一个神经元的输入，就意味着出现了隐藏神经元或者隐藏层，而不再只是单纯的输入层、输出层。

图 5-7 中展示的是一个全连接网络，图中没有展示出所有的连接，在全连接网络中，每个输入元素都与下一层的各个神经元相连，每个连接都有相应的权重。因此，在一个以四维向量为输入、有 5 个神经元的全连接神经网络中，一共有 20 个权重（5 个神经元各连接 4 个权重）。

感知机的每个输入都有一个权重，第二层神经元的权重不是分配给原始输入的，而是分配给来自第一层的各个输出。从这里我们可以看到计算第一层权重对总体误差的影响的难度。第一层权重对误差的影响并不是只来自某个单独权重，而是通过下一层中每个神经元的权重来产生的。虽然反向传播算法本身的推导和数学细节非常有趣，但超出了本书的范围，我们对此只做一个简单的概述，使大家不至于对神经网络这个黑盒一无所知。

反向传播是误差反向传播的缩写，描述了如何根据输入、输出和期望值来更新权重。传播，或者说前向传播，是指输入数据通过网络"向前"流动，并以此计算出输入对应的输出。要进行反向传播，首先需要将感知机的激活函数更改为稍微复杂一点儿的函数。

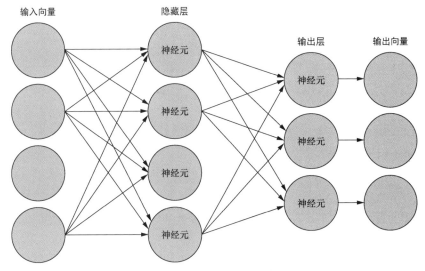

图 5-7　全连接神经网络

到目前为止，大家一直在使用阶跃函数作为人工神经元的激活函数。但是接下来会发现，反向传播需要一个非线性连续可微的激活函数[①]，如公式 5-4 中常用的 sigmoid 函数所示，现在每个神经元都会输出介于两个值（如 0 和 1）之间的值：

$$S(x) = \frac{1}{1 + e^{-x}}$$

公式 5-4　sigmoid 函数

为什么激活函数需是非线性的

　　因为需要让神经元能够模拟特征向量和目标变量之间的非线性关系。如果神经元只是将输入与权重相乘然后做加和，那么输出必然是输入的线性函数，这个模型连最简单的非线性关系都无法表示。

　　之前使用的神经元阈值函数是一个非线性阶跃函数。所以理论上只要有足够多的神经元就可以用来训练非线性关系模型。

　　这就是非线性激活函数的优势，它使神经网络可以建立非线性关系模型。一个连续可微的非线性函数，如 sigmoid，可以将误差平滑地反向传播到多层神经元上，从而加速训练进程。sigmoid 神经元的学习速度很快。

还有许多其他的激活函数，如双曲正切函数和修正线性单元函数，它们各有优劣，适用于不同的神经网络结构，大家将在之后的章节中学习。

为什么要求可微呢？如果能够计算出这个函数的导数，就能对函数中的各个变量求偏导数。这里的关键是"各个变量"，这样就能通过接收到的输入来更新权重！

① 连续可微函数比可微函数更平滑，参见维基百科词条"Differentiable function"。

7．求导

首先用平方误差作为代价函数来计算网络的误差，如公式 5-5 所示[①]：

$$MSE = \left(y - f(x)\right)^2$$

公式 5-5　均方误差

然后利用微积分链式法则计算复合函数的导数，如公式 5-6 所示。网络本身只不过是函数的复合（点积之后的非线性激活函数）。

$$(f(g(x)))' = F'(x) = f'(g(x))g'(x)$$

公式 5-6　链式法则

接下来可以用这个公式计算每个神经元上激活函数的导数。通过这个方法可以计算出各个权重对最终误差的贡献，从而进行适当的调整。

如果该层是输出层，借助于可微的激活函数，权重的更新比较简单，对于第 j 个输出，误差的导数如下[②]：

$$\Delta w_{ij} = -\alpha \frac{\partial Error}{w_{ij}} = -\alpha y_i (y_j - f(x)_j) y_j (1 - y_j)$$

公式 5-7　误差导数

如果要更新隐藏层的权重，则会稍微复杂一点儿，如公式 5-8 所示：

$$\Delta w_{ij} = -\alpha \frac{\partial E}{\partial w_{ij}} = -\alpha y_i (\sum_{l \in L} \delta_l w_{jl}) y_j (1 - y_j)$$

公式 5-8　前一层的导数

在公式 5-7 中，函数 $f(x)$ 表示实际结果向量，$f(x)_j$ 表示该向量第 j 个位置上的值，y_i、y_j 是倒数第二层第 i 个节点和输出第 j 个节点的输出，连接这两个节点的权重为 w_{ij}，误差代价函数对 w_{ij} 求导的结果相当于用 α（学习率）乘以前一层的输出再乘以后一层代价函数的导数。公式 5-8 中 δ_l 表示 L 层第 l 个节点上的误差项，前一层第 j 个节点到 L 层所有的节点进行加权求和[③]。

重要的是要明确何时更新权重。在计算每一层中权重的更新时，需要依赖网络在前向传播中的当前状态。一旦计算出误差，我们就可以得到网络中各个权重的更新值，但仍然需要回到网络的起始节点才能去做更新。否则，如果在网络末端更新权重，前面计算的导数将不再是对于本输入的正确的梯度。另外，也可以将权重在每个训练样本上的变化值记录下来，其间不做任何更新，

[①] 该误差代价函数通常带一个常数因子 1/2，另外，这里的 y 是预测值，$f(x)$ 是真实值，和一般的机器学习损失函数的表示不太一样，请注意区分。——译者注

[②] 这里的代价函数有常数因子 1/2，激活函数用的 sigmoid 函数 y，其求导结果是 $y(1-y)$。——译者注

[③] 想象一下有三层，前一层包含节点 i，中间层包含节点 j，后一层是 L 层。L 层上所有节点 l 上的误差项 δ_l 会反传到中间层节点 j 上，因此这里有个求和项。每一层的误差项可以通过后一层的误差项反向传播得到。关于误差项的求法，可以参考相关书籍。——译者注

等训练结束后再一起更新，我们将在 5.1.6 节中讨论这项内容。

　　接下来将全部数据输入网络中进行训练，得到每个输入对应的误差，然后将这些误差反向传播至每个权重，根据误差的总体变化来更新每个权重。当网络处理完全部的训练数据后，误差的反向传播也随之完成，我们将这个过程称为神经网络的一个训练周期（epoch）。我们可以将数据集一遍又一遍地输入网络来优化权重。但是要注意，网络可能会对训练集过拟合，导致对训练集外部的新数据无法做出有效的预测。

　　在公式 5-7 和公式 5-8 中，α 表示学习率。它决定了在一个训练周期或一批数据中权重中误差的修正量。通常在一个训练周期内 α 保持不变，但也有一些复杂的训练算法会对 α 进行自适应调整，以加快训练速度并确保收敛。如果 α 过大，很可能会矫枉过正，使下一次误差变得更大，导致权重离目标更远。如果 α 设置太小会使模型收敛过慢，更糟糕的是，可能会陷入误差曲面的局部极小值。

5.1.4　误差曲面

　　如前所述，训练神经网络的目标是通过寻找最佳参数（权重）来最小化代价函数。记住，不是针对任何单个数据的误差，而是最小化所有误差的代价。

　　建立对这个问题的可视化展示，可以帮助大家理解在调整网络权重时到底在做什么。

　　早期，均方误差是一个很常用的代价函数（如公式 5-5 所示）。给定一组输入和一组预期输出，大家可以想象一下，如果把误差当作可能的权重的函数，以此绘制一张图，则图中存在一个最接近零的点，这个点就是大家寻找的最小值——模型在这个点上误差最小。

　　这个最小值将是针对给定训练样本得到最优输出的一组权重集合。大家会看到它经常被表示成一个三维的碗状图形，其中两维表示权重向量，第三维表示误差（如图 5-8 所示）。这是个简化版的描述，不过其表示的含义在高维空间（多于两个权重）上同样适用。

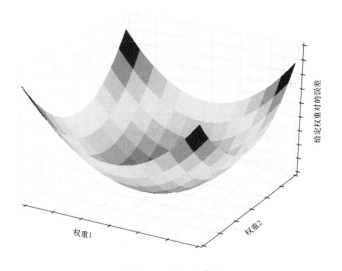

图 5-8　凸误差曲面

　　类似地，大家也可以针对训练集上所有输入的所有可能的权重的函数绘制出误差曲面。这里需要稍微调整一下误差函数，在给定权重集合的情况下，聚合所有输入前向传播产生的误差。在本例中，使用均方误差作为 z 轴（如公式 5-5 所示）。

　　这样可以得到一个具有最小值的误差曲面，它由权重集合决定，这组权重描述了一个最适合整个训练集的模型。

5.1.5　不同类型的误差曲面

　　这个可视化表示什么含义呢？算法在每个周期的训练中使用梯度下降算法来最小化误差。每次在某个方向上对权重的调整都有可能减小下次的误差。如果是凸误差曲面，那简直太棒了。这好比站在滑雪坡上环顾四周，看看哪条路是向下的，然后就走这条路！

　　但误差函数所在的曲面并非总是一个平滑的碗。误差曲面可能有许多坑坑洼洼，这就是非凸误差曲面（如图 5-9 所示）。而且就像滑雪一样，如果这些坑足够大，就有可能会陷进去，从而无法到达坡底。

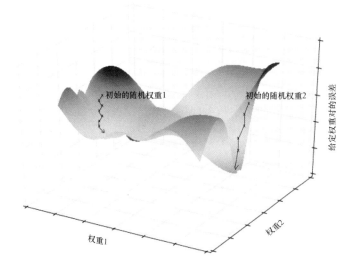

图 5-9　非凸误差曲面

　　图 5-9 仍然用二维输入来表示权重。不过，这和 10 维、50 维、1000 维输入在概念上是一样的。在高维空间中，可视化已经不具有意义，所以我们只能相信数学。一旦开始使用神经网络，误差曲面的可视化就变得不再重要，大家可以在训练过程中观察（或绘制）误差或其他相关的指标来得到相同的信息，看它是否逐渐趋于 0，从中看出网络是否在做正确的优化。不过这些 3D 图形对于理解整个过程还是有一定帮助的。

　　那么非凸误差空间呢？那些坑坑洼洼难道不是问题吗？当然是问题。在这种情况下，模型优化的结果取决于权重的随机初始值，由于无法从局部极小值中走出来，当训练结束时，不同的权重初始值可能会导致模型收敛于完全不同的结果。

在更高维的空间中，网络依然会伴随着局部极小值问题。

5.1.6　多种梯度下降算法

到目前为止，我们一直是把所有训练样本的误差聚合起来然后再做梯度下降，这种训练方法称为批量学习（batch learning）。一批是训练数据的一个子集。但是在批量学习中误差曲面对于整个批是静态的，如果从一个随机的起始点开始，得到的很可能是某个局部极小值，从而无法看到其他的权重值的更优解。这里有两种方法来避开这个陷阱。

第一种方法是随机梯度下降法。在随机梯度下降中，不用去查看所有的训练样本，而是在输入每个训练样本后就去更新网络权重。在这个过程中，每次都会重新排列训练样本的顺序，这样将为每个样本重新绘制误差曲面，由于每个相异的输入都可能有不同的预期答案，因此大多数样本的误差曲面都不一样。对每个样本来说，仍然使用梯度下降法来调整权重。不过不用像之前那样在每个训练周期结束后聚合所有误差再做权重调整，而是针对每个样本都会去更新一次权重。其中的关键点是，每一步都在向假定的极小值前进（不是所有路径都通往假定的极小值）。

使用正确的数据和超参数，在向这个波动误差曲面的各个最小值前进时，可以更容易地得到全局极小值。如果模型没有进行适当的调优，或者训练数据不一致，将导致原地踏步，模型无法收敛，也学不会任何东西。不过在实际应用中，随机梯度下降法在大多数情况下都能有效地避免局部极小值。这种方法的缺点是计算速度比较慢。计算前向传播和反向传播，然后针对每个样本进行权重更新，这在本来已经很慢的计算过程的基础上又增加了很多时间开销。

第二种方法，也是更常见的方法，是小批量学习。在小批量学习中，会传入训练集的一个小的子集，并按照批量学习中的误差聚合方法对这个子集对应的误差进行聚合。然后对每个子集按批将其误差进行反向传播并更新权重。下一批会重复这个过程，直到训练集处理完成为止，这就重新构成了一个训练周期。这是一种折中的办法，它同时具有批量学习（快速）和随机梯度下降（具有弹性）的优点。

尽管反向传播算法如何工作的细节很吸引人，而且非常重要，不过正如前文所述，这超出了本书的范围。大家可以通过误差曲面对其有一个形象的认识。神经网络沿着曲面的斜坡往下走，走得越快越好，直到抵达到碗的底部。在一个给定的点上，环顾四周，找一条最陡的路下坡（如果恐高的话这可能不是个好景象）。更进一步（批量学习、小批量学习或随机梯度下降法），再举目四顾，找到最陡的路径，然后往那个方向走，很快大家就能抵达山谷底部滑雪小屋的火炉旁边了。

5.1.7　Keras：用 Python 实现神经网络

用原生 Python 来编写神经网络是一个非常有趣的尝试，而且可以帮助大家理解神经网络中的各种概念，但是 Python 在计算速度上有明显缺陷，即使对于中等规模的网络，计算量也会变得非常棘手。不过有许多 Python 库可以用来提高运算速度，包括 PyTorch、Theano、TensorFlow 和 Lasagne 等。本书中的例子使用 Keras。

　　Keras 是一个高级封装器，封装了面向 Python 的 API。API 接口可以与 3 个不同的后端库相兼容：Theano、谷歌的 TensorFlow 和微软的 CNTK。这几个库都在底层实现了基本的神经网络单元和高度优化的线性代数库，可以用于处理点积，以支持高效的神经网络矩阵乘法运算。

　　我们以简单的异或问题为例，看看如何用 Keras 来训练这个网络，如代码清单 5-4 所示。

代码清单 5-4　Keras 异或网络

```
>>> import numpy as np                                    Kera 的基础模型类
>>> from keras.models import Sequential
>>> from keras.layers import Dense, Activation            Dense 是神经元的全连接层
>>> from keras.optimizers import SGD
>>> # Our examples for an exclusive OR.                    随机梯度下降，Keras 中还有
>>> x_train = np.array([[0, 0],                            一些其他优化器
...                     [0, 1],
...                     [1, 0],                            x_train 是二维特征向量表示的训练样本列表
...                     [1, 1]])
>>> y_train = np.array([[0],
...                     [1],                               y_train 是每个特征向量样本对应的目标输出值
...                     [1],
...                     [0]])
>>> model = Sequential()                                  全连接隐藏层包含 10 个神经元
>>> num_neurons = 10
>>> model.add(Dense(num_neurons, input_dim=2))
>>> model.add(Activation('tanh'))
>>> model.add(Dense(1))                                   输出层包含一个神经元，输出结果是二分类值（0 或 1）
>>> model.add(Activation('sigmoid'))
>>> model.summary()
Layer (type)                 Output Shape              Param #
=================================================================
dense_18 (Dense)             (None, 10)                30
_____
activation_6 (Activation)    (None, 10)                0
_____
dense_19 (Dense)             (None, 1)                 11
_____
activation_7 (Activation)    (None, 1)                 0
=================================================================
Total params: 41.0
Trainable params: 41.0                    input_dim 仅在第一层中使用，后面的其他层会自动计算前
Non-trainable params: 0.0                 一层输出的形状，这个例子中输入的 XOR 样本是二维特
                                          征向量，因此 input_dim 设置为 2
```

`model.summary()` 提供了网络参数及各阶段权重数（Param \#）的概览。我们可以快速计算一下：10 个神经元，每个神经元有 3 个权重，其中有两个是输入向量的权重（输入向量中的每个值对应一个权重），还有一个是偏置对应的权重，所以一共有 30 个权重需要学习。输出层中有 10 个

权重，分别与第一层的 10 个神经元一一对应，再加上 1 个偏置权重，所以该层共有 11 个权重。

下面的代码可能有点儿不容易理解：

```
>>> sgd = SGD(lr=0.1)
>>> model.compile(loss='binary_crossentropy', optimizer=sgd,
...     metrics=['accuracy'])
```

SGD 是之前导入的随机梯度下降优化器，模型用它来最小化误差或者损失。lr 是学习速率，与每个权重的误差的导数结合使用，数值越大模型的学习速度越快，但可能会使模型无法找到全局极小值，数值越小越精确，但会增加训练时间，并使模型更容易陷入局部极小值。损失函数本身也定义为一个参数，在这里用的是 binary_crossentropy。metrics 参数是训练过程中输出流的选项列表。用 compile 方法进行编译，此时还未开始训练模型，只对权重进行了初始化，大家也可以尝试一下用这个随机初始状态来预测，当然得到的结果只是随机猜测：

```
>>> model.predict(x_train)
[[ 0.5       ]
 [ 0.43494844]
 [ 0.50295198]
 [ 0.42517585]]
```

predict 方法将给出最后一层的原始输出，在这个例子中是由 sigmoid 函数生成的。

之后再没什么好写的了，但是这里还没有关于答案的任何知识，它只是对输入使用了随机权重。接下来可以试着进行训练，如代码清单 5-5 所示。

代码清单 5-5 用异或训练集进行模型训练

从这里开始训练模型

```
model.fit(x_train, y_train, epochs=100)  ◁───
Epoch 1/100
4/4 [==============================] - 0s - loss: 0.6917 - acc: 0.7500
Epoch 2/100
4/4 [==============================] - 0s - loss: 0.6911 - acc: 0.5000
Epoch 3/100
4/4 [==============================] - 0s - loss: 0.6906 - acc: 0.5000
...
Epoch 100/100
4/4 [==============================] - 0s - loss: 0.6661 - acc: 1.0000
```

提示 在第一次训练时网络可能不会收敛。第一次编译可能以随机分布的参数结束，导致难以或者不能得到全局极小值。如果遇到这种情况，可以用相同的参数再次调用 model.fit，或者添加更多训练周期，看看网络能否收敛。或者也可以用不同的随机起始点来重新初始化网络，然后再次尝试 fit。如果使用后面这种方法，请确保没有设置随机种子，否则只会不断重复同样的实验结果。

当网络一遍又一遍地学习这个小数据集时，它终于弄明白了这是怎么回事。它从样本中"学会"了什么是异或！这就是神经网络的神奇之处，它将指导大家学习接下来的几章：

```
>>> model.predict_classes(x_train))
4/4 [==============================] - 0s
[[0]
 [1]
 [1]
 [0]]
>>> model.predict(x_train))
4/4 [==============================] - 0s
[[ 0.0035659 ]
 [ 0.99123639]
 [ 0.99285167]
 [ 0.00907462]]
```

在这个经过训练的模型上再次调用 predict（和 predict_classes）会产生更好的结果。它在这个小数据集上获得了 100%的精确度。当然，精确率并不是评估预测模型的最佳标准，但对这个小例子来说完全可以说明问题。接下来在代码清单 5-6 中展示了如何保存这个异或模型。

代码清单 5-6　保存训练好的模型

```
>>> import h5py
>>> model_structure = model.to_json()

>>> with open("basic_model.json", "w") as json_file:
...     json_file.write(model_structure)

>>> model.save_weights("basic_weights.h5")
```

用 Keras 的辅助方法将网络结构导出为 JSON blob 类型以备后用

训练好的权重必须被单独保存。第一部分只保存网络结构。在后面重新加载网络结构时必须对其重新实例化

同样也有对应的方法来重新实例化模型，这样做预测时不必再去重新训练模型。虽然运行这个模型只需要几秒，但是在后面的章节中，模型的运行时间将会快速增长到以分钟、小时甚至天为单位，这取决于硬件性能和模型的复杂度，所以请准备好！

5.1.8　展望

随着神经网络在整个深度学习领域的广泛应用，在这些系统的细节上展开了大量的研究（并将继续研究下去）：

- 各种激活函数（如 sigmoid、修正线性单元和双曲正切等）；
- 选择一个适合的学习率来调整误差的影响；
- 通过使用动量模型动态调整学习率来快速找到全局极小值；
- 使用 dropout，在给定的训练路径上随机选择一组权重丢弃，防止模型过拟合；
- 权重正则化，对权重进行人为修正，避免某个权重相比于其余权重过大或过小（这是另一种避免过拟合的策略）。

这个列表之后将会不断拓展。

5.1.9 归一化：格式化输入

神经网络接收的输入是向量形式，无论数据内容是什么，神经网络都能执行运算，不过其中有一点需要注意，那就是输入归一化。这是许多机器学习模型的真谛。假设有一个房屋分类的例子，预测在市场上的销售情况。现在只有两个数据点：卧室数量和最终售价。这个数据可以表示为一个向量。例如，以 27.5 万美元成交的一套两居室的房子可以表示为：

```
input_vec = [2, 275000]
```

当网络在这个数据中进行学习时，在第一层中，为了与取值较大的价格平等竞争，卧室对应的权重必须快速增大。因此，常见的做法是将数据归一化，使不同样本中的每个元素都能保留有效信息。归一化也能确保每个神经元在具有相同取值范围的输入值下工作，同一个输入向量中不同元素的输入范围相同。有几种常用的归一化方法，如均值归一化、特征缩放和变异系数。最终目标是在不丢失信息的情况下，将样本中每个元素的取值范围调整为[-1, 1]或[0, 1]。

在 NLP 中可以不必过于担心这一点，因为 TF-IDF、独热编码和 Word2vec（大家很快就会看到）已经做过归一化了。如果输入特征向量没有经过归一化，例如使用原始词频或计数时，就需要牢记这一点。

最后谈谈术语。关于感知机、多神经元层、深度学习的定义并没有达成太多共识，但是我们可以看到，根据是否必须使用激活函数的导数来适当更新权重可以方便地区分感知机和神经网络。在这一背景下，本书主要使用神经网络和深度学习，由于"感知机"一词在历史中的重要地位，我们也保留了这个词。

5.2 小结

- 代价函数最小化是一种学习路径。
- 反向传播算法是神经网络的学习手段。
- 权重对模型误差的贡献与其更新量直接相关。
- 神经网络的核心是优化器。
- 监控训练过程中误差的逐步降低过程，以避开陷阱（局部极小值）。
- Keras 有助于简化神经网络中的数学运算。

第 6 章　词向量推理（Word2vec）

本章主要内容

■ 词向量的创建

■ 预训练模型的使用

■ 用词向量推理解决实际问题

■ 词向量可视化

■ 词嵌入的神奇用法

最近 NLP 领域中最令人兴奋的进展之一是词向量的"发现"。本章将帮助大家理解什么是词向量以及词向量的一些神奇用法。我们将学着去解释前几章中未曾提及的词义的模糊特性和语义的微妙之处。

在前几章中，我们忽略了词附近的上下文信息，包括每个词周围的其他词、相邻词对该词词义的影响，以及词之间的关系对句子整体语义的影响。词袋模型是将文档中所有词混在一起进行统计。在本章中，我们将从少量词的邻域中创建更小的词袋，一般会少于 10 个词条，同时确保这些邻域的语义不会溢出到相邻的句子中。这个过程有助于集中在相关词上进行词向量训练。

这个新的词向量将能够识别同义词、反义词或同类别的词，如人、动物、地点、植物、名字或概念等。我们在第 4 章中用隐性语义分析做过类似的事情，但是对词邻域的严格限制也直接影响了词向量的精确率，词、n-gram 和文档的隐性语义分析并没有捕捉到词的所有字面含义，更不用说隐含或隐藏含义了。并且，由于 LSA 过大的词袋，词的部分含义也丢失了。

词向量　词向量是对词语义或含义的数值向量表示，包括字面意义和隐含意义。词向量可以捕捉到词的内涵，如"peopleness"（人）、"animalness"（动物）、"placeness"（平静）、"thingness"（存在），甚至"conceptness"（概念）。将所有这些含义结合起来构成一个稠密（没有零值）的浮点数向量。这个稠密向量支持查询和逻辑推理。

6.1　语义查询与类比

那么，这样的词向量有什么作用呢？你有没有试过回忆某位名人的名字，但对他们只有一个大致的印象，例如：

She invented something to do with physics in Europe in the early 20th century.
（20 世纪初，她在欧洲发明了一些与物理学有关的东西。）

大家要找的是玛丽·居里（Marie Curie），如果在 Google 或 Bing 中输入这个句子，可能得不到直接的答案。Google 搜索可能只会给出一些著名物理学家的链接，里面包括男人和女人。大家需要浏览几页才能找到想要的答案。但是一旦找到了 "Marie Curie"，Google 或 Bing 会记下这个结果，当大家下次再找科学家的时候，它们可能就能提供更好的搜索结果[1]。

使用词向量，可以将 "woman" "Europe" "physics" "scientist" "famous" 等词的含义组合起来搜索词或名字，搜索结果会更接近要查找的 "Marie Curie"。所要做的只是把这些词向量加起来：

```
>>> answer_vector = wv['woman'] + wv['Europe'] + wv[physics'] +\
...     wv['scientist']
```

在本章中，我们将展示如何查询这个问题，以及如何从词向量中去除性别偏向，并使用该词向量计算结果：

```
>>> answer_vector = wv['woman'] + wv['Europe'] + wv[physics'] +\
...     wv['scientist'] - wv['male'] - 2 * wv['man']
```

通过词向量，我们可以从 "woman" 中去掉 "man"。

类比问题

如果把问题重新表述成一个类比问题会如何呢？就像下面这样：

Who is to nuclear physics what Louis Pasteur is to germs?
（谁对核物理的贡献就像路易斯·巴斯德对细菌的贡献一样？）

对于这种问题，Google、Bing 甚至 DuckDuckGo 都爱莫能助[2]。但是有了词向量，解决方法就会很简单，只需要从 "Louis Pasteur" 中去除 "germs"，然后加上 "physics"：

```
>>> answer_vector = wv['Louis_Pasteur'] - wv['germs'] + wv['physics']
```

如果大家对那些不相关领域中人物之间的更复杂的类比感兴趣，如音乐家和科学家，那么也可以这样做：

Who is the Marie Curie of music?
（谁是音乐界的玛丽·居里？）

或者

---

[1] 至少在我们研究本书时它是这么所做的。我们必须使用私有浏览器窗口来确保你的搜索结果会和我们的相似。

[2] 不相信的话你可以去试试。

Marie Curie is to science as who is to music?

（谁在音乐界的地位，就如同玛丽·居里在科学界的地位一样？）

大家能想出如何使用词向量的数学运算来解决这些问题吗？

大家可能在 SAT、ACT 或 GRE 等标准化考试的英语类比部分见过类似的问题。有时可以用正式的数学符号表示，如下所示：

```
MARIE CURIE : SCIENCE :: ? : MUSIC
```

这样是不是能更容易猜出对应的词向量数学运算了？下面是一种表示：

```
>>> wv['Marie_Curie'] - wv['science'] + wv['music']
```

除了人和职业，还可以回答一些类似的问题，如运动队和城市：

The Timbers are to Portland as what is to Seattle?

（波特兰的伐木者队对应于西雅图的什么队？）

在标准化考试中这个问题的表示如下：

```
TIMBERS : PORTLAND :: ? : SEATTLE
```

不过更普遍的情况是，在标准化考试中用的是英语词汇表中的词，问的问题也不太有趣：

```
WALK : LEGS :: ? : MOUTH
```

或者

```
ANALOGY : WORDS :: ? : NUMBERS
```

所有这些欲言难吐的问题，即使不是选择题，对词向量来说也是小菜一碟。但如果让大家自己去记住这些名字或词，那么就算是提供了 A、B、C、D 的选项，也是很难的。现在有了词向量，NLP 就可以解决这些难题。

词向量可以回答这些模糊的问题并解决类比问题。只要答案的词向量在词向量的词汇表中[1]，词向量就能记住这些词语名字。即使对那些无法以搜索查询或类比形式提出的问题，词向量也能提供有效的解决方案。在 6.2.1 节中大家会学到词向量中一些与查询无关的数学知识。

6.2　词向量

2012 年，微软实习生 Thomas Mikolov 发现了一种用一定维度的向量表示词的含义的方法[2]。Mikolov 训练了一个神经网络[3]来预测每个目标词附近的共现词。2013 年，Mikolov 和他的队友在

---

[1] 谷歌的预训练词向量模型是从千亿级词的新闻流中训练得到的，一般情况下大家使用的词都会在这个词汇表中，除非这个词是 2013 年以后发明的。

[2] 词向量一般有 100 到 500 维，取决于训练它们的语料库中的信息广度。

[3] 这只是一个单层神经网络，所以几乎任何线性机器学习模型都可以胜任，如对率回归、截断的 SVD、线性判别分析和朴素贝叶斯等。

谷歌发布了创建这些词向量的软件，称为 Word2vec[①]。

Word2vec 仅仅基于大型未标记文本语料库来学习词的含义，而不需要标记 Word2vec 词汇表中的词。我们不需要告诉 Word2vec 算法玛丽·居里是一个科学家、伐木者是一个足球队、西雅图是一个城市、波特兰是俄勒冈州和缅因州的一个城市，也不需要告诉 Word2vec 足球是一项运动、一个团队是一群人，或者城市既是地点也是社区。Word2vec 完全可以靠自己学到更多的知识！大家需要做的只是准备一个足够大的语料库，其中在科学、足球或城市相关的词附近提到玛丽·居里、伐木者队和波特兰。

正是 Word2vec 这种无监督的特性使它无比强大，因为世界上充满了未标记、未分类、非结构化的自然语言文本。

无监督学习和监督学习是两种截然不同的机器学习方法。

监督学习

在监督学习中，必须对训练数据进行某种标注。例如，第 4 章中短消息上的垃圾信息分类标签就是一种标注。又如，Twitter 上点赞数量的量化值也是一种标注。监督学习是大多数人想到机器学习时想到的学习方法。监督学习只有在能够度量预期输出（标签）与其预测值之间的差异时，模型才能变得更好。

相反，无监督学习使机器能够直接从数据中学习，而不需要人类的任何帮助。训练数据不需要人工组织、结构化或标注。所以像 Word2vec 这样的无监督学习算法对自然语言文本来说非常完美。

无监督学习

在无监督学习中，同样也是训练模型去执行某种任务，但是没有任何任务标注，只有原始数据。聚类算法，如 k 均值或 DBSCAN 就属于无监督学习，像主成分分析（PCA）和 t-分布领域嵌入算法（t-Distributed Stochastic Neighbor Embedding，t-SNE）这样的降维算法也属于无监督机器学习技术。在无监督学习中，模型从数据点自身的关系中去发现模式。通过向无监督模型投入更多的数据，它可以变得更智能（更精确）。

教网络预测句子中目标词附近的词，而不是通过带有词含义的标签来直接学习目标词的含义。在这个意义上，也可以算是有标注：待预测的相邻词。不过这些标注来自数据集本身，不需要手工标注，因此 Word2vec 训练算法确实是一个无监督学习算法。

使用无监督训练技术的另一个领域是时间序列建模。时间序列模型通常被训练在一个序列中基于前一个窗口的值预测下一个值。时间序列问题与自然语言问题在很多方面非常相似，它们处理的都是有序值（词或数值）。

预测本身并不是 Word2vec 的关键，预测只是达到目的的一种手段。大家真正关心的是它的内部表示，即 Word2vec 在生成这些预测过程中逐渐构建的向量。与第 4 章中的隐性语义分析和隐性狄利克雷分布中的词-主题向量不同，Word2vec 词向量表示能够捕捉更丰富的目标词含义（语义）。

> **注意**　通过使用低维内部表示来重新预测输入的模型称为*自编码器*。这听起来有点儿奇怪，就像是让机器把大家的提问重新传回来，而且在提问时它还不能记录问题，机器必须把提问压缩成简写形式，而且对所有提的问题都使用相同的简写算法（函数）。机器最终会学到问题语句的简写（向量）表示。

[①] 2013 年 9 月 Mikolov、Chen、Corrado 和 Dean 发表的 "Efficient Estimation of Word Representations in Vector Space"。

如果大家想了解更多关于创建高维对象压缩表示（如词）的无监督深度学习模型，可以搜索术语"自编码器"[1]，这种模型也是一种常见的神经网络，几乎可以应用于任何数据集。

Word2vec 将学习到一些大家可能认为与所有词本身并不相关的东西，例如大家是否知道其实每个词都有一定的地理位置、情感（积极性）和性别倾向性？如果语料库中有任何一个词具有某种属性，如 "placeness"（平和）、"peopleness"（有人情味）、"conceptness"（概念化）或 "femaleness"（女性化）等，那么其他所有的词也会在词向量的这些属性上得分。当 Word2vec 学习词向量时，可以认为某个词的意义"感染"了其相邻词。

语料库中的所有词都将由数字向量表示，类似于第 4 章中的词-主题向量，只是这次的主题具有更具体、更准确的含义。在 LSA 中，词只需要在相同的文档中出现，它们的含义就会相互"感染"，并融入到词的主题向量中。对于 Word2vec 词向量，这些词必须彼此相邻——通常在同一个句子中的间隔不超过 5 个词。而且 Word2vec 词向量的主题权重可以通过加减运算来创建新的有意义的词向量！

为了帮助大家更直观地理解词向量，可以把词向量看作是一个权重或分数的列表，列表中的每个权重或分数都对应于这个词在某个特定维度的含义，如代码清单 6-1 所示。

代码清单 6-1　计算属性向量

```
>>> from nlpia.book.examples.ch06_nessvectors import *
>>> nessvector('Marie_Curie').round(2)
placeness    -0.46
peopleness    0.35
animalness    0.17
conceptness  -0.32
femaleness    0.26
```

Word2vec 的预训练模型非常大，除非内存足够大，一般不要导入这个模块

大家的属性向量维度肯定会更有趣且更有用，如 "trumpness" "ghandiness" 之类的

你可以使用 nlpia 提供的工具为 Word2vec 词汇表中的任何词或 *n*-gram 计算属性向量（nessvector）（src/nlpia/book/examples/ch06_nessvectors.py），这种方法适用于我们创建的所有属性。

Mikolov 在思考如何用数字向量表示词的过程中开发了 Word2vec 算法，而且他不满足于不太精确的词"情感"计算，如之前在第 4 章介绍的那些方法。他想做的是面向向量的推理，就像大家在前一节中处理的类比问题。这个概念听起来很有趣，这意味着可以用词向量做数学运算，再把得到的结果向量转换成词，这样就能得到有意义的答案。大家可以对词向量做加减法来对它们所表示的词进行推理，从而可以回答类似于之前例子中的问题[2]，如下所示：

```
wv['Timbers'] - wv['Portland'] + wv['Seattle'] = ?
```

① 参见标题为 "Unsupervised Feature Learning and Deep Learning Tutorial" 的网页。
② 这里为那些对体育不感兴趣的人简单介绍一下，波特兰伐木者队（Portland Timbers）和西雅图海湾人队（Seattle Sounders）是美国职业足球大联盟中的球队。

在理想情况下，希望这个数学运算（词向量推理）能返回这个结果：

```
wv['Seattle_Sounders']
```

类似地，对于类比问题"'玛丽·居里'在'物理学'的地位，正如____在'古典音乐'中的地位？"，可以理解为下面这样的数学表达式：

```
wv['Marie_Curie'] - wv['physics'] + wv['classical_music'] = ?
```

在本章中，我们将对上一章中介绍的 LSA 词向量表示法进行改进。LSA 中基于整篇文档构建的主题向量非常适合文档分类、语义搜索和聚类。但是 LSA 生成的主题-词向量不够精确，不能用于短语或复合词的语义推理、分类和聚类。大家很快将学习如何训练单层神经网络来生成这些更精确、更有趣的词向量，然后就会明白为什么在很多涉及短文本或语句的应用中它们取代了 LSA 词-主题向量。

6.2.1 面向向量的推理

Word2vec 于 2013 年在 ACL 会议上首次公开亮相，在题为"连续空间词表示中的语言规律"报告中描述了一个精确得惊人的语言模型。在回答类比问题上，Word2vec 词嵌入的精确率（45%）是 LSA 模型精确率（11%）的 4 倍。这个精确率太令人吃惊了，以至于 Mikolov 最初的论文被 ICLR 拒稿了[①]。审稿人认为这个模型的效果好得让人不敢相信。Mikolov 的团队花了将近一年的时间发布了源代码，然后才被计算语言学协会（ACL）接收。

有了词向量之后，类似于

```
Portland Timbers + Seattle - Portland = ?
```

的问题就可以用向量代数进行解答（如图 6-1 所示）。

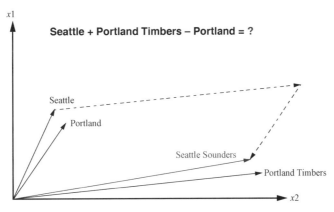

图 6-1 Word2vec 代数几何

Word2vec 模型包含词之间的关系信息，包括词的相似性。Word2vec 模型"知道"术语 Portland

---

① 见 ICLR2013 公开评论。

（波特兰）和 Portland Timbers（波特兰伐木者队）之间的距离与 Seattle（西雅图）和 Seattle Sounders（西雅图海湾人队）之间的距离大致相同，并且这些距离的方向（向量对之间的差异）大致相同。所以 Word2vec 模型可以用来回答球队的类比问题。大家可以把 Portland 和 Seattle 两个向量之间的差值加到表示 Portland Timbers 的向量上，这样得到的结果应该接近术语 Seattle Sounders 的向量：

$$\begin{bmatrix} 0.0168 \\ 0.007 \\ 0.247 \\ \cdots \end{bmatrix} + \begin{bmatrix} 0.093 \\ -0.028 \\ -0.214 \\ \cdots \end{bmatrix} - \begin{bmatrix} 0.104 \\ 0.0883 \\ -0.318 \\ \cdots \end{bmatrix} = \begin{bmatrix} 0.006 \\ -0.109 \\ 0.352 \\ \cdots \end{bmatrix}$$

公式 6-1　计算足球队问题的答案

在进行词向量的加减法运算后，得到的向量一般不会正好等于词向量表中的某个向量。不过，Word2vec 词向量通常有 100 维，每个维度上都有连续的实值，词向量表中与运算结果最接近的向量通常就是 NLP 问题的答案。与这个相邻向量相关联的词正是我们关于运动队和城市问题的自然语言答案。

Word2vec 可以将表示词条的出现次数和频率的自然语言向量转换为更低维的 Word2vec 向量空间。在这个低维空间中，我们可以进行数学运算，并将结果转换回自然语言空间。大家可以想象一下这个功能在聊天机器人、搜索引擎、问答系统或信息提取算法中将发挥多么重要的作用。

注意　Mikolov 和他的同事们在 2013 年发表的第一篇论文中在答案精确率上只有 40%。但在 2013 年，这种方法比当时其他任何一种语义推理方法的效果都要好很多。自首次发布以来，通过在非常大的语料库上进行训练，Word2vec 的效果得到了进一步的提高。有一种实现方案是从包含 1000 亿个词的谷歌新闻语料库中训练得到的。这个预训练模型在后文中还将出现很多次。

研究团队还发现了单词的单数和复数形式之间的差异在大小和方向上基本相同：

$$\vec{x}_{coffee} - \vec{x}_{coffees} \approx \vec{x}_{cup} - \vec{x}_{cups} \approx \vec{x}_{cookie} - \vec{x}_{cookies}$$

公式 6-2　单词的单数与复数形式之间的距离

但他们的发现并不止于此。他们还发现，距离关系远远超出简单的单复数关系。距离适用于其他语义关系。Word2vec 研究人员很快发现他们还可以回答一些涉及地理、文化和人口统计的问题，例如：

```
"San Francisco is to California as what is to Colorado?"

San Francisco - California + Colorado = Denver
```

使用词向量的更多原因

词向量表示法不但对推理和类比问题有用，而且对其他所有使用自然语言向量空间模型处理的问题都有用。当大家从本章中学会如何使用词向量后，大家的 NLP 流水线的精确性和实用性都将得到提高，包括模式匹配、建模和可视化等。

　　例如，在本章后面的部分，我们将展示如何在二维语义图上对词向量进行可视化展示，如图 6-2 所示。大家可以把它想象成一个旅游经典的卡通地图，或者在公交车站报亭常见到的那种印象派地图。在这些卡通地图中，语义上接近的对象在地理位置上也彼此相邻，我们的艺术家（ Word2vec ）根据对各个地点的"感受"来调整图标的比例和位置。通过词向量，机器可以感知词和地点以及它们之间的距离。因此，机器将能够使用词向量来生成印象派地图，如图 6-2 所示。[①]

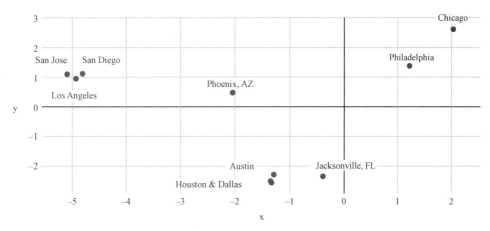

图 6-2　10 个美国城市的词向量在二维图上的投影

　　如果大家熟悉这些美国城市，可能会意识到这并不是一个准确的地理地图，但它是一个很好的语义地图。例如，我自己就经常会弄混休斯顿（Houston）和达拉斯（Dallas）这两个得克萨斯州的大城市，它们的词向量几乎相同。在我的脑海中，加利福尼亚大城市的词向量构成了一个很好的文化三角。

　　词向量对聊天机器人和搜索引擎也很有用。在这些应用场景中，词向量有助于克服模式匹配或关键词匹配的刻板性和脆弱性。假设大家搜索一个来得克萨斯州休斯顿的名人的信息，但并不知道他已经搬到了达拉斯。从图 6-2 中可以看出，使用词向量进行语义搜索可以很容易地计算出包括城市名称（如达拉斯和休斯顿）的搜索结果。基于字符的模式无法理解"tell me about a Denver omelette"（跟我说说丹佛煎蛋）和"tell me about the Denver Nuggets"（跟我说说丹佛掘金队）之间的区别，但是词向量可以。基于词向量的模式可以区分食物（煎蛋）和篮球队（掘金），从而对用户做出适当的回应。

6.2.2　如何计算 Word2vec 表示

　　词向量将词的语义表示为训练语料库中上下文中的向量。这不仅能回答类比问题，还能让

---

① 大家可以在本书源代码中找到生成这些交互式二维词图的代码（ src/nlpia/book/examples/ch06_w2v_us_cities_visualiz.py ）。

大家用更为通用的向量代数去推理词的含义。但是如何去计算这些向量表示呢？训练 Word2vec 嵌入有两种方法：

- skip-gram 方法，基于目标词（输入词）预测上下文（输出词）；
- 连续词袋（continuous bag-of-words，CBOW）方法，基于邻近词（输入词）预测目标词（输出词）。

接下来的章节中我们将展示如何及何时使用每种方法去训练 Word2vec 模型。

词向量表示的计算是资源密集型的。幸运的是，对于大多数应用程序，不需要计算自己的词向量，直接使用预训练好的模型即可。很多拥有大型语料库并能负担计算资源开销的公司已经开源了它们的预训练词向量模型。在本章的后续部分，我们将介绍如何使用这些预训练好的词模型，如 GloVe 和 fastText。

> **提示**　在维基百科、DBPedia、Twitter 和 Freebase[1]等语料库上都有预训练好的词向量表示，这些预训练模型对大家的词向量应用程序来说会是个很好的起点：
> - 谷歌提供一个基于英文谷歌新闻报道的预训练 Word2vec 模型[2]；
> - Facebook 发布了支持 294 种语言的称为 fastText 的词向量模型[3]。

但是，对于依赖专业词汇表或语义关系的领域，通用的词向量模型就不够了。例如，如果希望"python"明确地表示编程语言而不是爬行动物，就需要一个特定领域的词向量模型。如果需要将词向量的使用限定在特定领域中，就需要用这个特定领域的文本数据来进行训练。

1. skip-gram 方法

在 skip-gram 训练方法中，需要预测输入词周围窗口的词。在下面这个关于 Monet 的句子的例子中，"painted"是神经网络的训练输入，对应的预测词输出是其相邻词"Claude""Monet""the"和"Grand"，skip-gram 相应的训练输出示例如图 6-3 所示。

> **什么是 skip-gram**　skip-gram 是一种包含间隙的跳跃式 n-gram 语法，因为我们跳过了中间词条。在这个例子中，基于输入词 "painted" 去预测 "Claude"，跳过了 "Monet"。

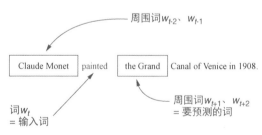

图 6-3　skip-gram 方法的输入与输出

用来预测周围词的神经网络结构与大家在第 5 章学的网络结构类似。如图 6-4 所示，网络由两层权重组成，隐藏层由 n 个神经元组成，其中 n 表示词的向量维数。输入层和输出层都包含 M 个神经元，其中 M 是模型的词汇表中的词的总数。输出层激活函数是分类问题中常用的 softmax 函数。

---

① 详见标题为 "GitHub - 3Top/word2vec-api: Simple web service providing a word embedding model" 的网页。

② 在 Google Drive 上可以获得谷歌原始的 300 维 Word2vec 模型。

③ 详见标题为 "GitHub - facebookresearch/fastText: Library for fast text representation and classification" 的网页。

2. 什么是 softmax

当神经网络的目标是学习分类问题时，经常用 softmax 函数作为神经网络输出层的激活函数。softmax 可以将输出结果压缩为 0 到 1 之间的值，所有输出的和加起来等于 1。这样，softmax 函数的输出层结果就可以当作概率。

对于 K 个输出节点，softmax 输出值通过归一化指数函数计算如下：

$$\sigma(z)_j = \frac{e^{z_j}}{\sum_{k=1}^{K} e^{z_k}}$$

假设一个包含 3 个神经元的输出层的输出向量为

$$v = \begin{bmatrix} 0.5 \\ 0.9 \\ 0.2 \end{bmatrix}$$

公式 6-3　三维向量示例

则经过 softmax 激活函数压缩后的结果向量将为

$$\sigma(v) = \begin{bmatrix} 0.309 \\ 0.461 \\ 0.229 \end{bmatrix}$$

公式 6-4　三维向量经 softmax 函数压缩后的结果

注意，这些值的和（四舍五入到 3 位有效数字）约等于 1.0，类似于概率分布。

图 6-4 给出了前两个周围词在网络中的输入值和输出值。在本例中，输入词为 "Monet"，根据训练数据，网络的期望输出将是 "Claude" 或 "painted"。

注意　如果大家看一下词嵌入的神经网络结构，会注意到其实现与第 5 章中提到的网络结构类似。

网络如何学习向量表示

我们将使用第 2 章中的技术来训练 Word2vec 模型。例如，在表 6-1 中，w_t 表示在位置 t 处的词条独热向量（one-hot vector），如果使用 skip-gram 窗口大小为 2（半径）来训练 Word2vec 模型，则需要考虑每个目标词前后的两个词。这里大家可以使用第 2 章中提到的 5-gram 分词器来将下面的句子转换为 10 个以输入词为中心的 5-gram，原句子中的每个词作为一个输入词都对应一个 5-gram。

```
>>> sentence = "Claude Monet painted the Grand Canal of Venice in 1806."
```

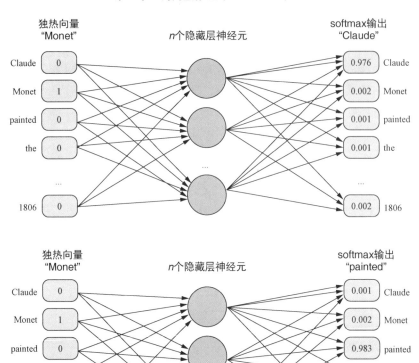

图 6-4　skip-gram 训练神经网络示例

表 6-1　Monet 句子中的 10 个 5-gram

输入词 w_t	期望输出 w_{t-2}	期望输出 w_{t-1}	期望输出 w_{t+1}	期望输出 w_{t+2}
Claud			Monet	painted
Monet		Claud	painted	the
painted	Claud	Monet	the	Grand
the	Monet	painted	Grand	Canal
Grand	painted	the	Canal	of
Canal	the	Grand	of	Venice
of	Grand	Canal	Venice	in
Venice	Canal	of	in	1908
in	of	Venice	1908	
1908	Venice	in		

由输入词和周围词（输出词）组成的训练集构成了这个神经网络训练的基础数据集。在周围词数量为 4 的情况下，将使用 4 次迭代训练网络，每次迭代都是基于输入词预测其中一个输出词。

每个词在进入网络前被表示为一个独热向量（见第 2 章）。神经网络做词嵌入的输出向量也类似于一个独热向量。通过输出层节点（输出层上每个节点对应于词汇表中的一个词条）的 softmax 激活函数来计算输出词是输入词的周围词的概率。然后将最大概率的词转换为 1，其余所有词转换为 0，从而将输出词的概率向量转换为一个独热向量，这样处理可以简小损失函数的计算复杂度。

当完成神经网络训练后，经过训练后的网络权重可以用来表示语义。经过词条独热向量的转换，权重矩阵中的一行表示语料库词汇表中的一个词。语义相似的词被训练为预测相似的周围词，因此经过训练之后也会有相似的向量。这简直就是魔法！

词向量模型训练结束后便不再进行额外的训练，因此可以忽略网络的输出层，只用隐藏层的输入权重来作为词嵌入表示。换句话说，这个权重矩阵就是大家所需要的词嵌入。输入词项的独热向量表示与权重的点积代表词向量嵌入。

用线性代数检索词向量

神经网络中隐藏层的权重通常表示为矩阵：每列表示一个输入层神经元，每行表示一个输出层神经元。这样就能通过将权重矩阵与上一层输入的列向量相乘，来生成指向下一层的输出列向量（如图 6-5 所示）。因此，如果我们将一个独热行向量与训练好的权重矩阵相乘（点积运算），将从每个神经元（从每个矩阵列）得到一个权重。同样，也可以用权重矩阵与词的独热列向量相乘。

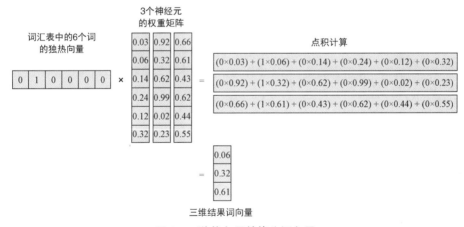

图 6-5　独热向量转换为词向量

事实上，独热向量的点积运算只是从权重矩阵中选出包含这个词权重的那一行，来作为该词的词向量。大家也可以只使用词汇表中的行号或索引号进行检索，同样也可以轻松地从权重矩阵中得到该行。

3. 连续词袋方法

在连续词袋（CBOW）方法中，将根据周围词去预测中心词（如图 6-5、图 6-6 和表 6-2 所示）。这里不用创建输入和输出词条标记对，而可以创建一个多热向量（multi-hot vector）作为输入向量。多热向量是围绕中心词的所有周围词的独热向量的和。

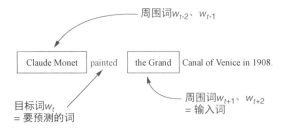

图 6-6　CBOW 方法的训练输入输出示例

表 6-2　CBOW 方法中 Monet 句子中的 10 个 5-gram

输入词 w_{t-2}	输入词 w_{t-1}	输入词 w_{t+1}	输入词 w_{t+2}	期望输出 w_t
		Monet	painted	Claud
	Claud	painted	the	Monet
Claud	Monet	the	Grand	painted
Monet	painted	Grand	Canal	the
painted	the	Canal	of	Grand
the	Grand	of	Venice	Canal
Grand	Canal	Venice	in	of
Canal	of	in	1908	Venice
of	Venice	1908		in
Venice	in			1908

　　大家可以在训练集的基础上创建多热向量作为输入，并将其映射到目标词上作为输出。多热向量是周围词对的独热向量之和 $w_{t-2} + w_{t-1} + w_{t+1} + w_{t+2}$。以多热向量作为输入，目标词 w_t 作为输出，以构建训练样本对。在训练过程中，由输出层 softmax 导出概率最大的节点作为输出（如图 6-7 所示）。

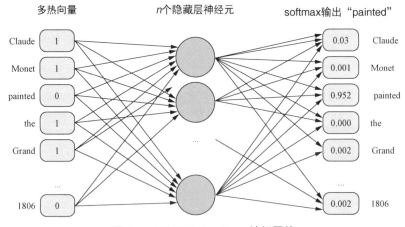

图 6-7　CBOW Word2vec 神经网络

连续词袋和词袋

在前面的章节中，我们介绍了词袋的概念，那么它与连续词袋有什么区别呢？为了构建句子中词之间的关系，可以在句子中设置一个滑动窗口来选择目标词的周围词，滑动窗口内的所有词将被认为是窗口中央的目标词的连续词袋的内容。

上图是一个长度为 5 的滑动窗口通过句子"Claude Monet painted the Grand Canal of Venice in 1908."时产生的连续词袋，在第一个 CBOW 滑动窗口中，目标词（中心词）是"painted"，4 个周围词是"Claude""Monet""the"和"Grand"。

4．skip-gram 和 CBOW：什么时候用哪种方法

Mikolov 强调，skip-gram 方法对于小型语料库和一些罕见的词项比较适用。在 skip-gram 方法中，由于网络结构的原因，将会产生更多的训练样本。但 CBOW 方法在常用词上有更高的精确性，并且训练速度快很多。

5．Word2vec 计算技巧

在首次发布之后，Word2vec 模型经过使用各种计算改进方案使性能得到了提高。在本节中，我们将重点介绍 3 个改进方案。

高频 2-gram

有些词经常与其他词组合出现，例如"Elvis"通常后面跟"Presley"（这两个词分别是猫王的名字与姓氏），从而构成一个 2-gram。然而"Elvis"与"Presley"共现频率非常高，做这种预测并没有多少价值。为了提高 Word2vec 嵌入的精确率，Mikolov 团队[1]在 Word2vec 词汇表中加入了一些 2-gram 和 3-gram 作为词项。他们使用共现频率来区分应该被认为是单个词项的 2-gram、3-gram，如下列公式所示：

$$score\left(w_i, w_j\right) = \frac{count\left(w_i, w_j\right) - \delta}{count\left(w_i\right) \times count\left(w_j\right)}$$

公式 6-5　2-gram 打分函数

---

[1] Mikolov 团队发布的文章中提供了更多详细信息。

如果 w_i 和 w_j 经计算得到的分数高于阈值 δ，则这两个词应当作为词项对被包含在 Word2vec 词汇表中。大家会注意到模型的词汇表中包含 "New_York" 和 "San_Francisco" 等形式的词项，这是因为 Word2vec 将频繁出现的 2-gram 的两个词用一个字符（常用下划线 "_"）连接起来，这样处理之后，这些 2-gram 就可以表示为单个独热向量，而不再是两个单独的向量。

词对的另一个影响是组合词通常与其中的单个词表达的意思完全不一样。例如，美国职业足球大联盟（MLS）的 Portland Timbers（波特兰伐木者队）就与 Portland（波特兰）和 Timbers（木材）这两个词的意思完全不一样。通过在 Word2vec 模型中添加经常出现的 2-gram（如球队名称），可以很容易地将这些词对用独热向量进行表示，从而便于进行模型训练。

高频词条降采样

另一个改进原算法性能的方法是高频词条降采样。像 "the" 或 "a" 这样的常用词通常不包含重要信息，语料库中 "the" 与许多名词都共现，因此并不会带来更多的含义，反而给 Word2vec 语义相似性表示带来一定的混淆。

> **重要说明** 所有的词都有意义，包括停用词，在训练词向量或构建词汇表时不应该完全忽略或跳过这些停用词。另外，由于词向量经常用在生成模型中（如本书中 Cole 模型用词向量来构造句子），这种场景下，词汇表中就必须包含停用词和其他常用词，并且允许这些词影响其相邻的词向量。

为了减少像停用词这样的高频词的影响，可以在训练过程中对词进行与其出现频率成反比的采样。其效果类似于 IDF 对 TF-IDF 向量的影响。相比于罕见词，高频词被赋以对向量更小的影响力。Mikolov 用下面的公式来确定给定词的采样概率，这个概率决定了在训练过程中是否将该词包含在 skip-gram 中：

$$P(w_i) = 1 - \sqrt{\frac{t}{f(w_i)}}$$

公式 6-6　Mikolov Word2vec 论文中的降采样概率

Word2vec C++ 版中，计算降采样概率的实现与论文所述稍有些不同，但效果是一样的：

$$P(w_i) = \frac{f(w_i) - t}{f(w_i)} - \sqrt{\frac{t}{f(w_i)}}$$

公式 6-7　Mikolov Word2vec 代码中的降采样概率

在上式中，$f(w_i)$ 表示一个词在语料库中的出现频率，t 表示频率阈值，超出这个阈值的才会进行降采样。阈值取决于语料库规模、平均文档长度和文档中词的多样性。文献中通常使用 $10^{-5} \sim 10^{-6}$ 的值。

如果一个词在整个语料库中出现了 10 次，而语料库中有 100 万个不同的词，将降采样阈值设置为 10^{-6}，那么在分词期间构建 n-gram 的过程中，这个词留在某个 n-gram 中的概率是 68%，剩下 32% 的概率会跳过它。

Mikolov 表明，在回答类比问题等任务中，使用降采样提高了词向量的精确率。

负采样

Mikolov 提出的最后一个技巧是负采样。当一个训练样本（一对词）输入网络后，会引起网络中所有权重的更新，这样会改变词汇表中所有词的向量值。如果词汇表规模达到十亿级，为一个大型的独热向量更新所有权重将会变得极其低效。为了加快词向量模型的训练速度，Mikolov 采用了负采样方法。

Mikolov 建议只在输出向量中选取少量的负样本进行权重更新，而不用去更新词窗口以外所有其他词的权重。选取 n 个负样本词对（目标输出词之外的词），根据其对输出的贡献来更新对应的权重。通过这种方法，可以极大地减小计算量，而且对训练网络性能不会有明显影响。

注意 如果是在一个小型语料库上来训练词向量，那么可以使用 5~20 个样本的负采样率。对于较大型的语料库和词汇表，根据 Mikolov 团队的建议，可以将负采样率降低到 2~5 个样本。

6.2.3 如何使用 gensim.word2vec 模块

如果前面的部分听起来太复杂，不要担心。很多公司都提供了预训练好的词向量模型，而且有很多针对各种编程语言的 NLP 库，可以让大家方便地使用这些预训练模型。接下来，我们将了解如何利用词向量的魔力。我们将使用在第 4 章中也曾提到过的流行的 gensim 库。

如果大家已经安装了 nlpia 包[①]，可以用下面的命令来下载一个预训练 Word2vec 模型：

```
>>> from nlpia.data.loaders import get_data
>>> word_vectors = get_data('word2vec')
```

如果这个命令不起作用，或者大家喜欢亲自动手的话，那么可以用谷歌搜索在谷歌新闻文档上预训练的 Word2vec 模型[②]。下载谷歌的这个原始二进制格式的模型后，将其放在本地路径中，然后用下面的 gensim 包来进行加载：

```
>>> from gensim.models.keyedvectors import KeyedVectors
>>> word_vectors = KeyedVectors.load_word2vec_format(\
...     '/path/to/GoogleNews-vectors-negative300.bin.gz', binary=True)
```

词向量可能会占用大量内存空间，如果可用内存有限，或者不想等待好几分钟来加载词向量模型，可以设置 limit 参数，以此来减少加载到内存中的词的数量。在下面的示例中，大家将从谷歌新闻语料库中加载最常用的 20 万个词：

```
>>> from gensim.models.keyedvectors import KeyedVectors
>>> word_vectors = KeyedVectors.load_word2vec_format(\
...     '/path/to/GoogleNews-vectors-negative300.bin.gz',
...         binary=True, limit=200000)
```

但是请注意，如果文档中包含了未加载词向量的那些词，那么这个只有有限词汇量的词向量模型将影响后续 NLP 流水线处理的效果。因此，最好只在开发阶段限制词向量模型的规模。对

---

① 参见本书源代码中的 README 文件。
② 谷歌将 Mikolov 训练的原始模型托管在谷歌云盘（Google Drive）上。

于本章中的其他例子，如果想达到本书展示的结果，就必须使用完整的 Word2vec 模型。

gensim.KeyedVectors.most_similar() 方法提供了对于给定词向量，查找最近的相邻词的有效方法。关键字参数 positive 接受一个待求和的向量列表，类似于本章开头足球队的例子。同样，大家也可以用 negative 参数来做减法，以排除不相关的词项。参数 topn 用于指定返回结果中相关词项的数量。

与传统的同义词词典不同，Word2vec 的同义度（相似度）是连续值，代表向量距离，这是因为 Word2vec 本身是一个连续的向量空间模型。Word2vec 的高维和每个维度的连续值特性使其能够捕捉到给定词的全部含义。这就是它能用于做类比、连接以及多义并排的原因[1]：

```
>>> word_vectors.most_similar(positive=['cooking', 'potatoes'], topn=5)
[('cook', 0.6973530650138855),
 ('oven_roasting', 0.6754530668258667),
 ('Slow_cooker', 0.6742032170295715),
 ('sweet_potatoes', 0.6600279808044434),
 ('stir_fry_vegetables', 0.6548759341239929)]
>>> word_vectors.most_similar(positive=['germany', 'france'], topn=1)
[('europe', 0.7222039699554443)]
```

词向量模型也可以用来检测不相关的词项。gensim 库提供了一个名为 doesnt_match 的方法：

```
>>> word_vectors.doesnt_match("potatoes milk cake computer".split())
'computer'
```

为了检测列表中最不相关的词项，该方法将返回列表中与其他词项距离最远的词项。

如果大家想完成计算（例如，著名的例子 *king + woman - man = queen*，这个例子起初让 Mikolov 和他的导师兴奋不已），可以通过在调用方法 most_similar 中添加一个 negative 参数来实现：

```
>>> word_vectors.most_similar(positive=['king', 'woman'],
...     negative=['man'], topn=2)
[('queen', 0.7118192315101624), ('monarch', 0.6189674139022827)]
```

gensim 库支持两个词项之间的相似度计算，如果要比较两个词并确定它们的余弦相似度，可以使用 .similarity() 方法：

```
>>> word_vectors.similarity('princess', 'queen')
0.70705315983704509
```

如果大家想开发自己的函数并使用原始的词向量，那么可以在 KeyedVector 实例上通过 Python 的方括号语法（[]）或 get() 方法来实现，这样将加载的模型对象视为一个字典，而目标词是字典中的一个键，返回结果是一个数组，数组中的每个浮点数表示向量的一个维度。在谷歌的词向量模型中，返回的 numpy 数组的形状为 1×300：

```
>>> word_vectors['phone']
array([-0.01446533, -0.12792969, -0.11572266, -0.22167969, -0.07373047,
```

---

[1] *Surfaces and Essences: Analogy as the Fuel and Fire of Thinking*，作者 Douglas Hoffstadter 和 Emmanuel Sander，此书中清楚地阐述了让机器处理类比和连接问题的重要性。

```
    -0.05981445, -0.10009766, -0.06884766,  0.14941406,  0.10107422,
    -0.03076172, -0.03271484, -0.03125   , -0.10791016,  0.12158203,
     0.16015625,  0.19335938,  0.0065918 , -0.15429688,  0.03710938,
    ...
```

如果想要知道所有这些数值的含义，也是可以做到的，只是需要费点儿功夫。大家需要去检查一些同义词，看看它们在这 300 个数值中有哪些是重复的。或者就像在本章开头所做的那样，对这些数值进行线性组合，寻找其中构成“placeness”“femaleness”等属性的维度。

6.2.4　生成定制化词向量表示

在某些情况下，需要创建面向特定领域的词向量模型。由于 Mikolov 训练 Word2vec 模型时使用的是 2006 年之前的谷歌新闻，所以如果 NLP 流水线处理的文本中词的用法在当时的谷歌新闻中找不到，那么可以通过定制化词向量来提高模型的精确率。需要注意的是，定制化词向量需要大量的文档，就像之前谷歌和 Mikolov 所做的那样。另外，如果有些词在谷歌新闻中很罕见，或者这些词在特定领域有一些特定用法，如医学文本或成绩单等，那么面向特定领域的词向量模型也可以提高模型精确率。在下一节中，我们将展示如何训练定制化的 Word2vec 模型。

为了训练特定领域的 Word2vec 模型，需要再次用到 gensim 库，另外，在开始训练模型之前，还需要对语料库进行预处理，这里会用到在第 2 章中提到的工具。

1. 预处理阶段

首先，需要把文档拆分为句子，然后将句子拆分为词条。gensimword2vec 模型接收的输入是一个句子列表，其中每个句子都已经切分为词条。这样可以确保词向量模型不会学习到相邻句子中出现的无关词。训练输入应该类似于以下结构：

```
>>> token_list
[
  ['to', 'provide', 'early', 'intervention/early', 'childhood', 'special',
   'education', 'services', 'to', 'eligible', 'children', 'and', 'their',
   'families'],
  ['essential', 'job', 'functions'],
  ['participate', 'as', 'a', 'transdisciplinary', 'team', 'member', 'to',
   'complete', 'educational', 'assessments', 'for']
  ...
]
```

可以应用在第 2 章中学习的各种将句子分段并将句子切分为词条的策略。NLTK 和 gensim 中可以用经过精度优化的莫尔斯检测器[①]。一旦将文档转换为词条列表的列表（每个列表对应一

---

① 莫尔斯检测器（Detector Morse），由 Kyle Gorman 和 OHSU 发布，在 pypi 和 GitHub 网站上均可获取，是一个性能非常好（98%）的句子分段器，在《华尔街日报》多年的文章上进行的预训练。所以，如果大家使用的语料库中包含了与《华尔街日报》类似的语言，莫尔斯检测器有可能会给出目前可能的最高精度。如果有大量的领域相关的句子，那么也可以在自己的数据集上训练莫尔斯检测器。

个句子），接下来就可以进行 Word2vec 的训练了。

2. 训练面向特定领域的 Word2vec 模型

首先加载 Word2vec 模块：

```
>>> from gensim.models.word2vec import Word2Vec
```

需要对训练过程进行一些设置，如代码清单 6-2 所示。

代码清单 6-2　Word2vec 模型训练参数

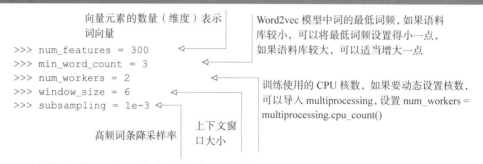

现在可以开始训练了，如代码清单 6-3 所示。

代码清单 6-3　Word2vec 模型实例化

```
>>> model = Word2Vec(
...     token_list,
...     workers=num_workers,
...     size=num_features,
...     min_count=min_word_count,
...     window=window_size,
...     sample=subsampling)
```

训练过程比较耗时，具体训练时长将取决于语料库的规模和 CPU 性能。对于较小的语料库，几分钟就能完成训练。但是如果想要训练得到一个综合的词模型，语料库就需要包含数百万个句子，语料库中每个词的不同用法都需要有许多对应的样本。对于较大的语料库，如维基百科语料库，训练时间会更长，内存消耗也会更大。

Word2vec 模型消耗的内存很大，但是其中只有隐藏层的权重矩阵有意义。一旦词向量模型训练完成，则可以通过冻结模型以及丢弃不必要的信息来减少大约一半的占用内存。下面的命令将丢弃神经网络中不需要的输出权重：

```
>>> model.init_sims(replace=True)
```

init_sims 方法将冻结模型，存储隐藏层的权重并丢弃用于预测共现词的输出权重。在大多数 Word2vec 应用中不会用到这个输出权重。不过，一旦丢弃输出层的权重，以后将无法进一步训练模型了。

可以使用以下命令保存已训练的模型，供以后使用：

```
>>> model_name = "my_domain_specific_word2vec_model"
>>> model.save(model_name)
```

可以使用前一节中学到的方法来测试这个新训练的模型，如代码清单 6-4 所示。

代码清单 6-4　加载保存的 Word2vec 模型

```
>>> from gensim.models.word2vec import Word2Vec
>>> model_name = "my_domain_specific_word2vec_model"
>>> model = Word2Vec.load(model_name)
>>> model.most_similar('radiology')
```

6.2.5　Word2vec 和 GloVe

Word2vec 是一个巨大的突破，但它依赖于必须经反向传播来训练的神经网络模型。反向传播在效率上通常不如使用梯度下降法直接优化的代价函数。由 Jeffrey Pennington 领导的斯坦福大学 NLP 研究团队研究了 Word2vec 的工作原理，并从中找到可优化的代价函数。他们计算词的共现次数并记录在一个正方形矩阵中。他们发现可以对这个共现矩阵进行奇异值分解[①]，分解得到的两个权重矩阵的意义与 Word2vec 产生的完全相同[②]。关键点在于用同样的方法对共现矩阵进行归一化。在某些情况下，Word2vec 模型无法收敛，而斯坦福大学的研究人员能够通过他们提出的 SVD 方法得到全局最优解。这个方法是对词共现的全局向量（在整个语料库中的共现）直接进行优化，因此命名为 GloVe（global vectors of word co-occurrences）。

GloVe 可以产生相当于 Word2vec 输入权重矩阵和输出权重矩阵的矩阵，其生成的语言模型具有与 Word2vec 相同的精确率，而且花费的时间更少。GloVe 通过更高效地使用数据来加速训练进程。它可以在较小的语料库进行训练，并仍然能够收敛[③]。SVD 算法已经改进了几十年，所以 GloVe 在调试和算法优化方面很有优势。相比之下，Word2vec 依赖反向传播来更新表示词嵌入的权重，而神经网络的反向传播效率低于 GloVe 使用的 SVD 这种更成熟的优化算法。

尽管 Word2vec 首先普及了基于词向量进行语义推理的概念，不过大家还是应当尽量使用 GloVe 来训练新的词向量模型。通过 GloVe，大家更有可能找到词向量表示的全局最优解，从而得到更精确的结果。

GloVe 的优点如下：

- 训练过程更快；
- 更有效地利用 CPU、内存（可以处理更大规模的文档）；
- 更有效地利用数据（对小型语料库有帮助）；

[①] 要获得更多 SVD 细节，可参阅第 5 章及附录 C。

[②] *GloVe: Global Vectors for Word Representation*，作者是 Jeffrey Pennington、Richard Socher 和 Christopher D. Manning。

[③] gensim 上 Word2vec 与 GloVe 的效果对比。

- 在相同训练次数的情况下精确率更高。

6.2.6   fastText

Facebook 的研究人员将 Word2vec 的概念又向前推进了一步[1]，在模型训练中加入了一个新花样。他们将新算法命名为 fastText，与 Word2vec 中预测周围词不同，该算法预测周围的 n 个字符。例如，"whisper" 将生成以下两字符的 gram 和 3 字符的 gram：

wh, whi, hi, his, is, isp, sp, spe, pe, per, er

fastText 为每个 n 字符的 gram 训练一个向量表示，其中包括词、拼错的词、词片段，甚至单个字符。这种方法比原来的 Word2vec 能够更好地处理罕见词。

Facebook 在发布 fastText 算法的同时，也发布了 294 种语言的 fastText 预训练模型。在 Facebook research 的 GitHub 页面上[2]，大家可以找到从阿布哈兹语（Abkhazian）到祖鲁语（Zulu）的模型，模型甚至还包含一些罕见的语言，如只有少数德国人说的萨特兰弗里西亚语（Saterland Frisian）。Facebook 提供的 fastText 预训练模型只在维基百科语料库上进行了训练，因此，不同语言对应的词汇表和模型精确率会有所不同。

如何使用预训练 fastText 模型

fastText 的用法与谷歌的 Word2vec 模型一样。在 fastText 模型存储库中下载对应语言的 bin 和 text 格式的模型。下载完成后，解压缩二进制文件[3]，然后用以下代码把它加载到 gensim 中：

> 如果大家使用 gensim 3.2.0 之前的版本，则需要将这行修改为：from gensim.models.wrappers.fasttext import FastText

```
>>> from gensim.models.fasttext import FastText
>>> ft_model = FastText.load_fasttext_format(\
...     model_file=MODEL_PATH)
>>> ft_model.most_similar('soccer')
```

model_file 指向存储模型 bin 文件和 vec 文件的目录

模型加载完成后，就可以和 gensim 中的其他词向量模型一样使用了

gensim 提供的 fastText API 的功能与 Word2vec 基本一致。在本章前面学习的所有方法也适用于 fastText 模型。

6.2.7   Word2vec 和 LSA

现在，大家可能想知道 Word2vec 和 GloVe 词向量与第 4 章中的 LSA 主题-词向量之间有什

---

① Bojanowski 等人的 "Enriching Word Vectors with Subword Information"。
② 详见标题为 "fastText/pretrained-vectors.md at master" 的网页。
③ en.wiki.zip 文件大小为 9.6 GB。

么区别。尽管在第 4 章中我们没有对 LSA 主题-文档向量介绍太多，但是 LSA 主题-词向量也为我们提供了词向量表征。LSA 主题-文档向量是这些文档中所有词的主题-词向量的和。在 Word2vec 中，如果想要得到一个对于整篇文档的与主题-文档向量类似的词向量，需要对文档中的所有 Word2vec 词向量求和。这与 Doc2vec 文档向量的原理十分接近。我们将在本章的后续部分作详细介绍。

如果主题向量的 LSA 矩阵大小为 $N_{\{词\}} * N_{\{主题\}}$，则 LSA 矩阵中的行就是 LSA 词向量。这些行向量用 200 到 300 个实值的序列来表示词的含义，这与 Word2vec 类似。LSA 主题-词向量对于发现相关词项和不相关词项都很有用。正如在 GloVe 中讨论过的，可以使用与 LSA 中原理完全相同的 SVD 算法来创建 Word2vec 向量。但是通过创建交叠文档的滑动窗口，Word2vec 可以更有效地利用文档中相同数量的词。通过该方法可以对相同的词重复使用 5 次（指窗口大小为 5）。

在增量式训练或在线式训练方面的表现如何呢？LSA 和 Word2vec 算法都支持向语料库添加新文档，并根据新文档中词共现的情况来调整现有的词向量，但只有词汇表中已有的词可以得到更新。如果要在模型中添加新词，将会改变词汇表的大小，进而导致词对应的独热向量发生改变，这样的话就需要重新开始训练。

LSA 的训练速度比 Word2vec 更快，而且在长文档分类和聚类方面，LSA 的表现更好。

Word2vec 的"杀手级应用"是它推广的语义推理。LSA 主题-词向量也可以做到这一点，但通常并不精确。如果想要得到接近于 Word2vec 推理的效果，我们必须把文档分成句子，然后只使用这些短句来训练 LSA 模型。通过 Word2vec，我们可以得到类似于"哈利波特 + 大学 = 霍格沃兹"这种问题的答案[1]。

LSA 的优点是：

- 训练速度快；
- 长文本的区分度更好。

Word2vec 和 GloVe 的优点是：

- 对大型语料库的利用更有效；
- 在回答类比问题等用词推理的领域更精确。

6.2.8 词关系可视化

语义词之间的关系非常有用，通过可视化可以得到一些有趣的发现。在本节中，我们将演示如何在二维平面上进行词向量可视化的步骤。

> **注意** 如果想要快速地对词向量模型进行可视化，我们强烈建议使用谷歌的 TensorBoard 词嵌入可视化功能。若想要了解更多细节，参见 13.6 节。

---

[1] 作为 Word2vec 模型在特定领域中的一个很好的例子，可以看看在哈利波特、指环王等数据上训练出的模型。

首先，我们从谷歌新闻语料库的 Word2vec 模型中加载所有词向量。可想而知，这个语料库中包含了很多关于波特兰、俄勒冈以及许多其他城市和州的名字。大家可以使用 nlpia 包来快速上手使用 Word2vec 向量，如代码清单 6-5 所示。

代码清单 6-5　通过 nlpia 加载预训练的 Word2vec 模型

```
>>> import os
>>> from nlpia.loaders import get_data
>>> from gensim.models.word2vec import KeyedVectors
>>> wv = get_data('word2vec')
>>> len(wv.vocab)
3000000
```

下载预训练的谷歌新闻词向量到
nlpia/src/nlpia/bigdata/GoogleNews-
vectors-negative300.bin.gz

警告　谷歌新闻的 Word2vec 模型非常庞大：包含 300 万个词，每个词有 300 个向量维数。完整的词向量模型需要 3 GB 可用内存。如果可用内存有限或者只想快速加载一些最常见的词条，参见第 13 章。

现在，gensim 中的 KeyedVectors 对象拥有一个包含 300 万个 Word2vec 向量的表。我们从谷歌的 Word2vec 模型文件中加载这些向量，该模型文件是基于谷歌新闻文章的大型语料库进行训练的，在这些新闻报道中，包含了大量关于州和城市的词。代码清单 6-6 中只显示了词汇表中从第 100 万个词开始的几个词。

代码清单 6-6　Word2vec 词频

```
>>> import pandas as pd
>>> vocab = pd.Series(wv.vocab)
>>> vocab.iloc[1000000:100006]
Illington_Fund              Vocab(count:447860, index:2552140)
Illingworth                 Vocab(count:2905166, index:94834)
Illingworth_Halifax      Vocab(count:1984281, index:1015719)
Illini                      Vocab(count:2984391, index:15609)
IlliniBoard.com           Vocab(count:1481047, index:1518953)
Illini_Bluffs             Vocab(count:2636947, index:363053)
```

注意，复合词和常见的 *n*-gram 由下划线（"_"）连接在一起。另外，键值映射中的值是一个 gensimVocab 对象，它不仅包含了一个词对应的 Word2vec 向量的索引位置，还包含了该词在谷歌新闻语料库中出现的次数。

如前所述，如果要检索某个词或 *n*-gram 的 300 维向量，可以在这个 KeyedVectors 对象上使用方括号来执行 .__getitem__()：

```
>>> wv['Illini']
array([ 0.15625  ,  0.18652344,  0.33203125,  0.55859375,  0.03637695,
       -0.09375  , -0.05029297,  0.16796875, -0.0625   ,  0.09912109,
       -0.0291748,  0.39257812,  0.05395508,  0.35351562, -0.02270508,
       ...
```

我们之所以选择从第 100 万个词开始（按词的字母顺序），是因为前几千个"词"都是标点符号序列,如"#"以及其他一些在谷歌新闻语料库中经常出现的标点符号。正巧"Illini"出现在我们挑选的这个词列表中[①]。我们看看"Illini"向量与"Illinois"向量的距离有多近,如代码清单 6-7 所示。

代码清单 6-7　Illinois 与 Illini 的距离

```
>>> import numpy as np
>>> np.linalg.norm(wv['Illinois'] - wv['Illini'])          ◁────── 欧几里得距离
3.3653798
>>> cos_similarity = np.dot(wv['Illinois'], wv['Illini']) / (
...     np.linalg.norm(wv['Illinois']) *\
...     np.linalg.norm(wv['Illini']))          ◁────── 余弦相似度是归一化的点积
>>> cos_similarity
0.5501352
>>> 1 - cos_similarity          ◁────── 余弦距离
0.4498648
```

这些距离值表示"Illinois"和"Illini"这两个词在含义上只有一定程度的相近。

现在我们来检索美国城市名称的 Word2vec 向量,然后通过它们之间的距离将它们绘制在二维语义图上。那么如何在这个 KeyedVectors 对象的 Word2vec 词汇表中找到所有的城市和州呢?大家可以像之前那样,利用余弦距离求出所有与"州"或"城市"相近的向量,但是这样就需要遍历所有 300 万个词及其对应的词向量。我们也可以换个方法,即加载另一个数据集,其中包含世界各地的城市和州(地区)的列表,如代码清单 6-8 所示。

代码清单 6-8　美国城市数据

```
>>> from nlpia.data.loaders import get_data
>>> cities = get_data('cities')
>>> cities.head(1).T
geonameid                      3039154
name                         El Tarter
asciiname                    El Tarter
alternatenames     Ehl Tarter,?? ??????
latitude                       42.5795
longitude                      1.65362
feature_class                        P
feature_code                       PPL
country_code                        AD
cc2                                NaN
admin1_code                         02
admin2_code                        NaN
admin3_code                        NaN
admin4_code                        NaN
population                        1052
elevation                          NaN
```

[①] "Illini"这个词指的是一群人,通常是足球运动员和球迷,而不是一个像"Illinois"这样的地区("好战伊利诺伊人队"的大部分粉丝住在那里)。

```
dem                           1721
timezone               Europe/Andorra
modification_date         2012-11-03
```

这个来自 Geocities 的数据集包含了许多信息，包括纬度、经度和人口。大家可以用它来进行一些有趣的可视化，也可以用来对比地理距离和 Word2vec 距离。不过现在我们只是将 Word2vec 距离映射到二维平面上，看看它是什么样子的。目前我们仅关注美国，如代码清单 6-9 所示。

代码清单 6-9　美国州数据

```
>>> us = cities[(cities.country_code == 'US') &\
...     (cities.admin1_code.notnull())].copy()
>>> states = pd.read_csv(\
...     'http://www.fonz.net/blog/wp-content/uploads/2008/04/states.csv')
>>> states = dict(zip(states.Abbreviation, states.State))
>>> us['city'] = us.name.copy()
>>> us['st'] = us.admin1_code.copy()
>>> us['state'] = us.st.map(states)
>>> us[us.columns[-3:]].head()
                    city  st     state
geonameid
4046255      Bay Minette  AL   Alabama
4046274             Edna  TX     Texas
4046319   Bayou La Batre  AL   Alabama
4046332        Henderson  TX     Texas
4046430          Natalia  TX     Texas
```

现在，除了缩写，还为每个城市提供了一个完整的州名。我们检查看看 Word2vec 词汇表中有哪些州名和城市名：

```
>>> vocab = pd.np.concatenate([us.city, us.st, us.state])
>>> vocab = np.array([word for word in vocab if word in wv.wv])
>>> vocab[:5]
array(['Edna', 'Henderson', 'Natalia', 'Yorktown', 'Brighton'])
```

我们发现，即使只看美国的城市，也会有很多同名的大城市，如俄勒冈州的波特兰市和缅因州的波特兰市。所以需要把城市所在州的属性融入城市向量中。在 Word2vec 中，可以通过向量相加来对词的含义进行组合。这就是面向向量推理的神奇之处。大家可以将州的 Word2vec 词向量加到城市词向量上，然后将得到的新向量放到一个大的 DataFrame 中。这里的州名可以用全称或者简称（无论在 Word2vec 词汇表中的是哪个），如代码清单 6-10 所示。

代码清单 6-10　通过州词向量增强的城市词向量

```
>>> city_plus_state = []
>>> for c, state, st in zip(us.city, us.state, us.st):
...     if c not in vocab:
...         continue
```

```
...        row = []
...        if state in vocab:
...            row.extend(wv[c] + wv[state])
...        else:
...            row.extend(wv[c] + wv[st])
...        city_plus_state.append(row)
>>> us_300D = pd.DataFrame(city_plus_state)
```

根据语料库的内容，词关系可以代表不同的属性，例如地理位置上接近或者经济、文化上相似等。但是这种关系在很大程度上依赖于训练语料库：它们直接反映语料库。

词向量是有偏见的！

词向量根据训练语料库来学习词之间的关系。如果语料库是关于金融的，那么 "bank" 的词向量将主要与存款业务相关。如果语料库是关于地质学的，那么 "bank" 的词向量将被训练为与河流和小溪相关。如果语料库的内容主要是关于母系社会的，如女银行家以及在河里洗衣服的男人们，那么我们得到的词向量将会带有性别偏见。

下面的例子展示了在谷歌新闻报道上训练得到的词向量模型的性别偏见。如果大家计算 "男人" 和 "护士" 之间的距离，并将其与 "女人" 和 "护士" 之间的距离进行比较，就会看到这种偏见：

```
>>> word_model.distance('man', 'nurse')
0.7453
>>> word_model.distance('woman', 'nurse')
0.5586
```

要在带有偏见的文档中训练模型，如何去识别和消除这样的偏见对 NLP 从业者来说是一个挑战。

训练语料库中的新闻文章有一个共同的组成部分，即城市的语义相似性。文章中语义相似的位置看起来是可互换的，因此词向量模型会学到这种相似性。如果使用不同的语料库训练，那么词关系可能会有所不同。在这个新闻语料库中，一些大小和文化相似的城市尽管在地理位置上相距甚远，但在语义上却紧密地聚合在一起，如圣迭戈和圣何塞，或者一些度假胜地如檀香山和雷诺等。

幸运的是，我们可以使用传统代数方法将城市名向量加到州名和州名缩写的向量中。正如在第 4 章中所述，大家可以使用主成分分析（PCA）等工具，将向量维数从原来的 300 维压缩到人类可理解的二维表示。通过 PCA 使大家能够看到这些 300 维的向量在二维图中的投影或者 "阴影"。最重要的是，PCA 算法能够让向量之间尽可能地分开，以确保这个投影是数据的最佳视图。PCA 就像一个好的摄影师，它从各种可能的角度对数据进行观察，然后拍出最佳照片。大家甚至不必在 "城市名 + 州名 + 州名缩写" 向量求和运算后对向量的长度进行归一化，因为 PCA 会自行处理这个问题。

我们在 nlpia 包中保存了这些增强的城市词向量，以便可以在应用程序中加载使用。在代码清单 6-11 中，我们使用 PCA 将其投影到二维图上。

代码清单 6-11　美国城市气泡图

用 PCA 生成用于可视化的二维向量，保留原来的 300 维 Word2vec 向量，便于做向量推理

```
>>> from sklearn.decomposition import PCA
>>> pca = PCA(n_components=2)
>>> us_300D = get_data('cities_us_wordvectors')
>>> us_2D = pca.fit_transform(us_300D.iloc[:, :300])
```

这个 DataFrame 的最后一列包含了城市名，在 DataFrame 的索引中也同样保存了一份

图 6-8 展示了所有这些 300 维美国城市词向量的二维投影。

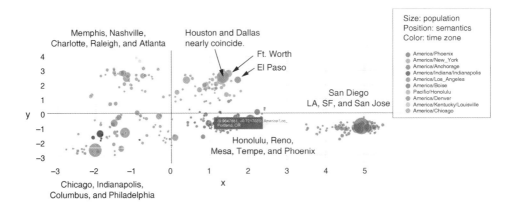

图 6-8　谷歌新闻 300 维词向量通过 PCA 在二维地图上的投影

注意　低语义距离（接近零的距离值）表示词相似度高。语义距离，或"意义"距离，是由训练文档中相邻出现的词决定的。如果两个词经常用于相似的上下文中（与附近相似的词一起使用），则它们的 Word2vec 词向量在词向量空间中也会比较**接近**。例如，旧金山和加利福尼亚之间的向量距离就很近，因为它们经常在句子中相邻出现，而且它们附近的词的分布也是相似的。两个词之间的向量距离越大，它们之间共享上下文和共享含义的可能性就越小（在语义上是不同的），例如汽车和花生。

如果大家想查看图 6-8 所示的城市地图，或者想亲自动手绘制词向量分布图，代码清单 6-12 中展示了如何进行操作。我们为 Plotly 构建了离线绘图 API 的包装器，以便归一化处理 DataFrame 数据。Plotly 包装器的输入是一个 DataFrame，其中的行表示样本，列表示待绘制的特征，可以是离散特征（如时区），也可以是连续实值特征（如城市人口）。由此产生的图是交互式的，对于各种机器学习数据的探索都很有用，特别是词和文档这种复杂事物的向量表示。

代码清单 6-12　美国城市词向量气泡图

```
>>> import seaborn
>>> from matplotlib import pyplot as plt
>>> from nlpia.plots import offline_plotly_scatter_bubble
```

```
>>> df = get_data('cities_us_wordvectors_pca2_meta')
>>> html = offline_plotly_scatter_bubble(
...     df.sort_values('population', ascending=False)[:350].copy()\
...         .sort_values('population'),
...     filename='plotly_scatter_bubble.html',
...     x='x', y='y',
...     size_col='population', text_col='name', category_col='timezone',
...     xscale=None, yscale=None, # 'log' or None
...     layout={}, marker={'sizeref': 3000})
{'sizemode': 'area', 'sizeref': 3000}
```

为了生成 300 维词向量的二维表示，我们需要使用降维技术。这里我们使用 PCA，通过减小输入向量中包含的信息涵盖范围，可以减少维度压缩过程中的信息损失，所以就像在计算 TF-IDF 或 BOW 向量时限制语料库的领域或主题一样，我们把词向量限制在与城市相关的概念上。

对于包含更多信息内容的不同混合向量，大家可能需要一个非线性嵌入算法，如 t-SNE。我们将在后面的章节中讨论 t-SNE 和一些其他的神经网络技术。在本章中掌握词向量嵌入算法对于后面理解 t-SNE 会更有意义。

6.2.9 非自然词

像 Word2vec 这样的词嵌入模型不仅对英文词有用，对于任何具有语义的符号序列，只要符号的序列和邻近性能够表示其意义，词嵌入都能发挥作用。大家可能已经猜到了，词嵌入也适用于英语以外的语言。

词嵌入也适用于象形语言，如传统的中国汉字和日本汉字或者埃及坟墓中神秘的象形文字。词嵌入和基于向量的推理甚至适用于一些故意混淆了词含义的语言，大家可以用词向量对大量的"秘密"消息进行基于向量的推理，例如由儿童发明的"儿童黑话"（Pig Latin），或古罗马皇帝发明的凯撒密码（Caesar cipher），如 RO13 或替换密码（substitution cipher），都很容易受到基于向量的 Word2vec 推理的攻击。大家甚至不需要解码环（如图 6-9 所示），只需要一个大的消息集合或 n-gram 集合，然后就可以通过 Word2vec 词嵌入来查找词语符号的共现情况。

图 6-9　解码环（左：Hubert Berberich (HubiB), CipherDisk2000，标记为公共领域，要获得更多细节，参见 Wikimedia Commons；中：Cory Doctorow，Cryptowedding-ring 2；右：Sobebunny，Captain-midnight-decoder）

　　Word2vec 甚至可以用来从非自然的词或 ID 号（如大学课程号（CS-101）、像 Koala E7270 或 Galaga Pro 一样的产品型号，甚至序列号、电话号码和邮编）中收集信息和关系。要获得关于像这样的 ID 号之间关系的最有用的信息，需要包含这些 ID 号的各种句子。如果 ID 号包含有意义的符号位置结构，将有助于把这些 ID 号切分为最小的语义包（例如自然语言中的词或音节）。

6.2.10　利用 Doc2vec 计算文档相似度

　　Word2vec 的概念也可以扩展到句子、段落或整个文档。根据前面的词预测下一个词的想法可以扩展到训练段落或文档的向量（如图 6-10 所示），这个模型不仅考虑前面的词，还考虑了段落或文档的向量表示，将其作为额外的输入来进行预测。随着时间的推移，算法将从训练集中学习文档或段落的向量表示。

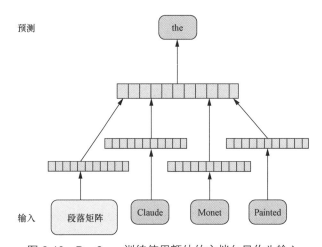

图 6-10　Doc2vec 训练使用额外的文档向量作为输入

　　训练结束后，如何为未知文档生成文档向量呢？在推理阶段，该算法将更多的文档向量添加到文档矩阵中，并根据冻结的词向量矩阵来计算添加的向量及其权重。通过推断文档向量，大家就能获得整个文档的语义表示。

　　通过在词预测中加入额外的文档或段落向量，扩展了 Word2vec 的概念，现在大家可以在各种任务中使用训练好的文档向量，例如在语料库中查找相似的文档。

如何训练文档向量

　　与训练词向量类似，可以使用 gensim 包来训练文档向量，如代码清单 6-13 所示。

代码清单 6-13　训练自己的文档向量和词向量

gensim 利用 Python 多线程模块在多核 CPU 上进行并行训练，这行代码仅统计 CPU 的核数，便于后面设定线程数量

gensim Doc2vec 模块为语料库中的每篇文档包含了词向量嵌入和文档向量

gensim 的 simple_preprocess 单元是一个粗分词器，会去除单字母词和所有标点符号，第 2 章中介绍的其他的分词器也都可以在这里使用

```
>>> import multiprocessing
>>> num_cores = multiprocessing.cpu_count()

>>> from gensim.models.doc2vec import TaggedDocument,\
...     Doc2Vec
>>> from gensim.utils import simple_preprocess

>>> corpus = ['This is the first document ...',\
...             'another document ...']
>>> training_corpus = []
>>> for i, text in enumerate(corpus):
...     tagged_doc = TaggedDocument(\
...         simple_preprocess(text), [i])
...     training_corpus.append(tagged_doc)

>>> model = Doc2Vec(size=100, min_count=2,
...     workers=num_cores, iter=10)
>>> model.build_vocab(training_corpus)
>>> model.train(training_corpus, total_examples=model.corpus_count,
...     epochs=model.iter)
```

提供一个逐条遍历文档字符串的对象

MEAP reader 24231 建议预先分配一个 numpy 数组，而不是一个庞大的 python 列表。如果语料库过大无法加载到内存，我们也可以以流的方式从硬盘或数据库中进行加载

gensim 提供了一个数据结构，支持用字符串或整数标签来表示文档的类别标签、关键词或其他与文档关联的信息

10 个训练周期后结束训练

模型开始训练之前需要对词汇表进行编译

实例化一个 Doc2vec 对象，滑动窗口大小为 10 个词，每个词和文档向量 100 维（比 300 维的谷歌新闻 Word2vec 向量小得多）。min_count 是词汇表中文档频率的最小值

提示　如果内存不足，并且在预先知道文档数量（语料库对象不是迭代器或生成器）的情况下，可以为 training_corpus 使用预分配的 numpy 数组而不是 Python 列表：

```
training_corpus = np.empty(len(corpus), dtype=object);
 ... training_corpus[i] = ...
```

一旦 Doc2vec 模型训练完成，大家便可以在已实例化的训练好的模型对象上调用 infer_vector 方法，来对新的未见过的文档进行文档向量推理：

```
>>> model.infer_vector(simple_preprocess(\
...     'This is a completely unseen document'), steps=10)
```

Doc2vec 在做新向量推理时需要一个训练步骤，在本例中，通过 10 步（或迭代）来更新向量

通过这几个步骤，大家可以快速训练整个语料库的文档向量，并查找相似文件。具体做法是

对语料库中的每篇文档生成一个文档向量，然后计算各个文档向量之间的余弦距离。另一个常见的任务是将语料库的文档向量通过类似于 k 均值的方法进行聚类，以此来创建文档分类器。

6.3　小结

- 大家已经学习了如何利用词向量和面向向量的推理来解决一些奇妙的问题，如类比问题和词之间的异义关系。
- 大家可以用自己应用程序中的词来训练 Word2vec 和其他词向量嵌入，以便大家的 NLP 流水线不会被大多数 Word2vec 预训练模型使用的谷歌新闻词中的固有含义"污染"。
- 使用 gensim 来对词向量进行探索、可视化，以及构建自己的词向量表。
- 词向量在地理位置上的 PCA 投影，如美国城市名，揭示出地理上相距遥远的城市在文化上的相近。
- 如果大家使用 n-gram 语法的句子边界，并且有效地建立词对进行训练，就能大大提高潜在的语义分析词嵌入的精确性（见第 4 章）。

第7章 卷积神经网络（CNN）

本章主要内容

- 神经网络在 NLP 中的应用
- 探索词模式的含义
- 构建 CNN 模型
- 利用神经网络向量化自然语言文本
- 训练 CNN 模型
- 文本情感分类

语言的真正力量不在于文字本身，而在于文字的间隔、顺序以及词的各种组合。有时候，语言的意义隐藏在文字的背后，蕴含在形成词的特定组合的意图和情感中。无论是人类还是机器[1]，理解隐藏在文字背后的意图，对于同理心强、情商高的倾听者或自然语言的阅读者而言，都是一项重要的技能。就像在思想和观念中，正是词之间的联系创造了语言的深度、信息度和复杂度。除了理解单个词的含义，词之间还有各种各样巧妙的组合方式，有没有一些比 n-gram 匹配更灵活的方法，可以用来衡量这些组合词的意义呢？我们如何从一个词序列中得到语义和情感——隐性语义信息，从而利用它来做一些事情呢？更进一步地说，我们如何才能将这种隐藏的语义传达给冰冷的计算机来生成文本呢？

"机器生成的文本"这个短语甚至让人联想到由空洞的金属声音发出的一个个词块。机器也许能让人明白它表达的意思，但仅此而已。其中缺少的是什么呢？是交流过程中人们变化的语调、流利度以及即使是在非常短暂的交谈中，人们也期待表露出来的个性特点，这些微妙之处存在于字里行间以及词的构建模式中。人们在交流时，会在他们的文字和演讲中蕴含各种语言模式。伟大的作家和演讲家会积极运用这些模式来制造非常好的效果。人们天生具有识别这些模式的能力，这种识别甚至是在无意识的状态下进行的，而这也正是机器生成的文本听起来很糟糕的原因，因为它们不具备这些模式。不过大家可以从人类生成的文本中挖掘这些模式，并将其赋给机器。

在过去的几年里，围绕神经网络的研究迅速开展起来，同时出现了大量可用的开源工具，神

---

[1] 国际促进者协会手册。

经网络在大型数据集中发现模式的能力得到大幅提升，并使 NLP 领域发生了巨大的转变。感知机迅速转变为前馈网络（一个多层感知机），并由此衍生出各种变体：卷积神经网络和循环神经网络，并发展出各种应用于大型数据集上模式挖掘的更为有效和准确的工具。

正如大家看到的 Word2Vec 那样，神经网络给 NLP 领域带来了一个全新的方法。虽然设计神经网络最初的目的是作为一个学习量化输入的机器，这个领域已经从只能处理分类、回归问题（主题分析、情绪分析）发展到能够基于以前未见过的输入来生成新文本：将短语翻译为另一种语言，对未见过的问题生成回复（聊天机器人），甚至能够生成基于特定作者风格的新文本。

完全理解神经网络的数学原理对于使用本章介绍的工具并不重要，不过这确实有助于加强我们对神经网络内部如何运作的认识。如果大家理解了第 5 章中的例子和相关解释，就会对如何使用神经网络有一个更为直观的认识。另外，还可以简化神经网络结构（层数或者神经元数量）来改进效果，这也有助于大家了解神经网络如何赋予聊天机器人深度。神经网络让聊天机器人成为一个很好的、从表面上看不怎么健谈的倾听者。

7.1　语义理解

词的性质和奥妙与词之间的关系密切相关。这种关系至少有两种表达方式。

（1）词序——下面两个句子含义完全不一样：

```
The dog chased the cat.
The cat chased the dog.
```

（2）词的邻近度（proximity）——下面句子的"shone"指的是句子另一端的"hull"：

```
The ship's hull, despite years at sea, millions of tons of cargo, and two mid-sea
collisions, shone like new.
```

这些关系的模式（以及词本身存在的模式）可以从两个方面来表示：空间和时间。两者的区别主要是：对于前者，要像在书页上的句子那样来处理——在文字的位置上寻找关系；对于后者，要像说话那样来处理——词和字母变成了时间序列数据。这两者是密切相关的，但是它们标志着神经网络处理方式的一个关键区别。空间数据通常通过固定宽度的窗口来查看，而时间序列则可以对于未知的时间无限延展。

基本的前馈网络（多层感知机）能够从数据中提取模式，这些模式来自与权重相关的输入片段，但它无法捕获到词条在空间或时间上的关系。不过前馈神经网络只是神经网络结构的开端部分，目前，自然语言处理领域中两个最重要的模型是卷积神经网络和循环神经网络，以及它们的各种变体。

在图 7-1 中，对神经网络输入层传入 3 个词条。每个输入层神经元都与隐藏层神经元全连接，并各自具有不同的权重。

提示　怎样将词条传入网络呢？本章使用的两种主要方法是前面章节中使用的独热编码和词向量。大家可以对输入进行独热编码——在向量中我们考虑的所有可能的词位置上都标记为 0，对正在编码的词的位置标记为 1。或者，也可以使用第 6 章中的训练好的词向量。总之，需要将词表示为数字以便进行数学运算。

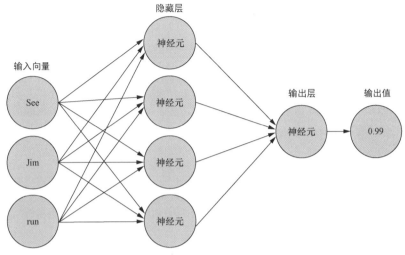

图 7-1 全连接神经网络

如果将这些词条的顺序从"See Jim run"改为"run See Jim"并将其传入网络中,不出所料,会得到一个不同的结果。因此请记住,每个输入位置与每个隐藏层神经元都有一个特定的对应权重(x_1 与 w_1 相连,x_2 与 w_2 相连,以此类推)。

因为词条同时出现在一个样本中的不同位置,所以前馈网络可以学习词条之间的一些特定关系,但是大家可以很容易看出,对于 5 个、10 个或 50 个词条的长句子(每个位置上都包含所有可能的词对、三元组等),这会成为一个棘手的问题。幸运的是,我们还有其他可选方案。

7.2 工具包

Python 是神经网络工具包最丰富的语言之一。虽然很多主要的参与者(如谷歌和 Facebook)已经转移到较低级别的语言以便于密集计算的实现,不过依然留下了用 Python 在早期模型上投入大量资源进行开发的痕迹。两个主要的神经网络架构分别是 Theano 和 TensorFlow。这两者的底层计算深度依赖 C 语言,不过它们都提供了强大的 Python API。Facebook 基于 Lua 语言开发了 Torch,它在 Python 里面也有一个对应的 API 是 PyTorch。这些框架都是高度抽象的工具集,适用于从头构建模型。Python 社区开发了一些第三方库来简化这些底层架构的使用。Lasagne(Theano)和 Skflow(TensorFlow)很受欢迎,我们选择使用 Keras,它在 API 的友好性和功能性方面比较均衡。Keras 可以使用 TensorFlow 或 Theano 作为后端,这两者各有利弊,我们将使用 TensorFlow 后端来做演示,另外我们还需要 h5py 包来保存已训练模型的内部状态。

Keras 默认以 TensorFlow 作为后端,运行时第一行输出就会提醒大家目前使用的是哪个后端。大家可以通过在环境变量或脚本中修改配置文件来更换后端。Keras 的说明文档非常清晰完整,我们强烈建议大家在上面多花点儿时间。不过我们在这里也提供一个快速概述:Sequential() 是一个神经网络的抽象类，用于访问 Keras 的基本 API，`compile` 方法主要用于构建底层权重及它们之间的相互关系，而 `fit` 方法计算训练过程中产生的误差并实施最重要的应用反向传播过程。`epochs`、`batch_size` 和 `optimizer` 是需要调优的超参数，从某种意义上来说，调参也是一门艺术。

遗憾的是，对于神经网络的设计和调优，没有一个放之四海而皆准的方法。对于特定的应用应选择哪种适合的框架，需要大家根据自己的经验和直觉来判断。不过如果能找到和当前的应用相似的实现案例，那么完全可以使用这个框架并对实现进行调整来满足大家的需求。神经网络框架或者所有这些花哨的东西并没有什么可怕的。现在我们把话题转回到基于图像处理的自然语言处理。为什么还有图像？稍微耐心学习一下就会明白了。

7.3　卷积神经网络

卷积神经网络（convolutional neural net，CNN）得名于在数据样本上用滑动窗口（或卷积）的概念。

卷积在数学中应用很广泛，通常与时间序列数据相关。在本章中，可以不用关注其中的高阶概念，只需要知道它是用一个可视化盒子在一个区域内滑动（如图 7-2 所示）。大家将从图像上的滑动窗口概念入手，然后扩展到文本上的滑动窗口。总体来说，就是在较大的数据块上设置一个滑动窗口，每次滑动时只能看到窗口范围内的数据。

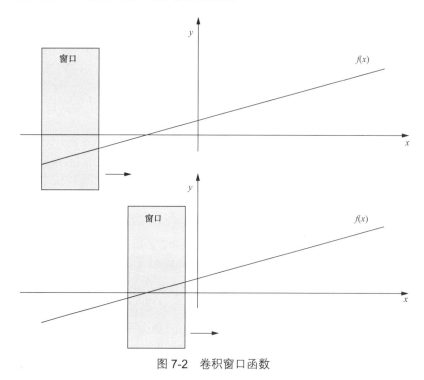

图 7-2　卷积窗口函数

7.3.1　构建块

卷积神经网络最早出现在图像处理和图像识别领域，它能够捕捉每个样本中数据点之间的空间关系，也就能识别出图像中的是猫还是狗在驾驶推土机。

图 7-3　电线杆图像

卷积网络（convolutional net），也称为 convnet（这个多出来的 n 很难发音），不像传统的前馈网络那样对每个元素（图像中的每个像素）分配权重，而是定义了一组在图像上移动的过滤器（filter，也称为卷积核、滤波器或者特征检测器）。这就是卷积！

在图像识别中，每个数据点的元素可以是黑白图像中的每个像素点，取值是 1（on）或 0（off）。

也可以是灰度图像中每个像素的强度（如图 7-3 和图 7-4 所示），或者彩色图像中每个像素的每个颜色通道的强度。

	0	1	2	3	4	5	6	7	8	9	10	11	12	13	14	15	16	17	18	19	20	21	22	23	24	25	26	27
0	120	119	118	108	103	111	113	115	111	117	120	120	119	121	114	118	118	120	120	120	121	121	115	100	120	118	117	
1	111	109	111	106	107	118	120	110	106	117	120	119	119	119	121	114	118	119	119	118	114	119	109	102	122	114	117	
2	109	114	121	116	108	119	118	104	111	119	119	119	119	119	110	119	122	124	73	92	128	100	97	73	91	119	119	
3	109	102	114	117	108	116	108	111	117	118	117	119	117	117	117	106	107	108	94	90	42	54	70	62	55	72	120	
4	108	110	100	116	111	95	104	114	117	117	117	117	117	117	116	112	118	116	114	110	41	81	110	102	119	114	118	
5	103	112	109	98	100	93	111	112	115	113	117	117	116	116	117	116	108	108	108	111	49	87	105	105	114	110	115	
6	111	111	112	104	93	106	119	115	108	110	116	115	114	110	107	103	113	114	115	115	48	87	105	105	114	111	115	
7	111	111	109	98	110	103	103	106	111	113	111	108	114	114	107	103	108	108	111	118	49	85	109	100	115	110	115	
8	112	105	108	94	89	102	95	106	111	113	111	108	106	109	112	109	114	113	114	115	45	83	104	108	111	112	114	
9	112	106	108	86	95	109	104	103	106	104	108	109	114	114	113	108	112	113	113	114	43	80	104	111	109	113	114	
10	99	111	102	88	111	107	101	101	106	111	112	112	110	113	111	107	112	113	112	112	43	79	106	110	108	114	112	
11	110	106	93	96	106	107	110	109	111	112	108	107	111	111	111	112	110	112	113	112	38	78	109	108	111	111	113	
12	101	93	76	101	103	107	107	108	110	107	103	111	112	110	107	106	109	108	109	107	37	82	108	106	113	111	100	
13	98	92	99	115	108	111	106	100	98	89	97	103	103	106	104	103	101	106	104	106	33	75	105	103	108	108	98	
14	100	73	97	102	92	95	93	89	97	103	103	106	104	101	106	104	106	106	103	103	21	74	107	107	110	106	107	
15	84	69	92	87	85	92	89	95	98	100	107	107	108	106	104	108	107	109	105	29	74	107	107	110	106	99	109	
16	71	82	87	85	78	89	106	104	99	106	106	105	106	105	104	106	107	103	21	72	106	106	109	100	102	109	
17	67	87	64	68	84	89	98	96	99	104	104	104	105	103	101	105	103	106	102	23	76	103	103	106	98	108	101	
18	68	82	84	97	92	81	84	90	98	102	102	103	100	99	101	103	103	92	16	76	98	98	99	86	92	72	
19	60	71	77	77	80	88	92	91	93	96	96	101	100	101	100	98	101	101	100	92	13	64	93	89	81	89	81	79
20	84	98	87	94	101	100	101	103	101	103	100	101	101	103	98	100	96	97	87	12	71	100	97	93	105	91	101	
21	77	80	88	92	96	100	98	100	97	98	97	98	92	91	94	96	95	98	89	12	79	105	95	98	96	89	98	104
22	77	80	88	92	96	97	96	95	93	92	91	94	94	95	94	93	94	81	7	74	89	86	90	70	81	73	
23	81	87	83	84	89	89	91	87	90	92	93	95	94	95	94	93	95	81	7	74	89	86	90	70	81	73	
24	60	66	82	92	90	90	87	90	94	94	94	94	93	94	95	95	81	0	76	90	92	81	77	65	58	
25	87	81	83	86	87	92	91	91	91	92	92	92	90	89	90	4	65	73	92	83	95	96	95	
26	87	88	88	83	85	91	91	89	90	91	92	92	90	89	73	8	66	92	83	84	92	91	91	
27	81	86	88	91	89	89	89	89	88	89	89	84	89	79	80	87	74	0	60	89	77	90	91	90	89	

图 7-4　电线杆图像的像素值

卷积核会在输入样本中（在这个例子中，就是图像的像素值）进行卷积或滑动。我们先暂停一下，讲讲滑动是什么意思。在窗口"移动"的时候我们不会做任何事情，大家可以把它看作是一系列的快照，数据通过这个窗口的时候，会做一些处理，窗口向下滑动一点，就再做一次处理。

提示　正是这个滑动/快照使卷积神经网络具有高度的并行性。对给定数据样本的每个快照都可以独立于其他数据样本进行计算，后面的快照也不需要等待上一个快照。

我们谈论的这些卷积核有多大呢？卷积核窗口大小的参数由模型构建器选择，并且高度依赖数据内容。不过其中还是有一些共性的。在图像数据中，大家通常会看到窗口大小为 3 × 3(3, 3)像素。在本章后面回到 NLP 上时我们会更详细地讲解窗口大小的选择。

7.3.2　步长

注意，在滑动阶段，移动的距离是一个参数，一般不会超过卷积核宽度，每个快照通常都与相邻快照有重叠的部分。

每个卷积"走"的距离称为步长，通常设置为 1。只移动一个像素（或其他小于卷积核宽度的距离）将使进入卷积核的不同输入在一个位置和下一个位置之间出现重叠。如果由于步长太大而使卷积核之间没有重叠，就会失去像素（在 NLP 中是词条）与相邻像素之间的"模糊"效果。

这种重叠有一些有趣的特性，特别是在查看卷积核如何随时间变化的时候，这些特性非常明显。

7.3.3　卷积核的组成

到目前为止，我们已经描述了数据上的滑动窗口，以及通过这个窗口来观察数据，但还没有介绍如何处理观察到的数据。

卷积核由两部分组成：

- 一组权重（就像第 5 章中给神经元分配的权重）；
- 一个激活函数。

如前所述，卷积核通常是 3×3（也有其他大小和形状）。

> **提示**　卷积核神经元与普通的隐藏层神经元十分相似，但是在扫描输入样本的整个过程中，每个卷积核的权重是固定的，在整个图像中所有卷积核的权重都一样。卷积神经网络中的每个卷积核都是独一无二的，但是在图像快照中每个卷积核的元素都是固定的。

当卷积核在图像上滑动时，每次前进一个步长，得到当前覆盖像素的快照，然后将这些像素的值与卷积核中对应位置的权重相乘。

假设大家用的是 3×3 卷积核，从左上角开始，第一个像素(0, 0)乘以卷积核第一个位置(0, 0)上的权重，第二个像素(0, 1)乘以位置(0, 1)上的权重，以此类推。

然后对像素和权重（对应位置）的乘积求和，并传递到激活函数中（如图 7-5 所示），通常选择 ReLU 函数（线性修正单元）——我们待会再讨论这个问题。

在图 7-5 和图 7-6 中，x_i 是位置 i 上的像素值，z_0 是 ReLU 激活函数的输出 z_0 = max(sum(x * w), 0) 或 $z_0 = \max((x_i \times w_j), 0)$。该激活函数的输出将被记录在输出图像中的一个位置上。卷积核滑动一个步长，处理下一个快照，并将输出值放在上一个输出值的旁边（如图 7-6 所示）。

在一个层有多个这样的卷积核，当它们在整个图像上进行卷积时，会各自创建一个新的"图像"——一个被"过滤"后的图像。假设有 n 个卷积核，在经过这个处理之后，将得到 n 个经过过滤的新图像。

我们一会儿再来看看对这 n 个新图像的处理。

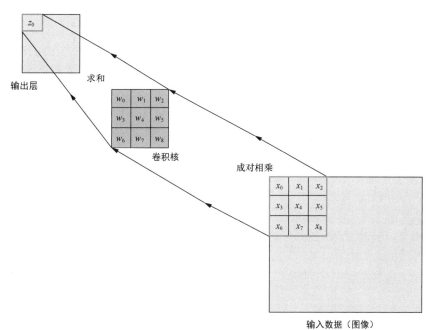

图 7-5　卷积神经网络步骤

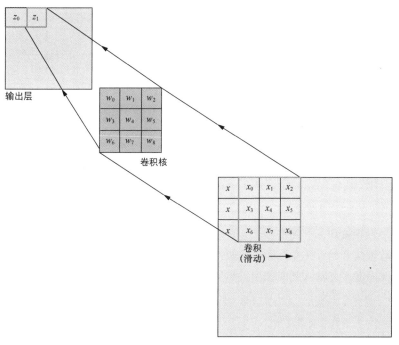

图 7-6　卷积

7.3.4　填充

然而，在图像的边缘会发生一些有趣的事情。如果大家从输入图像的左上角开始一个 3 × 3 的卷积核，每次移动一个像素，当卷积核的最右侧边缘到达输入图像的最右侧边缘时停止，那么输出的"图像"将比原图像窄两个像素。

Keras 提供了处理这个问题的工具。第一个策略是忽略输出维度变小的问题。在 Keras 中，可以设置参数 `padding = 'valid'`。使用这种方法时，需要注意下一层输入的维度。这种策略的缺点是重叠位置上的内部数据点被多次传递到每个卷积核上，原始输入的边缘数据将被欠采样。在比较大的图像上，这可能不是问题，但是如果把这个概念应用到 Twitter 数据上，例如，在一个 10 个单词的数据集上进行欠采样，则可能会极大地改变输出结果。

另一个策略称为填充（padding），即向输入数据的外部边缘添加足够多的数据，使边缘上的第一个数据点可以被视为内部数据点进行处理。这种策略的缺点是向输入数据中添加了可能不相关的内容，导致偏离了输出结果。大家不需要专门去寻找生成虚假数据的模式，可以用几种不同的方法进行填充以尽量减少不良影响。具体做法参见代码清单 7-1。

代码清单 7-1　Keras 中一个卷积层的神经网络

```
>>> from keras.models import Sequential
>>> from keras.layers import Conv1D

>>> model = Sequential()
>>> model.add(Conv1D(filters=16,
                      kernel_size=3,
                      padding='same',
                       activation='relu',
                      strides=1,
                      input_shape=(100, 300)))
```

'same'和'valid'都是可选项

input_shape 仍然是输入数据修改前的形状，填充会在后台进行

稍后将详细介绍实现细节。需要对这些数据位多加注意，大家使用的工具中已经对这些问题进行了很好的处理。

还有一些策略，例如在预处理过程中通过模拟已存在的边缘数据点来预测要填充位置上的值。不过这种策略危险性较大，NLP 应用中一般不会使用。

卷积流水线

现在有 n 个卷积核和 n 个新图像，接下来怎么处理呢？和大多数神经网络应用一样，我们从一个已标注的数据集开始，任务目标也类似：预测一个给定新图像的标签。最简单的方法是将每个过滤后的图像串起来并输入到前馈层，然后像第 5 章那样来处理。

　　提示　大家可以将这些经过过滤的图像传递到第二个卷积层，它也有一组卷积核。在实践中，这是
　　最常见的架构，稍后我们会再详细介绍。多层卷积网络对抽象层的学习路径一般是：首先是边缘，
　　然后是形状/颜色，最后是含义。

不管大家在网络中添加了多少层（卷积层或其他层），一旦得到一个最终输出，就可以计算

出误差并通过网络进行反向传播该误差。

因为激活函数是可微的，所以可以像之前一样反向传播并更新各个卷积核的权重。然后网络会学习到需要什么样的卷积核才能为给定的输入获得正确的输出。

大家可以将此过程视为神经网络在学习检测和提取信息，以便让后面的层能更容易地进行处理。

7.3.5　学习

就像所有神经网络一样，卷积核本身会以初始化为接近零的随机值的权重开始。那么输出的"图像"怎样才不会是噪声呢？在最初的几轮迭代训练中，它确实只是噪声。

但是大家构建的分类器会根据各个输入数据，从期望标签中获得一定的误差值，并通过激活函数将输入数据反向传播给卷积核。对于误差值的反向传播，我们还需要计算误差对输入权重的导数。

当卷积层刚出现时，它用的是上层梯度对输入权重的导数。这个计算和正常的反向传播类似，对于给定训练样本，卷积核权重会在多个位置上输出对应的结果。

梯度对卷积核权重的导数的具体计算超出了本书的范围，不过可以简单介绍一下，对于一个给定卷积核的权重，梯度是前向传播过程中卷积的每个位置上梯度的和。这是一个相当复杂的公式，两个求和及多个叠加式如下：

$$\frac{\partial E}{\partial w_{ab}} = \sum_{i=0}^{m} \sum_{j=0}^{n} \frac{\partial E}{\partial x_{ij}} \frac{\partial x_{ij}}{\partial w_{ab}}$$

公式 7-1　卷积核权值的梯度之和

这一概念与常规的前馈网络基本相同，即计算出每个特定权重对系统总体误差的贡献，然后再来决定如何更好地调整权重，使其能够在后面的训练样本上尽量减小误差。这些细节对于理解卷积神经网络在自然语言处理中的应用并不是特别重要，但还是希望大家对如何调整神经网络结构有直观的认识，在本章后面的内容中会构建这些示例。

7.4　狭窄的窗口

好吧，之前我们一直在讨论图像。但是我们的目标是语言，还记得吗？现在我们看看一些需要训练的词。大家可以用在第 6 章中已经学过的词向量（也称为词嵌入）而不是图像的像素值作为网络的输入，将卷积神经网络应用到自然语言处理上。

由于词之间的相对垂直关系可以是任意的，只取决于页面宽度，因此关联信息主要体现在"水平"方向上。

提示　同样的概念也适用于先从上到下然后从右到左阅读的语言，如日语（不少日语文学书籍中采用从上到下的排版顺序）。对于这些语言，大家要处理的是"垂直"关系而不是"水平"关系。

对于图像这种二维输入使用的是二维卷积，而对于句子这种一维输入，大家主要关注的是词条在一维空间维度的关系，所以做的是一维卷积。

　　这里的卷积核也可以是一维的，例如，图 7-7 所示的例子中使用 1×3 的滑动窗口。

　　如果将文本想象为图像，则"第二个"维度是词向量的全长，一般是 100 维到 500 维，就像一个真实的图像。大家只需要关心卷积核的"宽度"。在图 7-7 中，卷积核的宽度是 3 个词条。请注意，每个单词的词条（或之后的字符词条）在句子"图像"中都相当于一个"像素"。

提示　一维卷积核这个词可能会误导大家。如图 7-8 所示，词本身的向量表示是以"向下"扩展的方式来表示的，卷积核在移动过程中会覆盖到词向量这个维度的整个长度。当我们说一维卷积的维数时，指的是短语的"宽度"。在二维卷积中，如图像，将从左到右从上到下地滑动来扫描输入图像，因此称之为二维。在这里，我们只是在从左到右这一个维度上滑动。

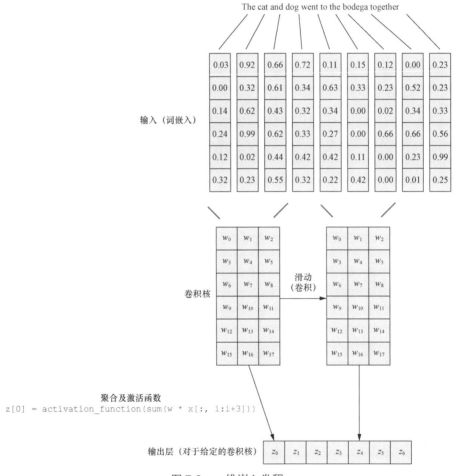

图 7-8　一维嵌入卷积

如前所述,卷积这个术语实际上是一种简写。如何滑动窗口对模型本身没有影响。各个位置的数据决定了运算结果。计算"快照"的顺序并不重要,只需要保证按照与窗口在输入上的位置相同的方式来重构输出即可。

在前向传播过程中,对于给定的输入样本,卷积核中的权重值不变,这意味着对于一个给定卷积核,可以并行地处理其所有"快照"并同时合成输出"图像"。这就是卷积神经网络速度快的秘诀。

卷积神经网络的处理速度,加上忽略特征位置的能力,是研究人员一直使用卷积方法来提取特征的原因。

7.4.1 Keras 实现:准备数据

我们通过 Keras 文档提供的卷积神经网络分类器示例来看一下 Python 中的卷积。它设计了一个一维卷积网络来分类 IMDB 电影评论数据集。

每个数据点都预先标记为 0(消极情感)或 1(积极情感)。在代码清单 7-2 中,我们将把示例 IMDB 电影评论数据集替换为原始文本的数据集,这样我们也可以亲自预处理文本。然后我们会看到是否可以使用这个已训练的网络来分类它从未见过的文本。

代码清单 7-2 导入 Keras 中的卷积工具

```
>>> import numpy as np
>>> from keras.preprocessing import sequence
>>> from keras.models import Sequential
>>> from keras.layers import Dense, Dropout, Activation
>>> from keras.layers import Conv1D, GlobalMaxPooling1D
```

首先从斯坦福大学人工智能系下载原始数据集[①]。这是为 2011 年的论文"Learning Word Vectors for Sentiment Analysis"(学习词向量情感分析)准备的数据集。下载完成后,将其解压出来并看看里面的内容。大家只需要用训练目录 train/就可以了,不过里面也有其他一些"toy"数据,可以随意查看。

训练目录中的评论数据被分成文件夹 pos 和 neg 中的两类文本文件。需要在 Python 中以适当的标签先读取出来然后打乱顺序,使样本不会全部是正例或负例。如果用以标签排序的数据进行训练,会使训练结果偏向于后面出现的内容,尤其是在使用某些超参数(如 momentum)的情况下更是如此。具体做法参见代码清单 7-3。

代码清单 7-3 文档加载预处理

```
>>> import glob
>>> import os
```

---

① 读者可在本书下载资源中查看。——译者注

```
>>> from random import shuffle

>>> def pre_process_data(filepath):
...     """
...     This is dependent on your training data source but we will
...     try to generalize it as best as possible.
...     """
...     positive_path = os.path.join(filepath, 'pos')
...     negative_path = os.path.join(filepath, 'neg')
...     pos_label = 1
...     neg_label = 0
...     dataset = []
...
...     for filename in glob.glob(os.path.join(positive_path, '*.txt')):
...         with open(filename, 'r') as f:
...             dataset.append((pos_label, f.read()))
...
...     for filename in glob.glob(os.path.join(negative_path, '*.txt')):
...         with open(filename, 'r') as f:
...             dataset.append((neg_label, f.read()))
...
...     shuffle(dataset)
...
...     return dataset
```

第一个示例文档如下所示。由于样本经过重新排序处理，大家看到的文档内容可能会有所不同，不过这个没有影响。元组的第一个元素是情感的目标值：1 表示积极情感，0 表示消极情感：

```
>>> dataset = pre_process_data('<path to your downloaded file>/aclimdb/train')
>>> dataset[0]
(1, 'I, as a teenager really enjoyed this movie! Mary Kate and Ashley worked
➥ great together and everyone seemed so at ease. I thought the movie plot was
➥ very good and hope everyone else enjoys it to! Be sure and rent it!! Also
they had some great soccer scenes for all those soccer players! :)')
```

下一步是数据的分词和向量化。我们将使用基于谷歌新闻的预训练 Word2vec 词向量，因此可以先通过 nlpia 包或直接从谷歌下载这些数据[1]。

然后像第 6 章中所述，使用 gensim 来拆解这些向量。在 load_word2vec_format 方法中可以设置 limit 参数；limit 设置较大时可以加载更多的向量，不过内存会成为一个问题，其投入产出比在 limit 值设置很大时会迅速下降。

我们编写一个辅助函数来对数据进行分词，并创建一个用于传递给模型的输入词条向量列表，如代码清单 7-4 所示。

代码清单 7-4　向量化及分词器

```
>>> from nltk.tokenize import TreebankWordTokenizer
>>> from gensim.models.keyedvectors import KeyedVectors
```

---

[1] 详见标题为 "GoogleNews-vectors-negative300.bin.gz - Google Drive" 的下载页面。

```
>>> from nlpia.loaders import get_data
>>> word_vectors = get_data('w2v', limit=200000)

>>> def tokenize_and_vectorize(dataset):
...     tokenizer = TreebankWordTokenizer()
...     vectorized_data = []
...     expected = []
...     for sample in dataset:
...         tokens = tokenizer.tokenize(sample[1])
...         sample_vecs = []
...         for token in tokens:
...             try:
...                 sample_vecs.append(word_vectors[token])
...
...             except KeyError:
...                 pass # No matching token in the Google w2v vocab
...
...         vectorized_data.append(sample_vecs)
...
...     return vectorized_data
```

get_data('w2v')将下载 "GoogleNews-vectorsnegative300.bin.gz" 到 nlpia.loaders. BIGDATA_PATH 目录下

注意，这个地方有一些信息损失。谷歌新闻的 Word2vec 词汇表中只包含了一部分停用词，使很多像 "a" 这样的常用词将在函数处理过程中被丢弃，这个处理不是特别理想，不过大家可以通过这个方法得到一个信息有损失情况下的卷积神经网络的基线性能。如果想要避免信息损失，大家可以单独训练 word2vec 模型，以确保有更好的向量覆盖率。另外，数据中还有很多类似于\<br\>的 HTML 标签，它们通常与文本的情感无关，必须从数据中去除。

大家还需要收集目标值（0 表示负面评价，1 表示正面评价），将其按照与训练样本相同的顺序排列，如代码清单 7-5 所示。

代码清单 7-5　目标标签

```
>>> def collect_expected(dataset):
...     """ Peel off the target values from the dataset """
...     expected = []
...     for sample in dataset:
...         expected.append(sample[0])
...     return expected
```

然后将数据传入这些函数：

```
>>> vectorized_data = tokenize_and_vectorize(dataset)
>>> expected = collect_expected(dataset)
```

接下来，把准备好的数据分成训练集和测试集，如果直接对导入的数据集进行 80/20 划分，会忽略 test 文件夹中的数据。实际上，下载的原始数据中的训练目录和测试目录都包含了有效的训练数据和测试数据，可以对数据进行随意组合，数据越多越好。大家下载的大多数数据集中 train/和 test/目录是由该数据包的维护者按照特定的训练集/测试集比例划分的，目的是为了让大家能准确地复现这些目录的结果。[①]

　　下一段代码将数据分别放入训练集（x_train）和对应的"正确"答案（y_train），以及测试集（x_test）和对应的答案（y_test）中。大家可以让网络对测试集中的样本进行"预测"，验证它是否能正确学到一些训练数据之外的东西。y_train、y_test 分别对应 x_train、x_test 集合中每个样本的"正确"答案，如代码清单 7-6 所示。

代码清单 7-6　划分训练集/测试集

```
>>> split_point = int(len(vectorized_data)*.8)

>>> x_train = vectorized_data[:split_point_]
>>> y_train_ = expected[:split_point]
>>> x_test = vectorized_data[split_point:]
>>> y_test = expected[split_point:]
```

　　下一段代码（代码清单 7-7）设置了网络的大部分超参数。maxlen 变量用于设置评论的最大长度。因为卷积神经网络的每个输入必须具有相同的维数，所以需要截断超出 400 个词条的样本，并填充少于 400 个词条的样本，填充值可以是 Null 或 0；在表示原始文本时，通常使用"PAD"标记来表示填充位置。这个处理将向系统引入新的数据。不过网络本身也会学习这种模式，使 PAD == "ignore me" 成为网络结构的一部分，所以这不是世界末日。

　　注意，这个填充与前面介绍的填充不同。这里的填充是为了使输入大小保持一致。对每个训练样本的开头和结尾填充都需要单独考虑，这具体取决于是否希望输出具有相同的大小以及结束位置上的词条是否与中间位置上的词条作相同的处理或者是否对起始/结束词条区别对待，如代码清单 7-7 所示。

代码清单 7-7　CNN 参数

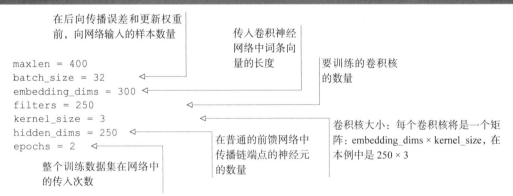

　　提示　在代码清单 7-7 中，kernel_size（卷积核大小或窗口大小）是一个标量值，而不是图像中二维型卷积核的向量值。这个卷积核将一次查看 3 个词条的词向量。仅在第一层中考虑卷积核大

[①] 在测试模型时最好使用从未见过的测试数据来公开测试性能。不过，在最终部署给用户时，尽量使用所有的标注数据来进行模型的训练。

小会有一定的帮助，就像文本的 *n*-gram。在本例中，我们关注的是输入文本的 3-gram，当然也可以换成 5-gram、7-gram 甚至更多元关系，这主要取决于数据和任务，所以大家可以在模型里随意试验这个参数。

Keras 中提供了预处理辅助方法 pad_sequences，理论上可以用于填充输入数据，但是，它只对标量序列有效，而我们这里是向量序列。所以我们需要自己编写一个辅助函数来填充输入数据，如代码清单 7-8 所示。

代码清单 7-8 填充及截断词条序列

```
>>> def pad_trunc(data, maxlen):
...     """
...     For a given dataset pad with zero vectors or truncate to maxlen
...     """
...     new_data = []
...
...     # Create a vector of 0s the length of our word vectors
...     zero_vector = []
...     for _ in range(len(data[0][0])):
...         zero_vector.append(0.0)
...
...     for sample in data:
...         if len(sample) > maxlen:
...             temp = sample[:maxlen]
...         elif len(sample) < maxlen:
...             temp = sample
...             # Append the appropriate number 0 vectors to the list
...             additional_elems = maxlen - len(sample)
...             for _ in range(additional_elems):
...                 temp.append(zero_vector)
...         else:
...             temp = sample
...         new_data.append(temp)
...     return new_data
```

一位聪明的 LiveBook 读者（@madara）指出，这个函数可以通过一行代码实现：[smp[:maxlen] +[[0.] * emb_dim] * (maxlen - len(smp)) for smp in data]

最后将扩展后的数据放在扩展数据列表的最后

然后，我们需要将训练数据和测试数据都传递到填充器/截断器，然后将其转换为 numpy 数组，以便在 Keras 中使用。这就是该 CNN 网络所需形状的张量（大小为样本数量×序列长度×词向量长度）。如代码清单 7-9 所示。

代码清单 7-9 收集经过扩展和截断的数据

```
>>> x_train = pad_trunc(x_train, maxlen)
>>> x_test = pad_trunc(x_test, maxlen)

>>> x_train = np.reshape(x_train, (len(x_train), maxlen, embedding_dims))
>>> y_train = np.array(y_train)
>>> x_test = np.reshape(x_test, (len(x_test), maxlen, embedding_dims))
>>> y_test = np.array(y_test)
```

现在我们终于准备好构建一个神经网络了。

7.4.2　卷积神经网络架构

下面的介绍将从基本的神经网络模型类 Sequential 开始。与第 5 章中的前馈网络一样，Sequential 是 Keras 中神经网络的基类之一。从这里大家可以开始添加具有魔力的网络层。

我们添加的第一个部分是卷积层。在本例中，假设输出层的维度小于输入层，填充符号设置为'valid'。每个卷积核从句首的最左侧边缘开始，到最右侧边缘的最后一个词条停止。

卷积核每次将移动一个词条（步长）。如代码清单 7-7 所示，卷积核（窗口宽度）大小设为 3 个词条，并使用'relu'作为激活函数。每一步都将卷积核的权重与它正在查看的 3 个词条（逐个元素）相乘，然后进行加和，如果结果大于 0，则继续传递，否则输出 0，最后的结果（正数或 0）将传递给修正线性单元（rectified linear unit，ReLU）激活函数，如代码清单 7-10 所示。

代码清单 7-10　构建一个一维 CNN

```
>>> print('Build model...')
>>> model = Sequential()      这是 Keras 中标准的模型定义方式。在
                              第 10 章中，大家将学到另一种构造方式
>>> model.add(Conv1D(         "函数式 API"
...     filters,
...     kernel_size,
...     padding='valid',
...     activation='relu',        添加一个 Conv1D 层，它将学习长度为 kernel_size 的词组卷
...     strides=1,                积核。还有许多关键词参数，不过现在只使用默认值即可
...     input_shape=(maxlen, embedding_dims)))
```

7.4.3　池化

大家已经建立了一个神经网络，所以……都来"池子"里吧！池化是卷积神经网络中一种降维方法。在某种程度上，我们正在通过并行计算来加快处理速度。但是可能大家也注意到，每个我们定义的卷积核都会创建一个新"版本"的数据样本，即经过卷积过滤的数据样本。在前面的示例中，第一层卷积网络将产生 250 个过滤后的版本数据（如代码清单 7-7 所示）。池化不但能够在一定程度上缓解输出过多的情况，还有另一个显著特性。

池化的关键思想是把每个卷积核的输出均匀地分成多个子部分，对于每个子部分，挑选或计算出一个具有代表性的值。然后就可以将原始输出放在一边而只使用这些具有代表性的值的集合来作为下一层的输入。

等等！丢弃数据不是很糟糕吗？一般来说，丢弃数据不会是一个理想的方案。但事实证明，这是学习源数据高阶表示的一种有效途径。卷积核通过这种训练来发现数据中的模式，这些模式存在于词和相邻词之间的关系中！就是那种我们开始寻找的微妙信息。

在图像处理中，第一层学到的往往是边缘信息，位于像素密度迅速变化的部分。后面的层会学到形状和纹理等概念。再之后的层可能会学到"内容"或"含义"。类似的过程也会发生在文本上。

提示 在图像处理中，池化区域通常是 2×2 的像素窗口（它们不像卷积核那样相互重叠），而在一维卷积中它们是一维窗口（如 1×2 或 1×3）。

池化有两种方式（如图 7-9 所示）：平均池化和最大池化。平均池化是比较直观的一种方式，通过求子集的平均值理论上可以保留最多的数据信息。而最大池化有一个有趣的特性，通过取给定区域中的最大激活值，网络可以看到这个片段中最突出的特征。网络有一条学习路径来决定应该看什么，而不管确切的像素级位置！

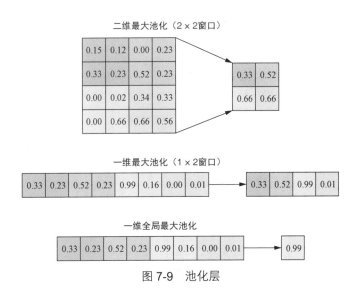

图 7-9 池化层

除了降维和节省计算量，我们还得到了一些特殊收获：位置不变性。如果原始输入在相似但有区别的输入样本中的位置发生轻微变化，则最大池化层仍然会输出类似的内容。这在图像识别领域中是一个非常有用的特性，在自然语言处理中也有类似的作用。

在 Keras 的这个简单示例中，大家使用的是 GlobalMaxPooling1D 层。不是对每个卷积核输出的各个子部分取最大值，而是对该卷积核整体输出取最大值，这将导致大量的信息损失。但是，即使损失了这些信息，大家的这个模型也不会有问题：

```
>>> model.add(GlobalMaxPooling1D())
```

可选的池化方法有 GlobalMaxPooling1D()、MaxPooling1D(n)或 AvgPooling1D(n)，其中 n 表示池化区域大小，默认值为 2

好了，拿上毛巾，离开池子。我们回顾一下：

■ 对于每个输入样本，应用一个卷积核（权重和激活函数）；

■ 卷积输出的一维向量的维度略小于原始输入（输入数据维度为 400），卷积核开始于输入数据的左对齐位置，结束于右对齐位置，输出维度为 1×398；

■ 对于每个卷积核的输出（记住，有 250 个卷积核），取每个一维向量的最大值；

■ 对于每个输入样本得到一个 1×250 向量（250 是卷积核的数量）。

对于每个输入样本，都有一个一维向量，网络认为这个向量很好地表示了输入样本。这就是输入数据的语义表示——当然还比较粗糙，并且，这只是在以情感为训练目标的上下文中的语义表示。所以，它并不能对电影评论的内容进行编码，只能对情感编码。

大家还没有进行任何训练，所以这只是一堆数字。我们稍后再来讨论这个事情。这里是一个很重要的节点，一旦对网络进行训练，这个语义表示就会变得非常有用（我们喜欢把它理解成一个"思想向量"）。就像将词嵌入向量之后一样，大家也可以对这些语义表示进行数学运算：我们现在拥有了可以表示整个词组的向量。

兴奋之余，我们回到艰难的训练工作。大家有一个工作的目标，那就是情感标签。将当前的向量传入一个标准的前馈网络，在 Keras 中就是 Dense 层。当前语义向量中的元素数量与Dense 层中的节点数量相同，但这只是一个巧合。Dense 层中 250 个神经元（hidden_dims），每个神经元都有 250 个权重与池化层传递过来的输入相对应。大家可以使用 dropout 层来进行调整，以防止过拟合。

7.4.4　dropout

dropout（Keras 中表示为一个层，如代码清单 7-11 所示）是一种特殊的技术，用于防止神经网络中的过拟合。它并不是自然语言处理中特有的，但用在这里效果很好。

其理念是，在训练过程中，如果按照一定比例随机"关掉"部分进入下一层的输入数据，这样模型就不会学到训练集的特点，导致"过拟合"，而是会学到更多数据中的略有差别的表示模式，从而在看到全新的数据时，能够对数据进行概括并做出更精确的预测。

模型通过假设在某特定输入时，进入 Dropout 层的输出（来自上一层的输出）为零来实现dropout。这样接收到 dropout 输入数据的每个神经元的权重对整体误差的贡献实际上也是零。因此，在反向传播过程中这些权重不会更新。然后网络将被迫依赖不同权重集之间的关系来实现优化目标（希望它们不会因为这种严厉的爱来反抗我们）。

提示　不要过于担心这一点，但是注意 Keras 在 Dropout 层下面会做一些神奇的操作。在每次向前传递训练数据时，Keras 会随机关闭一定比例的输入数据，而在对实际应用的推理或预测时，则不会做 dropout，所以在非训练的推理阶段，Dropout 层后面的层接收到的信号强度会显著增强。为了缓解这个问题，Keras 在训练阶段会按比例增强所有的未关闭输入，使进入下一层的聚合信号与推理阶段时的强度相同。

在 Keras 中 Dropout 层接收的参数是输入数据随机关闭的比例。在这个例子中，仅为每个训练样本随机选择 80% 的嵌入数据按原样传递到下一层，其余的会设置为 0。一般将 dropout 参数设置为 20%，不过 50% 的比例也可以有很好的结果（你还可以使用其他超参数）。

然后在每个神经元的输出端使用修正线性单元作为激活函数（relu），如代码清单 7-11 所示。

代码清单 7-11 带 dropout 的全连接层

```
>>> model.add(Dense(hidden_dims))
>>> model.add(Dropout(0.2))
>>> model.add(Activation('relu'))
```
◁── 从一个普通的全连接
隐藏层开始，然后加入
dropout 和 ReLU

7.4.5 输出层

最后一层，或者输出层，是实际的分类器，这里有一个基于 sigmoid 激活函数的神经元，它的输出是 0 到 1 之间的值。在验证阶段，Keras 将小于 0.5 的值分为 0 类，大于 0.5 的值分为 1 类，但在计算损失时，是用目标值减去由 sigmoid 计算的实际值来得到的：$(y - f(x))$。

接下来将数据投射到只有单个神经元的输出层，并将信号传入 sigmoid 激活函数，如代码清单 7-12 所示。

代码清单 7-12 漏斗 funnel

```
>>> model.add(Dense(1))
>>> model.add(Activation('sigmoid'))
```

现在大家终于有了一个在 Keras 中定义的卷积神经网络模型。接下来就是编译和训练了，如代码清单 7-13 所示。

代码清单 7-13 编译 CNN

```
>>> model.compile(loss='binary_crossentropy',
...               optimizer='adam',
...               metrics=['accuracy'])
```

网络的训练目标是最小化损失函数 loss，在这里我们使用 'binary_crossentropy'。在编写本书时，Keras 中已经定义了 13 个损失函数，并且大家可以定义自己的损失函数。这里不会对每种损失函数的示例都展开介绍，不过 binary_crossentropy 和 categorical_crossentropy 这两者是需要去了解的。

两者在数学定义上很相似，很多情况下可以将 binary_crossentropy 看作 categorical_crossentropy 的一种特殊情况。重要的是要了解何时该选择使用哪一个。由于在这个例子中只有一个输出神经元打开或关闭，因此选择使用 binary_crossentropy。

categorical 常用于多分类预测，在这些情况下，目标输出将是一个独热编码的 n 维向量，每

个位置代表 n 个类中的一个类。在这个例子中，网络中的最后一层如代码清单 7-14 所示。

代码清单 7-14　categorical 变量的输出层（词）

```
>>> model.add(Dense(num_classes))
>>> model.add(Activation('sigmoid'))
```
◁── num_classes 在哪呢……
好吧，你懂的

在这种情况下，目标值减去输出值（$y-f(x)$）将是一个 n 维向量减去另一个 n 维向量。categorical_crossentropy 会尝试来最小化这个差值。

还是让我们回到二分类问题上来。

1. 优化

optimizer 参数用于设置网络在训练阶段的一系列优化策略，包括随机梯度下降、Adam 和 RSMProp 等。这些优化策略都是神经网络中针对最小化损失函数的不同方法，其背后的数学原理超出了本书的范围，不过大家还是要注意，针对特定问题可以尝试不同的优化方法。对于某个问题，虽然很多优化器能收敛，但有些不会，并且它们会以不同的速率收敛。

它们的魔力来自根据当前的训练状态动态地改变训练参数，特别是学习率参数。例如，学习率可能会随着时间的推移而衰减（记住：α 是应用于权重更新的学习率，如第 5 章中所述）。或者还有一些方法会使用动量，根据权重最后一次成功减少损失的移动方向来增加学习率。

每个优化器本身都有一些超参数，如学习率。Keras 对这些超参数都设有很好的默认值，所以一开始不必过多考虑这些超参数。

2. 拟合

compile 完成模型的构建，fit 完成模型的训练。训练过程中所有的操作，包括输入与权重相乘、激活函数、反向传播等都是由这一条语句启动的。这个过程耗费的时间取决于硬件配置、模型大小及数据规模，可能需要几秒到几个月不等。在大多数情况下，使用 GPU 可以大大减少训练时间，如果大家有 GPU 的话，请务必使用 GPU。需要传给 Keras 一些额外的环境变量来指导它使用 GPU。不过这个例子很小，大多数现代 CPU 都能在合理的时间内完成运行，如代码清单 7-15 所示。

代码清单 7-15　训练 CNN

反向传播更新权重之前处理的数据样本数。每个批次中 n 个样本的累计误差会同时处理

```
>>> model.fit(x_train, y_train,
...           batch_size=batch_size,
...           epochs=epochs,
...           validation_data=(x_test, y_test))
```

停止前整个数据集的训练次数

7.4.6　开始学习（训练）

在点击运行前还有最后一步。大家可能希望在完成训练后保存模型状态。因为现在并不打算把模型保存在内存中，大家可以将模型的结构保存在 JSON 文件中，并将训练后的权重保存在另一个文件中，以便之后重新实例化，如代码清单 7-16 所示。

代码清单 7-16　保存模型

注意，这个地方仅保存模型结构，并不会保存模型权重

```
>>> model_structure = model.to_json()
>>> with open("cnn_model.json", "w") as json_file:
...     json_file.write(model_structure)
>>> model.save_weights("cnn_weights.h5")
```

保存训练好的模型

这样训练好的模型将保存在磁盘上，它已经收敛了，所以无须再训练一次。

Keras 在训练阶段提供了一些非常有用的回调方法，可以作为关键词参数传递给 fit 方法，例如检查点 checkpointing，当精确率提高或损失减少时可以迭代地保存模型，或者早停 EarlyStopping，当在一个指定的评价方法上模型效果不再改善时，则提前停止训练。而最令人兴奋的是，它们实现了 TensorBoard 回调方法，只有在 TensorFlow 作为后端时 TensorBoard 才能发挥作用，但它提供了强大的探查模型内部结构的功能，在排除故障和调优时是不可或缺的。我们开始学习吧！运行上面的 compile 和 fit 步骤将会得到以下输出：

```
Using TensorFlow backend.
Loading data...
25000 train sequences
25000 test sequences
Pad sequences (samples x time)
x_train shape: (25000, 400)
x_test shape: (25000, 400)
Build model...
Train on 20000 samples, validate on 5000 samples
Epoch 1/2 [==============================] - 417s - loss: 0.3756 -
acc: 0.8248 - val_loss: 0.3531 - val_acc: 0.8390
Epoch 2/2 [==============================] - 330s - loss: 0.2409 -
acc: 0.9018 - val_loss: 0.2767 - val_acc: 0.8840
```

由于神经元的初始权重是随机选择的，大家得到的最终损失和精确率可能会有所不同。可以通过为随机数生成器设置种子来克服这种随机性，实现一个可重复的流水线。这样做可以使每次运行时的初始权重为相同的随机值，这对模型调试和调优很有帮助。记住，起始点可能会使模型陷入局部极小值，甚至阻止模型收敛，所以我们建议大家可以尝试一些不同的种子。

要设置种子，请在模型定义前添加以下两行代码。传入 seed 参数的数值并不重要，只要保持一致，模型就会将权重初始化为小值：

```
>>> import numpy as np
>>> np.random.seed(1337)
```

我们还没有看到明显的过拟合迹象；训练集和验证集上的精确率都有所提高。大家可以让模型再运行一两个训练周期，看看是否可以在不过拟合的情况下继续提高精确率。只要模型还在内存中，或者从保存文件中重新加载进来，Keras 就可以从这个保存点继续进行训练。只要再次调用 fit 方法（无论是否更改样本数据），就能从最近一次状态中恢复训练。

> **提示**　当训练中的损失持续减少，而验证损失 val_loss 在周期结束时与前一周期相比开始增加时，就出现了明显的过拟合。找到验证损失曲线开始向上弯曲的中间值是获得一个好模型的关键。

很棒！完成了！现在，大家想想刚才做了什么？

首先对模型进行描述，并将其编译为初始未训练状态，然后调用 fit 方法，通过反向传播每个样本的误差来学习最后面的卷积核和前馈全连接网络之间的权重，以及 250 个不同的卷积核各自的权重。

训练过程中用损失来报告进度，这里我们用的是 binary_crossentropy。对于每个批次，Keras 都报告一个度量指标，即我们与为该样本提供的标签之间的距离。精确率是指"正确猜测的百分比"。这个度量指标看起来很有趣，但肯定会误导人，尤其是当使用的是不平衡数据集的时候。假设有 100 个样本：其中 99 个是正例，只有一个是负例。即使不看数据，直接把所有 100 个样本全部预测为正例，也仍然有 99% 的精确率，但是这对模型泛化没有任何帮助。val_loss 和 val_acc 是相同的度量指标，只是针对的是如下测试数据集：

```
>>> validation_data=(x_test, y_test)
```

验证样本不会展示给网络进行训练，只用来验证模型的预测效果，并产生度量指标报告。反向传播算法不会发生在这些样本上。这有助于跟踪模型在新的、真实数据上的泛化效果。

这样大家就已经完成了一个模型的训练。魔术结束了，大家已经把盒子里的一切都弄明白了。那这有什么作用呢？接下来我们看看它的作用。

7.4.7　在流水线中使用模型

大家拿到一个训练完成的模型之后，可以向模型传入一个新的样本数据，看看网络会如何识别这个数据。输入数据可以是一条聊天消息或者 Twitter 等，在这里的例子中，我们用的是一个虚构的数据。

首先，如果模型不在内存中，则需要从模型文件中实例化训练好的模型，如代码清单 7-17 所示。

代码清单 7-17　加载保存的模型

```
>>> from keras.models import model_from_json
>>> with open("cnn_model.json", "r") as json_file:
...     json_string = json_file.read()
>>> model = model_from_json(json_string)

>>> model.load_weights('cnn_weights.h5')
```

我们编一个带有明显负向情感的句子，看看网络对此有什么看法。具体做法参见代码清单 7-18。

代码清单 7-18　测试样本

```
>>> sample_1 = "I hate that the dismal weather had me down for so long,
➡ when will it break! Ugh, when does happiness return? The sun is blinding
➡ and the puffy clouds are too thin. I can't wait for the weekend."
```

有了训练好的模型，可以快速地对新样本数据进行测试。虽然还是需要大量的计算，不过对于每个样本，只需要一次前向传播就能得到结果，不需要反向传播。具体做法参见代码清单 7-19。

代码清单 7-19　预测

在元组的第一个元素中传递一个虚值，因为你的助手希望以你处理初始数据的方式得到它。这个值永远看不到网络，所以它可以是任意值

```
>>> vec_list = tokenize_and_vectorize([(1, sample_1)])

>>> test_vec_list = pad_trunc(vec_list, maxlen)

>>> test_vec = np.reshape(test_vec_list, (len(test_vec_list), maxlen,\
...    embedding_dims))
>>> model.predict(test_vec)
array([[ 0.12459087]], dtype=float32)
```

Tokenize 返回的是一个数据列表（这个例子里列表长度为 1）

Keras 中 predict 方法给出了网络最后一层的原始输出，在本例中，我们只有一个神经元，因为最后一层是 sigmoid，它将输出一个 0 到 1 之间的值。

Keras 中 predict_classes 方法可以输出大家期待的 0 或 1。如果是多分类问题，网络的最后一层可能是 softmax 函数，每个输出节点代表一个类，节点的输出值为该类的概率，调用 predict_classes 方法将返回输出概率值最高的那个节点。

回到本例中：

```
>>> model.predict_classes(test_vec)
array([[0]], dtype=int32)
```

输出确实是"负向"情感。

包含"happiness""sun""puffy""clouds"等词的句子不一定总是充满积极情感的，就像带有"dismal""break""down"等词的句子也不一定代表消极情感。通过训练好的神经网络，我们能够检测句子中潜在的模式并从数据的泛化中学到一些东西，而无须硬编码任何规则。

7.4.8　前景展望

在引言中，我们讨论了 CNN 在图像处理中的重要性。一个容易被忽略的关键点是网络处理信息通道（channel）的能力。在黑白图像中，二维图像有一个通道，每个数据点表示像素的灰度值，从而得到一个二维的输入数据。在彩色图像中，输入仍然是像素强度，但是它被分为红、绿、

蓝 3 种成分，从而使网络的输入变成一个三维张量。卷积核也随之变成三维的，在 x、y 平面上还是 3×3 或 5×5，但有了 3 层的深度，使卷积核变为 "3 像素宽×3 像素高×3 通道深"，这个模式在自然语言处理中得到了有趣的应用。

网络的输入是一系列彼此相邻的以向量表示的词，400 个词宽（最大长度）× 300 个元素长，然后使用 Word2vec 嵌入作为词向量表示。正如大家在前几章中看到的，可以有多种方式来生成词嵌入。如果选择多种词嵌入方式并将它们限制为相同的元素数，就可以把它们叠加起来像通道那样，这是向网络添加信息的一种有趣的方式，尤其是当各种词嵌入来自不同的源时。这种叠加各种词嵌入的方式会导致模型复杂度成倍增长，使训练时间变长，从而可能会得不偿失。不过现在大家可以明白为什么我们一开始用图像处理来做类比。然而，词嵌入中各个维度彼此不相关，这与图像处理中的颜色通道并不一样，所以图像处理的例子仅供参考。

我们简要介绍了卷积层的输出（在进入前馈层之前）。这种语义表示是一个重要的组件，它在很大程度上实现了用数字表示输入文本的细节以及内在含义。具体在这个例子中，通过学习样本数据的正负情感标签并进行情感分析，实现了文本细节和含义的表示。通过在另一组特定主题标记的分类数据集上训练生成的向量将包含许多不同的信息。直接使用卷积神经网络的中间向量并不常见，但在接下来的章节中大家会看到一些其他神经网络结构的例子，其中中间向量的具体信息变得非常重要，在某些情况下甚至就是网络的最终目标。

为什么在 NLP 分类任务中选择 CNN 呢？它的主要好处是高效率。在许多方面，由于池化层和卷积核大小所造成的限制（虽然可以将卷积核设置得更大），会导致丢弃大量的信息，但这并不意味着它们不是有用的模型。大家已经看到，利用 CNN 能够有效地对相对较大的数据集进行检测和预测情感，即使依赖 Word2vec 词嵌入，CNN 也可以在不映射整个语言的条件下，通过较少的词嵌入表示来运行。

CNN 还可以用在哪些领域呢？这在很大程度上取决于可用的数据集，一般来说，可以通过叠加卷积层来获得意义更丰富的模型，例如将第一组卷积核的输出作为样本数据传入第二组，以此类推。经研究还发现，使用多个大小不同的卷积核运行模型，并将各个大小不同的卷积核输出连接成一个更长的思想向量，然后再将其传递到最终的前馈网络可以提供更精确的结果。世界是开放的，尽情实验和享受吧！

7.5 小结

- 卷积是在一个大的数据集上滑动窗口（使关注点保持在整体的一个子集上）。
- 神经网络可以像处理图像一样处理文本并"理解"它们。
- 用 dropout 来阻碍学习过程实际上是有帮助的。
- 情感不仅存在于词中，还存在于使用的语言模式中。
- 神经网络有很多可调参数。

第 8 章　循环神经网络（RNN）

本章主要内容
- 具备记忆功能的神经网络
- 循环神经网络的构建
- 循环神经网络的数据处理
- 随时间反向传播（BPTT）

　　第 7 章展示了卷积神经网络如何分析文章片段或者一个句子，通过给序列中的邻近词传递一个共享权重的过滤器（filter）来跟踪这些词（在词向量上进行卷积）。这样出现在文档中不同簇的词就可以被一起检测。即使这些词在位置上有一些略微变化，网络也能对这些变化具有一定的容忍度。重要的是，彼此相邻的概念会对网络产生重大的影响，但是如果我们想要从更长远的角度来考虑时序更长的关系，例如比一个句子的 3 个或者 4 个词条更宽的窗口，该怎么办呢。大家能给这种网络一个基础概念吗？例如，通过记忆的方式？

　　我们已经学习过，对于前馈网络（feedforward network）的每个训练样本（或一批无序样本）和输出（或一批输出），单个神经元中的网络权重会根据误差使用反向传播算法（backpropagation）进行调整。输入数据的顺序在很大程度上不会影响下一个样本学习阶段的效果。卷积神经网络试图通过捕捉局部关系来发掘某种顺序关系，但还有另一种方法可以获得文本的序列关系。

　　在一个卷积神经网络中，我们将每个样本作为一组聚集在一起的词条输入网络。词向量排列在一起组成一个矩阵。这个矩阵形如（词向量长度 × 样本词个数），如图 8-1 所示。

　　但在第 5 章中（如图 8-2 所示），我们就曾将词向量序列输入一个标准的前馈网络中，对吧？

　　诚然，这是一个可行的模型。当词条以这种方式传入一个前馈网络中时，网络能够捕捉词条之间的共现关系，而这正是我们想要的。但不管这些共现的词是被长文本分开还是彼此相邻，网络都会对它们做出相同的反应（指系数乘以权重后相加），并且，像 CNN 这样的前馈网络[1]不能很好地处理可变长度的文本。如果文本超过网络宽度，网络就无法处理文本超出的部分。

---

① 前馈网络通常指 DNN 和 CNN。——译者注

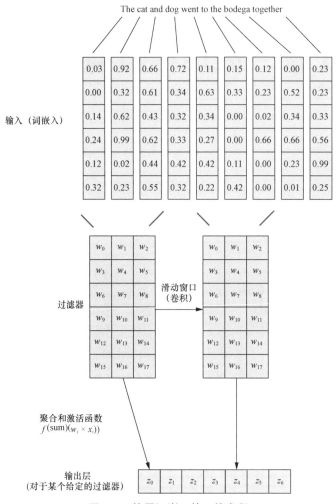

图 8-1　使用词嵌入的一维卷积

　　前馈网络的主要优点是能够将数据样本作为整体与其关联标签之间的关系进行建模。尽管文本开头和结尾的词与中间的词之间不太可能存在语义关系，但是它们对输出的影响一样。当我们考虑表示强烈的否定词和修饰语（形容词和副词）的词条，如"not"或者"good"时，我们可以看到这种文本所具备的同质性或者"影响的一致性"是如何导致问题的。在前馈网络中，否定词会影响句子中所有词的含义，甚至是距离否定词可能影响到的位置较远的那些词。

　　通过观察词的滑动窗口，一维卷积为我们提供了一种处理词条间关系的方法。第 7 章讨论的池化层（pooling layer）是专门设计用来处理轻微词序变化的。在本章中，我们将介绍一种完全不同的方法。通过这种方法，我们将初步学习神经网络的记忆概念。不同于将语言视作一个大数据块，我们可以按照语言序列创建的时间顺序，逐个词条地查看序列。

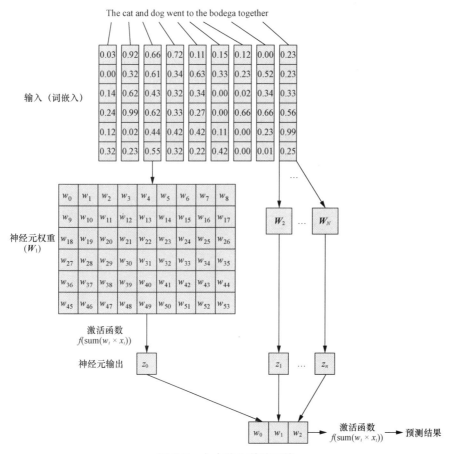

图 8-2 文本输入前馈网络

8.1 循环网络的记忆功能

当然，文档中的词很少是完全独立的，它们的出现会影响文档中的其他词或者受到文档中其他词的影响：

The stolen car sped into the arena.

（那辆偷来的汽车飞快地开进了竞技场。）

The clown car sped into the arena.

（那辆小丑车快速驶进了舞台。）

当读者读到这两个句子的末尾时可能会产生两种完全不同的情感。这两个句子的形容词、名词、动词和介词短语结构是完全相同的，但位于句首的形容词极大地影响了读者后续的推断。

大家能想出一种对这种关系进行建模的方法吗？一种形容词不直接修饰或出现在句首时也

能理解"arena"甚至"sped"的隐含意义可能会稍有不同的方法？

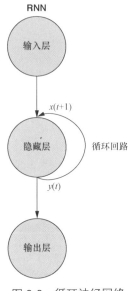

RNN

图 8-3　循环神经网络

假如大家能想到一种方式"记忆"之前时刻发生的事情（尤其是当我们在 $t+1$ 时刻时，t 时刻发生的），我们就能捕获当序列中某些词条出现时，其他词条相对应会出现的模式。循环神经网络（recurrent neural net，RNN）使神经网络能够记住句子中出现过的词。

我们从图 8-3 可以看到，隐藏层中的单个循环神经元增加了一个循环回路使 t 时刻隐藏层的输出重新输入隐藏层中。t 时刻的输出会作为 $t+1$ 时刻的输入。这个新的输入会由 $t+1$ 时刻的网络处理来产生 $t+1$ 时刻隐藏层的输出。而 $t+1$ 时刻的输出接下来又会被重新作为 $t+2$ 时刻的输入，以此类推[①]。

尽管根据时间变化影响状态的思想一开始可能会让人感觉有些困惑，但是其基本概念简单明了。对于传入一般前馈网络的每个输入，我们在 t 时刻得到的网络输出会作为网络的一个额外输入，与下一份在 $t+1$ 时刻的数据一起输入网络。这样，我们就可以告诉前馈网络之前发生了什么和"现在"正在发生什么。

重要说明　在本章及下一章，我们谈论最多的事情就是时刻或时间步（time step）。这和单独的数据样本不是一回事。我们谈论的是一份数据样本分解成更小的可以表示时间变化的块。单个数据样本仍是文本的某一部分，如一小段影评或者一条 Twitter。和之前一样，我们还是会对句子进行分词，但是不同于以往一次性地将所有词条输入网络，我们会在一个时刻输入一个词条。这和有多个新文本的样本完全不同。这些词条仍然是同一个标签的一个数据样本的一部分。

我们可以认为 t 代表词条序列的下标。所以 $t = 0$ 是文档中的第一个词条，而 $t + 1$ 则代表文档的下一个词条。那些在文档中依次出现的词条将会作为每个时刻（时间步）或者**词条步**的输入。并且，词条不一定是某个词，单个字符也可以作为词条。在某一时刻输入一个词条是将数据样本传入网络的一个子步（substep）。

自始至终，我们将当前时刻标为 t，下一时刻标为 $t + 1$。

如图 8-3 所示，我们可以看到一个循环网络：整个循环是由一个或者多个神经元组成的前馈网络层。网络隐藏层的输出和普通的输出一样，但是它本身会和下一个时刻的正常输入数据一起作为输入回传进网络。这个反馈表示为从隐藏层的输出指向它的输入的箭头。

理解这个过程的一个更简单的方法（通常如此显示）是展开这个网络。图 8-4 从新的角度，展示了网络随时间变量（t）展开两次的图形，显示了 $t + 1$ 时刻和 $t + 2$ 时刻的网络层。

每个时刻由完全相同的神经网络展开后的一列神经元表示。就像在时刻中查看每个样本的神经网络的剧本或视频帧一样。右侧网络是左侧网络的未来版本。在一个时刻（t）的隐藏层的输

---

① 在金融、动力学和反馈控制中，这通常被称为自回归滑动平均（auto-regressive moving average，ARMA）模型。

出被回传到隐藏层以及用作右侧下一个时刻（$t+1$）的输入数据，如此循环往复。此图显示了这一展开的两次迭代，因此对于 $t=0$、$t=1$ 和 $t=2$，有 3 列神经元。

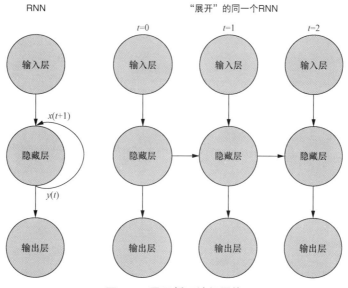

图 8-4 展开循环神经网络

这个可视化视图中的所有垂直路径都是克隆的，或者说是完全相同神经元的视图。它们在时间轴上是单个网络表示的。当讨论信息在反向传播算法中是如何在网络中前向和反向流动时，这种可视化非常有用。但是，当我们观察这 3 个展开的网络时，请记住它们都是同一个网络的不同快照（snapshot），只有一组权重。

我们放大一个循环神经网络展开前的原始表示，揭示输入和权重之间关系。这个循环网络的各个层如图 8-5 和图 8-6 所示。

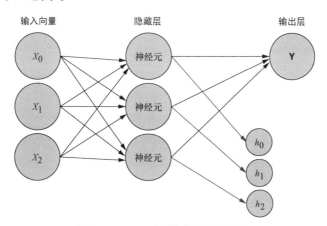

图 8-5 $t=0$ 时刻的循环神经网络

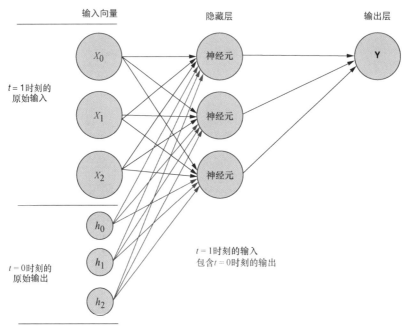

图 8-6 $t=1$ 时刻的循环神经网络

处于隐藏状态的每个神经元都有一组权重，它们应用于每个输入向量的每个元素，这和一般的前馈网络一样。但是，现在我们有一组额外的可训练权重，这些权重应用于前一个时刻隐藏层神经元的输出。当我们逐个词条地输入序列时，网络可以学习分配给"过去"的事件多少权重或者重要度。

提示 序列中的第一个输入没有"过去"，因此 $t=0$ 时刻的隐藏状态从其 $t-1$ 时刻接收输入为 0。"填充"初始状态值的另一种方法是，首先将相关但分开的样本一个接一个地传递到网络中，然后每个样本的最终输出用于下一个样本 $t=0$ 时刻的输入。在 8.5.1 节中，我们将学习如何使用另一种"填充"方法保留数据集中的更多信息。

我们回到数据：假设我们有一组文档，每篇文档都是一个带标签的样本。对于每个样本，不同于上一章中一次性地将词向量集合传递进卷积神经网络（如图 8-7 所示），这次是从样本中一次取一个词条并将其单独传递到我们的 RNN 中（如图 8-8 所示）。

在循环神经网络中，我们传入第一个词条的词向量并获得网络的输出，然后传入第二个词条的词向量，同时也传入第一个词条的输出！然后传入第三个词条的词向量以及第二个词条的输出，以此类推。网络中有前后概念和因果关系，以及一些模糊的时间概念（如图 8-8 所示）。

现在我们的网络正在记住一些东西！好吧，至少有一点儿像。但还有一些事情需要我们弄明白，首先，反向传播算法是如何在这样的结构中工作的？

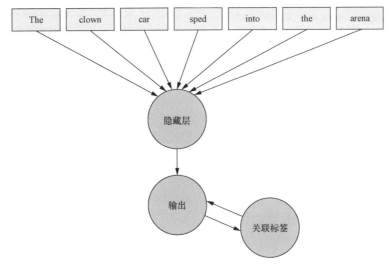

图 8-7 传入卷积网络的数据

循环神经网络

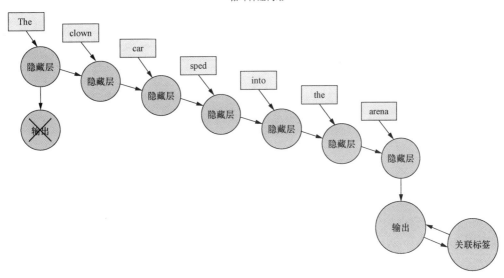

图 8-8 传入循环网络的数据

8.1.1 随时间反向传播算法

到目前为止，我们讨论的所有网络都有一个标签（目标变量），而循环神经网络也不例外。但是，并不是说每个词条都有一个标签，而是每个样本中的所有词条只有一个标签。也就是说，对于样本文档，只有一个标签。

... and that is enough.

——Isadora Duncan

提示　我们谈谈网络在各个时刻输入的词条，循环神经网络可以在任何类型的时间序列数据上工作。我们的词条可以是离散的或连续的：如来自气象站的读数、音符、句子中的字符等，由大家决定。

这里，我们开始会在最后一个时刻查看网络的输出，并将该输出与标签进行比较。这就是（目前）对于误差（error）的定义，而误差是我们的网络最终想要尽量减小的目标，但是这里要介绍的处理输出的方式与前几章的有所不同。对于给定的数据样本，我们可以将其分成较小的片段，这些片段按顺序进入网络。但是，我们并不直接处理这些由"子样本"产生的所有输出，而是将其反馈给网络。

我们只关心最终的输出，至少现在如此。将序列中的每个词条输入网络中，并根据序列中最后一个时刻（词条）的输出计算损失，如图 8-9 所示。

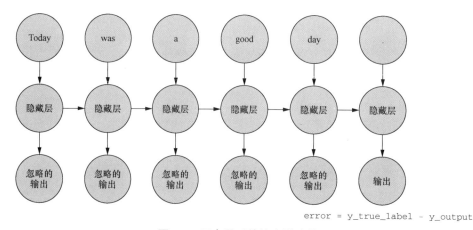

error = y_true_label - y_output

图 8-9　只有最后的输出影响结果

对于给定样本的误差，我们需要确定哪些权重需要更新以及需更新多少。在第 5 章中，我们学习了在标准的网络中如何反向传播误差，并且我们知道对每个权重校正多少取决于该权重对误差的贡献程度。我们可以输入样本序列中的各个词条，并根据之前时刻的网络输出计算误差，但是这也正是不能在时间序列上应用反向传播算法的原因。

可以这样来考虑：将整个过程视为基于时间的。我们在每个时刻取一个词条，从 $t = 0$ 处的第一个词条开始，将它输入当前的隐藏层神经元——图 8-9 中的下一列。当我们这样做时，网络会展开并揭示下一列，为序列中的下一个词条做好准备。隐藏层的神经元不断展开，一次一个，就像是音乐盒或钢琴的演奏。当我们到达终点，在输入样本的所有片段之后，网络将停止展开并且我们将获得目标变量的最终输出标签。我们可以使用该输出来计算误差并调整权重。这样，我们就完成了这个展开网络计算图的所有环节。

此时，我们可以将整个输入视为静态的。通过计算图我们可以看到各个神经元分别送入了哪个输入。一旦知道各个神经元是如何工作的，我们就可以循着之前的方法，像在标准前馈网络中做的那样运用反向传播。

我们将使用链式法则反向传播到前一层。但是，不同于传播到上一层，这里是传播到过去的层，就好像每个展开的网络版本都不同（如图 8-10 所示）。数学公式是一样的。

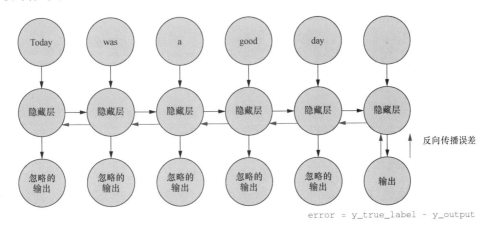

图 8-10　随时间反向传播

我们将反向传播在最后一个时刻获得的误差。对于每个"较早"的时刻，都要执行更新时刻的梯度。对于该样本，在计算了所有词条的梯度之后，我们将聚合这些校正值并将它们应用于整套权重的更新，直至回到时刻 $t = 0$。

简要回顾

- 将每个数据样本切分为词条。
- 将每个词条输入前馈网络中。
- 将每个时刻的输出以及下一个时刻的输入作为同一层的输入。
- 获取最后一个时刻的输出并将其与标签进行比较。
- 在整个计算图中反向传播误差，一直回到第一个时刻 $t = 0$ 的输入。

8.1.2　不同时刻的权重更新

我们已经将看似奇怪的循环神经网络转换为类似于标准前馈网络的东西，这样可以使权重更新变得相当简单。但是这里有一个问题。更新过程中棘手的部分是我们正在更新的权重不是神经网络的不同分支，每个分支代表着位于不同时刻的相同网络。各个时刻的权重是相同的（如图 8-10 所示）。

一个简单的解决方案是计算各个时刻的权重校正值但不立即更新。在前馈网络中，一旦为输入样本计算了所有梯度，所有权重的校正值就会被计算。这对循环神经网络同样适用，但对该输入样本我们必须一直保留这些校正值，直至回到时刻 $t = 0$。

梯度计算需要基于权重对误差的贡献量。这里是令人费解的部分：在时刻 t 一个权重在初次计算时对误差产生了贡献，而该权重在时刻 $t+t$ 会接收到不同的输入，因此之后对误差的贡献量也会有所不同。

我们可以计算出权重在每个时刻的不同校正值（就像它们在气泡中一样），然后聚合所有校正值并在学习阶段的最后一步将其应用于隐藏层的各个权重。

> **提示**　在所有这些示例中，我们前向传播传入单个训练样本，然后反向传播误差。与所有神经网络一样，这种前向传递可以依据每个训练样本进行，也可以分批进行。事实证明，批处理除加速之外还有其他好处。但现在，请仅从单个数据样本、单个句子或文档来考虑这些过程。

这似乎很神奇。对于单个数据样本，随时间反向传播算法中的单个权重在一个时刻 t 可能会在一个方向上进行调整（取决于其在时刻 t 对输入的反应），然后在时刻 $t-1$ 在另一个方向上进行调整（取决于其在时刻 $t-1$ 对输入的反应）! 但是请记住，不管中间步骤有多复杂，神经网络一般都是通过最小化损失函数来工作的，所以总体来说，它会对这个复杂的函数进行优化。当对每个数据样本应用一次权重更新时，网络将确定（假设它是收敛的）对该输入样本来说最适合处理此任务的神经元的权重。

至关重要的前期输出

有时，我们也会关心在各个中间时刻生成的整个序列。在第 9 章中，我们将看到一些示例，它们展示了给定时刻 t 的输出与最终时刻的输出同样重要。图 8-11 展示了在任意给定时刻捕获误差的路径，并在反向传播期间使用该误差反向调整网络的所有权重。

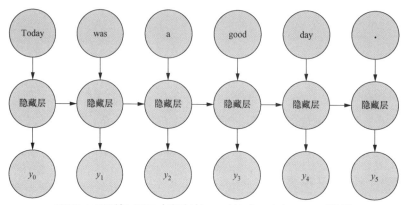

图 8-11　所有的输出都很重要

这个过程类似于在 n 个时刻执行普通的随时间反向传播。在本例中，我们现在正在同时从多个源反向传播误差。但是正如第一个例子一样，权重的校正值是累积的，我们从最后一个时刻一直反向传播到初始时刻，并且对每个权重计算要更新的总数，然后对于在倒数第二个时刻计算出的误差进行同样的处理，并将反向进行处理直到时刻 $t=0$ 将所有的校正值加起来。重复这个过程，

直到回到时刻 $t=0$，然后继续反向传播，此时要聚合的值只有一个。接着，我们可以将更新的总和一次性地应用于相关隐藏层的所有权重。

在图 8-12 中，我们可以看到误差从每个输出反向传播到 $t=0$，并在最后对权重应用更新之前进行聚合。这是本节中最重要的内容。与标准的前馈网络一样，对于该输入（或一组输入），只有在计算了整个反向传播步骤中各权重需要更新的校正值之后，我们才会更新权重值。在循环神经网络的情况下，这种反向传播包含了所有时刻到 $t=0$ 的更新。

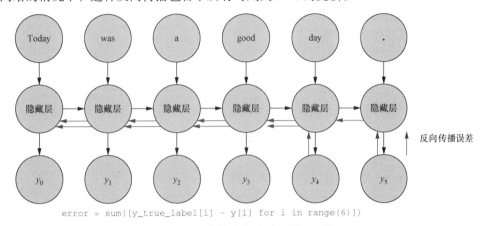

```
error = sum([y_true_label[i] - y[i] for i in range(6)])
```

图 8-12　多输出和随时间反向传播

较早地更新权重会较早地"污染"反向传播中的梯度计算。请记住梯度是根据特定的权重计算的，所以如果要提前更新它，例如在时刻 t，那么当计算时刻 $t-1$ 的梯度时，权重的值（记住它在网络中的权重位置是相同的）会发生变化。如果根据时刻 $t-1$ 的输入计算梯度，计算将是错误的。我们将因为一个权重没有对误差做出的贡献而惩罚（或奖励）它！

8.1.3　简要回顾

现在我们走到哪一步了？我们已经将每个数据样本分割成词条，然后一个接一个地把它们输入一个前馈网络。对于每个词条，不仅要输入词条本身，还要输入前一个时刻的输出。在时刻 0，我们输入初始词条和 0，后者是一个 0 向量，这是因为之前没有输出。我们将比较最终词条的网络输出与预期标签之间的差异以获得误差，然后随时间反向传播该误差至网络的每个权重，最后我们聚合计算出的校正值，并将它们同时应用于网络。

我们现在有一个前馈网络，它有一些类似于时间的概念和一个能够保存发生在时间轴上的记忆的基本工具。

8.1.4　难点

尽管一个循环神经网络需要学习的权重（参数）可能相对较少，但是从图 8-12 中可以看出，训练一个循环神经网络的代价高昂，尤其是对于较长的序列（如 10 个词条）。我们拥有的词条越多，每个时刻误差必须反向传播的时间越长。而对于每一时刻，都有更多的导数需要计算。虽然循环神经网络的效果并不比其他网络的效果差，但是请准备好用计算机的排气扇给房子供暖吧。

撇开新的供热能源不谈，我们已经给了神经网络一个基本的记忆能力，但是当它们（指网络时刻）变深，更多的麻烦也出现了（一个也可以在常规的前馈网络中看到的问题）。梯度消失问题（vanishing gradient problem）有一个推论：梯度爆炸问题（exploding gradient problem），它们的思想是，随着网络变得更深（更多层）时，误差信号会随着梯度的每一次计算消散或增长。

循环神经网络也面临着同样的问题，因为在数学上，时刻的每一次后退都相当于将一个误差反向传播到前馈网络的前一层。但是这里更糟！尽管由于这个原因，大多数前馈网络往往只有几层深，但是当我们要处理的是 5 个、10 个，甚至数百个词条的序列时，要深入到 100 层网络的底层还是很困难的。不过，一个让我们可以继续工作、减轻压力的因素在于：尽管梯度可能会在计算最后一次权重集的过程中消失或爆炸，但是实际上我们只更新了一次权重集，并且每个时刻的权重集都是相同的。仍然有些信息会传递出去，虽然它可能不是我们认为所能创建的理想记忆状态，但是不必害怕，研究人员正在研究这个问题，对于这个挑战在下一章我们会有一些答案。

听了如此多令人郁闷的坏消息，现在我们来看一些魔法吧。

8.1.5　利用 Keras 实现循环神经网络

我们将从与上一章中所使用的相同的数据集和预处理开始。首先，加载数据集，获取标签并随机打乱样本，然后对文档分词并使用谷歌的 Word2vec 模型使其向量化，接下来，获取标签，最后我们按 80/20 的比例将原始数据分成训练集和测试集。

首先，我们需要导入数据处理和循环神经网络训练所需的所有模块，如代码清单 8-1 所示。

代码清单 8-1　导入所有模块

```
>>> import glob
>>> import os
>>> from random import shuffle
>>> from nltk.tokenize import TreebankWordTokenizer
>>> from nlpia.loaders import get_data
>>> word_vectors = get_data('wv')
```

然后，我们可以构建数据预处理模块，它能对数据进行训练前的处理，如代码清单 8-2 所示。

代码清单 8-2　数据预处理模块

```
>>> def pre_process_data(filepath):
...       """
...       Load pos and neg examples from separate dirs then shuffle them
...       together.
```

```
...         """
...         positive_path = os.path.join(filepath, 'pos')
...         negative_path = os.path.join(filepath, 'neg')
...         pos_label = 1
...         neg_label = 0
...         dataset = []
...         for filename in glob.glob(os.path.join(positive_path, '*.txt')):
...             with open(filename, 'r') as f:
...                 dataset.append((pos_label, f.read()))
...         for filename in glob.glob(os.path.join(negative_path, '*.txt')):
...             with open(filename, 'r') as f:
...                 dataset.append((neg_label, f.read()))
...         shuffle(dataset)
...         return dataset
```

与之前一样,我们可以将数据分词和向量化的方法写在一个函数中,如代码清单 8-3 所示。

代码清单 8-3　数据分词和向量化

```
>>> def tokenize_and_vectorize(dataset):
...         tokenizer = TreebankWordTokenizer()
...         vectorized_data = []
...         for sample in dataset:
...             tokens = tokenizer.tokenize(sample[1])
...             sample_vecs = []
...             for token in tokens:
...                 try:
...                     sample_vecs.append(word_vectors[token])
...                 except KeyError:
...                     pass                              ← 在谷歌 w2v 词汇表中没
...             vectorized_data.append(sample_vecs)          有匹配的词条
...         return vectorized_data
```

并且我们需要将目标变量提取(解压)到单独的(但对应的)样本中,如代码清单 8-4 所示。

代码清单 8-4　目标变量解压缩

```
>>> def collect_expected(dataset):
...         """ Peel off the target values from the dataset """
...         expected = []
...         for sample in dataset:
...             expected.append(sample[0])
...         return expected
```

既然我们已经写好了所有的预处理函数,就需要在数据上运行它们,如代码清单 8-5 所示。

代码清单 8-5　加载和准备数据

```
>>> dataset = pre_process_data('./aclimdb/train')
>>> vectorized_data = tokenize_and_vectorize(dataset)       按 80/20 的比例划分为训练集
>>> expected = collect_expected(dataset)                    和测试集(不用混洗)
>>> split_point = int(len(vectorized_data) * .8)   ←
>>> x_train = vectorized_data[:split_point]
```

```
>>> y_train = expected[:split_point]
>>> x_test = vectorized_data[split_point:]
>>> y_test = expected[split_point:]
```

我们将为这个模型使用相同的超参数：每个样本使用 400 个词条，批大小为 32。词向量是 300 维，我们将让它运行 2 个周期。具体做法参见代码清单 8-6。

代码清单 8-6　初始化网络参数

```
>>> maxlen = 400
>>> batch_size = 32
>>> embedding_dims = 300
>>> epochs = 2
```

接下来，我们需要再次填充和截断样本。通常我们不需要对循环神经网络使用填充或截断，因为它们可以处理任意长度的输入序列。但是，在接下来的几个步骤中，我们将看到所使用的模型要求输入指定长度的序列。具体做法参见代码清单 8-7。

代码清单 8-7　加载测试数据和训练数据

```
>>> import numpy as np

>>> x_train = pad_trunc(x_train, maxlen)
>>> x_test = pad_trunc(x_test, maxlen)

>>> x_train = np.reshape(x_train, (len(x_train), maxlen, embedding_dims))
>>> y_train = np.array(y_train)
>>> x_test = np.reshape(x_test, (len(x_test), maxlen, embedding_dims))
>>> y_test = np.array(y_test)
```

现在我们已经获得了数据，是时候构建模型了。我们将再次从 Keras 的一个标准的分层模型 Sequential()（分层的）模型开始，如代码清单 8-8 所示。

代码清单 8-8　初始化一个空的 Keras 网络

```
>>> from keras.models import Sequential
>>> from keras.layers import Dense, Dropout, Flatten, SimpleRNN
>>> num_neurons = 50
>>> model = Sequential()
```

然后，和之前一样，神奇的 Keras 处理了组装神经网络的各个复杂环节：我们只需要将想要的循环层添加到我们的网络中，如代码清单 8-9 所示。

代码清单 8-9　添加一个循环层

```
>>> model.add(SimpleRNN(
...     num_neurons, return_sequences=True,
...     input_shape=(maxlen, embedding_dims)))
```

现在，基础模块已经搭建完毕，可以接收各个输入并将其传递到一个简单的循环神经网络中（不简单的版本将在下一章介绍），对于每个词条，将它们的输出集合到一个向量中。因为我们的序列有 400 个词条长，并且使用了 50 个隐藏层神经元，所以这一层的输出将是一个 400 个元素的向量，其中每个元素都是一个 50 个元素的向量，每个神经元对应着一个输出。

注意这里的关键字参数 return_sequences。它会告诉网络每个时刻都要返回网络输出，因此有 400 个向量，每个向量为 50 维。如果 return_sequences 被设置为 False（Keras 的默认行为），那么只会返回最后一个时刻的 50 维向量。

在本例中，50 个神经元的选择是任意的，主要是为了减少计算时间。我们用这个数字做实验，来看看它是如何影响计算时间和模型精确率的。

> **提示** 一个好的经验法则是尽量使模型不要比训练的数据更复杂。说起来容易做起来难，但是这个
> 想法为我们在数据集上做实验时的调参提供了一个基本法则。较复杂的模型对训练数据**过拟合**，泛
> 化效果不佳；过于简单的模型对训练数据**欠拟合**，而且对于新数据也没有太多有意义的内容。我们
> 会看到这个讨论被称为**偏差与方差**的权衡。对数据过拟合的模型具有高方差和低偏差，而欠拟合的
> 模型恰恰相反：低方差和高偏差；它会用一致的方式给出答案，结果把一切都搞错了。

注意，我们再次截断并填充了数据，这样做是为了与上一章的 CNN 例子作比较。但是当使用循环神经网络时，通常不需要使用截断和填充。我们可以提供不同长度的训练数据，并展开网络，直到输入结束，Keras 对此会自动处理。问题是，循环层的输出长度会随着输入时刻的变化而变化。4 个词条的输入将输出 4 个元素长的序列。100 个词的序列将产生 100 个元素长的序列。如果我们需要把它传递到另一个层，即一个期望输入的维度统一的层，那么上述不等长的结果就会出现问题。但在某些情况下，这种不等长的序列输入也是可以接受的，甚至本来就期望如此。但是还是先回到我们这里的分类器，参见代码清单 8-10。

代码清单 8-10　添加一个 dropout 层

```
>>> model.add(Dropout(.2))

>>> model.add(Flatten())
>>> model.add(Dense(1, activation='sigmoid'))
```

我们要求上述简单的 RNN 返回完整的序列，但是为了防止过拟合，我们添加了一个 Dropout 层，在每个输入样本上随机选择输入，使这些输入有 20% 的概率为零，最后再添加一个分类器。在这种情况下，我们只有一个类："Yes - Positive Sentiment - 1" 或 "No - Negative Sentiment - 0"，所以我们选择只有单个神经元（Dense(1)）的层并使用 sigmoid 激活函数。但是该稠密层需要输入一个由 n 个元素组成的扁平的向量（每个元素都是一个浮点数）。SimpleRNN 输出的是一个 400 个元素长的张量，张量中的每个元素都是 50 个元素长。但是前馈网络并不关心元素的顺序而只关心输入是否符合网络的需要，所以我们使用 Keras 提供的一个非常方便的网络层 Flatten() 将输入从 400 × 50 的张量扁平化为一个长度为 20 000 个元素的向量。这就是我们要传递到最后一层用来做分类的向量。实际上，Flatten 层是一个映射。这意味着误差将从最后一层反向传播回 RNN 层的输出，而如前所述，这些反向传播的误差之后将在输出的合适点随时间反向传播。

将循环神经网络层生成的"思想向量"传递到前馈网络中，将不再保留我们努力试图想要包含

的输入顺序的关系。但重要的是我们注意到，与词条的序列相关的"学习"发生在 RNN 层本身；通过随时间反向传播过程中误差的聚合将这种关系编码进了网络中，并将其表示为"思想向量"本身。我们基于思想向量作出的决策，通过分类器，就特定的分类问题向思想向量的"质量"提供反馈。我们可以"评估"我们的思想向量，并以其他方式使用 RNN 层，更多内容将在下一章讨论。（大家能感觉到我们提到下一章时的兴奋吗？）坚持下去，这些知识对于理解下一部分是至关重要的。

8.2　整合各个部分

就像在上一章使用卷积神经网络做的那样来编译循环神经网络模型。

Keras 还附带了一些工具，如 model.summary()，用于审察模型内部情况。随着模型变得越来越复杂，我们需要经常使用 model.summary()，否则在调整超参数时跟踪模型内部的内容的变化情况会变得非常费力。如果我们将模型的摘要以及验证的测试结果记录在超参数调优日志中，那将会非常有趣。我们甚至可以实现大部分工作的自动化，将一些枯燥的记录工作交给机器[①]来完成。具体做法参见代码清单 8-11。

代码清单 8-11　编译循环神经网络

```
>>> model.compile('rmsprop', 'binary_crossentropy', metrics=['accuracy'])
Using TensorFlow backend.
>>> model.summary()

Layer (type)                 Output Shape              Param #
=================================================================
simple_rnn_1 (SimpleRNN)     (None, 400, 50)           17550

dropout_1 (Dropout)          (None, 400, 50)           0

flatten_1 (Flatten)          (None, 20000)             0

dense_1 (Dense)              (None, 1)                 20001
=================================================================
Total params: 37,551.0
Trainable params: 37,551.0
Non-trainable params: 0.0

None
```

这里我们暂停一下，看看正在处理的参数的数量。这个循环神经网络相对较小，但是请注意，我们正在学习 37 551 个参数！这对 20 000 个训练样本（不要与最后一层中的 20 000 个元素混淆——这只是巧合）来说需要更新的权重太多了。我们看看这些数字，思考一下它们具体来自哪里。

在 SimpleRNN 层中，我们需要 50 个神经元。每个神经元都将接收输入（并对每个输入样

---

① 如果大家决定主动选择超参数，请不要过于坚持网格搜索，随机搜索要有效得多。如果真的想研究它，大家可以尝试贝叶斯优化。超参数优化器每隔几个小时会尝试一次，因此大家不能仅仅使用旧的超参数调优模型（但愿不要使用循环网络！）

本应用一个权重）。在一个循环神经网络中，每个时刻的输入都是一个词条。在本例中，词条由词向量表示，每个向量有 300 个元素长（300 维）。每个神经元需要 300 个权重：

$$50 \times 300 = 15\,000$$

每个神经元也有一个偏置项，它的输入值总是 1（这就是让它成为偏置的原因），所以可训练的权重：

$$15\,000 + 50（偏置权重）= 15\,050$$

第一层第一个时刻的权重数量为 15 050。现在这 50 个神经元中的每一个都将把它的输出输入网络的下一时刻。每个神经元接受完整的输入向量和完整的输出向量。在第一个时刻，还不存在来自输出的反馈，所以它的初始值是 0 向量，它的长度与输出向量的长度相同。

隐藏层中的每个神经元现在都有每个词条嵌入维度的权重，即 300 个权重。每个神经元也有 1 个偏置。在前一个时刻（或第一个 $t = 0$ 时刻的 0）中，输出结果有 50 个权重。这 50 个权重是循环神经网络中的关键反馈步骤。这给了我们

$$300 + 1 + 50 = 351$$

351×50 个神经元得到：

$$351 \times 50 = 17\,550$$

17 550 个需要训练的参数。我们展开这个网络 400 次（考虑到梯度消失相关的问题，这可能太多了，但是即使这样，这个网络也是非常有效的）。然而，这 17 550 个参数在每次展开时都是相同的，并且在所有的反向传播计算完毕之前，它们都是相同的。对权重的更新发生在前向传播和后续反向传播序列的末尾。虽然我们给反向传播算法增加了复杂度，但是我们也因此逃过一劫：没有去训练一个参数甚至超过 700 万（17 550 × 400）个的网络。如果每个展开的网络都有自己的权重集，那么情况就会如此糟糕。

总体来说，最后一层有 20 001 个参数需要训练，这计算起来相对简单。在 Flatten() 层之后，输入是一个 20 000 维的向量加上一个偏置输入，因为在输出层只有一个神经元，所以参数的总数是

$$(20\,000 个输入元素 + 1 个偏置单元) \times 1 个神经元 = 20\,001 个参数$$

这些数字在计算时间上可能会有一点误导，因为随时间反向传播算法有太多额外的步骤（与卷积神经网络或标准前馈网络相比）。计算时间不应该成为使用它的主要壁垒。循环网络在记忆能力方面的特殊优势是进入包括 NLP 或所有其他序列数据的更大世界的起点，我们将在下一章看到这一点，但是现在请回到我们的分类器上来。

8.3 自我学习

好了，现在是时候训练这个循环网络了，我们在前一节中已经仔细组装好了。与其他 Keras

模型一样，我们需要向 .fit() 方法传递数据，并告诉它我们希望训练多少个训练周期（epoch），如代码清单 8-12 所示。

代码清单 8-12　训练并保存模型

```
>>> model.fit(x_train, y_train,
...           batch_size=batch_size,
...           epochs=epochs,
...           validation_data=(x_test, y_test))
Train on 20000 samples, validate on 5000 samples
Epoch 1/2
20000/20000 [==============================] - 215s - loss: 0.5723 -
acc: 0.7138 - val_loss: 0.5011 - val_acc: 0.7676
Epoch 2/2
20000/20000 [==============================] - 183s - loss: 0.4196 -
acc: 0.8144 - val_loss: 0.4763 - val_acc: 0.7820

>>> model_structure = model.to_json()
>>> with open("simplernn_model1.json", "w") as json_file:
...     json_file.write(model_structure)
>>> model.save_weights("simplernn_weights1.h5")
Model saved.
```

结果还不错，但也没有什么值得大书特书的东西。那么我们可以在哪里进行改进呢？

8.4　超参数

本书中列出的所有模型都可以根据我们的数据和样本进行调整，它们都有各自的优势和相应的利弊权衡方式。寻找最优超参数集通常是一个棘手的问题。但是人类的直觉和经验至少可以为我们提供解决问题的方法。让我们看最后一个例子。我们做了哪些选择？具体做法参见代码清单 8-13。

代码清单 8-13　模型参数

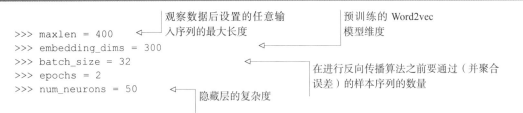

```
>>> maxlen = 400
>>> embedding_dims = 300
>>> batch_size = 32
>>> epochs = 2
>>> num_neurons = 50
```

观察数据后设置的任意输入序列的最大长度

预训练的 Word2vec 模型维度

在进行反向传播算法之前要通过（并聚合误差）的样本序列的数量

隐藏层的复杂度

maxlen 参数设置可能是这串参数中最大的问题。训练集在样本长度上变化很大。当我们强制将长度不超过 100 个词条的样本加长到 400 个词条，那么将 1000 个词条的样本截断到 400 个词条时，就会引入大量的噪声。改变这个数字对训练时间的影响比改变模型中的其他任何参数的影响都要大，单个样本的长度决定了误差需要在多长时刻内反向传播。对于训练循环神经网络，设置样本长度不是严格必要的。我们可以简单地将网络展开为样本所需的大小，在我们的例子中这种做法是必要的，因为我们把本身就是一个序列的输出传递到一个前馈层，而前馈层需要统一输入的大小。

embedding_dims 值是由我们所选择的 Word2vec 模型决定的，但是它应该是可以充分表示数据集的值。即使是像语料库中最常见的 50 个词条的独热编码这样简单的向量，可能也足以获得精确的预测。

与所有网络一样，增加 batch_size 可以加速训练，因为它减少了需要进行反向传播（计算上开销较大的部分）的次数。折中的结果是，更大的批量增加了在局部极小值处停顿下来的可能。

epochs 参数易于测试和调优，只需再次运行训练过程即可。但是，如果我们必须从头开始尝试每个新的 epochs 参数，那么这需要很多的耐心。Keras 模型可以重新启动训练，并从停止的地方继续，只要我们在“停止”处保存了模型即可。要在以前训练过的模型上重新启动训练，请重新加载该模型和数据集，并对数据调用 model.fit()。Keras 不会重新初始化权重，而是像从未停止过一般继续训练。

另一种对 epochs 参数进行调优的方法是添加一个名为 EarlyStopping 的 Keras 回调方法。通过向模型提供此方法，除非传递给 EarlyStopping 的度量指标超过了在回调方法中用于触发的某个阈值，否则模型将持续训练，直到达到我们所请求的周期数为止。一个常见的早停度量指标是连续几个周期验证精确率提高值。如果我们的模型没有变得更好，通常就意味着是时候“断线”（断开链接）了。

这个度量指标允许我们设置它并忘记它的存在。当模型达到我们的度量指标时，模型将停止训练。我们不必担心投入大量的时间之后，才发现模型早在 42 个周期之前就开始过拟合我们的训练数据了。

num_neurons 是一个重要的参数。上面建议随意地使用 50 个神经元。现在我们用 100 个神经元而不是 50 个来进行训练和测试，整个过程如代码清单 8-14 和代码清单 8-15 所示。

代码清单 8-14 建立一个更大的网络

```
>>> num_neurons = 100
>>> model = Sequential()
>>> model.add(SimpleRNN(
...     num_neurons, return_sequences=True, input_shape=(maxlen,\
...     embedding_dims)))
>>> model.add(Dropout(.2))
>>> model.add(Flatten())
>>> model.add(Dense(1, activation='sigmoid'))
>>> model.compile('rmsprop', 'binary_crossentropy',  metrics=['accuracy'])
Using TensorFlow backend.
>>> model.summary()
```

Layer (type)	Output Shape	Param #
simple_rnn_1 (SimpleRNN)	(None, 400, 100)	40100
dropout_1 (Dropout)	(None, 400, 100)	0

flatten_1 (Flatten)	(None, 40000)	0
dense_1 (Dense)	(None, 1)	40001

```
=================================================================
Total params: 80,101.0
Trainable params: 80,101.0
Non-trainable params: 0.0
```

代码清单 8-15　训练更大的网络

```
>>> model.fit(x_train, y_train,
...           batch_size=batch_size,
...           epochs=epochs,
...           validation_data=(x_test, y_test))
Train on 20000 samples, validate on 5000 samples
Epoch 1/2
20000/20000 [==============================] - 287s - loss: 0.9063 -
acc: 0.6529 - val_loss: 0.5445 - val_acc: 0.7486
Epoch 2/2
20000/20000 [==============================] - 240s - loss: 0.4760 -
acc: 0.7951 - val_loss: 0.5165 - val_acc: 0.7824
>>> model_structure = model.to_json()
>>> with open("simplernn_model2.json", "w") as json_file:
...     json_file.write(model_structure)
>>> model.save_weights("simplernn_weights2.h5")
Model saved.
```

上述更大的网络相当于在代码清单 8-13 中的网络的其中一层将模型的复杂度提高了一倍，其验证精确率为 78.24%，仅提高了 0.04%。这个微不足道的提高会让我们觉得模型（对于这个网络层）对数据来说太复杂了。这个网络层可能有些太宽了。

下面是将 num_neurons 设置为 25 时的情况：

```
20000/20000 [==============================] - 240s - loss: 0.5394 -
acc: 0.8084 - val_loss: 0.4490 - val_acc: 0.7970
```

这个结果很有趣。当我们把中间的尺寸缩小一点时，我们的模型稍微好了一点（验证精确率提高了 1.5%），但提高得还不是很显著。这类测试可能需要相当长的时间来培养一种直觉。我们可能会发现，随着训练时间的增加，我们将无法享受从其他编码任务中获得的即时反馈和满足感，这一点对新人来说尤其困难。有时一次改变一个参数会掩盖一次调整两个参数所带来的好处。但是，如果我们深陷组合导致的"兔子洞"而无法自拔，那么任务的复杂度会达到顶点。

提示　经常实验，并记录模型对我们的操作的反应。这种亲身实践的工作会为我们通过直觉构建模型提供最快捷的途径。

如果我们觉得模型对训练数据过拟合，但又无法找到使模型更简单的方法，那么我们总是可以尝试增加模型中的 Dropout() 函数中的百分比参数。这是一把可以降低过拟合风险的"大锤"（实际上是一把"散弹枪"),同时允许模型具备匹配数据所需的尽可能高的复杂度。如果我们把 dropout 百分比设置在 50%以上,模型就会开始有学习上的困难,学习速度将会变慢,验证误差将会增多。但是对许多 NLP 问题来说,循环网络的 dropout 百分比设置为 20%~50%是一个相当安全的范围。

8.5 预测

现在我们已经有了一个经过训练的模型,接下来就可以像在上一章中对 CNN 所做的那样进行预测,预测过程如代码清单 8-16 所示。

代码清单 8-16 吐槽糟糕天气的情感分析

```
>>> sample_1 = "I hate that the dismal weather had me down for so long, when
➡ will it break! Ugh, when does happiness return? The sun is blinding and
➡ the puffy clouds are too thin. I can't wait for the weekend."

>>> from keras.models import model_from_json
>>> with open("simplernn_model1.json", "r") as json_file:
...     json_string = json_file.read()
>>> model = model_from_json(json_string)
>>> model.load_weights('simplernn_weights1.h5')

>>> vec_list = tokenize_and_vectorize([(1, sample_1)])          ◁
>>> test_vec_list = pad_trunc(vec_list, maxlen)                 ◁
>>> test_vec = np.reshape(test_vec_list, (len(test_vec_list), maxlen,\
...     embedding_dims))

>>> model.predict_classes(test_vec)
array([[0]], dtype=int32)
```

分词函数返回一个数据的列表(这里长度为 1)

为元组的第一个元素传递一个虚拟值,因为辅助函数在处理初始数据的时候需要它。这个值和网络无关,它可以是任何值

结果又是负向的。

我们又有了一个可以添加到流水线中的工具,可以对可能的回复以及用户可能输入的问题或搜索进行分类。但是为什么要选择循环神经网络呢? 简单的答案是:不一定要选择循环神经网络,至少不是像这里实现的 SimpleRNN 一样。与前馈网络或卷积神经网络相比,它训练和传递新样本的成本相对较高。至少在本例中,结果并没有明显改善,甚至根本没有改善。

那么为什么要使用 RNN 呢? 记住出现过的输入位(bit)的概念在 NLP 中是非常重要的。对循环神经网络来说,梯度消失通常是一个难以克服的问题,特别是在一个有如此多时刻的样本中。下一章我们将开始研究记忆的其他可供选择的方法,正如 Andrej Karpathy 所指出的,这些方法"毫无理由地有效"[①]。

下面几节将介绍一些关于循环神经网络的其他内容,这些内容在示例中没有提到,但仍然很重要。

---

① Karpathy, Andrej, The Unreasonable Effectiveness of Recurrent Neural Networks.

8.5.1　有状态性

有时候，我们想要记住从一个输入样本到下一个输入样本的信息，而不仅仅是单个样本中的一个输入词条到下一个输入词条的一次时刻（词条）。在训练结束时，这些信息会发生什么变化？除了通过反向传播被编码在权重中的内容，最终的输出对网络没有影响，下一个输入将重新开始。Keras 在基本 RNN 层（因此也在 SimpleRNN 中）提供了一个关键字参数 stateful，它默认为 False，如果在模型中添加 SimpleRNN 层时将其设置为 True，则最后一个样本的最后一个输出将在下一个时刻与第一个词条输入一起传递给它自己，就像在样本的中间一样。

当我们想要对一个大型的已被分割成段落或句子进行处理的文档建模时，将 stateful 设置为 True 不失为一个好主意。我们甚至可以使用它来对相关文档的整个语料库的含义建模。但是，我们不希望在没有重置样本间模型状态的情况下，在不相关的文档或段落上训练有状态的 RNN。同样，如果我们经常打乱文本样本，则一个样本的最后几个词条与下一个样本的前几个词条没有任何关系。因此，对于打乱的文本，我们需要确保 stateful 参数被设置为 False，因为样本的顺序不能帮助模型找到合适的匹配关系。

如果传递给 fit 方法一个 batch_size 参数，则模型的有状态性（statefulness）将在一批中保存每个样本的输出。然后前一批中第一个样本的输出将会输入给下一批中的第一个样本，前一批中第二个样本的输出将会输入给下一批的第二个样本，以此类推。如果我们试图基于整体的某一小部分对较大的单个语料库进行建模，那么关注数据集的顺序就变得非常重要。

8.5.2　双向 RNN

到目前为止，我们已经讨论了词和之前出现过的词之间的关系。但是，如果词之间的依存关系翻转能处理吗？

They wanted to pet the dog whose fur was brown.
（他们想抚摸那只棕色毛皮的狗。）

当我们读到词条"fur"时，已经遇到了"dog"，并且对它有所了解。但是这个句子也包含了"狗有毛皮以及狗的毛皮是棕色的"这一信息。这些信息与之前的动作"pet"（抚摸）和"they"想要抚摸的事实有关。也许"they"只喜欢抚摸柔软的、毛茸茸的、棕色的东西，而不喜欢抚摸多刺的绿色的东西，如仙人掌。

人类阅读句子的方向是单向的，但当接收到新信息时，人类的大脑能够迅速回到文本前面的内容。人类可以处理那些没有按照最佳顺序呈现的信息。如果我们能允许模型在输入之间来回切换，那就太好了。这就是双向循环神经网络的用武之地。Keras 添加了一个层包装器，它可以在必要时自动翻转输入和输出，为我们自动组装一个双向 RNN。具体做法参见代码清单 8-17。

代码清单 8-17　创建一个双向循环神经网络

```
>>> from keras.models import Sequential
>>> from keras.layers import SimpleRNN
```

```
>>> from keras.layers.wrappers import Bidirectional

>>> num_neurons = 10
>>> maxlen = 100
>>> embedding_dims = 300

>>> model = Sequential()
>>> model.add(Bidirectional(SimpleRNN(
...     num_neurons, return_sequences=True),\
...     input_shape=(maxlen, embedding_dims)))
```

其基本思想是将两个 RNN 并排在一起，将输入像普通单向 RNN 的输入一样传递到其中一个 RNN 中，并将同样的输入从反向传递到另一个 RNN 中（如图 8-13 所示）。然后，在每个时刻将这两个网络的输出拼接到一起作为另一个网络中对应（相同输入词条）时刻的输入。我们获取输入最后一个时刻的输出后，将其与在反向网络的第一个时刻的由相同输入词条生成的输出拼接起来。

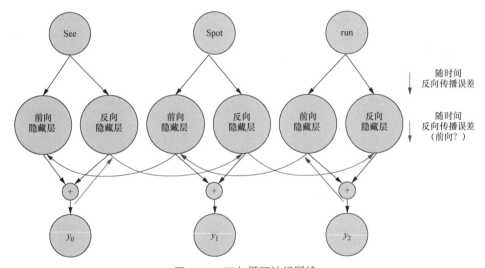

图 8-13 双向循环神经网络

提示　Keras 也有一个 go_backwards 关键字参数。如果将这个参数设置为 True，Keras 会自动翻转输入序列并将它们以相反的顺序输入网络中。这是双向网络层的下半部分。

如果没有使用双向包装器，这个关键字会很有用，因为循环神经网络（由于梯度消失问题）在样本的末尾比在起始时更容易接受数据。如果我们在样本的末尾填充了 <PAD> 词条，那么所有好的、丰富的内容都将被深埋在输入循环中。而 go_backwards 可以快速地解决这个问题。

有了这些工具，我们不仅可以对文本进行预测和分类，还可以对语言本身及其使用方式进行建模。有了这种对算法的更深层次的理解，我们就可以生成全新的语句，而不仅仅是模仿模型之前见过的文本了！

8.5.3　编码向量

在稠密层（dense layer）的前面有一个向量，它的形状（神经元数量×1）来自给定输入序列的循环层的最后一个时刻。这个向量与前一章卷积神经网络中的思想向量是同等的概念。它是词条序列的编码表示。诚然，它只能够对与网络所训练的标签相关的序列的思想进行编码，但就NLP 领域而言，这是一个惊人的成就，预示着在计算上能将更高阶的概念编码成向量。

8.6　小结

- 在自然语言序列（词或字符）中，历史的内容对于模型理解序列非常重要。
- 在时间维度（词条）上，分解自然语言语句可以帮助我们的机器加深对自然语言的理解。
- 我们可以随时间（词条）反向传播误差，包括在深度学习网络的各层中。
- RNN 作为深度神经网络，其梯度变化是非常大的，可能会造成梯度消失或者梯度爆炸。
- 在循环神经网络被应用于语言建模之前，为自然语言字符序列有效地建模都是不可能完成的任务。
- 对于给定的样本，RNN 的权重会随着时间（词条）的推移进行聚合更新。
- 我们可以使用不同的方法来检查循环神经网络的输出。
- 我们可以通过将词条序列同时传递给前向、反向 RNN，来对一篇文档中的自然语言序列进行建模。

第9章 改进记忆力：
长短期记忆网络（LSTM）

本章主要内容

- 为循环神经网络增加更深层次的记忆
- 神经网络中的门控信息
- 文本分类和生成
- 对语言模式建模

尽管在序列数据中，循环神经网络为对各种语言关系建模（因此也可能是因果关系）提供了诸多便利，但是存在一个主要缺陷：当传递了两个词条后，前面词条几乎完全失去了它的作用[1]。第一个节点对第三个节点（第一个时刻再过两个时刻后）的所有作用都将被中间时刻引入的新数据彻底抹平。这对网络的基本结构很重要，但却和人类语言中的常见情景相违背，实际中即使词条在句子中相隔很远，也可能是深度关联的。

我们看看下面这个例子：

> *The young woman went to the movies with her friends.*
> （这个年轻的女人和她的朋友去看电影）。

句子中主语"woman"紧跟着它的主要动词"went"[2]。我们在前几章中了解到，卷积网络和循环网络都可以很容易地学习这种关系。

但在另一个类似的句子中：

> *The young woman, having found a free ticket on the ground, went to the movies.*
> （那位年轻女士，在地上找到一张免费票后，就去看电影了）。

名词和动词在序列中不再只相隔一个时刻。在这个新的、更长的句子中，循环神经网络很难理解主语"woman"和主动词"went"之间的关系。对于这个新句子，循环网络会过于强调动词"having"和主语"woman"之间的联系，而低估主语与谓语主动词"went"之间的联系。也就是

---

[1] Christopher Olah 解释了出现了这种现象的原因。

[2] "went"是句子中的谓语（主动词）。

说，在这里我们失去了句子的主语和谓语动词之间的关联性。在循环网络中，当我们遍历每个句子时，权重会衰减得过快。

这里面临的挑战是建立一个网络，其在上述两个句子中都能"领悟"到相同的核心思想。我们需要的是能够在整个输入序列中记住过去的方法。长短期记忆（long short-term memory，LSTM）则正是我们所需要的一类方法[1]。

长短期记忆网络的现代版本通常使用一种特殊的神经网络单元，称为门控循环单元（gated recurrent unit，GRU）。门控循环单元可以有效地保持长、短期记忆，使 LSTM 能够更精确地处理长句子或文档[2]。事实上，LSTM 工作得非常好，它在几乎所有涉及时间序列、离散序列和 NLP 领域问题的应用中都取代了循环神经网络[3]。

9.1   长短期记忆（LSTM）

LSTM 对于循环网络的每一层都引入了状态（state）的概念。状态作为网络的记忆（memory）。我们可以把上述过程看成是在面向对象编程中为类添加属性。每个训练样本都会更新记忆状态的属性。

在 LSTM 中，管理存储在状态（记忆）中信息的规则就是经过训练的神经网络本身——这就是神奇之处。它们可以通过训练来学习要记住什么，同时循环网络的其余部分会学习预测目标标签！随着记忆和状态的引入，我们可以开始学习依赖关系，这些依赖关系不仅可以扩展到一两个词条，甚至还可以扩展到每个数据样本的整体。有了这些长期依赖关系，我们就可以开始考虑超越文字本身的关于语言更深层次的东西。

有了 LSTM，模型可以开始学习人类习以为常和在潜意识层面上处理的语言模式。有了这些模式，我们不仅可以更精确地预测样本类别，还可以开始使用这些语言模式生成新的文本。尽管这个领域的技术水平还远远谈不上完美，但是我们将看到的结果，即使是在本书的小例子中，也是令人惊叹的。

那么，它到底是如何工作的呢？如图 9-1 所示。

就像在一般的循环网络中一样，记忆状态受输入的影响，同时也影响层的输出。但是，这种记忆状态在时间序列（句子或文档）的所有时刻会持续存

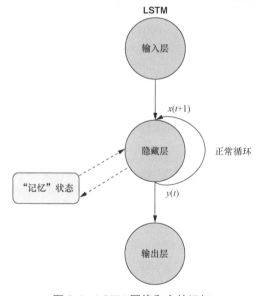

图 9-1　LSTM 网络和它的记忆

---

[1] Hochreiter 和 Schmidhuber 在 1997 年发表了第一篇关于 LSTM 的论文 "Long Short-Term Memory"（长短期记忆）。

[2] Kyunghyun Cho 等人在 2014 年发表的 "Learning Phrase Representations using RNN Encoder-Decoder for Statistical Machine Translation"（使用 RNN 编码–解码器来学习统计机器翻译的短语表示）。

[3] Christopher Olah 的博客文章解释了原因。

在。因此，每个输入都会对记忆状态和隐藏层的输出产生影响。记忆状态的神奇之处在于，它在学习（使用标准的反向传播）需要记住的信息的同时，还学习输出信息！这看起来像什么呢？

首先，我们展开一个标准的循环神经网络，并添加记忆单元。图 9-2 看起来与一般的循环神经网络相似。但是，除了向下一个时刻提供激活函数的输出，这里还添加了一个也经过网络各时刻的记忆状态。在每个时刻的迭代中，隐藏层循环单元都可以访问该记忆单元。这个记忆单元的添加，以及与其交互的机制，使它与传统的神经网络层有很大的不同。然而，大家可能想知道，是否可能设计一组传统的循环神经网络层（计算图）来完成 LSTM 层中存在的所有计算。事实上，LSTM 层只是一个极为特例化的循环神经网络。

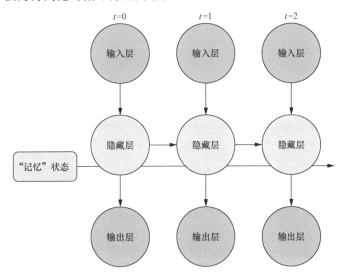

图 9-2　展开的 LSTM 网络和它的记忆

> **提示**　在很多文献中[1]，图 9-2 的"记忆状态"块被称为 LSTM 元胞（cell），而不是 LSTM 神经元，因为它包含两个额外的神经元或门控单元，就像一个硅计算机记忆细胞[2]一样。当一个 LSTM 元胞与一个 sigmoid 激活函数相结合，向下一个 LSTM 元胞输出一个值时，这个包含多个相互作用元素的结构被称为 LSTM 单元。多个 LSTM 单元组合形成一个 LSTM 层。图 9-2 中穿过展开循环神经元的水平线表示保存的记忆或状态。当词条序列被传递到一个多单元 LSTM 层时，它将变成一个具有每个 LSTM 元胞维数的向量。

我们仔细看看这其中的一个元胞。现在，每个元胞不再是一系列输入权重和应用于这些权重的激活函数，而是稍微复杂的结构。与前面一样，到每一层（或元胞）的输入是当前时刻输入和前一个时刻输出的组合。当信息流入这个元胞而不是权重向量时，它现在需经过 3 个门：遗忘门、

---

① 最近一个关于 LSTM 的很好示例是 Alex Graves 在 2012 年的论文 "Supervised Sequence Labelling with Rucurrent Neural Networks"。

② 参见维基百科文章 "Memory cell"。

输入/候选门和输出门（如图 9-3 所示）。

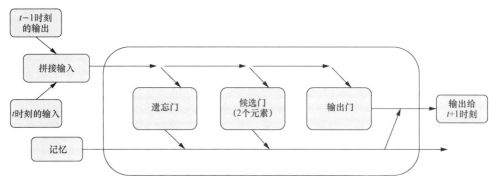

图 9-3　t 时刻的 LSTM 层

　　这些门中的每一个都由一个前馈网络层和一个激活函数构成，其中的前馈网络包含将要学习的一系列权重。从技术上讲，其中一个门由两个前向路径组成，因此在这个层中将有 4 组权重需要学习。权重和激活函数的旨在控制信息以不同数量流经元胞，同时也控制信息到达元胞状态（或记忆）的所有路径。

　　在深入讨论这些问题之前，我们先来看看 Python 代码，使用上一章的示例，并将 SimpleRNN 层替换为 LSTM。我们可以使用与上一章处理（x_train、y_train、x_test 和 y_test）的方法相同的向量化、填充/截断方法来处理数据。具体做法参见代码清单 9-1。

代码清单 9-1　Keras 中的 LSTM 层

```
>>> maxlen = 400
>>> batch_size = 32
>>> embedding_dims = 300
>>> epochs = 2
>>> from keras.models import Sequential
>>> from keras.layers import Dense, Dropout, Flatten, LSTM
>>> num_neurons = 50
>>> model = Sequential()
>>> model.add(LSTM(num_neurons, return_sequences=True,
...                 input_shape=(maxlen, embedding_dims)))
>>> model.add(Dropout(.2))
>>> model.add(Flatten())
>>> model.add(Dense(1, activation='sigmoid'))
>>> model.compile('rmsprop', 'binary_crossentropy', metrics=['accuracy'])
>>> print(model.summary())
Layer (type)                    Output Shape              Param #
=================================================================
lstm_1 (LSTM)                   (None, 400, 50)           70200

dropout_1 (Dropout)             (None, 400, 50)           0

flatten_1 (Flatten)             (None, 20000)             0
```

```
dense_1 (Dense)                    (None, 1)                    20001
===================================================================
Total params: 90,201.0
Trainable params: 90,201.0
Non-trainable params: 0.0
```

与上一章的代码相比，只有导入库那一部分和其中一行 Keras 代码发生了变化，但在代码的表面下的许多事情正在悄然发生。从上面给出的模型摘要中，我们可以看到，对于相同数量的神经元（50），我们需要训练的参数比上一章的 SimpleRNN 中的要多得多。回想一下，简单的 RNN 有以下权重：

- 300（对应于输入向量的每个元素）；
- 1（对应于偏置项）；
- 50（对应于前一个时刻的每个神经元的输出）。

每个神经元总共有 351 个权重：

$$351 \times 50 = 17\,550$$

元胞有 3 个门（总共 4 个神经元）：

$$17\,550 \times 4 = 70\,200$$

但什么是记忆呢？记忆将由一个向量来表示，这个向量与元胞中神经元的元素数量相同。这里的示例相对简单，只有 50 个神经元，因此记忆单元将是一个由 50 个元素长的浮点数（float）向量。

那么这些门又是什么？我们跟随第一个样本，了解它在网络中的运行情况（如图 9-4 所示）。

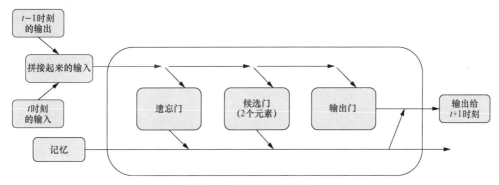

图 9-4　LSTM 层的输入

通过元胞的"旅程"不是一条单一的道路，它有多个分支，我们将跟随每个分支一段时间，然后后退、前进、进入另一分支，最后再回到一起，以得出元胞输出的最终结果。

我们从第一个样本中获取第一个词条，并将其 300 个元素的向量表示传递到第一个 LSTM 元胞。在进入元胞的过程中，数据的向量表示与前一个时刻的向量输出（第一个时刻的向量为 0）拼接起来。在本例中，我们将得到一个长度为 300 + 50 个元素的向量。有时我们会看到向量后面加一个代表偏置项的 1。因为偏置项在传递到激活函数之前总是将其相关权重乘以值 1，所以有时会从输入向量表示中省略该输入，以使图更易于理解。

　　在道路的第一个分岔处，我们将拼接起来的输入向量的副本传递到似乎会预示厄运的遗忘门（如图 9-5 所示）。遗忘门的目标是，根据给定的输入，学习要遗忘元胞的多少记忆。咦，稍等一下，我们刚把这个记忆输入进去，你要做的第一件事却是遗忘它？简直难以置信。

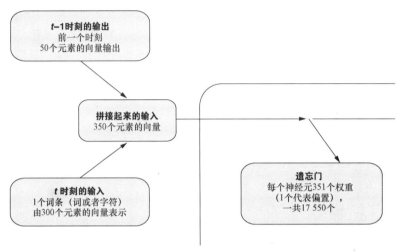

图 9-5　第一站——遗忘门

　　想要遗忘和想要记住的想法一样重要。作为一名人类读者，当我们从文本中获取某些信息时，例如名词是单数还是复数，我们想要保留这些信息，以便在之后的句子中能识别出与之匹配的正确的动词词形变化或形容词形式。在罗曼斯语系（romance language）中，我们也必须识别一个名词的性别，然后在句子中使用它。但是输入序列会经常地从一个名词转换到另一个名词，因为输入序列可以由多个短语、句子甚至文档组成。由于新的思想是在后面的语句中表达的，名词是复数的事实可能与后面不相关的文本没有任何关系。

　　A thinker sees his own actions as experiments and questions—as attempts to find out something. Success and failure are for him answers above all.

　　（一个思想家认为自己的行为只是实验和问题——只是用来尝试发现一些事物。成功和失败对他而言只是那些行为的答案。）

——Friedrich Nietzsche

　　在这句引文中，动词“see”与名词“thinker”搭配。我们遇到的下一个主动动词是第二个句子中的“to be”。这时“be”动词变形成“are”，与“Success and failure”匹配。如果把它和句子中的第一个名词“thinker”搭配起来，就会使用错误的动词形式“is”。因此，LSTM 不仅必须对序列中的长期依赖关系建模，而且同样重要的是，还必须随着新依赖关系的出现而忘记长期依赖关系，这就是遗忘门的作用，在我们的记忆元胞中为相关的记忆腾出空间。

　　网络并不基于这类显式表示进行工作。我们的网络试图找到一组权重，用它们乘以来自词条序列的输入，以便以最小化误差的方式更新记忆元胞和输出。令人惊讶的是，它们竟然能工作，而且它们确实工作得很好，但是在惊叹之余，我们还是回到遗忘门。

遗忘门本身（如图 9-6 所示）只是一个前馈网络。它由 n 个神经元组成，每个神经元的权重个数为 $m+n+1$。所以在本示例中，遗忘门有 50 个神经元，每个神经元有 351（300 + 50 + 1）个权重。因为我们希望遗忘门中的每个神经元的输出值在 0 到 1 之间，所以遗忘门的激活函数是 sigmoid 函数。

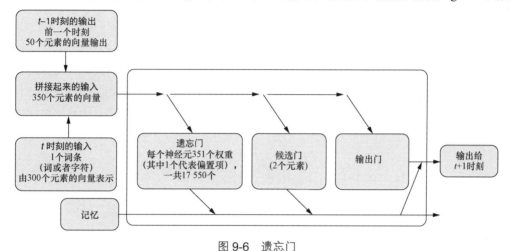

图 9-6　遗忘门

然后，遗忘门的输出向量是某种掩码（多孔掩码），它会遗忘记忆向量的某些元素。当遗忘门输出值接近于 1 时，对于该时刻，关联元素中更多的记忆知识会被保留，它越接近于 0，遗忘的记忆知识就越多（如图 9-7 所示）。

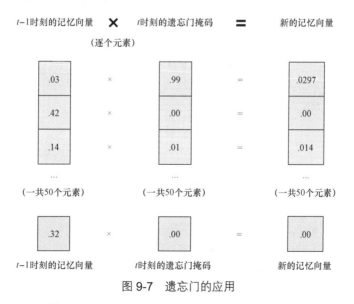

图 9-7　遗忘门的应用

通过检查核对，上述模型的遗忘门能够主动忘记一些东西。我们最好学会记住一些新的事物，否则它很快就会被遗忘的。就像在"遗忘门"中一样，我们将使用一个小网络，根据两件事来学习需要加入多少记忆：到目前为止的输入和上一个时刻的输出。这是我们在下一个分支进入的门中发生的事情：候选门。

候选门内部有两个独立的神经元，它们做两件事：

（1）决定哪些输入向量元素值得记住（类似于遗忘门中的掩码）；

（2）将记住的输入元素按规定路线放置到正确的记忆"槽"。

候选门的第一部分是一个具有 sigmoid 激活函数的神经元，其目标是学习要更新记忆向量的哪些输入值。这个神经元很像遗忘门中的掩码。

这个门的第二部分决定使用多大的值来更新记忆。第二部分使用一个 tanh 激活函数，它强制输出值在−1 和 1 之间。这两个向量的输出是按元素相乘，然后，将相乘得到的结果向量按元素加到记忆寄存器，从而记住新的细节（如图 9-8 所示）。

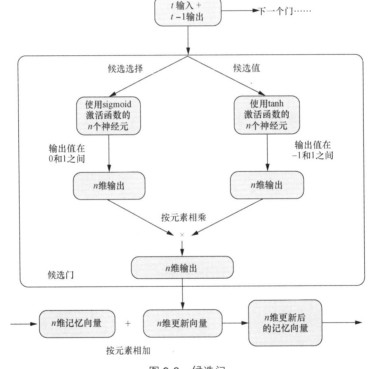

图 9-8　候选门

这个门同时学习要提取哪些值以及这些特定值的大小。掩码和大小成为添加到记忆状态的值。与遗忘门一样，候选门会学习在将不合适信息添加到元胞的记忆之前屏蔽掉它们。

所以我们希望旧的、不相关的信息被遗忘，而新的信息能够被记住。然后我们到达元胞的最后一个门：输出门。

到目前为止，在穿越元胞的过程中，我们只向元胞的记忆写入了内容，现在是时候利用整个结构了。输出门接收输入（记住，这仍然是 t 时刻元胞的输入和 $t-1$ 时刻元胞的输出的拼接），并将其传递到输出门。

拼接的输入被传递到 n 个神经元的权重中，然后使用 sigmoid 激活函数来输出一个 n 维浮点数向量，就像 SimpleRNN 的输出一样。但是不同于通过细胞壁（cell wall）来传递信息，在网络中，我们通过暂停部分输出来传递信息。

我们构建的记忆结构现在已经准备完成了，它将对我们应该输出什么进行权衡，这将是通过使用记忆创建最后一个掩码来判断的。这个掩码也是一种门，但是请尽量避免使用门这个术语，因为这个掩码没有任何学习过的参数，这有别于前面描述的 3 个门。

由记忆创建的掩码是对记忆状态的每个元素使用 tanh 函数，它提供了一个在−1 和 1 之间的 n 维浮点数向量。然后将掩码向量与输出门第一步中计算的原始向量按元素相乘。得到的 n 维结果向量作为元胞在 t 时刻的正式输出最终从元胞中传出（如图 9-9 所示）。

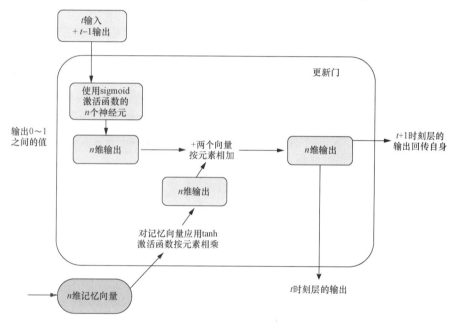

图 9-9　更新/输出门

> **提示**　记住，LSTM 元胞的输出类似于简单循环神经网络层的输出。它作为层的输出（在 t 时刻）传递到元胞外，并作为 $t+1$ 时刻输入的一部分回传至元胞本身。

因此，在获得了 t 时刻的输入和 $t-1$ 时刻的输出，以及输入序列中的所有细节之后，元胞的记忆就知道在 t 时刻，最后一个词输出什么是最重要的。

9.1.1　随时间反向传播

那么这个网络是如何学习的呢？与其他任何神经网络一样——通过反向传播算法。现在，回过头来看看我们是如何使用这种新的复杂结构来解决问题的。基本 RNN（Vanilla RNN）易于受到梯度消失影响是因为在任意给定时刻，导数都是权重的一个决定因素，因此，当我们结合不同的学习率，往之前时刻（词条）传播时，经过几次迭代之后，权重（和学习率）可能会将梯度缩小到 0。在反向传播结束时（相当于序列的开始），对权重的更新要么很小要么就为 0。当权重稍大时也会出现类似的问题：梯度爆炸并不与网络增长成比例。

　　LSTM 通过记忆状态避免了这个问题。每个门中的神经元都是通过它们输入进的函数的导数来更新的，即那些在前向传递时更新记忆状态的函数。所以在任何给定的时刻，当一般链式法则反向应用于前向传播时，对神经元的更新只依赖于当前时刻和前一个时刻的记忆状态。这样，整个函数的误差在每个时刻都能"更接近"神经元。这就是所谓的误差传播（error carousel）。

实践

　　那么，这在实践中是如何工作的呢？就像上一章的简单的 RNN 一样，我们所更改的只是黑盒的内部工作方式，它是网络中的一个循环层。因此，我们只需将 Keras 的 SimpleRNN 层替换为 Keras 的 LSTM 层，我们的分类器的其他所有部分都将保持不变。

　　我们使用相同的数据集并以相同的方式做好准备：对文本分词并使用 Word2vec 获得词嵌入。然后，使用前面几章中定义的函数，将序列填充/截断为 400 个词条。具体做法参见代码清单 9-2。

代码清单 9-2　加载并准备 IMDB 数据

```
>>> import numpy as np

>>> dataset = pre_process_data('./aclimdb/train')          收集数据并做好准备
>>> vectorized_data = tokenize_and_vectorize(dataset)
>>> expected = collect_expected(dataset)
>>> split_point = int(len(vectorized_data) * .8)

>>> x_train = vectorized_data[:split_point]                将数据划分为训练集和测试集
>>> y_train = expected[:split_point]
>>> x_test = vectorized_data[split_point:]
>>> y_test = expected[split_point:]
                                          声明超参数   在反向传播误差和更新权重之前需要
>>> maxlen = 400                                        传递给网络的样本数
>>> batch_size = 32
>>> embedding_dims = 300          我们创建的需要传递进
>>> epochs = 2                    Convnet 的词条向量的长度

>>> x_train = pad_trunc(x_train, maxlen)               进一步准备数据，使每
>>> x_test = pad_trunc(x_test, maxlen)                 个序列的长度相等
>>> x_train = np.reshape(x_train,
...     (len(x_train), maxlen, embedding_dims))
>>> y_train = np.array(y_train)
>>> x_test = np.reshape(x_test, (len(x_test), maxlen, embedding_dims))
>>> y_test = np.array(y_test)
                                                       重新塑形成一个
                                                       numpy 数据结构
```

然后我们可以使用新的 LSTM 层构建模型，如代码清单 9-3 所示。

代码清单 9-3　建立一个 Keras 的 LSTM 网络

```
>>> from keras.models import Sequential
>>> from keras.layers import Dense, Dropout, Flatten, LSTM
>>> num_neurons = 50
>>> model = Sequential()
>>> model.add(LSTM(num_neurons, return_sequences=True,
...                 input_shape=(maxlen, embedding_dims)))
>>> model.add(Dropout(.2))
>>> model.add(Flatten())
>>> model.add(Dense(1, activation='sigmoid'))
>>> model.compile('rmsprop', 'binary_crossentropy', metrics=['accuracy'])
>>> model.summary()
Layer (type)                  Output Shape              Param #
=================================================================
lstm_2 (LSTM)                 (None, 400, 50)           70200
_____
dropout_2 (Dropout)           (None, 400, 50)           0
_____
flatten_2 (Flatten)           (None, 20000)             0
_____
dense_2 (Dense)               (None, 1)                 20001
=================================================================
Total params: 90,201.0
Trainable params: 90,201.0
Non-trainable params: 0.0
```

Keras 使实现变得简单

对 LSTM 层的输出进行扁平化处理

一个神经元层，它将输出 0 到 1 之间的浮点数

像前面一样训练并保存模型，如代码清单 9-4 和代码清单 9-5 所示。

代码清单 9-4　训练 LSTM 模型

```
>>> model.fit(x_train, y_train,
...             batch_size=batch_size,
...             epochs=epochs,
...             validation_data=(x_test, y_test))
Train on 20000 samples, validate on 5000 samples
Epoch 1/2
20000/20000 [==============================] - 548s - loss: 0.4772 -
acc: 0.7736 - val_loss: 0.3694 - val_acc: 0.8412
Epoch 2/2
20000/20000 [==============================] - 583s - loss: 0.3477 -
acc: 0.8532 - val_loss: 0.3451 - val_acc: 0.8516
<keras.callbacks.History at 0x145595fd0>
```

训练模型

代码清单 9-5　保存模型

```
>>> model_structure = model.to_json()
>>> with open("lstm_model1.json", "w") as json_file:
...     json_file.write(model_structure)

>>> model.save_weights("lstm_weights1.h5")
```

保存它的结构，这样就不必再次构建这部分了

与我们在第 8 章中使用相同数据集实现的简单的 RNN 相比，验证精确率获得了一次巨大提升。当词条之间的关系非常重要时，我们可以看到通过为模型提供记忆可以获得巨大的收益。该算法的美妙之处在于，它可以学习看到的词条之间的关系。网络现在能够对这些关系建模，尤其是在我们提供的代价函数的上下文中。

在这种情况下，我们离正确识别正向或负向情感有多远？诚然，这只是自然语言处理领域所有问题中的一小部分。例如，我们如何建模识别幽默、讽刺或焦虑情感？它们可以被一起建模吗？这绝对是时下活跃的一个研究领域。虽然需要大量手工标注的数据（而且每天都会有更多这样的数据），但是单独处理它们绝对是一个可行的方法，并且在我们的流水线中堆叠这些类型的离散分类器是探求一个特定领域问题的合理有效的方法。

9.1.2　模型的使用

这是非常有趣的部分。有了训练好的模型，我们可以开始尝试各种样本短语，并查看模型的表现。尝试欺骗这个模型吧：在负向的语境中使用快乐的词。尝试长短语、短短语、矛盾短语。具体做法参见代码清单 9-6 和代码清单 9-7。

代码清单 9-6　重新加载 LSTM 模型

```
>>> from keras.models import model_from_json
>>> with open("lstm_model1.json", "r") as json_file:
...     json_string = json_file.read()
>>> model = model_from_json(json_string)

>>> model.load_weights('lstm_weights1.h5')
```

代码清单 9-7　使用模型预测一个样本

```
>>> sample_1 = """I hate that the dismal weather had me down for so long,
...     when will it break! Ugh, when does happiness return?  The sun is
...     blinding and the puffy clouds are too thin. I can't wait for the
...     weekend."""

>>> vec_list = tokenize_and_vectorize([(1, sample_1)])

>>> test_vec_list = pad_trunc(vec_list, maxlen)

>>> test_vec = np.reshape(test_vec_list,
...                       (len(test_vec_list), maxlen, embedding_dims))

>>> print("Sample's sentiment, 1 - pos, 2 - neg : {}"\
...     .format(model.predict_classes(test_vec)))
1/1 [==============================] - 0s
Sample's sentiment, 1 - pos, 2 - neg : [[0]]
```

分词后返回数据列表（这里长度为 1）

为元组的第一个元素传递一个虚值，因为辅助函数希望像处理初始数据一样处理新传入的样本。这个值和网络无关，所以它可以是任何东西

```
>>> print("Raw output of sigmoid function: {}"\
...     .format(model.predict(test_vec)))
Raw output of sigmoid function: [[ 0.2192785]]
```

当我们尝试各种可能性时，除离散的情感分类之外，还需要观察 sigmoid 函数的原始输出。不同于 .predict_class() 方法，.predict() 方法在设置阈值之前显示原始的 sigmoid 激活函数输出结果，因此我们可以看到 0 到 1 之间的一个连续值。任何输出值大于 0.5 的语句都归为正向类，小于 0.5 的都归为负向类。当我们尝试不同样本时，我们将了解模型对其预测的信心有多强，这将有助于分析我们的抽查结果。

密切关注分类错误的样本（正向的和负向的）。如果 sigmoid 输出接近 0.5，就意味着对于这个样本，模型只是在随机抛硬币。然后，我们可以查看为什么这个短语对模型来说是模糊的，但是请不要用人类的思维看待它的表现。把我们的人类直觉和主观观点放在一边，试着从统计学的角度思考。试着回想我们的模型"看到"了什么文档。这个被分类错误的样本中出现的词是否罕见？它们是在我们的语料库中罕见，还是在为我们训练语言模型的语料库中罕见？该样本中的所有词是否都存在于模型的词汇表中？

通过这个过程来检查概率，并输入预测错误的数据，这将有助于我们建立机器学习的直觉，这样我们就可以在未来构建更好的 NLP 流水线。这是通过人脑"反向传播"来解决模型调优问题的办法。

9.1.3　脏数据

这个功能更强大的模型仍然有大量的超参数可以尝试。但现在我们先暂停一下，回顾一下开始时的数据。从使用卷积神经网络开始，我们就一直在使用相同的数据，以完全相同的方式进行处理，这样我们就可以看到模型类型的变化以及在给定数据集上的性能表现。但是我们确实做出了一些损害数据完整性的选择，或者说弄脏了数据。

将每个样本填充或截断到 400 个词条对于卷积网络非常重要，这样过滤器（filter）就可以"扫描"长度一致的向量。卷积网络也能输出一个长度一致的向量。对输出来说，保持维数的一致是很重要的，因为在链的末端，输出将进入一个全连接的前馈层，这个前馈层需要一个固定长度的向量作为输入。

类似地，我们的循环神经网络的实现，包括简单的 RNN 和 LSTM，都在努力构造一个固定长度的思想向量，我们可以将其传递到一个前馈层进行分类。一个对象的固定长度的向量表示，如思想向量，通常也被称为嵌入（embedding）。因此，思想向量的大小是相同的，我们必须将网络展开至相同的时刻（词条）数。让我们看看将网络展开为 400 个时刻的选择如何，如代码清单 9-8 所示。

代码清单 9-8　优化思想向量大小

```
>>> def test_len(data, maxlen):
...     total_len = truncated = exact = padded = 0
...     for sample in data:
```

```
...             total_len += len(sample)
...             if len(sample) > maxlen:
...                 truncated += 1
...             elif len(sample) < maxlen:
...                 padded += 1
...             else:
...                 exact +=1
...         print('Padded: {}'.format(padded))
...         print('Equal: {}'.format(exact))
...         print('Truncated: {}'.format(truncated))
...         print('Avg length: {}'.format(total_len/len(data)))

>>> dataset = pre_process_data('./aclimdb/train')
>>> vectorized_data = tokenize_and_vectorize(dataset)
>>> test_len(vectorized_data, 400)
Padded: 22559
Equal: 12
Truncated: 2429
Avg length: 202.4424
```

好吧，400 确实是一个有点儿偏高的数字（可能早就该做这个分析了）。我们将 maxlen 调回到 202 个词条左右（平均样本大小）。我们取其四舍五入值，即 200 个词条，并让我们的 LSTM 网络再尝试一次，如代码清单 9-9 至代码清单 9-11 所示。

代码清单 9-9　优化 LSTM 模型超参数

```
>>> import numpy as np
>>> from keras.models import Sequential
>>> from keras.layers import Dense, Dropout, Flatten, LSTM
>>> maxlen = 200                                    ◁────  所有代码和之前一样，但是我们
>>> batch_size = 32                                        限制最大长度为 200 个词条
>>> embedding_dims = 300
>>> epochs = 2
>>> num_neurons = 50
>>> dataset = pre_process_data('./aclimdb/train')
>>> vectorized_data = tokenize_and_vectorize(dataset)
>>> expected = collect_expected(dataset)
>>> split_point = int(len(vectorized_data)*.8)
>>> x_train = vectorized_data[:split_point]
>>> y_train = expected[:split_point]
>>> x_test = vectorized_data[split_point:]
>>> y_test = expected[split_point:]
>>> x_train = pad_trunc(x_train, maxlen)
>>> x_test = pad_trunc(x_test, maxlen)
>>> x_train = np.reshape(x_train, (len(x_train), maxlen, embedding_dims))
>>> y_train = np.array(y_train)
>>> x_test = np.reshape(x_test, (len(x_test), maxlen, embedding_dims))
>>> y_test = np.array(y_test)
```

代码清单 9-10 一个优化了大小的 LSTM

```
>>> model = Sequential()
>>> model.add(LSTM(num_neurons, return_sequences=True,
...                 input_shape=(maxlen, embedding_dims)))
>>> model.add(Dropout(.2))
>>> model.add(Flatten())
>>> model.add(Dense(1, activation='sigmoid'))
>>> model.compile('rmsprop', 'binary_crossentropy', metrics=['accuracy'])
>>>model.summary()
Layer (type)                 Output Shape              Param #
=================================================================
lstm_1 (LSTM)                (None, 200, 50)           70200
_____
dropout_1 (Dropout)          (None, 200, 50)           0
_____
flatten_1 (Flatten)          (None, 10000)             0
_____
dense_1 (Dense)              (None, 1)                 10001
=================================================================
Total params: 80,201.0
Trainable params: 80,201.0
Non-trainable params: 0.0
```

代码清单 9-11 训练一个更小的 LSTM

```
>>> model.fit(x_train, y_train,
...           batch_size=batch_size,
...           epochs=epochs,
...           validation_data=(x_test, y_test))
Train on 20000 samples, validate on 5000 samples
Epoch 1/2
20000/20000 [==============================] - 245s - loss: 0.4742 -
acc: 0.7760 - val_loss: 0.4235 - val_acc: 0.8010
Epoch 2/2
20000/20000 [==============================] - 203s - loss: 0.3718 -
acc: 0.8386 - val_loss: 0.3499 - val_acc: 0.8450

>>> model_structure = model.to_json()
>>> with open("lstm_model7.json", "w") as json_file:
...     json_file.write(model_structure)

>>> model.save_weights("lstm_weights7.h5")
```

这样训练的速度更快，验证精确率下降了不到 1%（84.5% 相比于 85.16%）。只使用一半时刻的样本，但我们将训练时间减少一半以上！只有一半的 LSTM 时刻需要计算，并且在前馈层中只有一半的权重需要学习。但最重要的是，反向传播每次只需走一半的距离（只需一半的时刻回到过去）。

然而，精确率变低了。一个 200 维模型不是比之前的 400 维模型的泛化能力更好（过拟合更少）吗？这是因为我们在这两个模型中都包含了一个 dropout 层。dropout 层有助于防止过拟合，因此当我们减小模型的自由度或减少训练周期数时，验证精确率只会变得更低。

由于神经网络的强大功能以及它们学习复杂模式的能力，人们时常忘记，一个设计良好的神经网络善于学习丢弃噪声和系统偏差。我们把所有那些零向量都加进来，无意中给数据带来了很大的偏差。即使所有输入都为零向量，每个节点的偏置项元素也仍然会给它一些信号。但最终，网络将学会完全忽略这些元素（会将偏置项元素的权重特别调整为零），从而专注于样本中包含有意义信息的部分。

所以优化后的 LSTM 虽然没能学到更多信息，但是它可以学得更快。但是，这里最重要的一点是要注意测试集样本的长度与训练集样本的长度有关。如果我们的训练集是由数千个词条长的文档组成的，那么将只有 3 个词条长的文档填充到 1000 个词条就可能无法得到一个精确的分类结果。反之，将一个 1000 个词条的文档截断到 3 个词条，对于在 3 个词条长的文档中训练的小模型同样也会造成困扰。当然，这并不是说 LSTM 不能处理好这种情况，只是提醒大家在做实验时要注意这一点。

9.1.4　"未知"词条的处理

在数据处理方面，什么可能会成为巨大的麻烦呢？答案是直接丢弃"未知"词条。"未知"词条基本上就是在预训练的 Word2vec 模型中找不到的词，其列表非常大。直接丢弃这么多数据，尤其是试图对词序列建模时，通常会造成很大的问题。

当词嵌入词汇表中不包含"不"（don't）这个词时，类似于这样的句子：

> *I don't like this movie.*
> （我不喜欢这部电影。）

可能会变成

> *I like this movie.*
> （我喜欢这部电影。）

当然，这个例子在实际 Word2vec 词嵌入模型中并不存在，但是 Word2vec 中确实忽略了许多词条，这些词条可能对我们很重要，也可能不重要。丢弃这些未知词条是一种处理策略，但是还有其他策略可选。我们可以使用或训练一个词嵌入模型，该模型中的每一个词条都会对应一个向量，但是这样做会付出昂贵的代价。

有两种常见的方法可以在不增加计算需求的情况下提供更好的结果。这两种方法都涉及用新的向量表示替代未知的词条。第一种方法是反直觉的：对于没有由向量建模的每个词条，从现有词嵌入模型中随机选择一个向量并使用它。我们可以很容易地看出，这会使人类读者感到困惑。

一个类似于这样的句子：

> *The man who was defenestrated, brushed himself off with a nonchalant glance back inside.*
> （那名被丢出窗外的男子拂去了衣衫上的灰尘，若无其事地回头看了里面一眼。）

可能会成为

> *The man who was duck, brushed himself off with a airplane glance back inside.*
> （那名是鸭子的男子，拂去了衣衫上的灰尘，用飞机回头看了里面一眼。）

一个模型如何在这样的胡言乱语中学习？事实证明，模型确实解决了这些小问题，就像在之前的示例中我们不管它一样。记住，我们并不是要显式地对训练集中的每个语句建模。我们的目标是在训练集中创建一种通用的语言模型。这样就会存在一些异常值，但我们不希望存在太多的异常值以至于描述主要语言模式时偏离模型。

第二种也是更常见的方法是，在重构原始输入时，用一个特定的词条替换词向量库中没有的所有词条，这个特定的词条通常称为"UNK"（未知词条）。这个向量本身要么是在对原始嵌入建模时选择的，要么是随机选择的（理想情况是远离空间中已知的向量）。

与填充一样，网络可以学习如何绕过这些未知的词条，并围绕它们得出自己的结论。

9.1.5　字符级建模

词是有含义的——我们都同意这一点。用这些基本的模块来对自然语言建模看起来很自然。使用这些模型从原子结构的角度来描述含义、情感、意图和其他一切似乎也很自然。但是，当然，词根本就不是原子性的。如前所述，它们由单位更小的词、词干、音素等组成。但更重要的一点是，它们更基本地也都是由一系列字符构成的。

在对语言建模时，许多含义隐藏在字符里面。语音语调、头韵、韵律——如果我们把它们分解到字符级别，可以对所有这些建模。人类不需要分解得如此细致就可以为语言建模。但是，从建模中产生的定义非常复杂，并不容易传授给机器，这就是我们讨论这个问题的原因。对于我们见过的字符，当我们查看文本中哪个字符出现在哪个字符后面时，可以发现文本中的许多固有的模式。

在这个范式中，空格、逗号或句号都变成了另一个字符。当网络从序列中学习含义时，如果我们把它们分解成单个的字符，模型就会被迫来寻找这些更低层级的模式。当注意到有一些音节后面是重复的，这可能是押韵的后缀，可能是一种带有意义的模式，或许代表着愉快或嘲笑的情感。随着学习了足够大的训练集，这些模式开始显现。因为英语中不同的字母比词要少得多，所以需要关心的输入向量相对也就少了。

然而，在字符级别训练模型仍是很棘手的。在字符级别发现的模式和长期依赖关系在不同的语调中可能会有很大的差异。我们或许可以找到这些模式，但它们可能不具有泛化性。让我们在同一样本数据集中，在字符级别上尝试 LSTM。首先，我们需要用不同的方式处理数据。与前面一样，获取数据并通过标签进行排序，如代码清单 9-12 所示。

代码清单 9-12　准备数据

```
>>> dataset = pre_process_data('./aclimdb/train')
>>> expected = collect_expected(dataset)
```

然后需要决定将网络展开至多远，所以我们需要观察数据样本中平均有多少个字符，如代码清单 9-13 所示。

代码清单 9-13 计算样本平均长度

```
>>> def avg_len(data):
...     total_len = 0
...     for sample in data:
...         total_len += len(sample[1])
...     return total_len/len(data)

>>> avg_len(dataset)
1325.06964
```

所以我们立即就能知道网络将要被展开得更远，并且我们需要等很长时间才能训练完成这个模型。剧透一下：这个模型除过拟合之外什么都没做，但是它提供了一个有趣的例子。

接下来，我们需要清除一些与文本的自然语言无关的词条数据。此函数过滤出了数据集中 HTML 标签中的一些无用字符。实际上，数据应该被更彻底地清洗。具体做法参见代码清单 9-14。

代码清单 9-14 准备基于字符模型的字符串

```
>>> def clean_data(data):
...     """Shift to lower case, replace unknowns with UNK, and listify"""
...     new_data = []
...     VALID = 'abcdefghijklmnopqrstuvwxyz0123456789"\'?!.,:; '
...     for sample in data:
...         new_sample = []
...         for char in sample[1].lower():        ←┐ 只需抓取字符串，
...             if char in VALID:                    │ 不需要标签
...                 new_sample.append(char)
...             else:
...                 new_sample.append('UNK')
...         new_data.append(new_sample)
...     return new_data

>>> listified_data = clean_data(dataset)
```

我们使用了'UNK'表示列表中所有不出现在 VALID 列表中的单个字符。

然后，与前面一样，将样本填充或截断到指定的 maxlen 长度。这里，我们引入了另一个用于填充的"单字符"——'PAD'。具体做法参见代码清单 9-15。

代码清单 9-15 填充和截断字符

```
>>> def char_pad_trunc(data, maxlen=1500):
...     """ We truncate to maxlen or add in PAD tokens """
...     new_dataset = []
...     for sample in data:
...         if len(sample) > maxlen:
...             new_data = sample[:maxlen]
...         elif len(sample) < maxlen:
...             pads = maxlen - len(sample)
...             new_data = sample + ['PAD'] * pads
...         else:
...             new_data = sample
```

```
...             new_dataset.append(new_data)
...         return new_dataset
```

我们选择 1500 作为 maxlen 来获得比平均样本长度略多的样本数据，但是我们应该尽量避免使用会带来过多噪声的 PAD。考虑词的长度会帮助我们做出选择。在固定的字符长度下，与完全由简单的单音节词组成的样本相比，具有大量长词的样本可能被欠采样。与所有机器学习问题一样，了解数据集和它的输入、输出非常重要。

这一次，我们将使用独热编码字符，而不是使用 Word2vec。因此，我们需要创建一个词条（字符）字典，该字典被映射到一个整数索引。我们还将创建一个字典来映射相反的内容，稍后将详细介绍。具体做法参见代码清单 9-16。

代码清单 9-16　基于字符的模型"字典"

```
>>> def create_dicts(data):
...     """ Modified from Keras LSTM example"""
...     chars = set()
...     for sample in data:
...         chars.update(set(sample))
...     char_indices = dict((c, i) for i, c in enumerate(chars))
...     indices_char = dict((i, c) for i, c in enumerate(chars))
...     return char_indices, indices_char
```

然后可以使用该字典来建立索引的输入向量，而不是词条本身，如代码清单 9-17 和代码清单 9-18 所示。

代码清单 9-17　字符的独热编码

```
>>> import numpy as np

>>> def onehot_encode(dataset, char_indices, maxlen=1500):
...     """
...     One-hot encode the tokens
...
...     Args:
...         dataset list of lists of tokens
...         char_indices
...                 dictionary of {key=character,
...                                 value=index to use encoding vector}
...         maxlen int Length of each sample
...     Return:
...         np array of shape (samples, tokens, encoding length)
...     """
...     X = np.zeros((len(dataset), maxlen, len(char_indices.keys())))
...     for i, sentence in enumerate(dataset):
...         for t, char in enumerate(sentence):
...             X[i, t, char_indices[char]] = 1
...     return X
```
一个长度等于数据样本数量的 numpy 数组——每个样本有 maxlen 个词条数，每个词条是一个长度等于字符数量的独热编码向量

代码清单 9-18　加载和预处理 IMDB 数据

```
>>> dataset = pre_process_data('./aclimdb/train')
>>> expected = collect_expected(dataset)
>>> listified_data = clean_data(dataset)

>>> common_length_data = char_pad_trunc(listified_data, maxlen=1500)
>>> char_indices, indices_char = create_dicts(common_length_data)
>>> encoded_data = onehot_encode(common_length_data, char_indices, 1500)
```

然后如之前章节一样划分数据，如代码清单 9-19 和代码清单 9-20 所示。

代码清单 9-19　将数据集划分为训练集（80%）和测试集（20%）

```
>>> split_point = int(len(encoded_data)*.8)

>>> x_train = encoded_data[:split_point]
>>> y_train = expected[:split_point]
>>> x_test = encoded_data[split_point:]
>>> y_test = expected[split_point:]
```

代码清单 9-20　建立基于字符的 LSTM 网络

```
>>> from keras.models import Sequential
>>> from keras.layers import Dense, Dropout, Embedding, Flatten, LSTM

>>> num_neurons = 40
>>> maxlen = 1500
>>> model = Sequential()

>>> model.add(LSTM(num_neurons,
...                return_sequences=True,
...                input_shape=(maxlen, len(char_indices.keys()))))
>>> model.add(Dropout(.2))
>>> model.add(Flatten())
>>> model.add(Dense(1, activation='sigmoid'))
>>> model.compile('rmsprop', 'binary_crossentropy', metrics=['accuracy'])
>>> model.summary()
Layer (type)                 Output Shape              Param #
=================================================================
lstm_2 (LSTM)                (None, 1500, 40)          13920

dropout_2 (Dropout)          (None, 1500, 40)          0

flatten_2 (Flatten)          (None, 60000)             0

dense_2 (Dense)              (None, 1)                 60001
=================================================================
Total params: 73,921.0
Trainable params: 73,921.0
Non-trainable params: 0.0
```

这样，我们在构建 LSTM 模型方面变得更加高效。我们最新的基于字符的模型只需要训练

7.4 万个参数，而优化后的基于词的 LSTM 需要训练 8 万个参数。这个简单的模型应该训练得更快，并能更好地推广到新文本，因为它具有较小的过拟合自由度。

现在我们可以尝试一下，看看基于字符的 LSTM 模型需要提供什么参数，如代码清单 9-21 和代码清单 9-22 所示。

代码清单 9-21　训练基于字符的 LSTM 网络

```
>>> batch_size = 32
>>> epochs = 10
>>> model.fit(x_train, y_train,
...           batch_size=batch_size,
...           epochs=epochs,
...           validation_data=(x_test, y_test))
Train on 20000 samples, validate on 5000 samples
Epoch 1/10
20000/20000 [==============================] - 634s - loss: 0.6949 -
acc: 0.5388 - val_loss: 0.6775 - val_acc: 0.5738
Epoch 2/10
20000/20000 [==============================] - 668s - loss: 0.6087 -
acc: 0.6700 - val_loss: 0.6786 - val_acc: 0.5962
Epoch 3/10
20000/20000 [==============================] - 695s - loss: 0.5358 -
acc: 0.7356 - val_loss: 0.7182 - val_acc: 0.5786
Epoch 4/10
20000/20000 [==============================] - 686s - loss: 0.4662 -
acc: 0.7832 - val_loss: 0.7605 - val_acc: 0.5836
Epoch 5/10
20000/20000 [==============================] - 694s - loss: 0.4062 -
acc: 0.8206 - val_loss: 0.8099 - val_acc: 0.5852
Epoch 6/10
20000/20000 [==============================] - 694s - loss: 0.3550 -
acc: 0.8448 - val_loss: 0.8851 - val_acc: 0.5842
Epoch 7/10
20000/20000 [==============================] - 645s - loss: 0.3058 -
acc: 0.8705 - val_loss: 0.9598 - val_acc: 0.5930
Epoch 8/10
20000/20000 [==============================] - 684s - loss: 0.2643 -
acc: 0.8911 - val_loss: 1.0366 - val_acc: 0.5888
Epoch 9/10
20000/20000 [==============================] - 671s - loss: 0.2304 -
acc: 0.9055 - val_loss: 1.1323 - val_acc: 0.5914
Epoch 10/10
20000/20000 [==============================] - 663s - loss: 0.2035 -
acc: 0.9181 - val_loss: 1.2051 - val_acc: 0.5948
```

代码清单 9-22　保存模型

```
>>> model_structure = model.to_json()
>>> with open("char_lstm_model3.json", "w") as json_file:
...     json_file.write(model_structure)
>>> model.save_weights("char_lstm_weights3.h5")
```

92%的训练集精确率与59%的验证精确率表明模型出现了过拟合。模型开始缓慢地学习训练集的情感。天哪！真的耗时太久了！在没有 GPU 的现代笔记本电脑上，它花费了超过 1.5 小时的时间。但是验证精确率却没有比随机猜测提高多少，在后期的训练周期中，它开始变得更糟糕，我们也可以在验证的损失中看到这一点。

这可能是很多情况导致的。对数据集来说，该模型可能过于强大，这意味着它有足够的参数，可以为训练集的 20 000 个样本特有的模式进行建模，但对于关注情感的通用语言模型则没有用处。如果 LSTM 网络层的 dropout 百分率更高或神经元更少，这一问题可能会得到缓解。如果我们认为模型定义的参数量过于庞大，那么更多的标注数据也会有所帮助。但是高质量的标注数据通常是最难获得的。

最后，与词级 LSTM 模型，甚至前几章中的卷积神经网络相比，这个回报有限的模型在硬件和时间上带来了巨大的开销。那么为什么还要考虑使用字符级 LSTM 模型呢？如果有更多、更广泛的数据集，则字符级模型会非常擅长对语言建模。或者说，在提供一套专项领域的训练集时，它能为一种特定的语言类型建模，例如从某一位作者那里学习，而不是从数千名作者那里学习。无论如何，我们已经迈出了用神经网络生成新文本的第一步。

9.1.6　生成聊天文字

如果能以特定的"风格"或"看法"生成新的文本，我们肯定会拥有一个非常有趣的聊天机器人。当然，能够生成具有给定风格的新文本并不能保证聊天机器人会谈论我们希望它谈论的事情。但是，我们可以使用这种方法在给定的一组参数中生成大量文本（例如响应某类用户的风格），然后对于一个给定的查询，可以基于这个新的、更大的文本语料库索引和搜索最有可能的回复。

就像一个马尔可夫链（Markov chain），根据出现在 1-gram、2-gram 或者 n-gram 后的词，预测序列将要出现的下一个词，LSTM 模型也可以基于它刚刚看到的词，学习预测下一个词出现的概率，这就是记忆带来的好处！马尔可夫链只使用 n-gram 以及在 n-gram 之后出现的词的频率信息来进行搜索。RNN 模型也做了类似的事情，它基于前几项的下一项的信息进行编码，但是有了 LSTM 的记忆状态，模型可以在更大的上下文中判断最合适的下一项。最令人兴奋的是，我们可以根据之前文档出现过的字符来预测下一个字符。这种粒度级别超出了基本的马尔可夫链。

我们如何训练模型来完成这项魔术操作呢？首先，我们撇开分类任务。LSTM 模型学习的真正核心是 LSTM 元胞本身，但是我们却是在围绕特定分类任务的成功和失败来训练模型。这种方法不一定能帮助我们的模型学习语言的一般表示形式。我们训练它只关注那些包含了强烈情感的序列。

因此，我们应该使用训练样本本身，而不是使用训练集的情感标签来作为学习的目标！对于样本中的每个词条，我们希望 LSTM 模型能学会预测下一个词条（如图 9-10 所示）。这与第 6 章中使用的词向量嵌入方法非常相似，只是我们将通过 2-gram 而不是 skip-gram 来训练网络。以这种方式训练的词生成器模型（如图 9-10 所示）可以很好地工作，言归正传，我们使用这个方法可以直接获得字符级别的表示（如图 9-11 所示）。

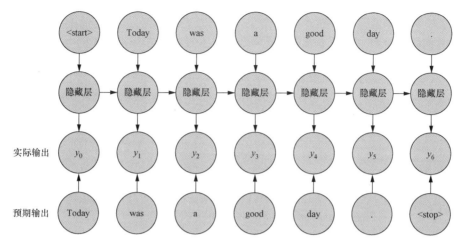

预期输出是样本中的下一个词条。这里显示的是词级别

图 9-10　预测下一个词

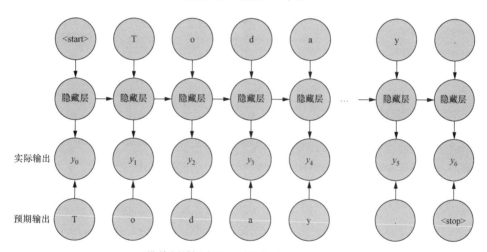

预期输出是样本中的下一个词条。这里显示的是字符级别

图 9-11　预测下一个字符

　　我们将关心每一个时刻的输出，而不是最后一个时刻输出得到的思想向量。误差仍然会由每一个时刻随时间反向传播回到开始时刻，但是误差是由每个时刻级别的输出确定的。在某种意义上，本章的其他 LSTM 分类器中也是这样的，但是在其他分类器中，直到序列末尾才确定误差。只有在序列的末尾，才有一个聚合的输出用来输入链末端的前馈层。尽管如此，反向传播仍然以相同的方式工作着——通过调整序列末尾的所有权重来聚合误差。

　　所以我们要做的第一件事就是调整训练集的标签。输出向量对比的不是给定的分类标签，而是序列中下一个字符的独热编码。

　　我们可以回到更简单的模型。这次我们不是试图预测每个后续字符，而是预测给定序列的下一个字符。如果去掉关键字参数 `return_sequences=True`（如代码清单 9-17 所示），这与本章中的其他所有 LSTM 层完全相同。这样做将使 LSTM 模型聚焦于序列中最后一个时刻的返回值（如图 9-12 所示）。

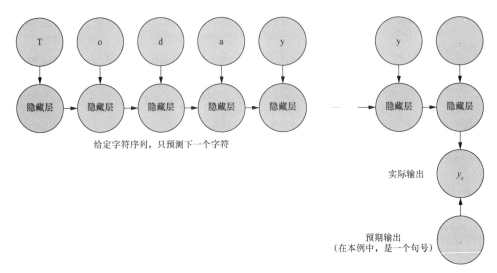

图 9-12　只预测最后一个字符

9.1.7　进一步生成文本

简单的字符级建模是通向更复杂模型的必经之路——这些模型不仅可以获取拼写等细节，还可以获取语法和标点符号。真正神奇的是，当这些模型学习这些语法细节时，它们也开始学习文本的节奏和韵律。我们看看如何使用一开始是用于分类的模型来生成一些新的文本。

Keras 文档提供了一个很好的例子。对于这个项目，我们将保留到目前为止使用的电影评论数据集。对于寻找像音调和词选择这样深奥的概念，该数据集有两个难以解决的问题。首先，它是多样化的。它是由许多作者写的，每个作者都有自己的写作风格和个性，找到他们之间的共同点十分困难。使用足够大的数据集，开发一个能够处理多种样式的复杂语言模型是可能的，但这会导致使用 IMDB 数据集的第二个问题：对于学习基于字符的通用语言模型，它是一个非常小的数据集。为了解决这个问题，我们需要一个在样本风格和音调更一致的数据集，或者一个大得多的数据集，我们会选择前者。Keras 的示例提供了弗里德里希·尼采（Friedrich Nietzsche）作品的一个样本。这很有趣，但我们将选择另一个风格独特的人——威廉·莎士比亚（William Shakespeare）。他已经有一段时间没发表任何作品了，我们来帮他吧。具体做法参见代码清单 9-23。

代码清单 9-23　导入古腾堡计划数据集

```
>>> from nltk.corpus import gutenberg
>>>
>>> gutenberg.fileids()
```

```
['austen-emma.txt',
 'austen-persuasion.txt',
 'austen-sense.txt',
 'bible-kjv.txt',
 'blake-poems.txt',
 'bryant-stories.txt',
 'burgess-busterbrown.txt',
 'carroll-alice.txt',
 'chesterton-ball.txt',
 'chesterton-brown.txt',
 'chesterton-thursday.txt',
 'edgeworth-parents.txt',
 'melville-moby_dick.txt',
 'milton-paradise.txt',
 'shakespeare-caesar.txt',
 'shakespeare-hamlet.txt',
 'shakespeare-macbeth.txt',
 'whitman-leaves.txt']
```

上面给出的是莎士比亚的 3 部戏剧。我们将获取它们的资源，并将它们拼接到一个大字符串中，这一过程参见代码清单 9-24。

代码清单 9-24　预处理莎士比亚的戏剧

```
>>> text = ''
>>> for txt in gutenberg.fileids():
...     if 'shakespeare' in txt:                    拼接 NLTK 的古腾堡语料库中
...         text += gutenberg.raw(txt).lower()       所有的莎士比亚戏剧
>>> chars = sorted(list(set(text)))
>>> char_indices = dict((c, i)
...     for i, c in enumerate(chars))               为索引建立一个字符字典，
>>> indices_char = dict((i, c)                       以便在独热编码中引用
...     for i, c in enumerate(chars))
>>> 'corpus length: {}  total chars: {}'.format(len(text), len(chars))
'corpus length: 375542  total chars: 50'
                                                     把一个独热编码解释回字符
                                                     时，建立一个反向查找字典
```

它们的格式也很不错：

```
>>> print(text[:500])
[the tragedie of julius caesar by william shakespeare 1599]

actus primus. scoena prima.

enter flauius, murellus, and certaine commoners ouer the stage.

  flauius. hence: home you idle creatures, get you home:
is this a holiday? what, know you not
(being mechanicall) you ought not walke
vpon a labouring day, without the signe
of your profession? speake, what trade art thou?
  car. why sir, a carpenter
```

```
mur. where is thy leather apron, and thy rule?
what dost thou with thy best apparrell on
```

接下来，我们将把原始文本分成数据样本，每个样本都有固定的 maxlen 个字符。为了增加数据集的大小并关注它们一致的语言模式，Keras 示例过采样了数据并细分为半冗余块。从开头处取 40 个字符，从开头移到第 3 个字符，从那里取 40 个字符，移到第 6 个字符……以此类推。

请记住，这个模型的目标是在给定前 40 个字符的情况下，学习预测任意序列中的第 41 个字符。因此，我们将构建一组半冗余序列的训练集，每个序列有 40 个字符长，如代码清单 9-25 所示。

代码清单 9-25　组装一个训练集

现在先忽略句子（和行）边界，这样基于字符的模型就会学习什么时候使用句点（'.'）或换行符（'\n'）来结束一个句子

步长为 3 个字符，这样生成的训练样本会部分重叠，但不会完全相同

抓取文本的一个切片

收集下一个预期字符

```
>>> maxlen = 40
>>> step = 3
>>> sentences = []
>>> next_chars = []
>>> for i in range(0, len(text) - maxlen, step):
...     sentences.append(text[i: i + maxlen])
...     next_chars.append(text[i + maxlen])
>>> print('nb sequences:', len(sentences))
nb sequences: 125168
```

所以我们拥有 125 168 个训练样本和在它们之后的字符，即模型的目标标签，如代码清单 9-26 所示。

代码清单 9-26　训练样本的独热编码

```
>>> X = np.zeros((len(sentences), maxlen, len(chars)), dtype=np.bool)
>>> y = np.zeros((len(sentences), len(chars)), dtype=np.bool)
>>> for i, sentence in enumerate(sentences):
...     for t, char in enumerate(sentence):
...         X[i, t, char_indices[char]] = 1
...     y[i, char_indices[next_chars[i]]] = 1
```

然后，在数据集中对每个样本的每个字符进行独热编码，并将其存储在列表 X 中。我们还会将独热编码的"答案"存储在列表 y 中，然后构造模型，如代码清单 9-27 所示。

代码清单 9-27　组装一个基于字符的 LSTM 模型来生成文本

我们使用更宽的 LSTM 层——由 50 层提升至 128 层。并且我们不返回整个序列。我们只需要最后一个输出字符

```
>>> from keras.models import Sequential
>>> from keras.layers import Dense, Activation
>>> from keras.layers import LSTM
>>> from keras.optimizers import RMSprop
>>> model = Sequential()
>>> model.add(LSTM(128,
...                 input_shape=(maxlen, len(chars))))
```

```
>>> model.add(Dense(len(chars)))
>>> model.add(Activation('softmax'))
>>> optimizer = RMSprop(lr=0.01)
>>> model.compile(loss='categorical_crossentropy', optimizer=optimizer)
>>> model.summary()
Layer (type)                     Output Shape             Param #
=================================================================
lstm_1 (LSTM)                    (None, 128)              91648
_____
dense_1 (Dense)                  (None, 50)               6450
_____
activation_1 (Activation)        (None, 50)               0
=================================================================
Total params: 98,098.0
Trainable params: 98,098.0
Non-trainable params: 0.0
```

这是一个分类问题，所以我们想要在所有可能字符上的概率分布

这和之前看起来有些许不同，我们来看一下各个组成模块。我们熟知的 Sequential 层和 LSTM 层，与前面的分类器相同。在本例中，LSTM 元胞隐藏层中的 num_neuron 为 128。虽然 128 比分类器中使用的要多很多，但是我们是在试图为在复现给定文本的音调中更复杂的行为进行建模。然后，优化器是通过一个变量定义的，但这也是到目前为止我们一直使用的。因为学习率参数从其默认值（0.001）调整为现在的值，所以为了便于阅读，这里将其分开。值得注意的是，RMSProp 的工作原理是通过使用"该权重最近梯度大小的平均值"，来调整学习率以更新各个权重。阅读关于优化器的书籍可以为我们在实验中省去一些麻烦，具体各个优化器的详细信息超出了本书的范围，这里不再赘述。

下一个不同之处是我们试图最小化的损失函数。到目前为止，它一直是 binary_crossentropy。我们只需要确定单个神经元的阈值。但是在这里，我们已经将最后一层中的 Dense(1) 替换为 Dense(len(chars))。因此，网络在每个时刻的输出将是一个 50 维的向量（len(chars) == 50，如代码清单 9-20 所示）。我们将使用 softmax 作为激活函数，因此输出向量将等效为整个 50 维向量上的概率分布（该向量中的值之和总是为 1）。使用 categorical_crossentropy 试图使结果的概率分布与独热编码预期字符之间的差异最小化。

最后一个主要的变化是没有 dropout。因为我们要对这个数据集进行特定的建模，而没有兴趣将其推广到其他问题，所以过拟合不仅是可以的，还是理想的。具体做法参见代码清单 9-28。

代码清单 9-28　训练一个莎士比亚风格的聊天机器人

这是一种训练模型、保存模型状态、继续训练的一种方法。Keras 内置了回调函数，在调用时可以执行类似的任务

```
>>> epochs = 6
>>> batch_size = 128
>>> model_structure = model.to_json()
>>> with open("shakes_lstm_model.json", "w") as json_file:
>>>     json_file.write(model_structure)
>>> for i in range(5):
...     model.fit(X, y,
...               batch_size=batch_size,
```

```
...                      epochs=epochs)
...        model.save_weights("shake_lstm_weights_{}.h5".format(i+1))
Epoch 1/6
125168/125168 [==============================] - 266s - loss: 2.0310
Epoch 2/6
125168/125168 [==============================] - 257s - loss: 1.6851
...
```

这里设置每隔 6 个训练周期保存模型一次，并继续训练。如果它的损失不再减少，就不需要继续训练，那么我们可以安全地停止这个过程，并在之前的几个训练周期里保存好权重集。我们发现需要 20 ~ 30 个训练周期才能从这个数据集中获得还不错的结果。我们可以查看扩展数据集。莎士比亚的作品是可以公开获取的。如果大家是从不同的来源获得，则需要通过适当的预处理来确保作品的一致性。幸运的是，基于字符的模型不必担心分词器和分句器的不一致，但是保持字符一致性的方法选择会很重要。我们的方法或许有些粗糙，假如能使用更加精巧的方法，或许我们能发现更好的结果。

我们自己来制作剧本吧！因为输出向量是描述 50 个可能的输出字符上的概率分布的 50 维向量，所以我们可以从该分布中采样。Keras 示例有一个辅助函数来完成这一任务，如代码清单 9-29 所示。

代码清单 9-29 产生字符序列的采样器

```
>>> import random
>>> def sample(preds, temperature=1.0):
...        preds = np.asarray(preds).astype('float64')
...        preds = np.log(preds) / temperature
...        exp_preds = np.exp(preds)
...        preds = exp_preds / np.sum(exp_preds)
...        probas = np.random.multinomial(1, preds, 1)
...        return np.argmax(probas)
```

由于网络的最后一层是 softmax，因此输出向量将是网络所有可能输出的概率分布。通过查看输出向量中的最大值，我们可以看到网络认为出现概率最高的下一个字符。用更清楚的话来说，输出向量最大值的索引（该值介于 0 和 1 之间）将与预期词条的独热编码的索引相关联。

但是在这里，我们并不是要精确地重新创建输入文本，而是要重新创建接下来可能出现的文本。就像在马尔可夫链中一样，下一个词条是根据下一个词条的概率随机选择的，而不是最常出现的下一个词条。

log 函数除以 temperature 的效果是使概率分布变平（temperature > 1）或变尖（temperature < 1）。因此，小于 1 的 temperature（或称调用参数中的多样性）倾向于试图更严格地重新创建原始文本。而大于 1 的 temperature 会产生更多样化的结果，但是随着分布变平，学习到的模式开始被遗忘，我们就会回到胡言乱语的状态。多样性越高就会越有趣。

numpy 随机函数 multinomial(num_samples, probability_list, size) 将从分布中生成 num_samples 个样本，其可能的结果由 probabilities_list 描述，它将输出一个长度为 size 的列表，该列表等于实验运行的次数。在这种情况下，我们只从概率分布中抽取一次，我们只需要一个样本。

当我们进行预测时，Keras 示例有一个遍历各种不同的 temperature 值的循环，因此每个预测都将看到一系列不同的输出，而这些输出基于 sample 函数从概率分布进行采样所使用的 temperature 值。具体做法参见代码清单 9-30。

代码清单 9-30　使用 3 种多样化等级产生 3 种类型文本

```
>>> import sys
>>> start_index = random.randint(0, len(text) - maxlen - 1)
>>> for diversity in [0.2, 0.5, 1.0]:
...     print()
...     print('----- diversity:', diversity)
...     generated = ''
...     sentence = text[start_index: start_index + maxlen]
...     generated += sentence
...     print('----- Generating with seed: "' + sentence + '"')
...     sys.stdout.write(generated)
...     for i in range(400):
...         x = np.zeros((1, maxlen, len(chars)))
...         for t, char in enumerate(sentence):
...             x[0, t, char_indices[char]] = 1.
...         preds = model.predict(x, verbose=0)[0]
...         next_index = sample(preds, diversity)
...         next_char = indices_char[next_index]
...         generated += next_char
...         sentence = sentence[1:] + next_char
...         sys.stdout.write(next_char)
...         sys.stdout.flush()
...     print()
```

我们为训练的网络创建一个输入（seed），看看它会输出什么字符

模型作出预测

查找该索引表示的字符

将它加入输入序列中，并删除第一个字符以保持长度不变。这是下一次预测的输入（seed）

刷新内部缓冲区的结果到控制台，以便立即看到输出的字符

（为简洁起见，上述示例中删除了 diversity 等于 1.2 的情况，大家也可以添加回去，并对输出进行处理。）

从源文本中提取 40（maxlen）个字符的随机块，并预测接下来会出现什么字符。然后将预测的字符追加到输入句子中，删除第一个字符，并将这 40 个字符作为新的输入再次预测。每次将预测的字符写入控制台（或字符串缓冲区）并执行 flush() 函数，以便字符即刻进入控制台。如果预测的字符恰好是一个换行符，那么这一行的文本就结束了，但是生成器将继续工作，从它刚刚输出的前 40 个字符预测下一行。

我们会得到像下面这样的结果：

```
----- diversity: 0.2
----- Generating with seed: " them through & through
the most fond an"
 them through & through
the most fond and stranger the straite to the straite
him a father the world, and the straite:
the straite is the straite to the common'd,
and the truth, and the truth, and the capitoll,
```

```
and stay the compurse of the true then the dead and the colours,
and the comparyed the straite the straite
the mildiaus, and the straite of the bones,
and what is the common the bell to the straite
the straite in the commised and

----- diversity: 0.5
----- Generating with seed: " them through & through
the most fond an"
 them through & through
the most fond and the pindage it at them for
that i shall pround-be be the house, not that we be not the selfe,
and thri's the bate and the perpaine, to depart of the father now
but ore night in a laid of the haid, and there is it

   bru. what shall greefe vndernight of it

   cassi. what shall the straite, and perfire the peace,
and defear'd and soule me to me a ration,
and we will steele the words them with th

----- diversity: 1.0
----- Generating with seed: " them through & through
the most fond an"
 them through & through
the most fond and boy'd report alone

   yp. it best we will st of me at that come sleepe.
but you yet it enemy wrong, 'twas sir

   ham. the pirey too me, it let you?
   son. oh a do a sorrall you. that makino
beendumons vp?x, let vs cassa,
yet his miltrow addome knowlmy in his windher,
a vertues. hoie sleepe, or strong a strong at it
mades manish swill about a time shall trages,
and follow. more. heere shall abo
```

diversity 为 0.2 和 0.5 的情况下生成的文本乍一看都有点儿像莎士比亚的作品。而 diversity 为 1.0（对于给定数据集）时生成的文本很快就开始偏离正轨，但是请注意一些基本结构仍然会出现，如换行符后面跟着字符的缩写名称。总而言之，对一个相对简单的模型来说结果还不坏，而且在基于某种风格生成的文本中，我们也获得了一些乐趣。

文本生成器的增强方法

如果我们希望生成模型不只是为了消遣，可以做些什么来使它变得更具一致性和更有用呢？

- 增加语料库的数量并提高质量；
- 增加模型的复杂度（神经元的数量）；
- 实现一个更精细的字符一致性的算法；
- 句子分段；

- 根据需要在语法、拼写和语气上添加过滤器；
- 生成比实际展示给用户更多的一些结果案例；
- 使用在会话上下文中选择的种子文本引导聊天机器人转向有用的主题；
- 在每一轮对话中使用多个不同的种子文本来探索聊天机器人擅长谈论什么领域的话题以及用户认为哪些内容会有帮助。

要获得更多信息请参见图 1-4。也许现在比第一次看的时候更有意义。

9.1.8　文本生成的问题：内容不受控

因此，我们仅仅基于示例文本来生成新文本，并且我们还可以学习如何从示例文本中提取出其写作风格。但是，我们却无法控制生成的文本内容，这有点儿反直觉。上下文内容受限于原始数据，如果没有其他内容，那么将会限制模型的词汇量。但是，如果给定一个输入，我们就可以按照我们认为原作者或作者可能会说的话进行训练。大家从这种模型中能够真正期待的最好结果是他们的说话方式，特别是他们怎样从一个种子句（seed sentence）开始把话说完。这个种子句不一定要来自训练文本本身。因为这个模型是针对字符进行训练的，所以我们可以使用全新的词作为种子（seed），并获得有趣的结果。现在，我们有了一个有趣的聊天机器人的素材，但是要让机器人以某种风格说出一些具有实质意义的东西，我们必须等到下一章。

9.1.9　其他记忆机制

LSTM 是循环神经网络基本概念的一种扩展，同样也存在其他各种形式的扩展。所有这些扩展无外乎都是对元胞内门的数量或运算的一些微调。例如，门控循环单元将遗忘门和候选门中的候选选择分支组合成一个更新门。这个门减少了需要学习的参数数量，并且已经被证实可以与标准 LSTM 相媲美，同时计算开销也要小得多。Keras 提供了一个 GRU 层，我们可以像使用 LSTM 一样使用它，如代码清单 9-31 所示。

代码清单 9-31　Keras 中的门控循环单元

```
>>> from keras.models import Sequential
>>> from keras.layers import GRU
>>> model = Sequential()
>>> model.add(GRU(num_neurons, return_sequences=True,
...                input_shape=X[0].shape))
```

另一种技术是使用具有窥视孔（peephole）连接的 LSTM。Keras 没有直接实现的代码，但是网上的几个示例通过扩展 Keras 的 LSTM 类来实现这一点。其思想是，标准 LSTM 元胞中的每个门都可以直接访问当前记忆状态，并将其作为输入的一部分。如论文 "Learning Precise Timing with LSTM Recurrent Network" 所述，所有的门包含与记忆状态相同维度的额外权重。然后，每个门的输入是该时刻元胞的输入、前一个时刻元胞的输出和记忆状态本身的拼接。上述论文的作者发现，在时间序列数据中，这使得为时间序列事件建模更加精确。虽然他们并没有专门在 NLP 领域工作，但是这个概念在这里也是有效的，我们把它留给读者去试验。

这只是 RNN/LSTM 的两个衍生模型。这方面的研究一直在持续中，我们希望大家也能享受这其中的乐趣。这些工具都是现成的，所以人人都有可能找到下一代最新的、最好的模型。

9.1.10　更深的网络

将记忆单元看作是对名词/动词对或句子与句子之间动词时态引用的特定表示进行编码非常方便，但这并不是实际发生的事情。假设训练顺利的话，这不过刚好是网络学习的语言模式的一个副产品。与所有神经网络一样，分层允许模型在训练数据中形成更复杂的模式表示。我们也可以轻松地堆叠 LSTM 层（如图 9-13 所示）。

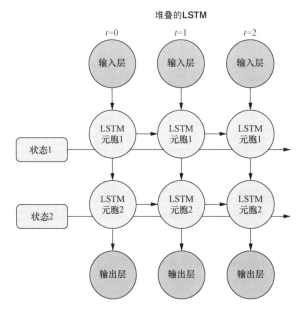

图 9-13　堆叠的 LSTM

训练堆叠层在计算上代价非常高昂，但在 Keras 中把它们堆叠起来只需几秒。具体做法参见代码清单 9-32。

代码清单 9-32　两层 LSTM

```
>>> from keras.models import Sequential
>>> from keras.layers import LSTM
>>> model = Sequential()
>>> model.add(LSTM(num_neurons, return_sequences=True,
...                 input_shape=X[0].shape))
>>> model.add(LSTM(num_neurons_2, return_sequences=True))
```

注意，假如要正确构建模型，需要在第一层和中间层使用参数 return_sequences=True。这个要求是有意义的，因为每个时刻的输出都需要作为下一层时刻的输入。

但是，请记住，创建一个能够表示比训练数据中存在的更复杂的关系的模型可能会导致奇怪的结果。简单地在模型上叠加层，虽然很有趣，但很少是构建最有用的模型的解决方案。

9.2 小结

- 使用记忆单元记忆信息使序列的模型更加精确和通用。
- 忘记无关信息很重要。
- 对于即将到来的输入，只需保留部分新信息，而 LSTM 可以通过训练找到它。
- 如果能预测接下来会是什么词，就能从概率分布中生成全新的文本。
- 基于字符的模型比基于词的模型可以更有效、更成功地从小型的、风格集中的语料库中学习。
- LSTM 思想向量可以捕捉的远远不止是句子中词之和。

第 10 章 序列到序列建模和注意力机制

本章主要内容

■ 用神经网络将一个文本序列映射到另一个序列

■ 理解序列到序列的任务，以及它们与我们学习的其他任务有何不同

■ 使用编码–解码模型架构进行翻译和聊天

■ 训练模型注意序列中什么是重要的

现在，我们知道了如何建立自然语言模型，并将其应用于从情感分类到新文本生成的各个方面（见第 9 章）。

神经网络能将英语翻译成德语吗？甚至更进一步，是否有可能通过将基因型转化为表现型（如将基因转化为体型）来预测疾病？还有从本书的开头我们就一直在谈论的聊天机器人呢？神经网络能进行有趣的对话吗？以上这些都是序列到序列（sequence-to-sequence）的问题。它们将一个长度不确定的序列映射到另一个长度也未知的序列。

在本章中，我们将学习如何使用编码–解码架构（encoder-decoder architecture）构建序列到序列的模型。

10.1 编码–解码架构

大家认为我们之前的哪些架构对序列到序列的问题可能有用呢？是第 6 章的词向量嵌入模型，是第 7 章的卷积网络，还是第 8 章和第 9 章的循环网络？你猜对了。我们将在上一章的 LSTM 结构的基础上进行构建。

LSTM 非常擅长处理序列，但是我们需要一对而不是一个 LSTM。我们将构建一个模块化的架构，称为编码–解码架构。

编码–解码架构的前半部分是序列编码器，该网络将序列（如自然语言文本）转换为较低维的表示形式（如第 9 章末尾的思想向量）。这样我们就已经构建了序列到序列模型的前半部分。

编码-解码架构的后半部分是序列解码器。序列解码器设计成将向量重新转换回人类可读的文本。但我们不是已经这样做了吗？我们在第 9 章末尾已经生成了一些神奇的莎士比亚风格的剧本。这已经很接近了，但是我们还需要添加一部分内容来让这个莎士比亚风格的剧作家机器人专注于作为翻译家的新任务。

例如，我们可能希望模型输入英语文本并翻译输出德语文本。实际上，这不就像让我们的莎士比亚机器人把现代英语翻译成莎士比亚风格的作品吗？是的，但在莎士比亚的例子中，我们可以掷骰子，让机器学习算法选择与它学到的概率分布匹配的词。但是对于翻译任务，即使对于一个还算不错的剧作家机器人，这些也还不够。

我们已经知道如何建立编码器和解码器，现在我们需要学习如何让它们变得更好，目标更明确。事实上，第 9 章中的 LSTM 作为可变长度文本的编码器非常有效。我们构建它们是为了捕捉自然语言文本的语意和情感。LSTM 通过内部表示（一个思想向量）捕获了这个含义。我们只需要从 LSTM 模型中的状态（记忆元胞）里提取该思想向量。我们了解了在 Keras 的 LSTM 模型中设置 `return_state=True`，以便输出包含隐藏层状态。这个状态向量成为编码器的输出和解码器的输入。

提示　当我们训练任何一个神经网络模型时，每一个内部网络层都包含了所有我们需要通过训练解决的问题的信息。该信息通常由一个固定维度的张量表示，该张量包含该层的权重或激活函数。如果我们的网络能够很好地概括所有信息，就可以确定会存在着一个信息瓶颈——一个维度数量最少的层。在 Word2vec（见第 6 章）中，使用内部网络层的权重来计算向量表示。我们还可以直接使用内部网络层的激活函数。这就是本章的示例所做的。检查我们过去构建成功的网络，看看是否可以找到这个信息瓶颈，它可以用作我们数据的编码表示。

所以剩下的工作就是改进解码器的设计。我们需要把思想向量解码回自然语言序列。

10.1.1　解码思想

假设我们想要研发一个翻译模型将文本从英语翻译成德语。我们希望将字符序列或词序列映射到另一个字符序列或词序列。我们之前已经学习如何根据时刻 $t-1$ 的元素预测时刻 t 的序列元素，但是直接使用 LSTM 将一种语言映射到另一种语言很快就会遇到问题。对于单个 LSTM，我们需要输入序列和输出序列具有相同的序列长度，而对于翻译任务这种情况往往很少。

图 10-1 展示了这个问题。英语和德语句子长度不同，这使得英语输入和预期输出之间的映射更加复杂。英语短语 "is playing"（现在进行时）被翻译成德语的现在时态 "spielt"。但是，这里的 "spielt" 只能根据输入 "is" 进行预测，而我们在这个时刻还没有输入 "playing"。下一步，"playing" 会被映射为 "Fußball"。当然，网络可以学习这些映射，但学到的表示只能针对特定的输入，这样获得一个更通用的语言模型对我们来说就是一纸空文了。

序列到序列网络架构，有时缩写为 seq2seq，通过创建一个思想向量形式的输入表示来解除这个限制。然后，序列到序列模型使用该思想向量（有时称为上下文向量）作为第二个网络的起点，第二个网络接收不同的输入集来生成输出序列。

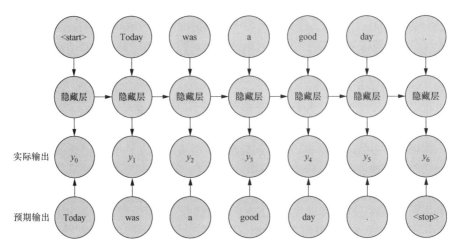

预期输出是样本中的下一个词条。这里显示的是词级别

图 10-1 语言建模的限制

思想向量 还记得发现词向量的时候吗？词向量是将词的意义压缩成一个固定长度的向量。在这个词义向量空间中，具有相似意义的词是相互接近的。思想向量的思想与其非常类似。神经网络可以将任何自然语言语句中的信息（不只是单个词）压缩成一个固定长度的向量来表示输入文本的内容。思想向量就是这个向量。它们被用作文档中思想的数值表示，以运行一些解码器模型，通常是翻译解码器。思想向量这个术语是 Geoffrey Hinton 于 2015 年在伦敦接受英国皇家学会（Royal Society）采访时创造的。

序列到序列网络由两个模块化的循环网络组成，它们之间有一个思想向量（如图 10-2 所示）。编码器在其输入序列的末尾输出一个思想向量。解码器接收这个向量并输出一个词条序列。

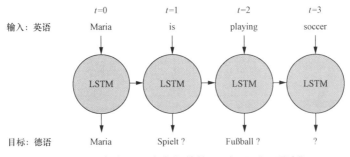

图 10-2 思想向量"夹心"的编码–解码"三明治"

第一个网络，称为编码器，将输入文本（如用户向聊天机器人发送的消息）转换为思想向量。思想向量有两部分，每一部分都是一个向量：编码器隐藏层的输出（经过了激活函数）和这个输入样本 LSTM 元胞的记忆状态。

提示 如代码清单 10-1 所示，在名为 state_h（隐藏层的输出）和 state_c（记忆状态）的变量中我们捕获了思想向量。

然后思想向量成为第二个网络即解码器网络的输入。我们将在稍后的代码实现部分中看到，生成的状态（思想向量）将作为解码器网络的*初始状态*（initial state）。然后，第二个网络使用初始状态和一种特殊的输入：*初始词条*（start token）。有了这些信息，第二个网络就能学习生成目标序列的第一个元素（如字符或词）。

在这种特殊的结构中，训练阶段和推理阶段的处理是不同的。在训练期间，我们将初始文本传递给编码器，并将预期的文本作为输入传递给解码器。我们让解码器网络学习，在给定初始状态和"开始"按键的情况下，它就可以生成一系列词条。解码器的第一个输入是初始词条，第二个输入应该是第一个预期的或要被预测的词条，它会反过来促使网络生成第二个预期的词条。

然而，在推理阶段，我们没有预期的文本，那么除状态之外，我们使用什么来传递给解码器呢？我们使用通用的初始词条，然后使用第一个生成的元素，该元素将在下一时刻成为解码器的输入，以生成下一个元素，以此类推。这个过程重复进行，直到达到序列元素的最大数量，或者生成一个终止词条。

通过这种端到端（end-to-end）训练，解码器将把一个思想向量转换为对初始输入序列（如用户问题）的全解码回复。将解决方案分割成两个网络，其中思想向量作为结合组件（绑定两个网络），允许我们将输入序列映射到不同长度的输出序列（如图 10-3 所示）。

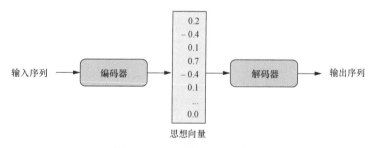

图 10-3 展开编码–解码架构

10.1.2 似曾相识？

大家以前可能见过编码–解码方法。自编码器对学习神经网络而言是一种常见的编码–解码架构。它们是一种重复博弈（repeat-game-playing）的神经网络，经过训练，能够将输入信息反刍出来，这使得寻找训练数据变得很容易，几乎任何一组高维张量、向量或序列都可以。

与任何编码–解码架构一样，自编码器在编码器和解码器之间存在信息瓶颈，我们将其用作输入数据的低维表示。任何具有信息瓶颈的网络都可以在编码–解码架构中用作编码器，即使该网络只接受了改写或重复表述输入的训练[1]。

虽然自编码器与我们在本章中介绍的编码器-解码器（encoder-decoder）具有相同的结构，但是它们是为不同的任务而训练的。自编码器被训练来寻找输入数据的向量表示，这样输入就可以由网络的解码器以最小的误差重构。编码器和解码器互为伪逆过程（pseudo-inverses）。该网络的目的是找到输入数据（如图像或文本）的稠密向量表示，从而允许解码器以最小的误差重构它。在训练阶段，输入数据和预期输出是相同的。因此，如果目标是找到数据的稠密向量表示，而不是为语言翻译生成思想向量或为给定的问题寻找回复——那么自编码器是一个不错的选择。

那么第 6 章中的 PCA 和 t-SNE 如何使用呢？我们是否使用其他章节中用于可视化向量的 `sklearn.decomposition.PCA` 或 `sklearn.manifold.TSNE`？t-SNE 模型生成一个嵌入作为它的输出，所以在某种意义上，我们可以把它看作一个编码器。PCA 也是一样。然而，这些模型是无监督的，因此它们不能针对特定的输出或任务。这些算法主要用于特征提取和可视化。它们创建了非常紧密的瓶颈以输出非常低维的向量（通常是二维或三维）。它们不是设计用来输出任意长度的序列的。这就是编码器的全部。我们已经了解到，LSTM 是用于从序列中提取特性和嵌入的最先进技术。

> **注意**　变分自编码器是自编码器的一种变体，用于训练一个类似于编码-解码架构的生成器。变分自编码器产生的压缩向量不仅是输入的准确表示，而且是满足高斯分布的。这样，通过随机选择一个种子向量并将其输入自编码器后半部分的解码器中，就可以更容易地生成一个新的输出[2]。

10.1.3　序列到序列对话

大家可能还不清楚对话引擎（dialog engine/conversation）问题与机器翻译之间的关系，但它们非常相似。在聊天机器人的对话中生成回复与在机器翻译系统中生成英语语句的德语翻译没有什么不同。

翻译和对话任务都需要模型将一个序列映射到另一个序列。将英语词条序列映射到德语序列非常类似于将对话中的自然语言语句映射到对话引擎的预期回复语句。我们可以把机器翻译引擎想象成一个精神分裂的双语对话引擎，它在玩一个幼稚的“回声游戏”（echo game）[3]，用英语听，用德语回复。

但是，我们希望我们的机器人有合适的回复，而不只是一个回音室。因此，我们的模型需要引入希望聊天机器人谈论的领域的附加信息。我们的 NLP 模型需要学习一个从问题到回复的复杂映射，而不是回声或翻译，这需要更多的训练数据和更高维度的思想向量，因为它必须包含对话引擎需要了解的领域的所有信息。在第 9 章中，我们学习了在 LSTM 模型中增加思想向量的维数，可以增加其信息容量。如果想把翻译机器变成对话机器，还需要获得足

---

① Chandar 和 Lauly 等人研究的一种学习双语词表示的自编码方法。

② 详见标题为 "Variational Autoencoders Explained" 的网页。

③ 也被称为 "repeat game"。

够多的合适数据。

　　给定一组词条，我们可以训练我们的机器学习流水线来模拟一个对话回复序列。我们需要足够多的对话语句对和在思想向量中足够大的信息空间来理解所有这些映射。一旦我们有了一个数据集，其中包含了足够多的从问题到回复的"翻译"对，我们就可以使用和机器翻译相同的网络来训练对话引擎。

　　Keras 使用一种称为编码–解码模型的模块化架构，为构建序列到序列网络提供模块。它提供了一个 API 来访问 LSTM 网络的所有内部组件，我们需要这些组件来解决翻译、会话甚至基因型–表现型（genotype-to-phenotype）的问题。

10.1.4　回顾 LSTM

　　在上一章中，我们学习了 LSTM 如何为循环网络提供一种方法来选择性地记住和遗忘它们在样本文档中"看到"的词条模式。每个时刻的输入词条都经过遗忘门和更新门，乘以权重和掩码（mask），然后存储在记忆元胞中。各个时刻（词条）的网络输出不单单由输入词条决定，而是由输入词条和记忆单元当前的状态一起决定。

　　重要的是，LSTM 在文档之间共享词条模式识别器，因为遗忘门和更新门具有在读取多个文档后训练的权重。因此，LSTM 不必为每个新文档重新学习英语拼写和语法。我们学习了如何激活存储在 LSTM 记忆元胞的权重中的这些词条模式，从而根据一些种子词条预测之后的词条以触发序列的生成（如图 10-4 所示）。

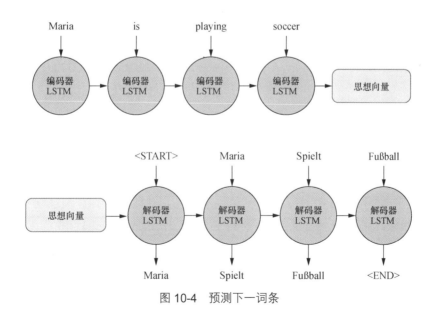

图 10-4　预测下一词条

通过预测一个个的词条，我们可以根据网络建议的可能的后续词条的概率分布来选择下一个词条，从而生成一些文本。虽然说不上完美，但还是很有趣。但我们不仅仅是为了娱乐，我们还要把控一个生成模型的结果。

Sutskever、Vinyals 和 Le 提出了一种方法，引入第二个 LSTM 模型，以一种随机性更弱、更可控的方式解码记忆元胞中的模式[①]。他们提出使用 LSTM 在分类任务中创建的思想向量，然后使用生成的向量作为输入传递给第二个完全不同的 LSTM，这个 LSTM 只试图逐个预测各个词条，这种方法提供了一种将输入序列映射到一个截然不同的输出序列的方法。我们来看看它是如何工作的。

10.2　组装一个序列到序列的流水线

根据前几章的知识，我们已经掌握了组装一个序列到序列的机器学习流水线所需要的所有组件。

10.2.1　为序列到序列训练准备数据集

正如之前在卷积神经网络或循环神经网络实现中看到的那样，我们需要将输入数据填充为固定长度。通常，我们需要使用填充词条扩展输入序列，使其与最长的输入序列匹配。在序列到序列网络的情况下，还需要准备目标数据并填充它以匹配最长的目标序列。记住，输入数据和目标数据的序列长度不需要相等（如图 10-5 所示）。

图 10-5　预处理前的输入序列和目标序列

除了所需的填充，还应该用初始词条和终止词条对目标序列进行注释，以告诉解码器任务何时启动以及何时完成（如图 10-6 所示）。

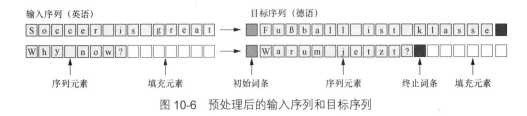

图 10-6　预处理后的输入序列和目标序列

[①] 参见 Sutskever、Vinyals 和 Le 的论文（参见下载资源中的 5346-sequence-to-sequence-learning-with-neural-networks.pdf 文件）。

我们将在本章后面构建 Keras 流水线时学习如何注释目标序列。请记住，我们需要两个版本的目标序列来进行训练：一个以初始词条开始（我们将使用该词条作为解码器输入），另一个不以初始词条开始（损失函数将对目标序列的精确性进行评分）。

在前几章中，我们的训练集成对组成：输入和预期输出。序列到序列模型的每个训练样本都是一个三元组：初始输入、预期输出（以初始词条为前置项）和预期输出（没有初始词条）。

在讨论实现细节之前，我们先回顾一下。序列到序列网络由两个网络组成：编码器，它将生成思想向量；解码器，我们会把思想向量作为它的初始状态传递给它。将初始化状态和初始词条作为解码器网络的输入，网络会生成输出的第一个序列元素（例如字符或词向量）。然后，将根据更新后的状态和预期序列中的下一个元素预测下面的每个元素。这个过程将持续进行，直到生成一个终止词条或达到元素的最大数量。解码器生成的所有序列元素将组成预测的输出（例如我们对用户问题的回复）。记住这些，现在我们来看看细节。

10.2.2　Keras 中的序列到序列模型

在接下来的几节中，我们将指导大家通过 Keras 实现 Francois Chollet 发布的序列到序列网络[1]。Chollet 先生也是《Python 深度学习》（*Deep Learning with Python*）一书的作者，该书是学习神经网络架构和 Keras 的宝贵资料。

在训练阶段，将端到端地同时训练编码器和解码器网络，对于每个样本需要 3 个数据点：一个训练编码器输入序列、一个解码器输入序列和一个解码器输出序列。训练编码器输入序列可以是一个用户的问题，我们希望机器人对此问题做出回复。而解码器输入序列是未来机器人的预期回复。

大家可能想知道为什么需要解码器的输入序列和输出序列。原因是这里使用了一种名为"教师强迫"（teacher forcing）的方法来训练解码器，在这种方法中，将使用编码器网络提供的初始状态，并通过向解码器提供输入并让它预测相同的序列来训练解码器生成预期序列。因此，解码器的输入序列和输出序列将是相同的，除了序列间有一个时刻的偏移量。

在使用阶段，将使用编码器生成用户输入的思想向量，然后解码器将基于该思想向量生成一个回复。解码器的输出将作为对用户的回复。

Keras 函数式 API　在下面的示例中，大家将注意到与前几章看到的 Keras 层不同的实现风格。Keras 引入了另一种组装模型的方法，该方法是调用每一层并从前一层将值传递给该层。当大家想要构建模型并复用训练过的模型的某些部分时（正如接下来的章节中演示的那样），函数式 API 会非常有用。有关 Keras 函数式 API 的更多信息，我们强烈推荐 Keras 核心开发团队的博客文章[2]。

---

[1] 详见标题为 "A ten-minute introduction to sequence-to-sequence learning in Keras" 的网页。
[2] 详见标题为 "Getting started with the Keras functional API" 的网页。

10.2.3　序列编码器

编码器的唯一目的是创建思想向量，然后将其作为解码器网络的初始状态（如图 10-7 所示）。由于没有"目标"思想向量供网络学习预测，因此无法单独训练一个编码器。反向传播将训练编码器创建一个合适的思想向量，而反向传播的值来自之后下游解码器产生的误差。

图 10-7　思想编码

尽管如此，编码器和解码器是独立的模块，它们之间经常可以互换。例如，一旦编码器受过英语到德语翻译的训练，不同的编码器就可以复用来实现从英语到西班牙语的翻译[①]。代码清单 10-1 只展示了编码器的情况。

代码清单 10-1　Keras 中的思想编码

> LSTM 层的 return_state 参数需要设置为 True 才能返回内部状态

```
>>> encoder_inputs = Input(shape=(None, input_vocab_size))
>>> encoder = LSTM(num_neurons, return_state=True)
>>> encoder_outputs, state_h, state_c = encoder(encoder_inputs)
>>> encoder_states = (state_h, state_c)
```

> LSTM 层的第一个返回值是该层的输出

当大家使用关键字参数 return_state=True 实例化 LSTM 层（或多个层）时，Keras 提供的 RNN 层可以方便地返回它们的内部状态。在下面的代码段中，将保留编码器的最终状态，并忽略编码器的实际输出。然后将 LSTM 状态列表传递给解码器。

因为 return_sequences 默认为 False，所以第一个返回值是最后一个时刻的输出。state_h 是这个层的最后一个时刻的具体输出。因此在本例中，encoder_outputs 和 state_h 是相同的。无论哪种方式，都可以忽略存储在 encoder_outputs 的正式输出。state_c 是记忆单元的当前状态。state_h 和 state_c 将构成思想向量。

图 10-8 展示了内部 LSTM 状态是如何生成的。编码器在每个时刻都会更新隐藏状态和记忆状态，并将最终状态作为初始状态传递给解码器。

[①] Luong、Le、Sutskever、Vinyals 和 Kaier（谷歌大脑）在 ICLR 2016 上描述了这样一个多任务模型的训练方案，称为"联合训练"或"迁移学习"（参见下载资源中的 1511.06114.pdf 文件）。

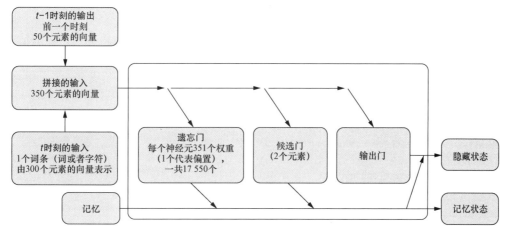

图 10-8 序列到序列编码器中使用的 LSTM 状态

10.2.4 思想解码器

与编码器网络设置类似,解码器的设置非常简单。主要的区别在于,这一次我们希望在每个时刻上都获得网络的输出。我们希望逐个判断各个词条输出的"正确性"(如图 10-9 所示)。

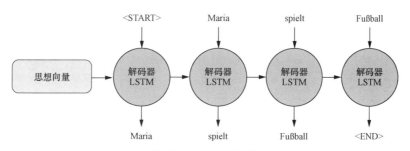

图 10-9 思想解码器

这就是使用样本三元组的第二部分和第三部分的地方。解码器具有标准的一个接一个词条的输入和输出。它们几乎是一样的,但相差一个时刻。我们希望解码器在给定状态的情况下,学习重新产生给定输入序列的词条,而该状态由传入编码器的三元组第一部分产生。

注意 这是解码器,也是一般序列到序列模型的关键概念。大家训练一个网络来输出次要问题空间(另一种语言或另一种存在体对给定问题的回复)。同时对所说的(输入)和回复(输出)形成一个"思想"。这个思想通过一个又一个词条决定了答案。最终,只需要一个思想(由编码器生成)和一个通用的初始词条就可以开始工作了。这已经足以触发产生正确的输出序列。

要计算训练阶段的误差,需要将 LSTM 层的输出传递到一个稠密层。稠密层的神经元数量将等于所有可能输出词条的数量。稠密层将使用 softmax 激活函数覆盖这些词条。因此,在每个时刻，网络将为它认为最有可能的下一个序列元素在所有可能词条上提供一个概率分布。我们取相关神经元值最高的词条。在前面的章节中，我们使用了带有 softmax 激活函数的输出层，我们希望在其中选择可能性最大的词条（详细信息见第 6 章）。还要注意，num_encoder_tokens 和 output_vocab_size 不需要匹配，这是序列到序列网络的一大优点。具体做法参见代码清单 10-2。

代码清单 10-2　Keras 中的思想解码器

函数式 API 允许你将初始状态传递给 LSTM 层，方法是将最后一个编码器状态赋值给 initial_state

设置 LSTM 层，类似于编码器，但是附加了一个 return_sequences 参数

```
>>> decoder_inputs = Input(shape=(None, output_vocab_size))
>>> decoder_lstm = LSTM(
...     num_neurons, return_sequences=True, return_state=True)
>>> decoder_outputs, _, _ = decoder_lstm(
...     decoder_inputs, initial_state=encoder_states)
>>> decoder_dense = Dense(
...     output_vocab_size, activation='softmax')
>>> decoder_outputs = decoder_dense(decoder_outputs)
```

将所有可能字符映射到 softmax 输出的 softmax 层

将 LSTM 层的输出传递给 softmax 层

10.2.5　组装一个序列到序列网络

Keras 的函数式 API 支持将模型组装为对象以便调用。Model 对象可以定义网络的输入和输出部分。对于这个序列到序列的网络，大家将向模型传递一个输入列表。在代码清单 10-2 中，定义了编码器中的一个输入层和解码器中的一个输入层。这两个输入对应于每个训练三元组的前两个元素。作为输出层，将 decoder_outputs 传递给模型，其中包括之前定义的整个模型设置。decoder_outputs 中的输出对应于每个训练三元组的最后一个元素。

> **注意**　使用这样的函数式 API，decoder_outputs 之类的定义是张量表示。在这里，大家会注意到与前面几章描述的顺序式（sequential）模型的不同之处。请再次参阅文档了解 Keras 的 API 的基本信息。具体做法参见代码清单 10-3。

代码清单 10-3　Keras 函数式 API（Model()）

```
>>> model = Model(
...     inputs=[encoder_inputs, decoder_inputs],
...     outputs=decoder_outputs)
```

如果期望具有多个输入或输出，则可以将输入和输出参数定义为列表

10.3　训练序列到序列网络

在 Keras 模型中，创建序列到序列模型的最后一个步骤是编译（compile）和拟合（fit）。与前几

章相比，唯一的区别是，我们之前预测的是二元分类：是或不是。这里有一个单分类（categorical classification）或多分类（multiclass classification）问题。在每个时刻，必须确定许多"类别"中的哪一个是正确的，这里有很多类别。模型必须在所有可能的词条之间进行选择。因为预测的是字符或词，而不是二进制状态，所以大家将基于 `categorical_crossentropy` 损失函数进行优化，而不是基于之前使用的 `binary_crossentropy`。因此，这是大家需要对 Keras 代码中 `model.compile` 步骤进行的唯一更改，如代码清单 10-4 所示。

代码清单 10-4　在 Keras 中训练一个序列到序列模型

```
>>>model.compile(optimizer='rmsprop', loss='categorical_crossentropy')
>>> model.fit([encoder_input_data, decoder_input_data],
                decoder_target_data,
                batch_size=batch_size, epochs=epochs)
```

将 loss 函数设置为 categorical_crossentropy

该模型期望训练输入为一个列表，在训练期间第一个列表元素传递给编码器网络，第二个元素传递给解码器网络

恭喜！通过调用 `model.fit` 函数，大家正在训练序列到序列的端到端网络。在下面的章节中，我们将演示如何为给定的输入序列推测输出结果。

注意　序列到序列网络的训练是计算密集型的，因此非常耗时。如果大家的训练序列很长，或者我们想用一个大型的语料库来训练，我们强烈建议在 GPU 上训练这些网络，这样可以将训练速度提高 30 倍。如果从未在 GPU 上训练过神经网络，别担心。查看第 13 章关于如何在商业计算云服务上租用和设置自己的 GPU。

LSTM 本质上不像卷积神经网络那样是可并行的，所以为了充分利用 GPU，我们应该用 CuDNNLSTM 替换 LSTM 层，这是为了在 CUDA 支持的 GPU 上进行训练而优化的网络层。

生成输出序列

在生成序列之前，需要获取训练层的结构，并将其重新组装以用于生成序列。首先，定义特定编码器的模型。这个模型将被用来生成思想向量。具体做法参见代码清单 10-5。

代码清单 10-5　使用通用 Keras Model 生成文本的解码器

```
>>> encoder_model = Model(inputs=encoder_inputs, outputs=encoder_states)
```

这里使用前面定义的 encoder_inputs 和 encoder_states，在此模型上调用预测方法将返回思想向量

解码器的定义看起来令人生畏，但是让我们一步一步理清代码的各个片段。首先，我们将定义解码器的输入。我们使用 Keras 输入层，但是我们传递的是编码器网络生成的思想向量，而不是传递独热向量、字符或词嵌入。注意，编码器返回一个包含两种状态的列表，在调用之前定义

的 decoder_lstm 时，需要将该列表传递给 initial_state 参数。然后，将 LSTM 层的输出传递给之前也定义过的稠密层。该层的输出将提供所有解码器输出词条（在本例中，所有在训练阶段看到的字符）的概率。

这里是神奇的部分。在每个时刻，预测概率最高的词条接下来将作为最有可能的词条返回给解码器网络，并作为新输入继续传递到解码器的下一个迭代步骤。具体做法参见代码清单 10-6。

代码清单 10-6　随机思想的序列生成器

```
>>> thought_input = [Input(shape=(num_neurons,)),       定义一个输入层以获取
...        Input(shape=(num_neurons,))]                  编码器状态
>>> decoder_outputs, state_h, state_c = decoder_lstm(   将编码器状态作为初始状态传
...        decoder_inputs, initial_state=thought_input)  递给 LSTM 层
>>> decoder_states = [state_h, state_c]                  更新后的 LSTM 状态将成为下
>>> decoder_outputs = decoder_dense(decoder_outputs)     一次迭代的新细胞状态

                              最后一步是将解码器
                              模型绑定在一起
>>> decoder_model = Model(
...        inputs=[decoder_inputs] + thought_input,
...        output=[decoder_outputs] + decoder_states)
```

将输出从 LSTM 传递到稠密　　　　　将稠密层的输出和更新后的　　　　decoder_inputs 和 thought_input
层，以预测下一个词条　　　　　　　状态定义为输出　　　　　　　　　成为解码器模型的输入

一旦建立了模型，大家就可以根据一个独热编码的输入序列和最后生成的词条来预测思想向量，从而生成整个序列。在第一次迭代期间，target_seq 被设置为初始词条。在接下来的所有迭代中，target_seq 将使用最后生成的词条进行更新。这个循环会一直进行下去，直到达到序列元素的最大数量或者解码器生成一个终止词条，此时生成过程停止。具体做法参见代码清单 10-7。

代码清单 10-7　简单的解码器——预测下一个词

```
                                      将输入序列编码为思想向量（LSTM
...                                   记忆细胞状态）
>>> thought = encoder_model.predict(input_seq)
...
>>> while not stop_condition:
...     output_token, h, c = decoder_model.predict(
...         [target_seq] + thought)
```

　　　　　　　解码器返回具有最高概率的词条和内部　　　　每次迭代之后都会更新 stop_condition，如果满
　　　　　　　状态，这些将在下一次迭代中复用　　　　　　足输出序列词条的最大数量或者解码器生成
　　　　　　　　　　　　　　　　　　　　　　　　　　　　一个终止词条，则 stop_condition 变为 True

10.4　使用序列到序列网络构建一个聊天机器人

在前面的小节中，大家学习了如何训练序列到序列的网络，以及如何使用训练过的网络生成

序列回复。在接下来的这节中，我们将指导大家如何应用各种步骤来训练一个聊天机器人。为了训练聊天机器人，我们将使用康奈尔电影对话语料库[①]。大家将训练一个序列到序列的网络来"适当地"回答大家的问题或语句。我们的聊天机器人示例采用的是 Keras blog 中的序列到序列的示例[②]。

10.4.1 为训练准备语料库

首先，大家需要加载语料库并从中生成训练集。训练数据将决定编码器和解码器在训练阶段和生成阶段所支持的字符集。请注意，该实现代码不支持在训练阶段未包含的字符。使用整个 Cornell Movie Dialog 数据集可能需要大量的计算，因为一些序列有超过 2000 个词条——2000 个时刻，需要一段时间才能展开。但是大多数对话样本都是基于少于 100 个字符的。对于本例，可以通过将样本限制为少于 100 个字符、删除奇怪字符和只允许使用小写字符，对对话语料库进行预处理。通过这些处理，可以限制字符的种类。大家可以在本书的 GitHub 存储库中找到预处理过的语料库。[③]

大家将遍历语料库文件并生成训练对（技术上来说是三元组形式：输入文本、带有初始词条的目标文本和目标文本）。在阅读语料库时，还将生成一组输入字符和目标字符，然后将使用这些字符对样本进行独热编码。输入字符和目标字符的数量不必完全匹配。但是在生成阶段，不能读取或生成不包含在训练集中的字符。代码清单 10-8 中给出的结果是输入文本和目标文本（字符串）的两个列表，以及训练语料库中出现的两组字符。

代码清单 10-8 建立基于字符的序列到序列训练集

这个集合保存输入文本和目标文本中出现过的字符

数组保存从语料库文件中读取的输入文本和目标文本

目标序列用 start（第一个）和 stop（最后一个）词条进行注释，这里定义了表示词条的字符。这些词条不能作为普通序列文本的一部分，而应该仅仅作为初始词条和终止词条而使用

```
>>> from nlpia.loaders import get_data
>>> df = get_data('moviedialog')
>>> input_texts, target_texts = [], []
>>> input_vocabulary = set()
>>> output_vocabulary = set()
>>> start_token = '\t'
>>> stop_token = '\n'
>>> max_training_samples = min(25000, len(df) - 1)

>>> for input_text, target_text in zip(df.statement, df.reply):
...     target_text = start_token + target_text \
...         + stop_token
...     input_texts.append(input_text)
...     target_texts.append(target_text)
```

max_training_samples 定义了训练使用的行数。它是用户定义的最大值和从文件中加载的总行数中较小的数

target_text 需要用起始词条和终止词条进行包装

[①] 详见标题为 "Cornell Movie-Dialogs Corpus" 的网页。

[②] 详见标题为 "keras/examples/lstm_seq2seq.py at master" 的网页。

[③] 参见本书 GitHub 上标题为 "GitHub - totalgood/nlpia" 的网页。

```
...        for char in input_text:
...            if char not in input_vocabulary:
...                input_vocabulary.add(char)
...        for char in target_text:
...            if char not in output_vocabulary:
...                output_vocabulary.add(char)
```

编译词汇表——input_text
中出现过的唯一字符的集合

10.4.2　建立字符字典

与前几章中的示例类似，大家需要将输入文本和目标文本的每个字符转换为表示每个字符的独热向量。为了生成独热向量，需要生成词条字典（用于输入文本和目标文本），其中每个字符都被映射到一个索引。另外，还将生成反向字典（索引映射为字符），在生成阶段将使用该反向字典将生成的索引转换为字符。具体做法参见代码清单 10-9。

代码清单 10-9　字符级序列到序列模型参数

对于输入数据和目标数据，还
需确定序列词条的最大数量

将字符集转换为排序后的字符列
表，然后使用该列表生成字典

对于输入数据和目标数据，
确定唯一字符的最大数量，
用于构建一个独热矩阵

```
>>> input_vocabulary = sorted(input_vocabulary)
>>> output_vocabulary = sorted(output_vocabulary)

>>> input_vocab_size = len(input_vocabulary)
>>> output_vocab_size = len(output_vocabulary)
>>> max_encoder_seq_length = max(
...        [len(txt) for txt in input_texts])
>>> max_decoder_seq_length = max(
...        [len(txt) for txt in target_texts])

>>> input_token_index = dict([(char, i) for i, char in
...        enumerate(input_vocabulary)])
>>> target_ token _index = dict(
...        [(char, i) for i, char in enumerate(output_vocabulary)])
>>> reverse_input_char_index = dict((i, char) for char, i in
...        input_ token _index.items())
>>> reverse_target_char_index = dict((i, char) for char, i in
...        target_token_index.items())
```

循环遍历 input_vocabulary 和
output_vocabulary 来创建查
找字典，用于生成独热向量

循环遍历新创建的字典以
创建反向查找表

10.4.3　生成独热编码训练集

下一步，将输入文本和目标文本转换为独热编码的"张量"。为了做到这点，需要循环遍历每个输入样本和目标样本以及每个样本的每个字符，并对每个字符进行独热编码。每个字符由一个 $n \times 1$ 向量编码（其中 n 是唯一的输入字符或目标字符的个数）。然后针对每个样本将所有向量组合以创建一个矩阵，并将所有样本组合以创建要训练的张量。具体做法参见代码清单 10-10。

代码清单 10-10　构造字符级序列编码-解码训练集

```
>>> import numpy as np                                    ← 在矩阵操作中使用 numpy

>>> encoder_input_data = np.zeros((len(input_texts),
...         max_encoder_seq_length, input_vocab_size),
...         dtype='float32')                              ← 训练的张量初始化为形状为(num_
>>> decoder_input_data = np.zeros((len(input_texts),        samples, max_len_sequence, num_
...         max_decoder_seq_length, output_vocab_size),     unique_tokens_in_vocab)的零张量
...         dtype='float32')
>>> decoder_target_data = np.zeros((len(input_texts),
...         max_decoder_seq_length, output_vocab_size),
...         dtype='float32')

>>> for i, (input_text, target_text) in enumerate(
...                 zip(input_texts, target_texts)):        对训练样本进行循
...         for t, char in enumerate(input_text):      ←  循环遍历每个样   环遍历，输入文本和
...                 encoder_input_data[                    本的每个字符     目标文本需要对应
...                         i, t, input_token_index[char]] = 1.
...         for t, char in enumerate(target_text):
...                 decoder_input_data[
...                         i, t, target_token_index[char]] = 1.
...                 if t > 0:
...                         decoder_target_data[i, t - 1, target_token_index[char]] = 1
```

将每个时刻字符的索引设置为 1，其他所
有索引仍保持为 0。这将创建训练样本的
独热编码表示

对解码器的训练数据，大家将创建 decoder_input_data
和 decoder_target_data（后者落后于前者一个时刻）

10.4.4　训练序列到序列聊天机器人

完成所有准备训练集的工作——将预处理的语料库转换为输入样本和目标样本，创建索引查
寻字典，并将样本转换为独热张量之后，终于是时候训练聊天机器人了。代码与前面的示例完全
相同。一旦 `model.fit` 函数完成了训练，大家就拥有了一个基于序列到序列网络的完全训练好
的聊天机器人了。具体做法参见代码清单 10-11。

代码清单 10-11　构造和训练一个字符级序列编码-解码网络

在本例中，将批处理大小设置为 64 个
样本。增加批处理大小可以加快训练
速度，但它也需要更多的内存

```
>>> from keras.models import Model
>>> from keras.layers import Input, LSTM, Dense          训练一个序列到序列的网络
                                                         可能很长，一般至少需要 100
>>> batch_size = 64                                      个训练周期
>>> epochs = 100
>>> num_neurons = 256                                ←  在本例中，将神经元维
                                                        数设置为 256
>>> encoder_inputs = Input(shape=(None, input_vocab_size))
```

```
>>> encoder = LSTM(num_neurons, return_state=True)
>>> encoder_outputs, state_h, state_c = encoder(encoder_inputs)
>>> encoder_states = [state_h, state_c]

>>> decoder_inputs = Input(shape=(None, output_vocab_size))
>>> decoder_lstm = LSTM(num_neurons, return_sequences=True,
...                     return_state=True)
>>> decoder_outputs, _, _ = decoder_lstm(decoder_inputs,
...      initial_state=encoder_states)
>>> decoder_dense = Dense(output_vocab_size, activation='softmax')
>>> decoder_outputs = decoder_dense(decoder_outputs)
>>> model = Model([encoder_inputs, decoder_inputs], decoder_outputs)

>>> model.compile(optimizer='rmsprop', loss='categorical_crossentropy',
...               metrics=['acc'])
>>> model.fit([encoder_input_data, decoder_input_data],
...     decoder_target_data, batch_size=batch_size, epochs=epochs,
...     validation_split=0.1)
```

> 在每个训练周期之后，预留10%的样本用于验证测试

10.4.5 组装序列生成模型

组装序列生成模型与我们在前面几节中讨论的非常相似。但是必须进行一些调整，因为没有特定的目标文本和状态输入解码器。大家所拥有的只是输入和一个初始词条。具体做法参见代码清单 10-12。

代码清单 10-12 构造回复生成器模型

```
>>> encoder_model = Model(encoder_inputs, encoder_states)
>>> thought_input = [
...      Input(shape=(num_neurons,)), Input(shape=(num_neurons,))]
>>> decoder_outputs, state_h, state_c = decoder_lstm(
...      decoder_inputs, initial_state=thought_input)
>>> decoder_states = [state_h, state_c]
>>> decoder_outputs = decoder_dense(decoder_outputs)

>>> decoder_model = Model(
...      inputs=[decoder_inputs] + thought_input,
...      output=[decoder_outputs] + decoder_states)
```

10.4.6 预测输出序列

decode_sequence 函数是聊天机器人生成回复的核心。它接受独热编码的输入序列，生成思想向量，并使用思想向量通过之前训练好的网络生成适合的回复。具体做法参见代码清单 10-13。

代码清单 10-13　建立基于字符的翻译器

```
>>> def decode_sequence(input_seq):
...     thought = encoder_model.predict(input_seq)          ◁── 生成思想向量作为
                                                                 解码器的输入
...     target_seq = np.zeros((1, 1, output_vocab_size))    ◁──
...     target_seq[0, 0, target_token_index[stop_token]         与训练相反，target_seq
...         ] = 1.                                              一开始是一个零张量
...     stop_condition = False          ◁── 解码器的第一个输入词
...     generated_sequence = ''             条是初始词条

                                        将已生成的词条和最新状
...     while not stop_condition:        态传递给解码器，以预测下
...         output_tokens, h, c = decoder_model.predict(    一个序列元素
...             [target_seq] + thought)  ◁──

...         generated_token_idx = np.argmax(output_tokens[0, -1, :])
...         generated_char = reverse_target_char_index[generated_token_idx]
...         generated_sequence += generated_char
...         if (generated_char == stop_token or
...                 len(generated_sequence) > max_decoder_seq_length
...                 ):       将 stop_condition 设置为 True 将停止循环
...             stop_condition = True   ◁──
...         target_seq = np.zeros((1, 1, output_vocab_size))    ◁──
...         target_seq[0, 0, generated_token_idx] = 1.
...         thought = [h, c]            更新目标序列，并使用最后
                                        生成的词条作为下一生成
                                        步骤的输入
...     return generated_sequence   ◁── 更新思想向
                                         量状态
```

10.4.7　生成回复

现在，大家将定义一个辅助函数 response()，用于将输入字符串（例如来自人类用户的语句）转换为聊天机器人的回复。该函数首先将用户输入的文本转换为由独热编码向量组成的序列。然后将这个独热向量的张量传递给前面定义的 decode_sequence() 函数。它将输入的文本编码成思想向量，并将这些思想向量生成文本。

> **注意**　关键点不在于向解码器提供初始状态（即思想向量）和输入序列，而是只提供思想向量和初始词条。给定初始状态和初始词条，解码器生成的词条在第 2 个时刻成为解码器的输入，而第 2 个时刻的输出又变成第 3 个时刻的输入，以此类推。LSTM 记忆状态始终都在更新记忆并增进输出，就像我们在第 9 章中看到的那样：

```
                                    对输入文本的每个字符进行循环遍历，生成独
                                    热张量，以便编码器从中生成思想向量
>>> def response(input_text):
...     input_seq = np.zeros((1, max_encoder_seq_length, input_vocab_size),
...         dtype='float32')
...     for t, char in enumerate(input_text):    ◁──
```

```
...            input_seq[0, t, input_token_index[char]] = 1.
...        decoded_sentence = decode_sequence(input_seq)
...        print('Bot Reply (Decoded sentence):', decoded_sentence)
```

使用 decode_sequence 函数调用
训练好的模型生成回复序列

10.4.8　与聊天机器人交谈

大家刚刚完成了训练和测试聊天机器人的所有必要步骤。接下来，大家是否对于聊天机器人回复的内容感兴趣呢？在 NVIDIA GRID K520 GPU 上花费大约 7 个半小时训练 100 个周期之后，这个训练有素的序列到序列闲聊机器人仍然有点顽固、说话简短。一个更大、更通用的训练语料集可以改变这种表现：

```
>>> response("what is the internet?")
Bot Reply (Decoded sentence): it's the best thing i can think of anything.

>>> response("why?")
Bot Reply (Decoded sentence): i don't know. i think it's too late.

>>> response("do you like coffee?")
Bot Reply (Decoded sentence): yes.

>>> response("do you like football?")
Bot Reply (Decoded sentence): yeah.
```

注意　如果大家不想设置 GPU 或训练自己的聊天机器人，不用担心，我们会提供训练后的聊天机器人供大家测试。请移步本书的 GitHub 存储库[①]，查看最新版本的聊天机器人。如果大家收到聊天机器人任何有趣的回复，也请告诉作者。

10.5　增强

有两种增强训练序列到序列模型的方法，可以提高模型的精确率和可扩展性。像人类学习一样，深度学习会从精心设计的课程中受益。大家需要对训练材料进行分类和排序，以确保模型快速学习吸收，并且我们需要确保老师能突出文档中最重要的部分。

10.5.1　使用装桶法降低训练复杂度

输入序列可以有不同的长度，这使短序列的训练数据添加了大量填充词条。过多的填充会使计算成本高昂，特别是当大多数序列都很短，只有少数序列接近最大词条长度时。假设大家用数据训练序列到序列网络，其中几乎所有的样本都是 100 个词条长，只有几个包含 1000 个词条的异常值除外。若不进行装桶（bucketing），我们需要用 900 个填充词条填充大部分训练数据，并

---

① 详见本书 GitHub 上标题为 "GitHub - totalgood/nlpia" 的网页。

且在训练阶段，序列到序列网络必须对填充词条进行循环遍历。这种填充数据会大大减缓训练速度。在这种情况下，装桶法可以减少计算量。我们可以按长度对序列排序，并在不同的批处理期间使用不同的序列长度。我们将输入序列分配到不同长度的桶中，例如长度在 5 ~ 10 个词条之间的所有序列放在一个桶中，然后训练该批次时使用这个序列的桶，例如，先训练 5 ~ 10 个词条之间的所有序列，然后训练 10 ~ 15 个词条之间的所有序列，等等。一些深度学习框架提供了一些装桶工具为输入数据提供最佳装桶方式。

如图 10-10 所示，序列首先按长度排序，然后仅填充到特定桶的最大词条长度。这样，在训练序列到序列网络时，可以减少所有批处理所需的时刻数量。在指定的批处理中，只在需要的范围内（到最长的序列）展开网络。

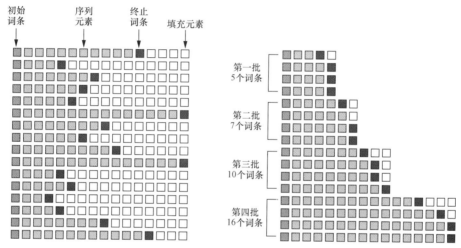

图 10-10　装桶（bucketing）应用于目标序列

10.5.2　注意力机制

与第 4 章中介绍的隐性语义分析一样，较长的输入序列（文档）倾向于产生不精确表示这些文档的思想向量。思想向量受 LSTM 层（神经元数量）维数的限制。对于短输入/输出序列，一个思想向量就足够了，类似于这个聊天机器人示例。但是想象一下，我们想训练一个序列到序列模型来概述在线文章。在这种情况下，输入序列可以是一篇很长的文章，要将这篇文章压缩到一个思想向量中，以生成一个标题。可以想象，训练网络来确定较长的文档中最相关的信息是很棘手的。标题或摘要（以及相关的思想向量）必须关注该文档的某个特定方面或部分，而不是试图表示其具有的所有复杂含义。

2015 年，Bahdanau 等人在国际表示学习大会（International Conference on Learning Representations，ICLR）上提出了他们对这一问题的解决方案[①]。作者提出的这个概念后来被称为

---

① 详见标题为 "Neural Machine Translation by Jointly Learning to Align and Translate" 的网页。

注意力机制（attention mechanism）（如图 10-11 所示）。顾名思义，这个想法是要告诉解码器应该注意输入序列中的哪些部分。这种"预演"是通过允许解码器除查看思想向量外，还允许查看编码器网络的所有状态来实现的。整个输入序列上的"热图"（heat map）版本将与网络的其他部分一起学习。每个时刻不同的映射会与解码器共享。当它解码序列的某个特定部分时，思想向量产生的概念会被它直接产生的信息所增强扩充。换句话说，注意力机制通过选择与输出相关的输入部分，允许输入和输出之间直接连接。这并不意味着输入和输出序列的词条要对齐，因为那样就违背了目标，使我们返回到了自编码器的阶段。无论概念的表示出现在序列中的哪个部分，它（注意力机制）都可以使它们更加丰富。

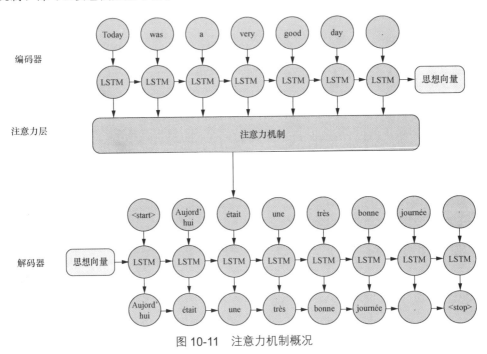

图 10-11 注意力机制概况

有了注意力机制，在给定解码器时刻时，解码器都会接收一个额外的具有每个时刻的输入，表示要"注意"的输入序列中的一个（或多个）词条。编码器中所有序列的重要程度将由解码器各个时刻的加权平均值表示。

配置和调优注意力机制并不简单，但是各种深度学习框架都提供了简单的实现方法。在撰写本书时，Keras 包的注意力相关代码被讨论过，但是目前还没有接受任何代码实现。

10.6 实际应用

序列到序列网络非常适合所有具有可变长度输入序列或可变长度输出序列的机器学习应用。由于自然语言的词序列几乎总是有不可预测的长度，因此序列到序列模型可以提高大多数机器学习模型的精确率。

目前序列到序列结构的主要应用有：

- 聊天机器人对话；
- 问答系统；
- 机器翻译；
- 图像描述；
- 可视化问答；
- 文档摘要。

正如大家在前几节中看到的，对话系统是 NLP 领域的一个常见应用。序列到序列模型是生成式的，这使它特别适合应用于对话系统（聊天机器人）。序列到序列的聊天机器人可以生成比信息检索或基于知识的聊天机器人更多样、更具创造性和更口语化的对话。对话系统模拟人们在多类主题上的对话。序列到序列的聊天机器人可以从限定领域的语料库中进行泛化学习，但对其训练集中不包含的主题也可以做出合理的响应。相反，基于知识的对话系统的"基础"（在第 12章中讨论）会限制它们参与训练数据之外主题的对话的能力。第 12 章更详细地比较了聊天机器人不同架构的表现。

除康奈尔电影对话语料库之外，还有各种免费和开源的训练集，如 Deep Mind 的问答数据集（DeepMind Q&A Dataset）[1]。当大家想要自己的对话系统在特定领域中能够有效地回复时，需要在该领域的语料库中对其进行训练。思想向量只有有限的信息容量，需要用关于聊天机器人熟悉的主题的信息来填充该容量。

序列到序列网络的另一个常见应用是机器翻译。思想向量的概念允许翻译程序结合输入数据的上下文，这样具有多种含义的词也可以在明确的上下文中翻译。如果想构建翻译应用程序，ManyThings 网站提供了可以用作训练集的句子对。我们在 `nlpia` 包中为大家提供了这些句子对。例如，在代码清单 10-8 中，对于英语-德语语句对，可以使用 `get_data('deu-eng')` 替换 `get_data('moviedialog')`。

由于输入和输出的字符串长度可以不同，序列到序列模型也非常适用于文档摘要。在这种情况下，编码器网络的输入是，例如，新闻报道（或任何其他长度的文档）而解码器可以训练生成标题、摘要或其他任何与文档相关的总结性序列。序列到序列网络可以提供一个比基于词袋向量（bag-of-word）统计的摘要方法更自然的文本摘要方式。如果读者对开发这样一个应用程序感兴趣，Kaggle 的新闻摘要比赛[2]提供了一份很好的训练集。[3]

序列到序列网络并不局限于自然语言应用。另外两个常见应用是自动语音识别和图像描述。

---

① 参见本书 GitHub 上的 nlpia 包文档中的对话语料库列表（https://github.com/totalgood/nlpia/blob/master/docs/notes/nlp--data.md#dialog-corpora）。

② Kaggle 是一个著名的比赛网站，上面有各种各种的比赛任务，新闻摘要（News Summary）是其中的一个比赛任务。——译者注

③ 详见标题为 "NEWS SUMMARY: Kaggle" 的网页。

目前，最先进的自动语音识别系统使用序列到序列网络将语音输入幅度样本序列转换为思想向量，而序列到序列解码器将思想向量转换为语音的文本翻译。同样的概念也适用于图像描述。图像像素序列（无论图像分辨率如何）可以用作编码器的输入，并且可以训练解码器生成合适的描述。事实上，大家可以在网上找到一个图像描述和问答系统的组合应用程序，称为可视化问答。

10.7　小结

■ 序列到序列网络可以使用模块化、可复用的编码-解码架构来构建。

■ 编码器模型生成一个思想向量，这是一个稠密的、固定维度的向量，表示可变长度输入序列中的信息。

■ 解码器可以使用思想向量来预测（生成）输出序列，包括聊天机器人的回复。

■ 由于思想向量表示的存在，因此输入序列和输出序列长度不需要匹配。

■ 思想向量只能承载有限的信息。如果需要一个思想向量来编码更复杂的概念，那么注意力机制可以帮助我们有选择地编码思想向量中的重要内容。

第三部分

进入现实世界（现实中的 NLP 挑战）

第三部分将介绍如何通过扩展学到的技能来解决现实世界的问题。在本部分中我们将学习如何提取日期和姓名等信息，构建 Twitter 机器人这样的应用程序，来帮助自助调度 2017 年和 2018 年 PyCon US 的 Open Space 活动[①]。

最后三章还将讨论更棘手的 NLP 问题。我们将学到利用几种不同的方法来构建一个聊天机器人，包括基于机器学习的方法和不基于机器学习的方法。为了创建复杂的对话行为，我们将学习如何将上述技术组合起来。我们还将了解一些算法，这些算法可以处理那些不能一次性加载到内存中的大型文档集。

---

① PyCon US 是在美国举办的 Python 编程语言开发者社区最大的年度聚会，Open Space 是 PyCon 参会者自行组织的交流会。——译者注

第 11 章 信息提取（命名实体识别与问答系统）

本章主要内容

■ 断句

■ 命名实体识别

■ 数字信息提取

■ 词性标注和依存树分析

■ 逻辑关系提取与知识库

为了构建一个全功能的聊天机器人，我们需要的最后一项技能是从自然语言文本中提取信息或者知识。

11.1　命名实体与关系

我们希望计算机能够从文本中提取信息和事实，从而略微理解用户所说的内容。例如，当用户说"提醒我星期一浏览*******.org 网站。"，我们希望这句话触发当天后下个周一的日程或者提醒的操作。

要触发上述操作，我们需要知道"我"代表一种特定类型的命名实体（named entity）：人。而且，聊天机器人应该知道它需要将"我"替换成该用户的用户名，达到文本扩展或标准化的目的。我们还需要聊天机器人知道"*******.org"是一个缩写的 URL（URL 是一个指代特定事物名称的命名实体），而且这种特定类型的命名实体的标准化拼写方式可能是"http://*******.org""https://*******.org"，甚至可能是"https://www.*******.org"。同样地，我们需要聊天机器人明白周一是一周中的某一天（这是另一种被称为"时间"的命名实体），并且能够在日历上找到它。

为了使聊天机器人能够正确地响应这个简单请求，我们还需要它能够提取命名实体"我"和指令"提醒"之间的关系。聊天机器人甚至需要识别句子的隐含主题（"你，提醒我......"），其中"你"指的是聊天机器人，即另一个类型为人的命名实体。而且我们需要"告诉"聊天机器人，日程或者提醒是在将来发生的，所以它应该找到下周一来创建提醒。

一个典型的句子可能包含几种不同类型的命名实体，例如地理位置实体、组织、人物、政治实体、时间（包括日期）、人工制品、事件和自然现象。同时，一个句子也可以包含多个关系，即关于句子中命名实体之间关系的事实。

11.1.1　知识库

除了从用户语句对应的文本中提取信息，我们还可以使用信息提取技术来帮助聊天机器人进行自我训练！如果使用聊天机器人在大型语料库（如维基百科）上进行信息提取，这个语料库就可以生成关于这个世界的各种信息，从而指导聊天机器人后续的行为和动作。有一些聊天机器人通过知识库记录提取的所有信息（通过安排"家庭作业"式的离线阅读）。然后通过查询这个知识库，可以帮助我们的聊天机器人做出对于这个世界更加准确的判断或推理。

聊天机器人还可以存储与当前用户的"会话"或者对话相关的知识。这些仅和当前对话相关的知识称为"上下文"。这些上下文知识既可以存储在聊天机器人后台的统一全局知识库中，又可以存储在单独的知识库中。商业聊天机器人 API（如 IBM 的 Watson 或亚马逊的 Lex），通常将用户的上下文与支持和其他所有用户聊天的全局知识库分开存储。

上下文可以包含关于用户、聊天室或频道的信息，或者当前时刻的天气和新闻。基于会话内容，上下文甚至可以包含聊天机器人自身的状态变化。一个"自我感知"的例子是，智能聊天机器人应该跟踪它已经告诉用户的所有事情的历史记录，或者它已经向用户提出的问题的历史记录，从而避免重复。

这就是本章的目标，即教会机器人理解输入的内容。我们将机器人产生的这种理解结果放入一个为了存储知识而设计的灵活数据结构中。然后我们的机器人可以利用这些知识做决策，从而在回复中引入更多对现实世界的理解。

除了识别文本中的数字和日期等简单的任务，我们还希望机器人能够提取有关现实世界的更通用的信息。而且我们希望它能够独立完成这项任务，而不是我们自己把关于现实世界的所有知识都"编程"输入给它。例如，我们希望机器人能够从自然语言文档中学习，例如，维基百科中的这个句子：

> *In 1983, Stanislav Petrov, a lieutenant colonel of the Soviet Air Defense Forces, saved the world from nuclear war.*

（1983 年，苏联防空部队的中校斯坦尼斯洛夫·彼得罗夫（Stanislav Petrov）使世界免遭了核战争。）

如果我们在历史课上读到或听到类似于上面这样一句话后做笔记的时候，我们可能会去理解这句话的意思，同时在脑海中建立各种概念或词之间的关系。我们可能会把这句话简化成某种知识，某种"从句子中得到的"知识。我们希望机器人做同样的事情。我们希望它"记录"它所学到的东西，例如，斯坦尼斯洛夫·彼得罗夫（Stanislov Petrov）是中尉（lieutenant colonel）的事实或知识。这种知识可以存储在下面这样的数据结构中：

```
('Stanislav Petrov', 'is-a', 'lieutenant colonel')
```

这个例子描述了两个命名实体节点（'Stanislav Petrov'和'lieutenant coloel'），以及在知识图谱或知识库中它们之间存在的（'is-a'）关系或连接。当上述关系用符合知识图谱关系描述格式（relation description format，RDF）标准的形式存储时，它被称为 RDF 三元组（RDF triplet）。一般而言，这些 RDF 三元组存储在 XML 文件中，但它们也能存储在可以用(主体, 关系,对象)形式记录三元组图形关系的任何格式文件或数据库中。

这些三元组的集合称为知识图谱（knowledge graph）。上述集合有时也被语言学家称为本体（ontology）[①]，因为它存储了关于词的结构化信息。但当这个图谱表示的是关于世界的事实而不仅仅是词时，它被称为知识图谱或知识库。图 11-1 就是我们想要从上述句子中提取出的知识图谱的图形化表示。

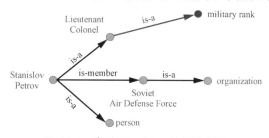

图 11-1　有关 Stanislov 的知识图谱

图 11-1 上方的 is-a 关系表示一个无法直接从上述描述 Stanislav 的句子中提取出的事实。但是，这个 lieutenant colonel（中校）是军衔（military rank）的事实可以基于一个军事组织（organization）成员的头衔是军衔的事实推断出来。这种从知识图谱中获取事实的逻辑操作称为知识图谱推断（inference）。它也可以被称为知识库查询，就像关系数据库查询一样。对于像 Stanislav 军衔的这种特殊推断或查询，我们的知识图谱必须包含关于军队和军衔的事实。如果知识库包含关于人的头衔以及人与职业（工作）关系的事实，甚至可能也会有所帮助。也许现在我们可以看出，相比于没有相关知识的知识库，有相关知识的知识库对于机器人理解上面这句话的帮助更大。如果没有这种知识库，那么像上面这样一个简单的句子中包含的许多事实，都将让聊天机器人"摸不着头脑"。大家甚至可以说，对于一个只知道如何根据随机分配的主题对文档进行分类的机器人[②]，关于职业等级的问题将"超出它的能力范围"。

这个问题有多么严重，也许不是那么显而易见，但这确实是一个严重的问题。如果我们有过与一个不理解"which way is up"（路在何方）[③]的聊天机器人交谈经历的话，我们就会理解这个问题的严重性。人工智能研究中最令人生畏的挑战之一就是对常识知识图谱的编译和高效查询。而这些常识在我们的日常对话中被视为理所当然知道的东西。

人类甚至在获得语言技能之前就开始获取很多常识。我们不会花费自己的童年时光去撰写为何每天从日出开始、并在日落之后睡觉的原因。我们也不会在维基百科中编辑为何只能用食物而不是泥土或岩石填饱肚子的文章。这使机器人难以找到一个包含常识的语料库去阅读和学习，也不存在包含常识的维基百科文章供机器人进行信息提取。而且有些常识完全是与生俱来的，它们被硬编码到我们的 DNA 中[④]。

---

① 一般认为，本体更偏概念之间的关系，而知识图谱则倾向于表达实体之间的关系。因此，这两者有较大的区别。——译者注

② 如果忘了如何随机分配主题，参见第 4 章。

③ "which way is up"是 2008 年发布的一款单人游戏。——译者注

④ 有些硬编码的、常识性的知识库可用于构建我们的知识体系。谷歌学术（Google Scholar）是我们在知识图谱搜索领域的好伙伴。

事物与人之间存在着各种各样的事实关系，例如"是……类别"（kind-of）、"被用来"（is-used-for）、"有一个"（has-a）、"因……而著名"（is-famous-for）、"出生于"（was-born）、"有……经验"（has-profession）。NELL（Never Ending Language Learning），卡内基梅隆大学的一个永恒语言学习的机器人，几乎完全专注于提取有关"是……类别"（kind-of）关系的信息。

大多数知识库会规范化上述表示关系定义的字符串，所以"是……类别"（kind-of）和"是……类型"（type-of）这种特定关系会被分配一个规范化的字符串或 ID 来表示。一些知识库也会规范化知识库中表示对象的名词。因此，可能会给 2-gram "Stanislav Petrov" 分配一个特定 ID。"Stanislav Petrov" 的同义词，如 "S. Petrov" 和 "Lt Col Petrov"，如果 NLP 流水线认为他们指的是同一个人，那么会被分配同一个 ID。

知识库可用于构建称为问答系统（QA 系统）的实用型聊天机器人。客服聊天机器人，包括大学助教机器人，几乎完全依赖知识库来生成回复[1]。问答系统非常适合帮助人们找到事实型信息，从而解放人类的大脑去做它们更擅长的事情，例如根据事实进行概括。人类不擅长精确地记忆事实，但善于发现这些事实之间的联系和模式，后者是机器人尚未掌握的东西。我们将在下一章中详细讨论问答系统机器人。

11.1.2　信息提取

到目前为止，我们已经了解到"信息提取"是将非结构化文本转换为存储在知识库或知识图谱中的结构化信息。信息提取是自然语言理解（natural language understanding，NLU）研究领域的一部分，尽管 NLU 经常被当作自然语言处理（NLP）的同义词使用。

与我们的理解可能不同，在数据科学研究中，信息提取或者 NLU 代表不同的学习方式。它不仅仅是无监督学习，甚至"模型"（有关世界运行的逻辑）本身也可以在没有人为干预的情况下获得。我们不是授"机器人"以鱼（事实），而是授"机器人"以渔（提取信息）。尽管如此，机器学习技术经常用来训练信息提取模型。

11.2　正则模式

我们需要一种模式匹配算法，该算法可以识别与模式匹配的字符序列或词序列，以便我们从较长的文本字符串中"提取"它们。构建这种模式匹配算法的简单方法是在 Python 中，使用一系列 if / then 语句在字符串的逐个位置查找该符号（单词或字符）。假设我们想在语句开头找到一些常见的问候词，例如 "Hi" "Hello" "Yo"。我们可以按照代码清单 11-1 进行操作。

代码清单 11-1　硬编码在 Python 代码中的模式

```
>>> def find_greeting(s):
...     """ Return greeting str (Hi, etc) if greeting pattern matches """
...     if s[0] == 'H':
```

---

[1] 2016 年，GaTech 公司的人工智能助教。

```
...            if s[:3] in ['Hi', 'Hi ', 'Hi,', 'Hi!']:
...                return s[:2]
...            elif s[:6] in ['Hello', 'Hello ', 'Hello,', 'Hello!']:
...                return s[:5]
...     elif s[0] == 'Y':
...            if s[1] == 'o' and s[:3] in ['Yo', 'Yo,', 'Yo ', 'Yo!']:
...                return s[:2]
...     return Non
```

代码清单 11-2 展示了它的运行效果。

代码清单 11-2　脆弱的模式匹配示例

```
>>> find_greeting('Hi Mr. Turing!')
'Hi'
>>> find_greeting('Hello, Rosa.')
'Hello'
>>> find_greeting("Yo, what's up?")
'Yo'
>>> find_greeting("Hello")
'Hello'
>>> print(find_greeting("hello"))
None
>>> print(find_greeting("HelloWorld"))
None
```

我们可以看到，通过这种方式编写模式匹配算法十分烦琐。这种方式甚至不像上面示例看到的那么好。它非常脆弱，依赖字符串中字符拼写、大小写及位置的精确表达。指定所有"分隔符"也非常棘手，这些"分隔符"包括标点符号、空白字符，或者要查找的单词两边的字符串的开头和结尾符号（NULL 字符）。

大家可能已经想出一种方法，允许指定要查找的不同单词或字符串，而无须将其硬编码为上述 Python 表达式。大家甚至可以在单独的函数中指定分隔符，通过分词和迭代查找技术，可以在字符串的任意位置中找到待查词，但这样做的话工作量会很大。

幸运的是，这项工作早就已经完成了！模式匹配引擎已经被集成到大多数现代计算机语言中，包括 Python。它被称为正则表达式（regular expression）。正则表达式和字符串插值格式化表达式（例如，"{:05d}".format(42)），本身就是微型编程语言。这种用于模式匹配的语言称为正则表达式语言。Python 在标准库包 re 中有一个正则表达式解释器（编译器和运行器）。因此，我们将使用它们而不是深层嵌套的 Python if 语句来定义上述模式。

11.2.1　正则表达式

正则表达式是一种用特殊的计算机语言编写的字符串，可以用于指定匹配算法。如果同样实现上述匹配模式，使用正则表达式要比编写 Python 代码更加强大、灵活和简洁。因此正则表达式是许多涉及模式匹配的 NLP 问题首选的模式定义语言。使用正则表达式的 NLP 应用是对原先用于编译和解释形式语言（计算机语言）的扩展。

正则表达式定义有限状态机或 FSM——关于符号序列的"if-then"决策树，例如代码清单 11-1 中的 find_greeting() 函数。序列中的符号被逐个输入 FSM 决策树中。对诸如 ASCII 字符串或一系列英语单词之类的符号序列进行处理的有限状态机称为语法。它们也被称为形式语法，以便和我们在语法学校学到的自然语言语法规则区分开来。

在计算机科学和数学中，"语法"一词指的是一组规则，用于确定符号序列是否是特定语言的合法成员，这些语言通常称为计算机语言或形式语言。计算机语言或形式语言是与定义该语言的形式语法匹配的所有语句集。这是一种循环定义，但这有时就是数学的工作方式。如果大家不熟悉像 r'.\ *' 和 r'a-z' 这样的基本正则表达式语法和符号，可以根据需要查看附录 B。

11.2.2　把信息提取当作机器学习里的特征提取任务

我们回到第 1 章，那里第一次提到了正则表达式。但是，大家是否从第 1 章末尾的基于语法的 NLP 方法转向了支持基于机器学习和数据驱动的方法？为什么要再次使用硬编码（手动编写）的正则表达式和模式？这是因为基于统计或数据驱动的 NLP 方法存在局限性。

我们希望机器学习流水线能够执行一些基本操作，例如回答逻辑问题，或根据 NLP 指令执行诸如安排会议日程等操作。但这些场景下机器学习往往达不到预期效果。我们很少有标注好的训练集，能够涵盖人们用自然语言可能提出的所有问题的答案。另外，正如我们在后面将要看到的，我们可以定义一组紧凑的条件检查（正则表达式）以从自然语言字符串中提取关键的信息。这种方法可以解决很大一部分问题。

模式匹配（和正则表达式）仍然是最好的信息提取方法。即使使用机器学习方法进行自然语言处理，我们也需要完成特征工程。我们需要创建词袋模型或词嵌入表示，从而将自然语言文本中近乎无限可能的语义压缩到计算机可以轻松处理的向量中。信息提取只是从非结构化自然语言数据中提取机器学习特征的另一种形式，例如创建单词模型或在该词袋模型上进行 PCA。这些模式和特征也同样用于最先进的自然语言机器学习流水线，例如谷歌智能助理、Siri、亚马逊的 Alexa 和其他最好的聊天机器人。

信息提取用于找到那些我们希望聊天机器人拥有的"在嘴边却又说不出来"的语句和信息。我们可以事先通过信息提取来填充知识库的内容。或者，当询问聊天机器人问题或查询搜索引擎时，信息提取可以用来按需查找语句和信息。当提前构建知识库时，可以优化数据结构以便在更大的知识领域内更快地进行查询。预构建知识库使聊天机器人能够快速响应有关更广泛信息的问题。如果信息检索是随着查询聊天机器人实时进行的，这一般被称为"搜索"。Google 和其他搜索引擎结合了这两种技术，如果查询知识图谱（知识库）找不到需要的信息，则回退到文本搜索。我们在学校学到的许多自然语言语法规则都可以使用形式语法进行编码，该形式语法旨在对词或者代表词性的符号进行操作。英语可以被认为是构成上述语言的单词和语法规则。或者我们可以将其视为可以说出的所有可能语句的集合，这些语句被英语使用者认为是有效的。

这带来了形式语法和有限状态机的另一个特性，它将在 NLP 中派上用场。计算机可以通过两种方式使用形式语法：

- 识别与该语法匹配的字符串；
- 通过该语法生成新的符号序列。

我们不仅可以使用模式（正则表达式）从自然语言中提取信息，还可以在聊天机器人中使用这些模式，从而让聊天机器人"说出"与该模式匹配的内容! 下面我们将向大家展示如何使用名为 rstr[①] 的软件包来完成一些信息提取模式。

这些用于模式匹配的形式语法和有限状态机方法还有一些很酷的功能。一个真正的有限状态机可以保证始终在有限时间内运行（停止）。它一定会告诉我们是否在字符串中找到了匹配项。它永远不会陷入死循环……只要我们不使用正则表达式引擎的某些高级功能，这些功能允许我们"作弊"并将死循环添加到我们的有限状态机中。

因此，我们将使用不包括"后向环视"或"前向环视"这类作弊方式的正则表达式。我们将确保我们的正则表达式匹配器会处理每个字符并且只有当它匹配时才移动到下一个字符——有点儿像一个严格的列车管理员沿着座位检查车票。如果乘客没有车票，列车管理员会停下并宣布发现了问题，有人没有车票，他不再继续向前查或者向后查，直到他解决了眼前的问题。对列车乘客或严格的正则表达式而言，没有"回退"或"跳过"一说。

11.3 值得提取的信息

如下一些关键的定量信息值得"手写"正则表达式：

- GPS 位置；
- 日期；
- 价格；
- 数字。

和上述可以通过正则表达式轻松捕获的信息相比，其他一些重要的自然语言信息需要更复杂的模式：

- 问题触发词；
- 问题目标词；
- 命名实体。

11.3.1 提取 GPS 位置

GPS 位置是我们希望通过正则表达式从文本中提取的各种数值类数据的典型代表。GPS 位置具有成对的经度和纬度数值。它们有时还包括第三个数值，如高度或海拔高度，但我们暂时忽略

---

① 详见标题为"leapfrogdevelopment / rstr —— Bitbucket"的网页。

它。我们只提取十进制的经度/纬度对，用度数表示。这种模式适用于许多谷歌地图的 URL 地址。虽然严格说 URL 不是自然语言，但它们通常是非结构化文本数据的一部分，并且我们希望提取这种信息，从而让我们的聊天机器人能够像了解事物一样了解位置信息。

我们使用前面例子中的十进制数字模式，但增加更多约束，确保该值在纬度（±90°）和经度（±180°）的有效范围内。最北到北极（+90°），最南到南极（−90°）。如果我们从英格兰格林尼治的东经 180°（经度+180°）起航，我们将到达国际日期变更线，那里也是格林尼治的西经 180°（经度−180°）。代码清单 11-3 中给出的是具体代码。

代码清单 11-3 GPS 坐标的正则表达式

```
>>> import re
>>> lat = r'([-]?[0-9]?[0-9][.][0-9]{2,10})'
>>> lon = r'([-]?1?[0-9]?[0-9][.][0-9]{2,10})'
>>> sep = r'[,/ ]{1,3}'
>>> re_gps = re.compile(lat + sep + lon)

>>> re_gps.findall('http://...maps/@34.0551066,-118.2496763...')
[(34.0551066, -118.2496763)]

>>> re_gps.findall("Zig Zag Cafe is at 45.344, -121.9431 on my GPS.")
[('45.3440', '-121.9431')]
```

数值类数据很容易提取，特别是当数字是可机读字符串的一部分的时候。URL 和其他可机读字符串以可推测的顺序、格式或单位放置纬度和经度等数字，为提取提供了方便。上述模式还可以处理一些超出真实世界的纬度和经度值，它可以较好地处理我们从地图 Web 应用程序（如 OpenMapStreet）中复制的大部分 URL。

但日期怎么处理？ 正则表达式适用于日期吗？ 如果我们希望我们的日期提取器能够在欧洲和美国使用，而这两个地方的日/月的顺序经常颠倒应该怎么办？

11.3.2 提取日期

提取日期比提取 GPS 坐标要难得多。日期更接近自然语言，可以通过不同的方言表达相似的事物。在美国，2017 年圣诞节的表示是 "12/25/17"。而在欧洲，同一个日子却表示为 "25/12/17"。我们可以检查我们的用户区域设置，并假设在同一个区域，日期表示方式是一样的。但这种假设可能在实际中是不成立的。

因此，大多数日期和时间提取器尝试适配上面两种日/月的表示顺序，并检查以确保有效的日期。这也是当我们看到这样的日期时大脑的工作方式。即使你是美国英语使用者，而且圣诞节期间你在布鲁塞尔，你也能认出 "25/12/17" 是一个假期，因为一年只有 12 个月。

这种在计算机编程中适用的 "鸭子类型"（duck-typing）方法也适用于自然语言。如果它看起来像一只鸭子并且表现得像一只鸭子，那么它可能就是一只鸭子。如果它看起来像日期并且表现得像日期，那么它可能就是日期。我们将在其他自然语言处理任务中也使用这种 "先斩后奏"

的方法。我们将尝试一系列方法并选择结果正确的方法。我们将尝试使用提取器或生成器，然后在其上运行验证器来判断它是否合理。

对聊天机器人来说，这是一种特别强大的方法，允许我们组合多个自然语言生成器的最佳结果。在第 10 章中，我们使用 LSTM 生成了一些聊天机器人的回复。为了改善用户体验，我们可以生成大量回复并选择具备最佳拼写、语法和情感的回复，参见代码清单 11-4。我们将在第 12 章中详细讨论这一点。

代码清单 11-4　美国日期的正则表达式

```
>>> us = r'(((([01]?\d)[-/]([0123]?\d))([-/]([0123]\d)\d\d)?)'
>>> mdy = re.findall(us, 'Santa came 12/25/2017. An elf appeared 12/12.')
>>> mdy
[('12/25/2017', '12/25', '12', '25', '/2017', '20'),
 ('12/12', '12/12', '12', '12', '', '')]
```

通过把月、日和年转换为整数并使用有意义的名称标注这些数字信息，我们可以使用列表解析式（list comprehension）为提取的数据提供结构化表示，如代码清单 11-5 所示。

代码清单 11-5　结构化提取的日期

```
>>> dates = [{'mdy': x[0], 'my': x[1], 'm': int(x[2]), 'd': int(x[3]),
...     'y': int(x[4].lstrip('/') or 0), 'c': int(x[5] or 0)} for x in mdy]
>>> dates
[{'mdy': '12/25/2017', 'my': '12/25', 'm': 12, 'd': 25, 'y': 2017, 'c': 20},
 {'mdy': '12/12', 'my': '12/12', 'm': 12, 'd': 12, 'y': 0, 'c': 0}]
```

即使对于这些简单的日期，也不可能设计一个可以处理"12/12"这个日期中存在的歧义的正则表达式。日期表示中往往存在含糊不清的情况，只有人可以通过使用圣诞节相关的知识或作者的意图来猜测。例如，"12/12"可能表示：

- 2017 年 12 月 12 日——基于指代消解估计得到的年份的月/日格式[①]；
- 2018 年 12 月 12 日——出版时当年年份的月/日格式；
- 2012 年 12 月——2012 年的月/年格式。

因为月/日在美国日期和我们的正则表达式中都出现在年份的前面，所以"12/12"被认为是某个未知年份的 12 月 12 日。我们可以使用在内存的结构化数据的上下文中最近读取到的年份来填充任何缺失的数字字段，如代码清单 11-6 所示。

代码清单 11-6　基本的上下文管理

```
>>> for i, d in enumerate(dates):
...     for k, v in d.items():
...         if not v:
...             d[k] = dates[max(i - 1, 0)][k]
```

这段代码可以正常运行是因为字典和列表都是可变的数据类型

---

① Imran Q. Sayed 在斯坦福大学 CS224N 课程中关于指代消解的议题（参见下载资源中的 project_report.pdf）。

```
>>> dates
[{'mdy': '12/25/2017', 'my': '12/25', 'm': 12, 'd': 25, 'y': 2017, 'c': 20},
 {'mdy': '12/12', 'my': '12/12', 'm': 12, 'd': 12, 'y': 2017, 'c': 20}]
>>> from datetime import date
>>> datetimes = [date(d['y'], d['m'], d['d']) for d in dates]
>>> datetimes
[datetime.date(2017, 12, 25), datetime.date(2017, 12, 12)]
```

上面是从自然语言文本中提取日期信息的基本但相当鲁棒的方法。如果将该方法用作生产系统的日期提取器，还需要做的主要工作是添加一些适用于我们应用程序的异常捕获和上下文管理。如果你能发起拉取请求（pull request，PR）将上述功能添加到 nlpia 包，我相信读者会很感激。如果你经常添加一些提取器，那么你就是英雄。

我们可以通过一些硬编码逻辑来处理极端情况以及月甚至日的自然语言名称。但是再复杂的逻辑也无法处理 "12/11" 中存在的日期歧义，它可能是：

- 在某个你看到或听到过年份的 12 月 11 日；
- 11 月 12 日，如果在伦敦或塔斯马尼亚州的朗塞斯顿（一块联邦领土）听到的话；
- 2011 年 12 月，如果在美国报纸上看到的话；
- 2012 年 11 月，如果在欧盟报纸上看到的话。

即使是人脑也无法解决一些自然语言的歧义问题。但是，我们需要确保我们的日期提取器可以通过在正则表达式中颠倒月和日来处理欧洲日/月顺序的日期。具体做法参见代码清单 11-7。

代码清单 11-7　欧洲日期的正则表达式

```
>>> eu = r'((([0123]?\d)[-/]([01]?\d))([-/]([0123]\d)?\d\d)?)'
>>> dmy = re.findall(eu, 'Alan Mathison Turing OBE FRS (23/6/1912-7/6/1954) \
...     was an English computer scientist.')
>>> dmy
[('23/6/1912', '23/6', '23', '6', '/1912', '19'),
 ('7/6/1954', '7/6', '7', '6', '/1954', '19')]
>>> dmy = re.findall(eu, 'Alan Mathison Turing OBE FRS (23/6/12-7/6/54) \
...     was an English computer scientist.')
>>> dmy
[('23/6/12', '23/6', '23', '6', '/12', ''),
 ('7/6/54', '7/6', '7', '6', '/54', '')]
```

正则表达式能够正确地从维基百科的摘要页中提取图灵的出生日期和去世日期。但其实我们在上面的例子中作弊了，在测试上例维基百科句子的正则表达式之前，我们将月份 "June" 转换成了数字 6。所以这不是一个真实的例子。如果没有指定世纪，我们在处理年份的时候仍然会有歧义。54 年是指 1954 年还是 2054 年呢？我们希望聊天机器人能够从没有经过人工预处理的维基百科文章中提取日期，从而可以研读著名人物信息并学习导入日期。如果希望我们的正则表达式能够处理更自然的像维基百科文章中出现的日期信息，我们需要在日期提取正则表达式中添加诸如 "June"（及其其所有缩写）之类的单词。

我们不需要任何特殊的符号来表示词组（按顺序组合在一起的字符）。完全按照这些词组在输入中的拼写顺序，我们可以直接把它们写到正则表达式中，包括大小写。我们所要

做的就是在正则表达式中用一个 OR 符号（|）隔开这些词组。而且我们需要确保这个正则表达式既可以处理美国月/日的日期格式，也可以处理欧盟的日期格式。我们将这两个等同的日期"拼写"添加到正则表达式中，并在它们之间使用一个大大的 OR（|）作为正则表达式中决策树的分支。

我们使用一些命名分组来帮助我们识别像 1984 年的 "'84" 和 2008 年的 "08" 这样的年份。我们尝试更准确地表示想要匹配的 4 位数年份，从过去的 0 年[①]到未来的 2399 年。详见代码清单 11-8。

代码清单 11-8　识别年份

```
>>> yr_19xx = (
...         r'\b(?P<yr_19xx>' +
...         '|'.join('{}'.format(i) for i in range(30, 100)) +
...         r')\b'
...         )
>>> yr_20xx = (
...         r'\b(?P<yr_20xx>' +
...         '|'.join('{:02d}'.format(i) for i in range(10)) + '|' +
...         '|'.join('{}'.format(i) for i in range(10, 30)) +
...         r')\b'
...         )
>>> yr_cent = r'\b(?P<yr_cent>' + '|'.join(
...         '{}'.format(i) for i in range(1, 40)) + r')'
>>> yr_ccxx = r'(?P<yr_ccxx>' + '|'.join(
...         '{:02d}'.format(i) for i in range(0, 100)) + r')\b'
>>> yr_xxxx = r'\b(?P<yr_xxxx>(' + yr_cent + ')(' + yr_ccxx + r'))\b'
>>> yr = (
...         r'\b(?P<yr>' +
...         yr_19xx + '|' + yr_20xx + '|' + yr_xxxx +
...         r')\b'
...         )
>>> groups = list(re.finditer(
...         yr, "0, 2000, 01, '08, 99, 1984, 2030/1970 85 47 `66"))
>>> full_years = [g['yr'] for g in groups]
>>> full_years
['2000', '01', '08', '99', '1984', '2030', '1970', '85', '47', '66']
```

（旁注）两位数表示的年份，30-99 = 1930-1999

（旁注）一位或者两位数表示的年份，01-30 = 2001-2030

（旁注）3 位数或者 4 位数表示的年份的前几位数字，如 "123 A.D." 中的 "1" 或者 "2018" 中的 "20"

（旁注）3 位数或者 4 位数表示的年份的后两位数字，如 "123 A.D." 中的 "23" 或者 "2018" 中的 "18"

仅仅是使用正则表达式中一些简单的年份规则，还没有用到 Python，工作量就很大了。不过不用担心，软件包可用于识别常见的日期格式。它们更精确（更少的误匹配）、更通用（更少的漏匹配）。所以我们不需要自己编写复杂的正则表达式。上面的示例仅为我们提供一种可以遵循的模式，以防我们将来需要使用正则表达式提取特定类型的数字。在货币数值和 IP 地址提取的例子中，带有命名分组的更复杂的正则表达式可能会派上用场。

在维基百科日期中，我们在提取图灵生日时添加月份名称对应的模式 "June" 或者 "Jun"，来完成正则表达式以提取日期，如代码清单 11-9 所示。

---

① 详见标题为 "Year zero" 的网页。

代码清单 11-9　用正则表达式识别月份名称

```
>>> mon_words = 'January February March April May June July ' \
...     'August September October November December'
>>> mon = (r'\b(' + '|'.join('{}|{}|{}|{}|{:02d}'.format(
...     m, m[:4], m[:3], i + 1, i + 1) for i, m in
➡ enumerate(mon_words.split())) +
...     r')\b')
>>> re.findall(mon, 'January has 31 days, February the 2nd month
➡ of 12, has 28, except in a Leap Year.')
['January', 'February', '12']
```

大家知道如何将这些正则表达式组合成一个可以处理欧盟和美国日期格式的大型表达式吗？一个难点是我们不能为分组（正则表达式中的括号内的部分）复用相同的名称。所以我们不能在美国和欧盟对应的月份和年份的命名正则表达式之间使用 OR。此外，表达式中需要包含日、月和年之间任意分隔符的模式。

代码清单 11-10 中给出的是一个满足上述需求的例子。

代码清单 11-10　组合信息提取正则表达式

```
>>> day = r'|'.join('{:02d}|{}'.format(i, i) for i in range(1, 32))
>>> eu = (r'\b(' + day + r')\b[-,/ ]{0,2}\b(' +
...     mon + r')\b[-,/ ]{0,2}\b(' + yr.replace('<yr', '<eu_yr') + r')\b')
>>> us = (r'\b(' + mon + r')\b[-,/ ]{0,2}\b(' +
...     day + r')\b[-,/ ]{0,2}\b(' + yr.replace('<yr', '<us_yr') + r')\b')
>>> date_pattern = r'\b(' + eu + '|' + us + r')\b'
>>> list(re.finditer(date_pattern, '31 Oct, 1970 25/12/2017'))
[<_sre.SRE_Match object; span=(0, 12), match='31 Oct, 1970'>,
 <_sre.SRE_Match object; span=(13, 23), match='25/12/2017'>]
```

最后，我们需要验证提取的日期，看看这个日期是否可以转换为有效的 Python datetime 对象，代码如代码清单 11-11 所示。

代码清单 11-11　验证日期

```
>>> import datetime
>>> dates = []
>>> for g in groups:
...     month_num = (g['us_mon'] or g['eu_mon']).strip()
...     try:
...         month_num = int(month_num)
...     except ValueError:
...         month_num = [w[:len(month_num)]
...             for w in mon_words].index(month_num) + 1
...     date = datetime.date(
...         int(g['us_yr'] or g['eu_yr']),
...         month_num,
...         int(g['us_day'] or g['eu_day']))
...     dates.append(date)
>>> dates
[datetime.date(1970, 10, 31), datetime.date(2017, 12, 25)]
```

我们的日期提取器看起来运行正常，至少在几个简单的、无歧义的日期上是这样。思考一下，像 `Python-dateutil` 和 `datefinder` 这样的软件包是如何处理歧义和像"今天"和"下周一"这样更接近于"自然"语言的日期的。如果你认为做得可以比这些软件包更好，请给他们发送一个拉取请求！

如果我们只想要一个最先进的日期提取器，基于统计（机器学习）的方法将能够更快地满足需求。谷歌的 Stanford Core NLP SUTime 库和 `dateutil.parser.parse` 是目前最好的。

11.4 提取人物关系（事物关系）

到目前为止，我们只关注提取棘手的名词实例，如日期和 GPS 经纬度，而且我们主要使用数字模式来进行提取。现在是时候处理从自然语言中提取知识这个难题了。

我们希望机器人通过阅读维基百科等知识百科全书来了解有关世界的知识，我们还希望机器人能够将这些日期和 GPS 坐标与其阅读到的实体联系起来。

你的大脑从维基百科的这个句子中提取了哪些知识？

> *On March 15, 1554, Desoto wrote in his journal that the Pascagoula people ranged as far north as the confluence of the Leaf and Chickasawhay rivers at 30.4, –88.5.*
>
> （1554 年 3 月 15 日，迪索托在他的日记中写道，帕斯卡古拉人向北到达了位于(30.4，–88.5)的利夫河和奇克索韦河的交汇处。）

我们可以将提取到的日期和 GPS 坐标，以及 Desoto、Pascagoula 和两条不知道怎么读的河流联系起来。我们希望机器人（以及我们的大脑）能够将这些知识与更多知识关联起来，例如，Desoto 是一个西班牙征服者，而 Pascagoula 人是一个和平的美洲原住民部落。而且我们希望日期和位置与正确的"事物"关联：Desoto 以及两条河流的交汇点。

这是大多数人在听到自然语言理解这个术语时所想到的。要理解一条语句，我们需要能够从中提取关键信息并将其与相关知识关联。对于机器，我们将该知识存储在知识图谱中，这个知识图谱也称为知识库。知识图谱的边是事物之间的关联，知识图谱的节点是从语料库中提取的名词或对象。

我们用于提取上述人物关系（或事物关系）的模式是一种类似于主谓宾（SUBJECT-VERB-OBJECT）的模式。要识别这些模式，我们需要使用 NLP 流水线来识别句子中每个词的词性。

11.4.1 词性标注

词性（POS）标注可以使用语言模型来完成，这个语言模型包含词及其所有可能词性组成的字典。然后，该模型可以使用已经正确标注好词性的句子进行训练，从而识别由该字典中其他词组成的新句子中所有词的词性。NLTK 和 spaCy 都具备词性标注功能。我们在这里使用 spaCy，因为它更快、更精确。具体做法参见代码清单 11-12。

代码清单 11-12   使用 spaCy 进行词性标注

```
>>> import spacy
>>> en_model = spacy.load('en_core_web_md')
>>> sentence = ("In 1541 Desoto wrote in his journal that the Pascagoula people " +
...     "ranged as far north as the confluence of the Leaf and Chickasawhay r
    ivers at 30.4, -88.5.")
>>> parsed_sent = en_model(sentence)
>>> parsed_sent.ents
(1541, Desoto, Pascagoula, Leaf, Chickasawhay, 30.4)
```

spaCy 没有识别出纬度/经度对中的经度

```
>>> ' '.join(['{}_{}'.format(tok, tok.tag_) for tok in parsed_sent])
'In_IN 1541_CD Desoto_NNP wrote_VBD in_IN his_PRP$ journal_NN that_IN the_DT
    Pascagoula_NNP people_NNS
ranged_VBD as_RB far_RB north_RB as_IN the_DT confluence_NN of_IN the_DT Lea
    f_NNP and_CC Chickasawhay_NNP
rivers_VBZ at_IN 30.4_CD ,_, -88.5_NFP ._.'
```

spaCy 使用了 "OntoNotes 5" 词性标注标签体系

因此，要构建我们的知识图谱，我们需要确定哪些对象（名词短语）应该配对。我们想把日期 "1554 年 3 月 15 日" 与命名实体 Desoto 配对。然后，我们可以解析这两个字符串（名词短语）以指向我们知识库中的对象。这里可以将 1554 年 3 月 15 日转换为规范化表示的 datetime.date 对象。

spaCy 解析的句子还包含嵌套字典表示的依存树。同时，spacy.displacy 可以生成可缩放的矢量图形 SVG 字符串（或完整的 HTML 页面），然后在浏览器中以图像的方式查看。上述可视化方式可帮助我们找到通过依存树创建用于关系提取的标签模式的方法。具体做法参见代码清单 11-13。

代码清单 11-13   可视化依存树

```
>>> from spacy.displacy import render
>>> sentence = "In 1541 Desoto wrote in his journal about the Pascagoula."
>>> parsed_sent = en_model(sentence)
>>> with open('pascagoula.html', 'w') as f:
...     f.write(render(docs=parsed_sent, page=True,
➥ options=dict(compact=True)))
```

上述短句的依存树表明，名词短语 "the Pascagoula" 是主语 "Desoto" 的 "met" 关系的宾语（如图 11-2 所示）。这两个名词都被标注为专有名词。

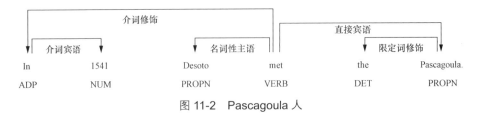

图 11-2   Pascagoula 人

要为 `spacy.matcher.Matcher` 创建词性和词属性的模式，以表格形式列出所有的词条标签会很有帮助。代码清单 11-14 展示了一些辅助函数，使上述过程更容易。

代码清单 11-14　spaCy 标注字符串的辅助函数

```
>>> import pandas as pd
>>> from collections import OrderedDict
>>> def token_dict(token):
...     return OrderedDict(ORTH=token.orth_, LEMMA=token.lemma_,
...         POS=token.pos_, TAG=token.tag_, DEP=token.dep_)

>>> def doc_dataframe(doc):
...     return pd.DataFrame([token_dict(tok) for tok in doc])

>>> doc_dataframe(en_model("In 1541 Desoto met the Pascagoula."))
         ORTH       LEMMA    POS   TAG    DEP
0          In          in    ADP    IN   prep
1        1541        1541    NUM    CD   pobj
2      Desoto      desoto  PROPN   NNP  nsubj
3         met        meet   VERB   VBD   ROOT
4         the         the    DET    DT    det
5  Pascagoula  pascagoula  PROPN   NNP   dobj
6           .           .  PUNCT     .  punct
```

从上例中，我们可以看到 POS 或 TAG 特征值组成的序列构成了一个正确的模式。如果我们查找人与组织之间的 "has-met" 关系，我们可能希望引入诸如 "PROPN met PROPN" "PROPN met the PROPN" "PROPN met with the PROPN" "PROPN often meets with PROPN" 等模式。我们可以单独指定每个模式，或者在我们的专有名词之间尝试使用 "任何词" 加上 * 或 ? 操作符的模式来捕获它们：

```
'PROPN ANYWORD? met ANYWORD? ANYWORD? PROPN'
```

spaCy 中的模式比上述伪代码更强大、更灵活，因此我们必须更加详细地阐述我们想要匹配的词的特征。在 spaCy 的模式规范中，我们使用字典为每个词或词条去捕获想要匹配的所有标签，如代码清单 11-15 所示。

代码清单 11-15　示例 spaCy 词性标注模式

```
>>> pattern = [{'TAG': 'NNP', 'OP': '+'}, {'IS_ALPHA': True, 'OP': '*'},
...            {'LEMMA': 'meet'},
...            {'IS_ALPHA': True, 'OP': '*'}, {'TAG': 'NNP', 'OP': '+'}]
```

然后，我们可以从解析的句子中提取需要的带标签的词条，如代码清单 11-16 所示。

代码清单 11-16　用 spaCy 创建词性标注模式匹配器

```
>>> from spacy.matcher import Matcher
>>> doc = en_model("In 1541 Desoto met the Pascagoula.")
>>> matcher = Matcher(en_model.vocab)
```

```
>>> matcher.add('met', None, pattern)
>>> m = matcher(doc)
>>> m
[(12280034159272152371, 2, 6)]

>>> doc[m[0][1]:m[0][2]]
Desoto met the Pascagoula
```

所以，我们通过上述模式从原始句子中提取了一个匹配项，但是对于维基百科中类似句子的效果怎么样呢？具体做法参见代码清单 11-17。

代码清单 11-17　使用词性标注模式匹配器

```
>>> doc = en_model("October 24: Lewis and Clark met their first Mandan Chief,
      Big White.")
>>> m = matcher(doc)[0]
>>> m
(12280034159272152371, 3, 11)

>>> doc[m[1]:m[2]]
Lewis and Clark met their first Mandan Chief

>>> doc = en_model("On 11 October 1986, Gorbachev and Reagan met at a house")
>>> matcher(doc)
[]                          ◁──── 该模式与选自维基百科的句子中
                                  的任何子字符串都不匹配
```

我们需要再添加一个模式，允许动词在主语和宾语名词之后出现，如代码清单 11-18 所示。

代码清单 11-18　组合多个模式得到更鲁棒的模式匹配器

```
>>> doc = en_model("On 11 October 1986, Gorbachev and Reagan met at a house")
>>> pattern = [{'TAG': 'NNP', 'OP': '+'}, {'LEMMA': 'and'}, {'TAG': 'NNP', 'O
      P': '+'},
...            {'IS_ALPHA': True, 'OP': '*'}, {'LEMMA': 'meet'}]
>>> matcher.add('met', None, pattern)        ◁──── 在不删除前一个模式的情况下添加另一个
>>> m = matcher(doc)                               模式。这里的 "met" 是任意命名的键。你
>>> m                                              可以按照你的喜好命名模式
[(14332210279624491740, 5, 9),
 (14332210279624491740, 5, 11),
 (14332210279624491740, 7, 11),              ◁──── "+" 操作符增加了重叠的可选匹配的数量
 (14332210279624491740, 5, 12)]

>>> doc[m[-1][1]:m[-1][2]]                   ◁──── 最长的匹配是匹配列表中的最后一个
Gorbachev and Reagan met at a house
```

所以现在我们得到了实体和关系。我们甚至可以构建一个对中间动词（"met"）的限制更少、对两侧的人或组织的名称限制更严格的模式。这样做可能帮助我们识别出更多类似的动词，这些动词也表示一个人或组织和另一个人或组织相遇，例如动词 "knows"，甚至包括被动短语，如 "had a conversation" 或 "became acquainted with"。然后我们可以基于这些新的动词给两侧新的专有名词添加关系。

但是大家也能发现我们是如何偏离初始关系模式的原本含义的。这称为语义漂移（semantic drift）。幸运的是，spaCy 在对被解析文档中的词打标签时，不仅包含词性和依存树信息，还提供了 Word2vec 词向量。我们可以利用该向量来避免动词和任何一侧的专有名词的连接关系偏离初始模式的原本含义太远。[①]

11.4.2　实体名称标准化

实体的标准化表示通常是一个字符串，即使对于日期之类的数字信息也是如此。日期的标准化 ISO 格式为"1541-01-01"。实体的标准化表示使我们的知识库能够将图谱中在同一天世界上发生的所有不同事情连接到同一节点（实体）。

我们对其他类型的命名实体也采用标准化。我们更正单词的拼写，并尝试处理物体、动物、人物、地点等名称的歧义。特别是对于代词或依赖上下文的其他"名称"，标准化命名实体和解决歧义问题通常也被称为共指消解（coreference resolution）或指代消解（anaphora resolution）。这与我们在第 2 章中讨论的词形归并类似。命名实体的标准化确保拼写和命名变体不会产生易混淆的、有冗余的名称，从而污染命名实体表。

例如，"Desoto"可能至少以 5 种不同的方式在特定文档中出现：

- "de Soto"；
- "Hernando de Soto"；
- "Hernando de Soto（约 1496 / 1497-1542），西班牙征服者"；
- https://.../.../Hernando_de_Soto（一个 URI）；
- 著名历史人物数据库的数字 ID。

类似地，我们的标准化算法可以选择上述任何一种形式。知识图谱应以相同的方式对每种实体进行标准化，以防止同一类型的多个不同实体使用了相同的名称。我们不希望多个人的名字都指向同一个自然人。更重要的是，标准化应该一以贯之地使用——无论是在向知识库写入新的事实，还是在读取或者查询知识库时都应如此。

如果我们打算在填充知识库之后更改标准化的方法，那么应该"迁移"或更新知识库中已有实体的数据，以符合新的标准化模式。用于存储知识图谱或知识库的无模式数据库（键值存储），也会受到关系数据库迁移的影响。毕竟，无模式数据库实际上就是关系数据库的接口封装器。

实体标准化之后，还需要"is-a"关系将它们连接到实体类别，这些实体类别定义了实体的类型或类别。因为每个实体可以具有多个"is-a"关系，所以这些"is-a"关系可以被认为是标签。类似于人名或者词性标签，如果想要在知识库中使用日期和其他离散数字对象，也需要对其进行标准化。

那么实体之间的关系呢？这些关系也需要以某种标准化的方式存储吗？

---

① 这是一个热门研究课题。

11.4.3　实体关系标准化和提取

现在，我们需要一种标准化实体关系的方法，从而确定实体之间的关系类型。通过标准化，我们可以找到日期和人之间的所有生日关系，或历史事件发生的日期，类似于 "Hernando de Soto"和 "Pascagoula people"相遇的事件。我们需要编写算法来选择上述关系中的正确标签。

此外，这些关系可以采用层次化的命名方式，例如 "发生于/近似地"和 "发生于/精确地"，从而让我们采用特定的关系或者关系类别。我们还可以使用一个数字属性来标记这些关系的 "置信度"、概率、权重或者标准化频率（类似于词项/单词的 TF-IDF）。每次当我们从新文本中提取的事实证实了知识库中存在的事实或与该事实矛盾时，我们都可以调整这些置信度的值。

现在，我们需要一种方法来匹配可以找到这些关系的模式。

11.4.4　单词模式

单词模式就像正则表达式一样，但它用于单词而不是字符。我们使用单词类，而不使用字符类。例如，我们不是通过匹配小写字符，而是通过单词模式判定方法来匹配所有的单数名词（词性标注为 "NN"）[1]。这往往通过机器学习来实现。一些种子句利用从句子中提取的正确关系（事实）来进行标注，然后可以通过词性标注模式查找类似的句子，即使句子中的主语词和宾语词甚至关系有所变化。

无论想要匹配多少个模式，我们都可以使用 spaCy 包以两种不同的方式在 $O(1)$（常数时间）时间内匹配这些模式：

- 用于任何单词/标签序列模式的 PhraseMatcher[2]；
- 用于词性标签序列模式的 Matcher[3]。

为了确保在新句子中找到的新关系真正类似于原始的种子（例子）关系，我们通常需要新句子中的主语词、关系词和宾语词的含义与种子句子中的相似。实现上述目标的最好方法是使用词义的向量表示。这种方法管用吗？实际上，第 4 章中讨论的词向量，是实现上述目标的最广泛使用的词义表示方法之一。词向量有助于尽可能减少语义漂移的发生。

使用单词和短语的语义向量表示使自动信息提取精确到能够自动构建大型知识库。不过仍然需要人工监督和管理来处理自然语言文本中的大量歧义。CMU 的 NELL[4]支持用户基于 Twitter 和 Web 应用程序对知识库的更改进行投票。

11.4.5　文本分割

前面我们忽略了一种信息提取的方式，而该方式也是信息提取的一种工具。我们在本章中处

---

① spaCy 使用 "OntoNotes 5"词性标签。
② 详见标题为 "Code Examples - spaCy Usage Documentation"的网页。
③ 详见标题为 "Matcher - spaCy API Documentation"的网页。
④ 详见标题为 "NELL: The Computer that Learns - Carnegie Mellon University"的网页。

理的大部分文档都是只包含少量事实和命名实体的小的文档块。但在实际应用中，我们可能需要自己创建这些文档块。

文档"组块"（chunking）有助于创建关于文档的半结构化数据，从而让文档在信息检索场景中更加容易搜索、过滤和排序。对于信息提取，如果我们从中提取关系以构建知识库（如 NELL 或 Freebase），则需要将文档拆分成可能包含一到两个事实的多个部分。我们把自然语言文本划分为有意义的各部分的过程，称为文本分割（segmentation）。得到的分割结果可以是短语、句子、引文、段落甚至是长文档的整个章节。

对于大多数信息提取问题，句子是最常见的块。句子之间通常使用一些符号（.、?、!或换行符）作为标点。语法正确的英语句子必须包含一个主语（名词）和一个动词，这意味着它们之间通常至少有一个关系或事实值得提取。句子的意义通常是自包含的，不会过多依赖前面的文本来传达句子的大部分信息。

幸运的是，包括英语在内的大多数语言都有句子的概念，即一个单独的语句，包含一个主语和一个表达了某些内容的动词。对于我们的 NLP 知识提取流水线，句子正是我们所需要的文本块。对于聊天机器人流水线，我们的目标是将文档划分成句子或语句。

除了便于信息提取，我们还可以将其中一些语句和句子进行标记，然后作为对话的一部分或者对话中的适当回复。通过断句，我们可以在较长的文本（如书籍）上训练聊天机器人。相比于单纯在 Twitter 流或 IRC 聊天记录上训练，选择合适的书籍可以使我们的聊天机器人具有更文艺、智慧的风格。这些书籍使我们的聊天机器人可以使用范围更广的训练文档，从而获得关于世界的常识性知识。

断句

断句（sentence segmentation）通常是信息提取流水线的第一步。它有助于将事实彼此隔离，以便我们可以在 "The Babel fish costs \$42. 42 cents for the stamp."（宝贝鱼花费 42 美元，邮票花费 42 美分。）这个字符串中，将正确的价格与正确的事物相关联。上述字符串是表明断句很难的一个很好的例子——中间的句点可以被解释为小数点或句号结束符。

我们从文档中提取的最简单的"信息"是包含逻辑连贯语句的词序列。在自然语言文档中，重要性排在词之后的是句子。句子包含了关于世界的逻辑连贯语句。这些语句包含我们要从文本中提取的信息。句子描述事实的时候，常常描述事物之间的关系以及世界运行的原理，因此我们可以基于句子进行知识提取。句子通常用来解释在过去的某个时间、某个地点，事情是怎么发生的，一般会怎么发展，或者将来会怎么发展。因此，我们还应该能够用句子作为指导，提取有关日期、时间、地点、人，甚至事件或任务序列的事实。而且，最重要的是，所有自然语言都有句子或某种逻辑连贯的文本部分。并且所有语言都有一个广泛认同的步骤来生成它们（一套语法规则或习惯）。

但是断句即识别句子边界，比我们想象的要复杂一些。例如，在英语中，没有哪个标点符号或字符序列可以始终标记句子的结尾。

11.4.6　为什么 split('.!?')函数不管用

即使是人也可能无法在下面的每对引号中找出合适的句子边界。对这些疑难例子来说，如果在每对引号中都能找出多个句子，那么错误率会达到 4/5：

> *I live in the U.S. but I commute to work in Mexico on S.V. Australis for a woman from St. Bernard St. on the Gulf of Mexico.*
>
> *I went to G.T. You?*
>
> *She yelled "It's right here!" but I kept looking for a sentence boundary anyway.*
>
> *I stared dumbfounded on as things like "How did I get here?," "Where am I?," "Am I alive?" flittered across the screen.*
>
> *The author wrote "'I don't think it's conscious.' Turing said."*

即使是人也可能难以在每对引号中找到合适的句子边界。更多断句的"极端例子"可以在 nlpia.data 模块中找到。

技术文档特别难以断句，因为对工程师、科学家和数学家来说，句号和感叹号除可以用来表示句子结尾之外，还会被用来表示很多其他内容。当我们尝试在本书中找出句子边界时，我们也需要手动纠正一些断句的结果。

要是我们像写英文电报那样，在每个句子的结尾加上"STOP"或唯一的标点符号就好了。因为实际做不到这样，所以我们需要一些更复杂的 NLP 方法，而不仅仅是 split('.!?')。希望大家已经想到了解决方法。如果有的话，这个方法可能基于我们在本书中已经使用过的两种 NLP 方法之一：

- 手动编程算法（正则表达式和模式匹配）；
- 统计模型（基于数据的模型或机器学习）。

我们通过断句问题来重新审视上述这两种方法，向大家展示如何使用正则表达式和感知机来查找句子边界。并且我们将使用本书的文本作为训练集和测试集来展示上述方法遇到的一些挑战。幸运的是，大家没有在句子内部插入任何换行符来手动将文本处理成报纸的列式布局那样。否则，问题将更加困难。实际上，本书的大部分源文本都是用 ASCIIdoc 格式编写的，使用"老一套"的句子分隔符（每个句子结尾后有两个空格），或者每个句子单独写一行。这样我们就可以把本书用作断句任务的训练集和测试集。

11.4.7　使用正则表达式进行断句

正则表达式只是描述"if ... then"规则树（正则语法规则）的简写方法，用于查找字符串中的字符模式。正如我们在第 1 章和第 2 章中提到的，正则表达式（正则语法）是指定有限状态机规则的一种特别简明的方法。我们的正则表达式或有限状态机只有一个目的：识别句子边界。

如果大家在网上搜索断句工具[1]，可能会找到各种用于捕获最常见句子边界的正则表达式。以下是其中的一些，它们通过组合和增强给大家提供快速、通用的断句表达式。以下正则表达式适用于一些"正常"句子：

```
>>> re.split(r'[!.?]+[ $]', "Hello World.... Are you there?!?! I'm going
    to Mars!")
['Hello World', 'Are you there', "I'm going to Mars!"]
```

遗憾的是，上述 re.split 方法消耗了句子的分隔符，只有该分隔符是文档或者字符串的最后一个字符时才会被保留。但该方法确实正确地忽略了双层嵌套引号中句号的问题：

```
>>> re.split(r'[!.?] ', "The author wrote \"'I don't think it's conscious.'
    Turing said.\"")
['The author wrote "\'I don\'t think it\'s conscious.\' Turing said."']
```

但是该方法也忽略了引号中真实句子的分隔符。这可能是好事也是坏事，取决于断句之后的信息提取步骤：

```
>>> re.split(r'[!.?] ', "The author wrote \"'I don't think it's conscious.'
➥ Turing said.\" But I stopped reading.")
['The author wrote "\'I don\'t think it\'s conscious.\' Turing said." But I
➥ stopped reading."']
```

缩写文本怎么样，如短消息和推文？有时人们着急会把句子写到一起，句号周围没有留空。以下正则表达式只能处理在任何一侧都有字母的短消息中的句号，并且它可以安全地跳过数值：

```
>>> re.split(r'(?<!\d)\.|\.(?!\d)', "I went to GT.You?")
['I went to GT', 'You?']
```

即使合并上面两个正则表达式，也无法在 nlpia.data 的疑难测试用例中获得较好的效果：

```
>>> from nlpia.data.loaders import get_data
>>> regex = re.compile(r'((?<!\d)\.|\.(?!\d))|([!.?]+)[ $]+')
>>> examples = get_data('sentences-tm-town')
>>> wrong = []
>>> for i, (challenge, text, sents) in enumerate(examples):
...     if tuple(regex.split(text)) != tuple(sents):
...         print('wrong {}: {}{}'.format(i, text[:50], '...' if len(text) >
    50 else ''))
...         wrong += [i]
>>> len(wrong), len(examples)
(61, 61)
```

大家必须添加更多"前向环视"和"后向环视"来提高正则表达式断句工具的精确性。更好的断句方法是使用在标记好的句子集合上训练的机器学习算法（通常是单层神经网络或对率回归）。有些软件包含这样的模型，大家可以使用它来改进你的断句工具：

- DetectorMorse[2]；

---

① 详见标题为"Python sentence segment at DuckDuckGo"的网页。

② 详见标题为"GitHub - cslu-nlp/DetectorMorse: Fasts upervised sentence boundary detection using the averaged perceptron"的网页。

- spaCy[1]；
- SyntaxNet[2]；
- NLTK（Punkt）[3]；
- Stanford CoreNLP[4]。

对于大多数关键任务的应用程序，我们使用 spaCy 断句工具（内置于解析器中）。spaCy 依赖少，并且在精确率和速度方面与其他工具相当。如果大家想使用目前效果最好的纯 Python 实现来使用自己的训练集进行优化，那么 Kyle Gorman 的 DetectorMorse 是另一个不错的选择。

11.5　现实世界的信息提取

信息提取和问答系统可用于：

- 大学课程的助教；
- 客户服务
- 技术支持
- 销售
- 软件文档和常见问题解答

信息提取可用于提取：

- 日期
- 时间
- 价格
- 数量
- 地址
- 名称
  - ◆ 人名
  - ◆ 地名
  - ◆ 应用
  - ◆ 公司
  - ◆ 机器人
- 关系
  - ◆ "is-a"（事物的种类）
  - ◆ "has"（事物的属性）

---

[1] 详见标题为 "Facts & Figures - spaCy Usage Documentation" 的网页。
[2] 详见标题为 "models/syntaxnet-tutorial.md at master" 的网页。
[3] 详见标题为 "nltk.tokenize package — NLTK 3.3 documentation" 的网页。
[4] 详见标题为 "torotoki / corenlp-python — Bitbucket" 的网页。

◆ "related-to"

无论是从大型语料库还是实时从用户输入中解析信息，能够提取特定细节并将其存储起来供以后使用对于聊天机器人的性能至关重要。首先，通过识别和分离这些信息，然后通过标注这些信息之间的关系，我们学会了以编程的方式"标准化"信息。通过将这些知识安全存储在可搜索的结构中，我们的聊天机器人将具备在特定领域中开展对话的能力。

11.6 小结

- 可以构建知识图谱来存储实体之间的关系。
- 正则表达式是一种可以分离和提取信息的微型编程语言。
- 词性标注允许提取一个句子中实体之间的关系。
- 断句不仅仅是分开句号和感叹号。

第 12 章　开始聊天（对话引擎）

本章主要内容

- 了解聊天机器人的 4 种实现方法
- 掌握人工智能标记语言（AIML）
- 熟悉聊天机器人流水线和其他自然语言处理流水线的区别
- 了解一种将最佳思路合为一体的聊天机器人混合架构
- 通过机器学习使聊天机器人变得越来越聪明
- 让聊天机器人开口——让它自发地说出自己的想法

本书一开篇就介绍了对话引擎或者聊天机器人自然语言处理流水线的概念，因为我们认为这是 21 世纪最重要的自然语言处理应用之一。有史以来第一次，我们可以用我们自己的语言和机器说话，而且有的时候我们分辨不出对方是机器还是人类。机器可以假装成人类，这个说起来容易，做起来却很难。如果大家认为自己的聊天机器人有这个能力，可以参加目前的一些现金奖励比赛：

- The Alexa Prize（$3.5M）；
- Loebner Prize（$7k）；
- The Winograd Schema Challenge（$27k）[1]；
- The Marcus Test[2]；
- The Lovelace Test[3]。

通过对本章知识的学习，大家能收获到的东西包括但不限于：通过搭建对话机器得到的纯乐趣和魔力，通过搭建的机器人在智商测试中击败人类后获得的荣耀，通过搭建机器人使世界免受恶意黑客僵尸网络攻击的陶陶然的感觉，通过搭建机器人在虚拟助手游戏中击败谷歌和亚马逊得到的奖金。

---

[1] David Bender 发起的 "Establishing a Human Baseline for the Winograd Schema Challenge"，Kurzweil 发起的 "An alternative to the Turing test"。

[2]《纽约客》2014 年 1 月发表的 "What Comes After the Turing Test"。

[3] Reidl 发起的 "The Lovelace 2.0 Test of Artificial Creativity and Intelligence"。

21 世纪将建立在用于辅助人类的 AI（人工智能）基础之上。AI 最自然的交互方式是自然语言对话。例如，Aira.io 的聊天机器人 Chloe 正在帮助视障群体了解世界。其他公司正在构建律师聊天机器人，为用户节省数千美元（或英镑）的停车罚单和上庭时间。自动驾驶汽车可能会很快拥有类似于谷歌智能助理和谷歌地图那样的对话界面，从而帮助大家到达目的地。

12.1 语言技能

我们目前拥有了组装聊天机器人（更正式的说法是，一个对话系统或对话引擎）所需的所有组件。我们也将构建一个可以参与自然语言对话的 NLP 流水线。

我们即将用到的一些 NLP 技能包括：

- 分词、词干还原和词形归并；
- 向量空间语言模型，例如词袋向量或主题向量（语义向量）；
- 更深层次的语言表示，如词向量或 LSTM 思想向量；
- 序列到序列的翻译器（来自第 10 章）；
- 模式匹配（来自第 11 章）；
- 用于生成自然语言文本的模板。

基于上述工具，我们可以构建一个行为有趣的聊天机器人。

首先确保我们对聊天机器人的认知是一致的。在某些社区中，"chatbot" 这个词以一种略带贬义的方式指代 "预设回复" 系统。[①] 这些聊天机器人在输入文本中查找模式，然后基于模式对应的匹配来触发固定的或者模板化的回复。[②] 大家可以把这些只知道基本、通用问题答案的机器人当作 FAQ 机器人。这些基本的对话系统主要用于自动客户服务电话网系统，在这些聊天机器人没有匹配上预设回复时，可以将对话交给人来继续。

但这并不意味着我们的聊天机器人需要如此受限。如果大家对于这些模式和模板非常精通，那么聊天机器人可以成为令人信服的心理治疗或咨询会话中的治疗师。早在 1964 年，Joseph Weizenbaum 就使用模式和模板构建了第一个流行的聊天机器人 ELIZA。此外，Facebook Messenger 中非常有效的治疗机器人 Woebot 就在很大程度上依赖模式匹配和模板响应方法。构建可以获图灵奖的聊天机器人所需的只是为模式匹配系统添加一些状态（上下文）管理。

Steve Worswick 的 Mitsuku 聊天机器人在 2016 年和 2017 年使用模式匹配和模板方法赢得了勒布纳人工智能奖，这是图灵测试的一种方式。他添加了上下文或状态信息，让 Mitsuku 更有深度。大家可以在维基百科上查阅其他获奖者。亚马逊最近在 Alexa 中添加了这一额外的对话深度（上下文）层，并将其称为 "接力模式"。[③] 我们在本章中将学习如何为自己的基于模式匹配的聊天机器人添加上下文。

---

① 详见维基百科词条 "Canned Response"。
② 详见荷兰开放大学的 A.F. van Woudenberg 推出的 "A Chatbot Dialogue Manager"。
③ 详见 Verge 的文章 "Amazon Follow-Up Mode"。

12.1.1　现代方法

自 ELIZA 出现以来，聊天机器人已经经过了漫长的发展。几十年来，模式匹配技术得到了推广和完善。同时也出现了全新的方法对模式匹配技术进行补充。在最近的文献中，聊天机器人往往被称为对话系统，可能是因为聊天机器人的复杂性。利用文本中的匹配模式并使用这些模式提取的信息填充预先设计好的响应模板只是现代构建聊天机器人的 4 种方法之一：

- 模式匹配方法——模式匹配和响应模板（预设响应）；
- 基础方法——逻辑知识图谱和基于这些图谱的推断；
- 搜索方法——文本检索；
- 生成方法——统计和机器学习。

上面大致按照出现的顺序列出了这些方法。我们后续也将按这个顺序介绍它们。但在向大家介绍如何使用每种方法生成回复之前，我们先向大家展示在现实世界中聊天机器人是如何使用这些技术的。

最先进的聊天机器人混合使用了上述所有技术。这种混合方法能够使聊天机器人完成广泛的任务。下面是聊天机器人部分应用场景的列表。大家可能会注意到，聊天机器人越先进，如 Siri、Alexa 和 Allo 等，能够应用的场景或者处理的问题就越多：

- 问答——Google 搜索、Alexa、Siri、Watson；
- 虚拟助手——Google Assistant、Alexa、Siri、MS paperclip；
- 对话——Google Assistant、Google Smart Reply、Mitsuki Bot；
- 营销——Twitter 机器人、博客机器人、Facebook 机器人、Google 搜索、Google Assistant、Alexa、Allo；
- 社区管理——Bonusly、Slackbot；
- 客服——店面机器人，技术支持机器人；
- 医疗——Woebot、Wysa、YourDost、Siri、Allo。

思考一下，如何组合上述 4 种基本的对话引擎来为这 7 个应用场景创建聊天机器人呢？图 12-1 展示了一些聊天机器人是怎么做的。

我们简单地介绍一下这些应用场景，以帮助大家为自己的应用场景构建一个聊天机器人。

1. 问答

问答聊天机器人用于回答关于世界的事实问题，其中可以包括关于聊天机器人本身的问题。实际上，许多问答系统会首先搜索知识库或关系数据库查找现实世界提供的基准答案。如果找不到可以接受的答案，问答系统可能会搜索非结构化数据语料（甚至是整个 Web）来查找问题的答案。这基本就是 Google 搜索的做法。解析请求、识别需要回答的问题并找出正确答案，需要一个复杂的流水线，该流水线综合了前面章节中介绍的大部分技术。问答聊天机器人是最难成功实现的，因为它们需要综合许多不同的技术要素。

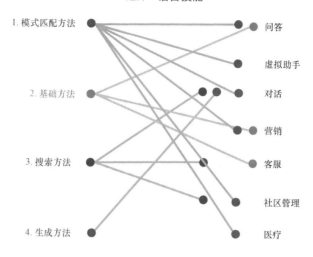

图 12-1 用于一些示例应用的聊天机器人技术

2．虚拟助手

当大家心里有明确目标时，虚拟助手（如 Alexa 和 Google Assistant）会很有帮助。这里的目标或意图通常指一些简单的事情，例如启动应用程序、设置提醒、播放音乐或打开家中的灯。出于这个原因，虚拟助手通常被称为基于目标的对话引擎。如果用户对完成指定动作或检索某些信息感到满意，与此类聊天机器人的对话往往会很快结束。

大家可能熟悉手机或智能家居系统上的虚拟助手，但大家可能不知道虚拟助手也可以帮助我们解决法律纠纷和税务问题。虽然 Intuit 公司的 TurboTax 向导不是很健谈，但它们确实实现了复杂的自动话务台。大家不是通过语音或对话，而是通过在表单中填写结构化数据与它们互动。所以 TurboTax 向导还不能真正称为聊天机器人，但如果税务机器人 AskMyUncleSam 走红的话，TurboTax 向导一定会很快被封装到聊天接口中。[1]

律师虚拟助手聊天机器人已经在纽约和伦敦成功申诉了数百万美元的停车罚单。[2]甚至在一家英国律师事务所，大家与律师交流的唯一方式就是通过聊天机器人。[3]律师显然是基于目标的虚拟助手，他们能做的不仅仅是设定预约日期，他们还会预约上庭日期，也许会帮助大家打赢官司。

Aira.io 正在开发一个名为 Chloe 的虚拟助手。Chloe 为视障人士提供了"视障人士可视化解释器"。使用期间，Chloe 会询问客户"你是视障人士吗？""你有导盲犬吗？""你有任何需要我们知道的食物过敏或饮食偏好吗？"之类的问题。如果大家的应用程序是围绕对话系统设计的，那么这种设计被称为语音优先设计。将来，随着 Chloe 学会通过实时视频流了解现实世界，她所能提供的帮助会大大扩展。全世界与 Chloe 交流的"探索者"将训练她了解人类在现实世界中的

---

① 详见 2017 年 1 月 AskMyUncleSam 在 Venture Beat 上的文章。

② 详见 2016 年 6 月，英国卫报文章 "Chatbot Lawyer Overturns 160 000 Parking Tickets in London and New York"。

③ 详见 2017 年 11 月 Legal Futures 博客文章 "Chatbot-based 'firm without lawyers' launched"。

日常活动。Chloe 是少数几个完全设计用来辅助而不是影响或操纵人类的虚拟助手之一。[①]

像 Siri、Google Assistant、Cortana 和 Aira 的 Chloe 这样的虚拟助手每天都在变得更聪明。虚拟助手从与人类以及其连接的其他设备的交互中学习。它们正在开发始终通用的、领域无关的智能。如果想了解人工通用智能（AGI），大家需要将试验虚拟助手和对话型聊天机器人作为研究的一部分。

3. 对话

对话聊天机器人，如 Worswick 的 Mitsuku[②]或任何一款 Pandorabots[③]，都是为了娱乐而设计的。只要拥有大量数据，这些机器人通常只需很少的代码就可以实现。但把对话机器人做好则是一个不断演化的挑战。对话聊天机器人的精确性或性能通常用类似图灵测试的方法来衡量。在典型的图灵测试中，人类通过终端与另一个聊天参与者互动，并试图弄清楚它是机器人还是人类。聊天机器人越难与人类区分开来，其在图灵测试指标上的性能就越好。

在上述图灵测试中，聊天机器人预期掌握的领域知识（知识多样性）和模仿人类行为的能力每年都在增长。随着聊天机器人越来越善于骗过我们，我们人类也越来越善于发现其中的端倪。ELIZA 在 20 世纪 80 年代的 BBS 时代骗过了我们中的许多人，让我们误以为"她"是一位帮助我们面对日常生活的心理治疗师。在能够再次在图灵测试中欺骗我们之前，聊天机器人已经又经过了数十年的研究和开发。

> 骗我一次，是机器人的耻辱；骗我两次，是人类的耻辱。
>
> ——轶名

最近，Mitsuku 赢得了 Loebner 挑战，这是一项使用图灵测试对聊天机器人进行排名的比赛。[④]对话型聊天机器人目前主要用于学术研究、娱乐（视频游戏）和广告。

4. 营销

营销聊天机器人用于给用户推销产品，并诱使用户购买。越来越多的视频游戏、电影和电视节目在网站上通过聊天机器人进行推广：[⑤]

■ HBO 通过"Aeden"推广"西部世界"[⑥]；

■ 索尼用"Red Queen"推广"生化危机"[⑦]；

---

① 我们很少承认虚拟助手和搜索引擎影响了我们的自由意志和信仰，也很少认识到它们的激励措施和动机和我们不一样。这些不一致的激励措施不仅存在于虚拟助手等技术中，还存在于文化本身。如果你有兴趣了解文化和技术将把我们带向何方，可以阅读尤瓦尔·诺亚·赫拉利的《人类简史》和《未来简史》。

② 详见标题为 "Mitsuku Chatbot" 的网页。

③ 详见标题为 "Pandorabots AIML Chatbot Directory" 的网页。

④ 详见标题为 "Loebner Prize" 的维基百科词条。

⑤ Justin Clegg 在他的 LinkedIn 帖子中列出了更多的例子。

⑥ 详见 2016 年 9 月娱乐周刊。

⑦ 详见 2017 年 1 月 IPG 媒体实验室。

- 迪士尼用"Officer Judy Hopps"推广"疯狂动物城"[①]；
- 环球影业用"Laura Barnes"推广"解除好友"；
- 美国动视用"Lt. Reyes"推广"使命召唤"。

一些虚拟助手也在扮演营销型机器人的角色，例如亚马逊的 Alexa 和谷歌的 Google Assitant。虽然它们宣称的是帮助大家完成添加提醒和搜索网络等事情，但它们总是优先推送产品或服务，而不是通用或免费的信息。这些公司的业务是售卖东西——亚马逊是直接售卖，谷歌是间接售卖。它们的虚拟助手是为了帮助它们的母公司（亚马逊和谷歌）赚钱而设计的。当然，它们也想帮助用户完成任务，所以我们还会继续使用它们。但是这些营销型机器人的优化目标是引导用户购买，而不是快乐或幸福。

大多数营销聊天机器人都是对话式的，通过为用户带来娱乐来掩盖它们背后的动机。它们还可以运用问答技能，以销售的产品知识库为基础。为了模仿电影、演出或视频游戏中的角色，聊天机器人会使用文本检索技术从脚本中找出要说的内容片段。有时甚至生成的模型会直接基于脚本集进行训练。因此，营销型机器人通常会使用大家在本章中所学的所有 4 种技术。

5. 社区管理

社区管理是聊天机器人特别重要的应用，因为它会影响社会的发展。一个好的"牧羊人"型聊天机器人可以引导视频游戏社区远离混乱，并帮助其成长为一个包容的、合作的世界，在这个世界里，每个人都能享受乐趣，而不是只有恶霸和巨魔。一个糟糕的聊天机器人，如 Twitter 机器人 Tay，可以迅速创造一种充满偏见和无知的环境。[②]

当聊天机器人"脱轨"时，有些人会说它们只是社会的镜子或放大镜。任何复杂系统与现实世界交互时常常会产生意想不到的后果。但是，因为聊天机器人是积极的参与者，由像你我这样开发者推动，所以大家不应该把它们仅仅视为"社会的镜子"。聊天机器人能做的似乎不仅仅是反映和放大我们最好的和最坏的部分。它们是一股积极的力量，部分受到它们的开发者和训练者的影响，或善或恶。因为监督者和管理者无法百分之百地执行任何确保聊天机器人"不做恶"的政策，所以努力开发善良、善解人意和有利于社会的聊天机器人取决于开发者。阿西莫夫的"机器人三定律"是不够的。[③]只有开发者能够通过智能的软件和巧妙构建的数据集来影响机器人的进化。

亚利桑那大学的一群聪明人正在考虑使用他们的聊天机器人构建技能来使人类免遭伤害，伤害不是来自邪恶的超级智能 AI，而是人类自身。研究人员试图模仿潜在的 ISIS 恐怖分子新兵的行为来干扰和误导 ISIS 招募人员。这可能意味着有一天聊天机器人通过和那些想要给世界带来伤害的人聊天就能拯救人类。[④]如果让聊天机器人去哄骗恰当的人或组织，那么这种哄骗就是一件好事。

---

① 详见 2016 年 6 月科技博客 Venture Beat。

② 维基百科上一篇关于微软 Tay 聊天机器人短暂"一生"的文章。

③ 详见 2014 年 3 月 George Dvorski 在 Gizmodo 科技博客网站上发表的文章"Why Asimov's Three Laws of Robotics Can't Protect Us"。

④ 详见 2015 年 10 月的 Slate 杂志文章。

6. 客服

客服聊天机器人通常是大家访问在线商店时唯一在线的"人"。IBM 的 Watson、亚马逊的 Lex 以及其他聊天机器人服务通常运行在后台，为这些客户助理提供支撑。它们通常集成了问答技能（记得 Watson 的 Jeopardy 问答练习赛吗？）和虚拟助手技能。但与营销型机器人不同，客服聊天机器人的回答必须有理有据。知识库作为线上回答的"依据"，必须保持当前状态，使客服聊天机器人能够回答有关订单或产品的问题，同时能够启动诸如下订单或取消订单等操作。

2016 年，Facebook Messenger 发布了一个 API，供企业构建客服聊天机器人。谷歌最近购买了 API.ai 来构建它们的 Dialogflow（对话流）框架，该框架通常用于构建客服聊天机器人。同样，亚马逊的 Lex 通常用于为在亚马逊上销售产品的零售商和批发商构建客户服务对话引擎。聊天机器人正在迅速成为时尚业（Botty Hilfiger）、快餐业（TacoBot）和鲜花业等行业的重要销售渠道。

7. 医疗

现代医疗聊天机器人，如 Wysa 和 YourDOST，已经用于帮助失业的科技工人适应他们的新生活。[1]医疗聊天机器人必须像对话聊天机器人一样有趣。它们必须像问答聊天机器人一样提供信息。它们必须像营销聊天机器人一样具有说服力。如果它们受利益驱使产生利他行为，那么这些聊天机器人会被"目标引导"，利用它们的营销和感召技能让大家重新回来参加额外的课程。

大家可能不会将 Siri、Alexa 和 Allo 视为医疗师，但它们可以帮助大家度过艰难的一天，向它们询问生命的意义，大家一定会得到一个哲学或幽默的回应。如果大家感到沮丧，请让它们给你讲一个笑话或者播放一些积极欢快的音乐。它们具备的不只是这些小技巧，大家不用怀疑，这些复杂聊天机器人的开发者是由心理学家指导的，旨在帮助创造一种增加大家快乐和幸福感的体验。

正如大家所料，这些医疗机器人采用混合算法，该算法组合了本章开头列出的所有 4 种基本算法。

12.1.2 混合方法

那么所谓的混合方法到底是什么样的呢？

4 种基本的聊天机器人方法可以通过多种方式组合在一起产生有用的聊天机器人。多种不同的应用程序都使用了所有 4 种基本技术。混合型聊天机器人之间的主要区别在于它们如何组合这 4 种技术，以及为每种技术设置多大的"权重"或"分量"。

在本章中，我们将向大家展示如何在代码中显式地协调这些方法，从而帮助大家构建满足需

---

① 详见 2017 年 12 月彭博社文章。

求的聊天机器人。我们在这里使用的混合方法将允许大家将所有这些现实世界系统的特征构建到机器人中。同时大家将创建一个"目标函数",作为聊天机器人在 4 种方法之间进行选择或者仅基于某种方法在产生的所有可能回复中选择的目标依据。

因此,我们接下来逐个深入探讨这 4 种方法。对于每一种方法,我们构建一个仅基于我们所学方法的聊天机器人。而在本章最后我们将向大家展示如何将它们混合到一起。

12.2 模式匹配方法

最早的聊天机器人基于模式匹配来产生回复。除了检测机器人能够回复的语句,模式还可以用于从输入文本中提取信息。在第 11 章中我们已经学习了几种定义信息提取模式的方法。

从用户的语句中提取的信息可以用于填充有关用户或整个世界的知识库。这些信息甚至可以直接用来填充对某些语句的即时回复。在第 1 章中,我们展示了一个简单的基于模式的聊天机器人,它使用正则表达式来检测问候语。大家还可以使用正则表达式来提取人类用户所问候的人员姓名。这有助于为机器人提供对话的"上下文",而这些上下文可用于产生回复。

20 世纪 70 年代后期开发的 ELIZA 在这方面效果惊人,令许多用户相信"她"能够帮助他们应对心理上的挑战。ELIZA 基于一组有限的词集在用户语句中进行查找。该算法会对它找到的所有词进行排名,以便找到一个在用户语句中看起来最重要的词。然后,触发选中与该词相关联的预设响应模板。这些响应模板经过精心设计,使用反身心理学来模仿治疗师的同理心和包容心。触发回复的关键词会在回复中经常重复使用,使其听起来好像 ELIZA 理解了用户正在谈论的内容。通过使用用户自己的语言进行回复,机器人帮助建立起融洽的关系并使用户相信它真的在倾听。

ELIZA 教会我们很多关于如何使用自然语言与人类交流的知识。也许最重要的启示是,好好倾听,或者至少看起来在好好倾听,这是聊天机器人成功的关键。

1995 年,Richard Wallace 开始构建一个基于模式匹配方法的通用聊天机器人框架。在 1995 年至 2002 年间,他的开发者社区构建了人工智能标记语言(AIML)来定义聊天机器人的模式和回复。A.L.I.C.E.正是利用这种标记语言定义自身行为的聊天机器人的开源参考实现。此后,AIML 成为定义聊天机器人和虚拟助手配置服务(如 Pandorabots)API 的事实上的开放标准。微软公司的 Bot 框架也能够加载 AIML 文件来定义聊天机器人行为。但是,其他一些框架(如谷歌公司的 Dialog-Flow 和亚马逊的 Lex)并不支持 AIML 文件的导入或导出。

AIML 是一个开放标准,意味着有对应的说明文档,并且没有任何局限于特定公司的隐藏专有特性。开源 Python 包可用于解析和执行聊天机器人的 AIML。[①]但 AIML 限制了可以定义的模式类型和逻辑结构。由于它是 XML 的一种,这意味着基于 Python 构建的聊天机器人框架(如 Will 和 ChatterBot)通常更适合构建我们的聊天机器人。

---

① Python 安装: `pip install aiml`。

因为我们已经有很多基于 Python 包的 NLP 工具，只需直接用 Python 和正则表达式或 glob 模式[1]为我们的聊天机器人定义处理逻辑，我们就可以构建更复杂的模式匹配聊天机器人。在 Aira，我们开发了一种类似于 AIML 的简单 glob 模式语言，用于定义我们的模式。我们有一个转换程序，可以将这种 glob 模式语言转换为正则表达式，从而在任何带有正则表达式解析器的平台上运行。

Aira 在 aichat 这个聊天机器人框架中使用{{handlebars}}作为我们的模板规范。handlebars 模板语言支持 Java 和 Python 的解释器，所以 Aira 可以在各种移动和服务器平台上使用该语言。并且 handlebars 表达式能够包含用于创建聊天机器人复杂行为的过滤器和条件语句。如果大家想在聊天机器人模板中提供更简单和 Python 风格的东西，那么可以使用 Python 3.6 的 f-strings 语法。如果大家还没有使用 Python 3.6，那么可以使用 str.format(template, ** locals())来渲染模板，其效果和 f-strings 一模一样。

12.2.1　基于 AIML 的模式匹配聊天机器人

基于 AIML（v2.0），定义第 1 章中问候聊天机器人的模板，如代码清单 12-1 所示。[2]

代码清单 12-1　nlpia/book/examples/greeting.v2.aiml

```
<?xml version="1.0" encoding="UTF-8"?><aiml version="2.0">
<category>
    <pattern>HI</pattern>
<template>Hi!</template>
</category>
<category>
    <pattern>[HELLO HI YO YOH YO'] [ROSA ROSE CHATTY CHATBOT BOT CHATTERBOT]<
     /pattern>
    <template>Hi , How are you?</template>
</category>
<category>
    <pattern>[HELLO HI YO YOH YO' 'SUP SUP OK HEY] [HAL YOU U YALL Y'ALL YOUS
      YOUSE]</pattern>
    <template>Good one.</template>
</category>
</aiml>
```

我们使用了 AIML 2.0（由 Bot Libre 提供）的一些新特性，使 XML 更加紧凑和可读。方括号允许大家在一行中定义同一个词的其他拼写形式。

遗憾的是，AIML（PyAiml、aiml 和 aiml_bot）的 Python 解释器不支持第 2 版 AIML 规范。与最初 AIML 1.0 规范兼容的 Python 3 AIML 解释器是 aiml_bot。在 aiml_bot 中，解析器嵌入在 Bot()类中，该类被设计成将"大脑"常驻内存中，以帮助聊天机器人快速响应。

---

[1] glob 模式和 globstar 模式是用于在 DOS、Bash 或几乎任何其他 shell 中查找文件的简化正则表达式。在 glob 模式中，星号（*）用于表示任意数量的任何字符。所以* .txt 将匹配任何末尾有".txt"的文件名。

[2] 详见 2015 年 8 月 NanoDano 的文章"AI Chat Bot in Python with AIML"。

这个"大脑"或者是内核，把所有 AIML 模式和模板都保存在单个数据结构中，类似于 Python 字典，将每个模式映射到对应的响应模板。

1. AIML 1.0

AIML 是一种基于 XML 标准的声明式语言，它规定了可以在机器人中使用的编程构想和数据结构。但是基于 AIML 的聊天机器人还不是一个完整的系统。我们还需要利用前面学到的所有其他的工具来扩充 AIML 聊天机器人。

AIML 的一个限制是我们可以用来匹配和响应的模式种类。AIML 内核（模式匹配器）仅在输入的文本与开发人员硬编码的模式匹配时才响应。好消息是，AIML 模式可以包含通配符——一种匹配任意词序列的符号。但是在模式中确实包含的词必须精确匹配。模糊匹配、表情符号、内部标点符号、录入错误或拼写错误等不会自动匹配。在 AIML 中，必须使用</ srai>标签手工定义同义词，一次一个。回想一下在第 2 章中以编程方式完成的所有词干和词形还原。在 AIML 中实现上述功能将是一件非常烦琐的工作。虽然我们在这里展示了如何在 AIML 中实现同义词和录入匹配功能，但在本章结尾构建的混合型聊天机器人将通过对输入到聊天机器人的所有文本进行处理来避开上述问题。

大家需要知道的 AIML <pattern>的另一个基本限制是它只能有一个通配符。更具表现力的模式匹配语言（如正则表达式）可以提供创建有趣聊天机器人的更多能力。[①]目前，基于 AIML，我们只使用"HELLO ROSA *"等模式来匹配输入文本，例如"Hello Rosa, you wonderful chatbot!"

> **注意**　语言的可读性对于开发人员的工作效率至关重要。无论是构建聊天机器人还是 Web 应用程序，优秀的语言都可以带来巨大的差异。

我们不会花太多时间来帮助大家理解和编写 AIML，但我们希望大家能够导入和定制一些可用的（和免费的）开源 AIML 脚本。[②]通过少量的前期工作，大家就可以按照 AIML 脚本为聊天机器人提供一些基本功能。

在下一节中，我们将展示如何在聊天机器人中创建和加载 AIML 文件并使用它生成回复。

2. Python AIML 解释器

接下来我们在代码清单 12-1 的基础上一步一步构建复杂的 AIML 脚本，并展示如何在 Python 程序中加载和运行它。代码清单 12-2 给出的是一个简单的 AIML 文件，它可以识别两个词序列："Hello Rosa"和"Hello Troll"，聊天机器人分别以不同的方式回复，就像前面章节所展示的一样。

---

① 在表达能力方面很难与现代编程语言（如 Python）竞争。
② 用 Google 搜索"AIML 1.0 files"或者"AIML brain dumps"，并查看诸如 Chatterbots 和 Pandorabots 之类的 AIML 资源。

代码清单 12-2 nlpia/nlpia/data/greeting_step1.aiml

```
<?xml version="1.0" encoding="UTF-8"?><aiml version="1.0.1">

<category>
    <pattern>HELLO ROSA </pattern>
    <template>Hi Human!</template>
</category>
<category>
    <pattern>HELLO TROLL </pattern>
    <template>Good one, human.</template>
</category>

</aiml>
```

注意 在 AIML 1.0 中，所有模式必须全大写。

我们已经对聊天机器人进行了设置，使其能以不同的方式回复两种不同的问候：礼貌的方式和不礼貌的方式。现在我们使用 Python 中的 `aiml_bot` 包来处理 AIML 1.0 文件。如果已安装 `nlpia` 包，则可以使用代码清单 12-3 中的代码加载这些示例。如果想尝试自己编写的 AIML 文件，则需要调整路径 `learn=path` 来指向目标文件。

代码清单 12-3 nlpia/book/examples/ch12.py

```
>>> import os
>>> from nlpia.constants import DATA_PATH
>>> import aiml_bot

>>> bot = aiml_bot.Bot(
...     learn=os.path.join(DATA_PATH, 'greeting_step1.aiml'))
Loading /Users/hobs/src/nlpia/nlpia/data/greeting_step1.aiml...
done (0.00 seconds)
>>> bot.respond("Hello Rosa,")
'Hi there!'
>>> bot.respond("hello !!!troll!!!")
'Good one, human.'
```

程序看起来运行状况良好。在进行模式匹配时，AIML 规范巧妙地忽略了标点符号和大小写。

但是 AIML 1.0 规范只规范化模式的标点符号和词之间的空白符，而不是词内部。它无法处理同义词、拼写错误、带连字符的词或复合词，如代码清单 12-4 所示。

代码清单 12-4 nlpia/nlpia/book/examples/ch12.py

```
>>> bot.respond("Helo Rosa")
WARNING: No match found for input: Helo Rosa
''
>>> bot.respond("Hello Ro-sa")
WARNING: No match found for input: Hello Ro-sa
''
```

可以使用模板中的 `<srai>` 标签和星号（`*`），将上述多个模式链接到同一个响应模板，以解决大部分匹配遗漏的问题。我们将这些模式视为"Hello"的同义词，即使它们可能是拼写错误或完全不同的词，如代码清单 12-5 所示。

代码清单 12-5 nlpia/data/greeting_step2.aiml

```
<category><pattern>HELO *          </pattern><template><srai>HELLO <star/>
</srai></template></category>
<category><pattern>HI *            </pattern><template><srai>HELLO <star/>
</srai></template></category>
<category><pattern>HIYA *          </pattern><template><srai>HELLO <star/>
</srai></template></category>
<category><pattern>HYA *           </pattern><template><srai>HELLO <star/>
</srai></template></category>
<category><pattern>HY *            </pattern><template><srai>HELLO <star/>
</srai></template></category>
<category><pattern>HEY *           </pattern><template><srai>HELLO <star/>
</srai></template></category>
<category><pattern>WHATS UP *      </pattern><template><srai>HELLO <star/>
</srai></template></category>
<category><pattern>WHAT IS UP *    </pattern><template><srai>HELLO <star/>
</srai></template></category>
```

注意 如果大家正在编写自己的 AIML 文件，不要忘记在开头和结尾加上<aiml>标签。为简洁起见，我们在上述示例 AIML 代码中省略了该标签。

一旦加载了附加的 AIML，机器人就可以识别出"Hello"的几种不同的说法和错误拼写形式，如代码清单 12-6 所示。

代码清单 12-6 nlpia/nlpia/book/examples/ch12.py

```
>>> bot.learn(os.path.join(DATA_PATH, 'greeting_step2.aiml'))
>>> bot.respond("Hey Rosa")
'Hi there!'
>>> bot.respond("Hi Rosa")
'Hi there!'
>>> bot.respond("Helo Rosa")
'Hi there!'
>>> bot.respond("hello **troll** !!!")
 'Good one, human.'
```

在 AIML 2.0 中，可以使用方括号列表来指定选择随机响应模板。而在 AIML 1.0 中，使用<li>标签来执行此操作。<li>标签仅在<condition>或<random>标签内部使用。大家可以使用<random>标签来帮助机器人在回复问候时显得更有创意一点儿，参见代码清单 12-7。

代码清单 12-7 nlpia/nlpia/data/greeting_step3.aiml

```
<category><pattern>HELLO ROSA </pattern><template>
    <random>
        <li>Hi Human!</li>
        <li>Hello friend</li>
```

```
        <li>Hi pal</li>
        <li>Hi!</li>
        <li>Hello!</li>
        <li>Hello to you too!</li>
        <li>Greetings Earthling ;)</li>
        <li>Hey you :)</li>
        <li>Hey you!</li>
    </random></template>
</category>
<category><pattern>HELLO TROLL </pattern><template>
    <random>
        <li>Good one, Human.</li>
        <li>Good one.</li>
        <li>Nice one, Human.</li>
        <li>Nice one.</li>
        <li>Clever.</li>
        <li>:)</li>
    </random></template>
</category>
```

现在聊天机器人看起来不那么机械（至少在谈话开始的时候）了，如代码清单 12-8 所示。

代码清单 12-8　nlpia/nlpia/book/examples/ch12.py

```
>>> bot.learn(os.path.join(DATA_PATH, 'greeting_step3.aiml'))
>>> bot.respond("Hey Rosa")
'Hello friend'
>>> bot.respond("Hey Rosa")
'Hey you :)'
>>> bot.respond("Hey Rosa")
'Hi Human!'
```

注意　大家获得的回复顺序可能和上述代码运行的结果并不一致。这就是<random>标签的意义。每次匹配模式时，它都会从列表中随机选择一个回复。无法在 aiml_bot 中设置随机种子，但这有助于测试（有人拉取请求吗？）。

大家可以在单独的<category>标签中为 "Hi" 和 "Rosa" 定义自己要替换的拼写。也可以为模板定义不同的同义词组，并根据问候类型区分回复列表。例如，我们可以定义问候语的模式，例如 "SUP" 和 "WUSSUP BRO"，然后以类似的用语或类似的亲密程度和非正式程度进行回复。

AIML 甚至还有用于将字符串捕获到命名变量的标签（类似于正则表达式中的命名组）。AIML 中的状态称为 topic。AIML 定义了多种基于大家在 AIML 文件中定义的任何变量来定义条件语句的方法。如果大家正在使用 AIML，那么可以尝试一下。理解语法和模式匹配聊天机器人的工作原理是一个很好的练习。但我们将继续使用更具表现力的语言，如正则表达式和 Python 来构建聊天机器人。这将允许大家使用更多在前面章节中学到的工具，如词形归并和词干还原，来处理同义词和拼写错误（见第 2 章）。如果在聊天机器人中使用 AIML，并且经过词形归并和词干还原等预处理阶段，那么可能需要修改 AIML 模板来捕捉这些词干和词形。

大家可能认为 AIML 看起来有点儿复杂，其实好多人都这么认为。亚马逊的 Lex 使用简化版的 AIML，可以通过 JSON 文件导出导入。初创企业 API.ai 开发了一种非常直观的对话规范，谷歌买下了其使用权，将其集成到谷歌云服务中，并重新命名为 Dialogflow。Dialogflow 规范也可以通过 JSON 文件导出导入，但这些文件与 AIML 或亚马逊的 Lex 格式并不兼容。

如果大家认为所有这些不兼容的 API 应该整合到一个开放规范（如 AIML）中，那么可能会愿意为 aichat 项目和 AI 响应规范（AI Response Specification，AIRS）语言的开发做贡献。Aira 和 Do More Foundation 正在支持 AIRS，以便我们的用户更容易彼此分享他们的创作（互动小说、鼓励、培训课程、虚拟旅游等对话）。aichat 应用是 Python 版 AIRS 解释器的参考实现，具有 Web 用户体验。

下面是典型的 AIRS 的样子。它在二维表格的一行中，定义了聊天机器人需要对用户指令作出响应的 4 部分信息。此表可以通过 CSV、JSON 或普通 Python 列表导出/导入：

```
>>> airas_spec = [
...     ["Hi {name}","Hi {username} how are you?","ROOT","GREETING"],
...     ["What is your name?",
...      "Hi {username} how are you?","ROOT","GREETING"],
...     ]
```

AIRS 的第一列定义了需要从用户话语或文本消息中提取的模式和任意参数。第二列定义了我们希望聊天机器人说出（或文本显示）的回复，通常以一种可以使用聊天机器人的数据上下文中的变量填充的模板形式。除了作出回复，它还可以包含特殊的关键词来触发聊天机器人的动作。

最后两列用于维护聊天机器人的状态或上下文。每当聊天机器人被模式匹配触发时，如果它想要在该状态下产生不同的行为，例如，跟进其他问题或信息，它可以转换到新的状态。因此，行尾的两列就是告诉聊天机器人它应该监听的这些模式的状态，以及它应该在完成模板中指定的响应或操作后转换到的状态。这些源状态和目标状态名称生成了一张图，如图 12-2 所示，它控制着聊天机器人的行为。

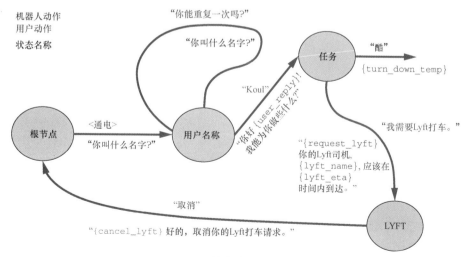

图 12-2　状态（上下文）管理

谷歌的 Dialogflow 和亚马逊的 Lex 是符合 `aichat` 模式匹配聊天机器人规范实现的更具可扩展性的版本。但对于很多应用场景，它们变得比原先更加复杂。开源项目 aichat 试图提供一种更直观的方式来设计、可视化和测试聊天机器人。如果想了解有关聊天机器人的这种模式匹配方法的更多信息，请查看 nlpia 中的 aichat 或混合型聊天机器人。如果想使用这种方法在生产系统上实现大型聊天机器人，谷歌的 Dialogflow（之前称为 app.ai）和亚马逊的 Lex 框架都有带大量文档的示例程序供大家在上面继续开发。虽然基于这两个系统都可以部署免费的聊天机器人，但大家很快就会受限于它们这种开发方式，所以大家可能最好帮助我们开发 aichat。

12.2.2　模式匹配的网络视图

在 Aira 开发聊天机器人来帮助视障人士的同时，我们也开发了一些可视化工具来分析和设计其用户体验。状态之间的连接以及产生这些连接的模式构成的网络视图为新模式和新状态的发现带来了机会。网络视图允许我们在大脑中"运行"对话过程，就像在大脑中运行若干行 Python 代码一样。网络视图帮助我们通过鸟瞰视图在对话树（实际上是网络或图）的迷宫中导航，避免对话陷入死胡同和死循环。

不妨想一想，模式匹配聊天机器人的模式和回复定义了一个网络（图）。该网络中的节点表示状态。网络中的边表示模式匹配触发器，这些触发器使聊天机器人在转换到下一个状态（节点）之前输出某些内容。如果绘制一些 AIRS 模式和回复的状态转换图，可能会得到类似于如图 12-2 所示的内容。

这可以帮助大家通过在对话规范中完善或添加模式来发现对话中可能要处理的死胡同或死循环。Aira 正在开发可视化工具，通过 aichat 项目将 AIRS 转换为这些图表（如图 12-2 所示）。如果大家了解 Javascript 和 D3，那么它们可能需要你们的帮助。

现在是时候了解另一种建立聊天机器人的基础方法了。

12.3　知识方法

A.L.I.C.E.和其他 AIML 聊天机器人完全依赖模式匹配。在构想 AIML 之前，第一个流行的聊天机器人 ELIZA 也使用了模式匹配和模板。但是这些聊天机器人的开发人员在模式和模板中硬编码了回复的逻辑。硬编码不能很好地"扩展"，这种扩展不是从处理性能而是从人力的角度来说的。以这种方式构建的聊天机器人的复杂性随着投入人力的增加呈线性增长。事实上，随着这个聊天机器人的复杂性不断增长，我们开始看到自己努力的回报却在递减，这是因为随着"活动组件"之间交互的增加，聊天机器人的行为变得越来越难以预测和调试。

如今，数据驱动编程是应对大多数复杂编程挑战的现代方法。如何使用数据对聊天机器人进行编程？在上一章中，我们学习了如何使用信息提取从自然语言文本（非结构化数据）中创建结构化知识。仅仅基于读入文本，就可以构建关系或事实组成的网络，这些文本可以是维基百科文章，甚至是大家自己的个人日志。在本节中，我们将学习如何将有关世界（或我们的生活）的知识融入聊天机器人的技能包中。基于事物之间的这种逻辑关系网络产生的知识图谱或知识库，可以驱动聊天机器人进行回复。

通过逻辑推理来处理知识图谱，可以回答包含在知识库中的世界相关的问题。然后可以使用推理答案填写模板化回复中的变量，从而创建自然语言答案。问答系统，例如 IBM 在 Jeopardy 获胜的"沃森"（Watson），最初也是以这种方式构建的，尽管最近的版本几乎必然也采用了搜索或信息检索技术。知识图谱可以说是将聊天机器人带到现实世界的"根本"。

基于知识库的方法不仅限于回答关于世界的问题。知识库也可以使用正在进行的与对话相关的事实进行实时填充。这可以让聊天机器人快速了解对话目标以及他们的喜好。

如果在知识建模上更深一步，可以构建聊天机器人的对话目标关于对世界看法的知识子图。如果大家熟悉数据库设计，则可以将该子图视为外部数据库——这里指知识库的部分镜像。这可以是仅包含最新知识的临时"缓存"，也可以是聊天机器人学习到的（和未学习到的）有关其他对话参与者的所有知识的持久滚动日志。对话参与者的每条语句都可以用来填充"心智理论"，这是一个关于每个发言者对世界的看法的知识库。这和构建用于提取对话参与者称呼彼此或聊天机器人时所用昵称的模式一样简单，就像我们在第 1 章中所做的那样。

如果大家仔细想想，人类似乎会以更复杂的方式参与对话，而不仅仅是像刚创建的 AIML 聊天机器人一样只是重复预设的回复。人类的大脑使我们可以思考对话目标说话的逻辑，并尝试从自己对现实世界的逻辑和彼此的记忆中推断出某些东西。我们可能需要做出一系列推理和假设来理解和回复一条语句。因此，为聊天机器人添加逻辑和基础知识可能会使其更像人，或者至少更有逻辑性。

如果回答问题所需的知识属于可以从开源数据库获得的一些通用的知识库，那么这种聊天机器人的知识方法适用于问答聊天机器人。可以在聊天机器人中使用的一些开放知识库包括：

- Wikidata（包括 Freebase）[1]；
- Open Mind Common Sense（ConceptNet）[2]；
- Cyc[3]；
- YAGO[4]；
- DBpedia[5]。

所以，大家要做的就是查询知识库，提取需要在对用户语句的回复中填充的事实。如果用户提出知识库可能包含的事实问题，那么可以将他们的自然语言问题（例如"你是谁？"或"美国第 50 个州是什么？"）转化成知识库查询，直接在知识库中检索他们寻找的答案。这就是 Google 搜索使用 Freebase 和其他知识库组合在一起创建知识图谱时所做的事情。

---

[1] 详见维基百科上标题为 "Welcome to Wikidata" 的网页。
[2] 详见维基百科上标题为 "API：commonsense/conceptnet5 Wiki：GitHub" 的网页。
[3] 详见维基百科上标题为 "Cyc" 的网页。
[4] 详见维基百科上标题为 "YAGO（database）" 的网页。
[5] 详见维基百科上标题为 "DBpedia" 的网页。

我们可以使用第 11 章中的词模式匹配技能从用户语句中提取问题的关键部分，例如命名实体或用户对话要查找的关系信息。在一个句子的开头查找关键问题词，例如"who""what""when""where""why"和"is"，以便对问题类型进行分类。这将有助于聊天机器人确定从知识图谱要检索的知识类型（节点或命名实体类型）。

Quepy[①]是一种自然语言查询编译器，可以使用这些技术生成知识库和数据库查询。针对 RDF 三元组知识图谱的等价 SQL 称为 SPARQL。[②]

12.4　检索（搜索）方法

另一种"倾听"用户的数据驱动方法是在历史对话日志中搜索之前的语句。这类似于人类倾听者尝试回想之前他们在哪里听到过该问题、句子或词。机器人不仅可以搜索自己的对话日志，还可以搜索任何人与人之间的对话记录、机器人和人之间的对话记录，甚至是机器人和机器人之间的对话记录。但和以往一样，脏数据进脏数据出。因此，我们应该清理并整合历史对话的数据库，以确保机器人搜索（并模仿）高质量的对话。我们希望人类享受与机器人之间的对话。

基于搜索的聊天机器人应确保其对话数据库包含令人愉快或有用的对话，并且它们应该是设定个性的机器人预期交流的一些主题。对于基于搜索的机器人，一些好的对话资源例子包括电影对话脚本、IRC 频道上的客户服务日志（用户满意的部分）和人类之间的直接消息互动（如果那些人愿意与我们分享的话）。如果没有获得想要使用的对话中涉及的所有人的书面同意，请不要使用大家自己的电子邮件或短消息日志。

如果决定将机器人之间的对话合并到语料库中，那么请千万小心。我们的数据库中只需要那些至少有一个人看起来对交互感到满意的语句，哪怕只是继续对话。除非是真正非常智能的聊天机器人，否则很少采用机器人之间的对话。

基于搜索的聊天机器人可以使用历史对话日志来查找和机器人的交谈对象刚刚说的话类似的语句示例。为了便于搜索，应该把对话语料库组织成语句-回复对。如果回复作为被回复的语句，那么该回复应该在数据库中出现两次，一次作为回复，然后再作为促使回复的语句。数据库表中的回复列随后可作为"语句"（或促使）列的语句的回复依据。

12.4.1　上下文挑战

最简单的方法是一字不差地重复使用回复，不做任何调整。如果对于被回复的语句，机器人的回复能够较好地在语义（意思）层面匹配，那么这是一个不错的方法。但即使用户说过的所有话都可以在数据库中找到，机器人也还是会呈现出对话数据库中产生回复的所有用户的风格。如果各种用户的回复风格一致，那么这是一件好事。但是，如果想要回复的语句取决于对话中较长

---

① 详见标题为"Welcome to Quepy's documentation!　—　Quepy 0.1 documentation"的网页。
② 详见标题为"SPARQL Query Language for RDF"的网页。

的上下文，或者从对话语料库创建以来已发生变化的某些现实世界的情况，则可能会出现问题。

例如，如果有人问聊天机器人"现在几点？"，那么聊天机器人不应该重复使用数据库中用于回答最匹配语句的人的回复。只有当提问的时间和记录的匹配对话语句时间一致时，才会有用。该时间信息称为上下文或状态，应与语句的自然语言文本一起记录和匹配。当语句的语义指向上下文或机器人知识库中记录的某些变化的状态时，这一点尤为重要。

现实世界的知识或上下文如何影响聊天机器人的回复的其他一些例子有"你是谁？"或"你来自哪里？"这里的上下文是提问涉及的人的身份和背景。幸运的是，该上下文可以比较容易在知识库或数据库中生成和存储，知识库中包含关于机器人的配置文件或背景故事的事实。我们需要撰写聊天机器人的配置文件，包含如个性档案等信息，这些信息大致反映了在数据库中贡献对话的人的档案的平均数或中位数。要计算此值，我们可以使用在对话数据库中贡献对话的用户的档案。

聊天机器人个性档案信息可用于解决搜索数据库时出现匹配语句的"平局"问题。如果想变得特别久经世故，那么可以提高搜索结果中那些和机器人个性类似的人的回复评分。例如，假设知道在对话数据库中记录的语句和回复的人的性别，那么可以将聊天机器人名义上的性别作为在数据库中搜索回复者的性别的一个"检索词"、维度或数据库字段。如果回复者的性别维度与聊天机器人的性别相匹配，而且说的语句词或语义向量与用户语句中的相应向量非常匹配，那么这将是搜索结果顶部的一个很好的匹配项。实践此匹配的最佳方法是每次检索到一条回复时计算一个评分函数，并在此评分中包含一些个性档案匹配的信息。

此外，我们也可以通过为机器人创建后台配置文件并手动将其存储在知识库中来解决此上下文的问题。这时大家只需确保在聊天机器人的数据库中只包含与此配置文件匹配的回复。

无论如何使用该配置文件使聊天机器人具备前后一致的个性，都需要把处理与个性配置文件相关的问题作为特殊情况。如果问答数据库没有包含问题的很多答案，这样的问题如"你是谁？""你来自哪里？"和"你最喜欢什么颜色？"，那么除检索之外，我们还需要使用其他聊天机器人技术。如果没有很多配置文件相关的问答对，就需要检查有关机器人的任何问题，并使用知识库为提问中的相关要点"推断"适当的答案。此外，我们也可以使用基于语法的方法来填充模板化回复，使用从存储聊天机器人配置文件的结构化数据集中检索到的信息。

为了将状态或上下文结合到基于检索的聊天机器人中，我们可以做一些类似于对模式匹配聊天机器人所做的操作。不妨想一想，罗列一堆用户对话只是指定模式的另一种方式而已。事实上，这正是亚马逊的 Lex 和谷歌的 Dialogflow 采用的方法。我们可以不用定义严格的模式来匹配用户指令，而只需为对话引擎提供一些示例。因此，就像在模式匹配聊天机器人中将状态与每个模式相关联一样，大家只需要为每个问答示例对也标记一个命名的状态。

如果作为示例的问答对来自非结构化、未经过滤的数据源（如 Ubuntu Dialog Corpus 或 Reddit），那么标记过程可能很困难。但是如果使用 Reddit 等对话训练集，我们一般会发现大数据集的某一小部分可以根据其频道和回复主题自动标记。我们可以使用语义搜索和模式匹配工具来聚类特定主题或讨论开始之前的初始评论。然后这些聚类的结果可以成为我们的状态。然而，检测从一个主题或状态到另一个主题或状态的转换可能是困难的。能够用这种方式生成的状态并不像手工生成的那样精准。

如果机器人只用于娱乐和对话，那么这种状态（上下文）管理的方法可能是一个可行的选择。但是，如果需要聊天机器人具有可预测且可靠的行为，那么我们可能会继续使用模式匹配方法或手工生成状态转换。

12.4.2　基于示例检索的聊天机器人

我们将遵循 ODSC 2017 教程构建基于检索的聊天机器人。如果想查看这个教程的视频或原始笔记，请访问 https://github.com/totalgood/prosocial-chatbot 检出 GitHub 代码库的相关资源。

我们的聊天机器人将使用 Ubuntu Dialog Corpus，这是一套在 Ubuntu IRC 频道上记录的问答集合，在这个频道上人们互相帮助解决技术问题。它包含超过 700 万个话语和 100 多万个对话会话，每个会话都有多轮和多个例句。[①]数量巨大的问答对使其成为一个受欢迎的数据集，研究人员用它来评估基于检索的聊天机器人的精确性。

这些是大家"训练"基于检索的聊天机器人需要的那种问答对。但不要担心，我们不会使用所有 700 万个例句，而只需要使用大约 15 万轮，看看是否足以让聊天机器人学到一些常见的 Ubuntu 问题的答案。要开始使用该数据集，请下载代码清单 12-9 中以字节数标出大小的 Ubuntu 语料库。

代码清单 12-9　ch12_retrieval.py

```
>>> from nlpia.data.loaders import get_data
>>> df = get_data('ubuntu_dialog')
Downloading ubuntu_dialog
requesting URL:
https://.../s/krvi79fbsryytc2/ubuntu_dialog.csv.gz?dl=1
remote size: 296098788
Downloading to /Users/hobs/src/nlpia/nlpia/bigdata/ubuntu_dialog.csv.gz
39421it [00:39, 998.09it/s]
```

如果没有在大数据集上使用过 `nlpia.data.loaders.get_data()`，则可能会收到有关 `/bigdata/` 路径不存在的警告。但是当大家第一次运行时，下载器会为我们创建该路径。

注意　如果大家有 8 GB 可用内存，上述脚本将正常运行。如果内存不足，请尝试减小数据集——通过 `df` 模块切出少量行数。在下一章中，我们使用 `gensim` 批量处理"超出内存"的数据，这样我们可以使用更大的数据集。

---

① 详见 2015 年 Lowe 等人发表的文章 "The Ubuntu Dialogue Corpus: A Large Dataset for Research in Unstructured Multi-Turn Dialogue Systems"。

这个语料库的一部分示例内容如代码清单 12-10 所示。

代码清单 12-10　ch12_retrieval.py

```
>>> df.head(4)
                         Context                        Utterance
0 i think we could import the old comments via r...  basically each xfree86
    upload will NOT force u...
1 I'm not suggesting all -
    only the ones you mod...                              oh? oops. __eou__
2 afternoon all __eou__ not entirely related to ...  we'll have a BOF about
    this __eou__ so you're ...
3 interesting __eou__ grub-install worked with /
    ...    i fully endorse this suggestion </quimby> __eo...
```

注意到"__eou__"词条了吗？这看起来可能是一个在处理上非常具有挑战性的数据集。但它可以让我们练习一下自然语言处理中常见的预处理挑战。该词条表示"发言结束"，即"发言者"在其 IRC 客户端上点击[返回]或[发送]的时刻。如果打印出一些示例上下文（Context）字段，我们会发现还有"__eot__"（"轮次结束"）标记，该标记表示某人已经结束发言并正在等待回复。

但是如果我们把目光放在单个上下文文档（表格中的行），那么我们会看到有多个"__eot__"（轮次）标记。这些标记可以帮助更智能的聊天机器人测试它们如何处理我们在上一节中讨论过的上下文问题。但是大家要忽略语料库中额外的轮次，而只需关注最后一轮，即发言（utterance）回复的那一轮。首先，我们创建一个函数来按照"__eot__"符号拆分并清理"__eou__"标记，如代码清单 12-11 所示。

代码清单 12-11　ch12_retrieval.py

```
>>> import re
>>> def split_turns(s, splitter=re.compile('__eot__')):
...     for utterance in splitter.split(s):
...         utterance = utterance.replace('__eou__', '\n')
...         utterance = utterance.replace('__eot__', '').strip()
...         if len(utterance):
...             yield utterance
```

我们在 DataFrame 中的几行数据上运行 split_turns 函数，看看它是否有用。我们将仅从 Context 和 Utterance 字段中提取最后一轮对话，看看是否足以训练基于检索的聊天机器人。具体代码如代码清单 12-12 所示。

代码清单 12-12　ch12_retrieval.py

```
>>> for i, record in df.head(3).iterrows():
...     statement = list(split_turns(record.Context))[-1]
...     reply = list(split_turns(record.Utterance))[-1]
...     print('Statement: {}'.format(statement))
...     print()
...     print('Reply: {}'.format(reply))
```

输出的结果如下：

```
Statement: I would prefer to avoid it at this stage. this is something that
    has gone into XSF svn, I assume?
Reply: each xfree86 upload will NOT force users to upgrade 100Mb of fonts
    for nothing
 no something i did in my spare time.

Statement: ok, it sounds like you're agreeing with me, then
 though rather than "the ones we modify", my idea is "the ones we need to
    merge"
Reply: oh? oops.

Statement: should g2 in ubuntu do the magic dont-focus-window tricks?
 join the gang, get an x-series thinkpad
 sj has hung on my box, again.
 what is monday mornings discussion actually about?
Reply: we'll have a BOF about this
 so you're coming tomorrow ?
```

非常好！看起来该数据有多个语句（话语）的提问和回复。因此，上述脚本执行的正是我们想要的操作，我们可以使用它来填充问-答对映射表，如代码清单 12-13 所示。

代码清单 12-13　ch12_retrieval.py

```
>>> from tqdm import tqdm

>>> def preprocess_ubuntu_corpus(df):
...     """
...     Split all strings in df.Context and df.Utterance on
...     __eot__ (turn) markers
...     """
...     statements = []
...     replies = []
...     for i, record in tqdm(df.iterrows()):
...         turns = list(split_turns(record.Context))
...         statement = turns[-1] if len(turns) else '\n'
...         statements.append(statement)
...         turns = list(split_turns(record.Utterance))
...         reply = turns[-1] if len(turns) else '\n'
...         replies.append(reply)
...     df['statement'] = statements
...     df['reply'] = replies
...     return df
```

> 这里需要一个 if，因为有些提问和回复只包含空白符

现在，我们需要在语句（statement）列中检索与用户语句最接近的匹配，并使用回复（reply）列中相应的回复进行回答。大家是否记得在第 3 章中如何使用词频向量和 TF-IDF 向量查找相似的自然语言文档？具体做法参见代码清单 12-14。

代码清单 12-14　ch12_retrieval.py

```
>>> from sklearn.feature_extraction.text import TfidfVectorizer
>>> df = preprocess_ubuntu_corpus(df)
```

```
>>> tfidf = TfidfVectorizer(min_df=8, max_df=.3, max_features=50000)
>>> tfidf.fit(df.statement)
```
注意，这里只需要计算提问（不包括回复）的 TF-IDF，因为提问是我们需要搜索的对象

我们创建一个名为 X 的 DataFrame，保存 15 万条语句的所有 TF-IDF 向量，如代码清单 12-15 所示。

代码清单 12-15 ch12_retrieval.py

```
>>> X = tfidf.transform(df.statement)
>>> X = pd.DataFrame(X.todense(), columns=tfidf.get_feature_names())
```

查找最接近语句的一种方法是计算从查询语句到 X 矩阵中所有语句的余弦距离，如代码清单 12-16 所示。

代码清单 12-16 ch12_retrieval.py

```
>>> x = tfidf.transform(['This is an example statement that\
...     we want to retrieve the best reply for.'])
>>> cosine_similarities = x.dot(X.T)
>>> reply = df.loc[cosine_similarities.argmax()]
```

这需要很长的时间（在我的 MacBook 上超过一分钟），而且我们甚至没有计算置信度值，也没有获取与其他指标相结合的所有可能的回复列表。

12.4.3　基于搜索的聊天机器人

如果想要匹配的模式就是人们在之前的对话中说过的内容该怎么办？这就是基于搜索的聊天机器人（或基于检索的聊天机器人）所做的事情。基于搜索的聊天机器人对对话语料库进行索引，以便我们可以轻松检索到和要回复的语句相似的之前的语句。随后，它可以回复语料库中与该语句关联的一个回复，该回复已经被"记忆"和索引以便快速检索。

如果想快速开始使用基于搜索的聊天机器人，那么 Gunther Cox 的 ChatterBot 是一个非常不错的框架。它易于安装（只需执行 pip install ChatterBot），并附带了几个对话语料库，大家可以用它来"训练"聊天机器人以进行基本的对话。ChatterBot 有一个语料库，可以让它谈论诸如赛事花絮、人工智能感知相关的哲学，或者只是闲聊。ChatterBot 可以在任何对话序列（对话语料库）上"训练"。不要把这当作机器学习训练，而只需当作对一组文档进行索引以便搜索。

默认情况下，ChatterBot 在训练过程中使用人类双方的语句作为自己的语句材料。如果想要更精确地定义聊天机器人个性，则需要以 ChatterBot 的 ".yml" 格式创建自己的语料库。为确保聊天机器人只能模仿一种个性，请确保语料库中的每个对话只包含两条语句，一条是提问，另一条是回复，而回复来自想要模仿的个性。顺便提一下，这种格式类似于 AIML，有一个模式（ChatterBot 中的提示 statement）和一个模板（ChatterBot 中的 response）。

当然，以这种方式构建的基于搜索的聊天机器人非常受限。它永远无法赶上新语句的出现。

我们拥有的数据越多，蛮力搜索之前所有的语句就越难。因此，机器人越聪明优化程度越高，它就越慢。这种架构不能很好地扩展。因此，我们会介绍一些先进的技术来扩展任何一个基于搜索或索引的带有索引工具的聊天机器人，这些索引工具如局部敏感哈希表（pip install lshash3）和近似接近邻居算法（pip install annoy）等索引工具。

　　由于开箱即用，ChatterBot 使用 SQLite 作为其数据库，一旦语料库中超过大约 1 万条语句，扩展性的问题就会凸显出来。如果想要在 Ubuntu Dialog Corpus 上训练一个基于 SQLite 的 ChatterBot，毫不夸张地说，这会需要几天时间。我在 MacBook 上花了一天多的时间只处理了 10 万条问答对。尽管如此，这个 ChatterBot 代码对于下载和处理上述 Ubuntu 相关的技术对话宝藏非常有用。ChatterBot 会为大家完成所有的记账（bookkeeping）工作，在遍历"多叶节点"文件系统树检索每个会话之前自动下载并解压缩 tarball 文件。

　　ChatterBot 的"训练"数据（实际上只是一个对话语料库）在关系数据库中的存储方式如代码清单 12-17 所示。

代码清单 12-17　ch12_chatterbot.sql

```
sqlite> .tables
conversation              response                  tag
conversation_association  statement                 tag_association
sqlite> .width 5 25 10 5 40
sqlite> .mode columns
sqlite> .mode column
sqlite> .headers on
sqlite> SELECT id, text, occur FROM response LIMIT 9;
id     text                occur  statement_text
-----  ------------------  -----  ----------------------------------------
1      What is AI?         2      Artificial Intelligence is the branch of
2      What is AI?         2      AI is the field of science which concern
3      Are you sentient?   2      Sort of.
4      Are you sentient?   2      By the strictest dictionary definition o
5      Are you sentient?   2      Even though I'm a construct I do have a
6      Are you sapient?    2      In all probability, I am not. I'm not t
7      Are you sapient?    2      Do you think I am?
8      Are you sapient?    2      How would you feel about me if I told yo
9      Are you sapient?    24     No.
```

　　注意，某些语句有许多与其关联的不同回复，这使聊天机器人可以根据情绪、上下文或者随机在可能的回复中进行选择。ChatterBot 仅随机选择一个回复，但是如果大家结合其他一些目标函数或损失函数或通过启发式方法来干预选择的话，那么机器人的回复可能会更加复杂。另外请注意，created_at 字段对应的日期都是相同的。这正是我们运行 ChatterBot"训练"脚本的日期，该脚本下载对话语料库并将它们加载到数据库中。

　　基于搜索的聊天机器人也可以通过将语句字符串降维到固定维度的主题向量来改进，例如使用诸如 Word2vec（对短语句中的所有词向量求和）、Doc2vec（第 6 章）或 LSA（第 4 章）之类的方法。降维将有助于机器人通过训练样本进行泛化。这有助于当查询语句（机器人交谈对象的最近一条语句）和语料库的某个语句意思相近时，即使双方使用不同的词，机器人也能够作出恰当的回复。即使语句的拼写或字符差异很大，该方法也会起作用。本质上，这个基于语义搜索的聊天机器人正自动编写本章前面大家用 AIML 编写的模板。与硬编码的机器智能方法相比，这种降维还使基于搜索的聊天机器人通过机器学习（数据驱动）变得更加智能。当有大量的标记数据时，机器学习比硬编码更好，不需要花费大量时间（编写错综复杂的逻辑和模式来触发响应）。对于基于搜索的聊天机器人，唯一需要的"标记"是对话中每条示例语句对应的示例响应。

12.5 生成式方法

本章前面我们说要介绍一个生成式模型。但是如果回想一下在第 10 章中创建的序列到序列的模型，我们就可以把它们当作生成式聊天机器人。它们是基于机器学习的翻译算法，可以将用户的语句"翻译"为聊天机器人的回复。所以我们在这里不再详细介绍生成式模型，但需要知道的是，还存在很多种生成式模型。

如果想构建一个富有创造力的聊天机器人，说一些它们之前从未说过的话，那么下面这些生成式模型可能是我们所需要的：

- 序列到序列——序列模型，训练根据输入序列生成回复；
- 受限玻尔兹曼机（RBM）——马尔可夫链，训练最小化"能量"函数[1]；
- 生成式对抗网络（GAN）——统计模型，训练欺骗"善于谈话"的裁判[2]。

我们在第 10 章中讨论了注意力网络（增强型 LSTM），并且我们展示了聊天机器人可以自发生成的各种新颖语句。在下一节中，我们从另一个方向谈谈这种方法。

12.5.1 聊聊 NLPIA

终于，我们等来了期待已久的那一刻……一个可以辅助编写 NLP 方向书籍的聊天机器人。我们终于为聊天机器人写了（同时大家都已经阅读过）足够的文本来作为种子语料使用。在本节中，我们将介绍如何使用迁移学习来构建生成式 NLP 流水线，从而生成一些可能在大家没有注意的情况下已经浏览过的句子。

为什么使用迁移学习？除了那些希望聊天机器人理解的关于特定主题的种子文本，生成式模型还需要更一般的文本组成的更大语料库来学习语言模型。聊天机器人需要通过大量阅读才能识别出词组合在一起形成语法正确且有意义的句子的所有方式，并且该语料库必须被切分成语法正确的句子，所以古腾堡语料库不是这个模型理想的用武之地。

回想一下，当我们还是孩童时，在拥有足够的词汇量以及对于将词正确组合成句子有感觉之前需要阅读的书籍数量。当练习阅读时，老师可能会给大家很多提示，如背景知识。[3]此外，人

---

① Hinton 在 Coursera 的演讲。
② Ian Goodfellow 在 NIPS2016 上关于 GAN 的教程，以及 Lantau Yu 在文本序列上的适配工作。
③ "On the role of context in first- and second-language vocabulary learning"。

类在学习领域比机器擅长得多。[①]

这种数据密集型语言模型的学习对基于字符的模型来说是一个巨大的挑战。在字符序列语言模型中，聊天机器人除了需要学习如何将字符组合在一起以组成拼写正确且有意义的词，还要学习如何将这些新词组合在一起组成句子。因此，我们需要复用基于想要机器人模仿的语言和风格的大量文本上训练好的现有语言模型。如果再细想一下，大家就会发现为什么数据的局限性决定了目前 NLP 研究人员在从字符到词再到句子这条复杂弯曲的道路上能够走多远。生成段落、章节和小说还是一个活跃的研究领域。因此，关于生成式模型我们先介绍到这里，下面展示如何生成一些句子，例如为本书的"关于本书"等生成的句子。

DeepMind 的人提供了 TensorFlow 基于字符的序列到序列语言模型，该模型在超过 500 MB 来自 CNN 和 Daily Mail 新闻信息流的句子上进行了预训练。[②]如果要构建自己的语言模型，可以参考他们已经发布的在两个大型数据集中的所有句子，这些句子是他们的"阅读理解"（Q&A）挑战数据集的一部分。[③]我们直接复用预训练的文本摘要模型来为本书的"关于本书"生成句子。大家还可以使用一种称为"迁移学习"的方法，用这些模型来增强自己的机器学习流水线，就像我们在第 6 章中对词向量的做法一样。

下面给出的是算法的描述。

（1）下载预训练的序列到序列文本摘要模型（https://github.com/totalgood/pointer-generator#looking-for-pretrained-model）。

（2）使用 nlpia.book_parser 解析和切分 asciidoc 文本以提取自然语言句子（https://github.com/totalgood/nlpia/blob/master/src/nlpia/book-parser.py）。

（3）使用文本摘要模型对每个 asciidoc 文件（一般是一章）的前 30 行左右的文本进行摘要抽取（https://github.com/totalgood/nlpia/blob/master/src/nlpia/book/examples/ch12_chat_about_nlpia.py）。

（4）考虑新颖性，对生成的句子进行过滤，避免出现书中已有的句子（https://github.com/totalgood/nlpia/blob/master/src/nlpia/book_parser.py）。

以下是我们的@ChattyAboutNLPIA 机器人得到仅有的两个结构良好且略具原创性的句子。这是 @Chatty 尝试对第 5 章的前 30 行进行摘要提取的结果：

> *Convolutional neural nets make an attempt to capture that ordering relationship by capturing localized relationships.*
>
> （卷积神经网络试图通过捕获局部关系来捕获该顺序关系。）

下面是@Chatty 对第 8 章的总结：

---

① 详见"One-shot and Few-shot Learning of Word Embeddings"和"One-shot learning by inverting a compositional causal process"。

② 预训练的 TensorFlow 文本摘要模型：来自谷歌大脑的 TextSum（https://github.com/totalgood/pointer-generator#looking-for-pretrained-model），以及一篇介绍该模型的论文。

③ 数据集包括阅读理解的问题和答案，以及你需要用来回答这些问题的新闻文章中的句子：DeepMind Q&A Dataset。

Language's true power is not necessarily in the words, but in the intent and emotion that formed that particular combination of words.

（语言的真实力量不一定在词中，而在于形成特定的词组合的意图和情感中。）

这些句子出自该 25 个输出（src/nlpia/data/nlpia_summaries.md）。在接下来的几个月中，我们将改进 nlpia.book.examples. ch12_chat_about_nlpia 中的流水线以提供更有用的结果。一个增强方法是使用 TextSum 处理整本书，这样算法就有更多的语料可供使用。我们还需要采用更多的过滤规则：

（1）过滤生成的句子，留下那些结构良好的句子；[①]

（2）以自己的风格和情感为目标过滤生成的句子；

（3）如有必要的话，自动还原词条以及大小写（使用大写）。

12.5.2 每种方法的利弊

现在大家已经了解了 4 种主要的聊天机器人实现方法，那么大家能否想到如何将它们结合起来在自己的机器人上获得最好的效果呢？图 12-3 中列出了每种方法的优缺点。

方法	优点	缺点
模式匹配方法	易于上手 训练易于复用 模块化 易于控制/约束	有限的"领域" 能力受到人力投入的限制 调试困难 硬性脆弱规则
基础方法	擅长回答逻辑问题 易于控制/约束	听起来像是人工的、机械的 难以处理含糊不清的情况 难以处理常识 受结构化数据的限制 需要大规模的信息抽取 需要人工管理
搜索方法	简单 容易"训练" 可以模仿人的对话	难以扩展 不连贯的"人格" 无法感知上下文 无法回答事实性问题
生成方法	新的、富有创造力的对话方式 更少的人力投入 领域仅受数据限制 上下文感知	难以"引导" 难以训练 需要更多数据（对话） 需要更多处理才能训练

图 12-3　4 种聊天机器人方法的优缺点

12.6　四轮驱动

正如我们在本章开头所承诺的那样，现在在我们介绍如何将所有 4 种方法结合起来获得用户的青睐。为此，我们需要一个易于扩展和修改的现代聊天机器人框架，可以高效并行地运行这

---

① 感谢 Kyle Gorman 提供的 100 多条建议以及为本书提供的一些巧妙的内容。

些算法。[①]我们将基于本章前面几节的 Python 示例为 4 种方法中的每一种都添加回复生成器。然后我们将添加逻辑来决定选择 4 个中的一个（或多个）的响应来回复。在回复之前，我们将让聊天机器人思考，首先生成几种不同方法的回复，然后对某些备选方案中进行排名或合并来生成回复。也许甚至可以在"点击发送按钮"之前检测用户的情绪，来尝试让回复表现出亲社会的特征。

Will 的成功

Will 是 Steven Skoczen 的一个现代的对程序员友好的聊天机器人框架，可以加入大家的 HipChat、Slack 或者其他聊天软件的频道中。Python 开发人员会喜欢这种模块化的架构。但是，它在要求和安装方面特别复杂。幸运的是，它带有一个 Docker 容器，可以用来启动大家自己的聊天机器人服务器。

Will 使用正则表达式进行匹配，Python 本身支持我们需要评估的任何逻辑条件，jinja2 库用于编写模板。流水线中的每个部分都为我们给聊天机器人添加各种行为的类型提供了通用性和灵活性。因此，Will 比基于 AIML 的框架更灵活。但是，它也会遇到所有基于模式的聊天机器人（包括 AIML）所受的同样限制——它无法从数据中学习，它必须通过开发人员的"指导"为逻辑树中的每个分支编写代码。

1. 安装 Will

Will 的安装文档有一些小问题。到本书交付打印时，我们希望这些问题能够被修复，这样大家就可以阅读到高质量的文档。在 Mac OS X 上，我们可以安装并启动 Redis 服务器（`brew install redis`）。

2. 你好 Will

如果大家忽略关于 80 端口权限的错误消息，或者搞清楚如何避免这些错误，那么下面就是与未经训练的 Will 之间的对话内容：

```
You:  Hey
Will: hello!
You:  What's up?
Will: I heard you, but I'm not sure what to do.
You:  How are you?
Will: Doing alright. How are you?
You:  What are you?
Will: Hmm. I'm not sure what to say.
You:  Are you a bot?
Will: I didn't understand that.
```

---

① 我们正在 Aira 开发一个名为 aichat 的开源聊天机器人框架，来帮助我们的用户和他们的朋友为我们的对话库贡献内容，帮助视障人士并给他们带来欢乐。

正如大家所看到的，Will 开箱即用，而且它很有礼貌，但知道的不太多。大家可以很容易地把 Will 改名成 Rosa（或任何其他名字），并且可以使用自然语言处理技巧来给它充实一些模式并扩展它的语言能力。

12.7 设计过程

为了开发有用的应用程序，产品经理和开发人员需要撰写用户故事（user story）。用户故事描述了用户在与应用程序交互时执行的一系列操作以及应用程序应该如何响应。这些可以根据现实世界中类似产品的相关经验来设想，也可以根据用户功能要求或反馈进行推演。软件功能被关联到用户故事中，从而提高开发工作集中在可以为我们的产品增加实用性的那些功能上的可能性。

聊天机器人的用户故事通常可以由用户与机器人交流的语句（文本消息）组成。然后，这些用户的语句会与聊天机器人或虚拟助手相应的回复或动作配对。对于基于检索的聊天机器人，这个用户故事表就是"训练"特定回复和用户故事的聊天机器人所需的全部数据。需要泛化的用户故事由我们开发人员决定，所以我们的设计团队不必指定机器人必须理解的所有内容以及它可以说的所有不同内容。大家能说出 4 种聊天机器人方法分别适用于下面哪一种问题吗？

- "Hello!" => "Hello!"
- "Hi" => "Hi!"
- "How are you?" => "I'm fine. How are you?"
- "How are you?" => "I'm a stateless bot, so I don't have an emotional state."
- "Who won the 2016 World Series?" => "Chicago Cubs"
- "Who won the 2016 World Series?" => "The Chicago Cubs beat the Cleveland Indians 4 to 3"
- "What time is it" => "2:55 pm"
- "When is my next appointment?" => "At 3 pm you have a meeting with the subject 'Springboard call'"
- "When is my next appointment?" => "At 3 pm you need to help Les with her Data Science course on Springboard"
- "Who is the President?" => "Sauli Niinistö"
- "Who is the President?" => "Barack Obama"

对于任何给定的语句，即使用户和上下文完全相同，也可能有几个有效的回复。另外，多个不同的提问语句通常会得到聊天机器人相同的回复（或一组可能的回复）。提问语句和回复之间存在双向多对多映射，就像人类对话一样。因此，有效提问语句 => 回复的映射可能组合数量是巨大的——看起来是无限的（但在技术上是有限的）。

大家还必须使用命名变量存储经常变动的上下文元素，扩展用户故事中的提问语句-回复对。

- 日期。

- 时间。
- 位置：国家、州、县和市，或纬度和经度。
- 区域设置：美国或芬兰格式的日期、时间、货币和数字。
- 接口类型：手机或笔记本电脑。
- 界面形态：语音或文本。
- 历史交互：用户最近是否询问有关棒球统计数据的详细信息。
- 从移动设备传输流式音频、视频和传感器数据（Aira.io）。

IBM Watson 和 Amazon Lex 聊天机器人 API 依赖不易快速变化的知识库，并与那些不断变化的上下文变量保持同步。这些知识库或数据库的"写入速率"太慢了，以至于无法处理聊天机器人和用户正在进行交互的许多关于这个世界的不断变化的事实。

即使是最简单的聊天机器人，其可能的用户故事列表在技术上也是有限的，而对现实世界中最简单的聊天机器人而言，该列表是非常庞大的。处理这种组合爆炸的一种方法是将很多用户交互组合成一个模式或模板。对于映射的提问语句侧，该方法等效于创建一个正则表达式（或有限状态机）来表示需要产生指定模式回复的某些语句组。对于映射的回复侧，该方法等效于 Jinja2、Django 或 Python f-string 模板。

回想第 1 章中的第一个聊天机器人，我们可以通过将语句的正则表达式映射到回复的 Python f-string 的方式来表示提问语句 => 回复映射：

```
>>> pattern_response = {
...     r"[Hh]ello|[Hh]i[!]*":
...         r"Hello {user_nickname}, would you like to play a game?",
...     r"[Hh]ow[\s]*('s|are|'re)?[\s]*[Yy]ou([\s]*doin['g]?)?":
...         r"I'm {bot_mood}, how are you?",
...     }
```

但该方法并不支持复杂的逻辑，它需要手工编码而不是机器学习。因此，每个映射都无法捕获大范围的语句和回复。大家可能希望机器学习模型能够处理各种体育赛事问题或帮助用户管理他们的日程。

重要说明　不要将这些原始字符串模板更改为带有 f"的 f-string，否则它们将在实例化时被渲染。在创建 pattern_response 字典时，机器人可能对这个世界知之甚少。

以下是一些示例聊天机器人的用户故事，它们不适合模板方法。

- "我的家在哪里？"=>"你到家需要步行 5 分钟，你需要指路吗？"
- "我在哪里？"=>"你在 Portland 西南方向附近的 Goose Hollow 旅馆"或"你在 Jefferson 街道西南方向 2004 号"
- "谁是总统？"=>"Sauli Niinistö"或"Barack Obama"或"什么国家或公司……"
- "谁赢了 2016 年世界职业棒球大赛？"=>"芝加哥小熊队"或"芝加哥小熊队以 4 比 3 击败克利夫兰印第安人队"

■ "几点了" => "下午 2:55" 或 "下午 2:55，到了与乔会面的时间" 或……

以下是一些一般的 IQ 测试问题，这些问题过于具体，无法保证每个变体都有对应的模式-回复对。知识库通常提供通用智力问题的答案。因此，这可能是 Mitsuku 聊天机器人在最近一次 Byron Reese 的测试中能够给出接近正确答案的方法。

■ "哪个更大，是镍还是一角钱？" => "物理上或货币上？" 或 "镍在物理上更大且更重，但在货币上价值更低"。

■ "哪个更大，太阳还是镍？" => "太阳，显然。"[①]

■ "垄断的好策略是什么？" => "尽你所能去买，而且运气好。"

■ "我应该如何走出玉米垄型的迷宫？" => "将手放在一面玉米墙上，然后跟着它走，直到它成为迷宫的外墙。"

■ "海玻璃来自哪里？" => "垃圾……幸运的是，沙子和时间的打磨有时会让人类的垃圾，如破碎的瓶子，变成美丽的宝石。"

虽然这些不太容易直接转换为代码，但它们确实会直接转换为 NLP 流水线的自动测试集。这些测试可用于评估新的聊天机器人方法或功能，或仅用于跟踪一段时间内的进度。[②]如果大家能想到更多聊天机器人的 IQ 问题，请将它们添加到 nlpia/data/iq_test.csv 不断增长的列表中。当然，请将它们包含在自己的聊天机器人的自动测试中。大家永远不知道自己的机器人什么时候会让你们大吃一惊。

12.8　技巧

在构建聊天机器人时，我们会需要一些特殊的技巧。这些技巧将有助于确保聊天机器人不会经常出现问题。

12.8.1　用带有可预测答案的问题提问

当被问到一个不知道答案的问题时，聊天机器人可以反问一个澄清式问题。如果这个澄清式问题完全在聊天机器人的知识领域或个性设定中，则可以预测人类将要做出的回答的形式。然后，聊天机器人可以使用用户的回复来重新获得对话的控制权，并将其引导回到它所了解的主题。为了避免用户感觉沮丧，尽量使澄清式问题幽默一些，或积极和讨人喜欢，或以某种方式令用户满意：

```
Human: "Where were you born?"

Sports Bot: "I don't know, but how about those Mets?"
Therapist Bot: "I don't know, but are you close to your mother?"
```

---

① 来自 Byron Reese 的 podcast 播客："AI Minute"。

② 2017 年吴恩达（Andrew Ng）给斯坦福大学商学院学生的演讲。

```
Ubuntu Assistant Bot: "I don't know, but how do you shut down your Ubuntu PC
    at night?"
```

我们通常可以使用语义搜索在聊天机器人的知识库中查找问答对、笑话或有趣的琐事，当然这些琐事至少与用户所询问的内容相关。

12.8.2　要有趣

有时，生成过程可能需要很长时间才能收敛得到高质量的信息。或者聊天机器人可能找不到合适的澄清式问题来发问。在这种情况下，聊天机器人有两种选择：一是承认无知，二是编造一个不合逻辑的推论。

不合逻辑的推论是一种与用户询问的内容无关的语句。这些语句通常被认为是不友好的，有时甚至是让人不满的。诚实是亲社会聊天机器人的最佳策略，而且越坦诚，我们就越有可能与用户建立信任关系。如果我们展示能够处理的回复或动作的数据库容量，用户可能会喜欢了解一下聊天机器人的"内心"。我们还可以分享一些无法通过语法和样式检查器的混乱的回复。我们越诚实，用户就越有可能回报善心并尽力帮助聊天机器人重回正轨。Cole Howard 发现，用户通常会通过以更清晰的方式重新绘制数字来引导他的基于 MNIST 训练的手写识别器以获得正确的答案。

因此，对商业聊天机器人而言，我们可能希望这种没用的回复听起来引起哗然，或者会令人分心、讨人喜欢或十分幽默。并且，我们可能还希望能够确保随机选择回复，从而让人类认为回复是随机的。例如，不要经常说重复的话。[①]或者，根据时间的推移，使用不同的句子结构、形式和风格。通过这种方式，我们可以监测用户的回复并评估他们的情绪，以确定哪些不合逻辑的推论是最不令用户厌烦的。

12.8.3　当其他所有方法都失败时，搜索

如果机器人无法想出任何要说的话，请尝试像搜索引擎或搜索栏一样进行搜索，搜索可能与收到的任何问题相关的网页或内部数据库记录。但是在提取页面包含的所有信息之前，一定要询问用户页面的标题是否对用户有用。Stack Overflow、维基百科和 Wolfram Alpha 都是很好的资源，随时供各种机器人使用（因为谷歌会这样做并且用户也这样期望）。

12.8.4　变得受欢迎

如果具有一些用户乐意听到的笑话，以及一些回复或资源的链接，那么一般情况下，请使用这些而不是问题的最佳匹配来进行回复，尤其在匹配率较低的情况下更需要如此。这些笑话或资源可能有助于将用户带回到大家熟悉且拥有大量训练集的对话路径中。

---

① 人类低估了随机序列重复的次数（参见本书下载资源中的 paper530.pdf 文件）。

12.8.5 成为连接器

能够成为社交网络枢纽的聊天机器人很快就会受到用户的欢迎。在聊天论坛上将用户介绍给其他人，或者是那些写过用户已写内容的人。或者将用户导向博客帖子、模因、聊天频道或其他和他们可能感兴趣的内容相关的网站。一个好的机器人要有一个便于使用的热门链接列表，在对话开始变得没有新意时使用。

聊天机器人：你可能想见见@SuzyQ，她最近问了很多这类问题。她或许可以帮助你找到答案。

12.8.6 变得有情感

谷歌的收件箱电子邮件回复程序类似于我们想要解决的对话聊天机器人问题。自动回复程序必须根据收到的电子邮件的语义内容提出回复建议。但是，在电子邮件的往来中，不太可能出现针对邮件的一长串回复。对于电子邮件自动回复程序，提问文本通常比对话聊天机器人中的长得多。尽管如此，这两个问题都涉及针对输入文本生成文本回复。解决其中一个问题的许多技术可能也适用于另一个问题。

尽管谷歌可以访问数十亿封电子邮件，但 Gmail 收件箱中的"智能回复"功能中给大家推送的配对回复往往倾向于简短、通用、直白。如果想针对普通电子邮件用户实现回复的正确性的最大化，语义搜索方法可能会产生相对通用、直白的回复。通用回复不太可能有很多个性或情感的因素。因此，谷歌使用了一个出人意料的语料库（浪漫小说），为他们建议的回复增加了一些情感因素。

事实证明，浪漫小说倾向于遵循可预测的情节，并且附带能够容易地剖析和模仿的情感丰富的对话。它包含了多种情感。现在我不确定谷歌是如何从浪漫小说中收集类似于"那太棒了！算我一个！"或"酷！我会在那里。"的短语，但他们声称这是他们用 Smart Reply 建议生成情绪感叹的来源。

12.9 现实世界

这里创建的混合型聊天机器人可以灵活地应用于最常见的现实世界的应用程序。事实上，大家可能在本周的某个时候与下面这样的聊天机器人进行了互动：

- 客服助手；
- 销售助手；
- 营销（垃圾邮件）机器人；
- 玩具或陪伴机器人；
- 视频游戏 AI；
- 移动助手；
- 家庭自动化助手；
- 可视化解释器；

- 治疗师机器人；
- 自动电子邮件回复建议。

并且大家可能会越来越多地遇到类似于本章中构建的聊天机器人。用户界面设计正在渐渐摆脱机器的严格逻辑和数据结构的约束。越来越多的机器正在被引导如何与人类通过自然、流畅的对话交互。随着聊天机器人变得更加有用，同时更少让用户感到沮丧，"声音优先"的设计模式正变得越来越流行。这种对话系统方法给用户带来比点击按钮和向左滑动更丰富、更复杂的用户体验。随着聊天机器人在幕后与我们交互，它们正在越来越深入地融入到集体意识中。

不管是出于个人兴趣还是商业利益，现在大家已经学会了所有关于构建聊天机器人的方法，并且大家已经学会了如何结合生成式对话模型、语义搜索、模式匹配和信息提取（知识库）来生成一个看起来非常智能的聊天机器人。

大家已经掌握了智能聊天机器人所有的关键 NLP 组件，剩下的唯一挑战就是赋予它自己设计的个性。在耗尽了笔记本电脑中的内存、硬盘和 CPU 资源之后，大家可能想要"扩展它"让它可以继续学习。我们将在第 13 章中介绍如何做到这一点。

12.10　小结

- 通过组合多种经过验证的方法，我们可以构建智能对话引擎。
- 打破 4 种主要的聊天机器人实现方法产生的回复之间的"联系"是智能的关键之一。
- 我们可以教会机器一辈子的知识，而无须花一辈子的时间给它们编程。

第 13 章　可扩展性（优化、并行化和批处理）

本章主要内容

- 扩展 NLP 流水线
- 使用索引加速搜索
- 批处理减少内存占用
- 并行化加速 NLP
- 在 GPU 上运行 NLP 模型训练过程

在第 12 章中，我们学习了如何使用 NLP 工具箱中的所有工具来构建能够进行对话的 NLP 流水线。我们基于小型数据集演示了上述聊天机器人对话能力的简单示例。该对话系统的类人程度或者智商似乎受到训练数据的限制。如果可以通过扩展以处理更大规模的数据集，那么我们前面学到的大多数 NLP 方法都能提供越来越好的结果。

大家可能已经注意到，如果在大型数据集上运行我们给出的某些示例，那么计算机会失去响应甚至崩溃。通过 `nlpia.data.loaders.get_data()` 获得的某些数据集会超过大部分 PC 或笔记本电脑的内存（RAM）。

除了内存，处理器是 NLP 流水线的另一个瓶颈。即使拥有无限的内存，对于大规模语料库，我们学到的一些更复杂的算法也需要处理几天的时间。

因此，我们提出的算法需要最小化所需的资源，包括易失性存储（RAM）和处理（CPU 周期）资源。

13.1　太多（数据）未必是好事

随着我们向流水线中添加更多数据和更多知识，机器学习模型需要越来越多的内存、硬盘和 CPU 周期进行训练。更糟糕的是，一些方法依赖于 $O(n^2)$ 算法来计算语句或文档的向量表示之间的距离或相似度。对于这些算法，添加数据时处理速度会下降得更快。语料库中添加的每个句子都会占用更多的内存字节和更多的 CPU 周期来处理，即使对于中等规模的语料库，上述算法也是不现实的。

有两种通用方法可以帮助大家避免这些问题，从而将 NLP 流水线扩展到更大规模的数据集上：

- 增强可扩展性——改进或优化算法；
- 水平扩展——算法并行化以同时运行多个计算实例。

在本章中，我们将学习上述两种方法。

使算法更加智能几乎一直是加速处理流水线的最好方法，所以我们先介绍该方法。我们将并行化留到本章的后半部分，以帮助我们更快地运行打磨、优化之后的算法。

13.2　优化 NLP 算法

大家在前几章中看到的有些算法具有较高的算法复杂度，通常是平方阶 $O(n^2)$ 甚至更高，比如：

- 根据 word2vec 向量相似度编撰同义词词典；
- 根据主题向量对网页进行聚类；
- 根据主题向量对期刊文章或其他文档聚类；
- 在问答语料库中对问题聚类以自动生成 FAQ。

所有这些 NLP 挑战都属于编入索引的搜索或 k 最近邻（k-nearest neighbor，KNN）向量搜索的范畴。我们在接下来的几节将讨论该扩展性挑战：算法优化。我们将介绍一种特殊的算法优化方法，称为索引化（indexing）。索引化可以帮助解决大多数 KNN 向量搜索问题。在本章的后半部分，我们将展示如何使用图形处理单元（GPU）的数千个 CPU 核来实现自然语言处理的高度并行化。

13.2.1　索引

大家可能每天都在使用自然语言索引。当我们翻到教科书背面想查找感兴趣的主题所在的页面时，常常使用自然语言文本索引（也称为倒排索引）。这里的页面就是文档，而词来自每篇文档的词袋（BOW）向量词库。每次在 Web 搜索工具中输入搜索字符串时，都会使用文本索引。为了扩展 NLP 应用，需要为文档语义向量（如 LSA 文档主题向量或 word2vec 词向量）建立索引。

前面的章节中提到了传统的“倒排索引”，用于根据查询中的词在文档中搜索一组词或词条。但是我们还没有谈到如何用于相似文本的近似 KNN 搜索。对于 KNN 搜索，我们希望找到相似的字符串，即使它们没有包含完全一样的词。编辑距离是诸如 fuzzywuzzy 和 ChatterBot 之类的软件包用于查找相似字符串的一种距离度量方法。

数据库实现了多种文本索引，从而可以快速找到文档或字符串。SQL 查询允许我们搜索与模式匹配的文本，例如 SELECT book_title from manning_book WHERE book_title LIKE 'Natural Language%in Action'。该查询将找到所有以“Natural Language”开头的 Manning 出版社出版的“in Action”系列书籍的标题。此外有许多数据库的 3-gram（trgm）索引可帮助大家快速（在常数时间内）找到相似的文本，甚至不需要指定模式，而只需构造与被查找的文本相似的文本查询。

这些用于索引文本的数据库技术非常适用于文本文档或任何类型的字符串。但是它们在诸如 word2vec 向量或稠密文档-主题向量之类的语义向量上效果不佳。这是因为传统的数据库索引依赖的是它们索引的对象（文档）是离散的、稀疏或低维的。

- 字符串（字符序列）是离散的：字符数量有限。
- TF-IDF 向量是稀疏的：在任何给定的文档中，大多数词项的出现频率为 0。
- BOW 向量是离散和稀疏的：词项是离散的，大多数词在文档中的出现频率为 0。

这就是为什么网页搜索、文档搜索或地理位置搜索可以在毫秒内执行的原因。几十年来，该方法一直在有效地运行（$O(1)$）。

是什么原因导致连续向量如文档-主题 LSA 向量（第 4 章）或 word2vec 向量（第 6 章）难以索引？毕竟，包含经纬度和高度的地理信息系统（GIS）向量看上去和上述向量类似，但是用 Google Maps 仍然可以在数毫秒内完成 GIS 搜索。实际上这里面非常幸运的是，GIS 向量只包含 3 个连续值，因此可以基于边界框构建索引，这些边界框将 GIS 对象聚集到离散的分组中。

下面几种不同的索引数据结构可以解决连续向量的索引问题。

- KD 树：Elasticsearch 工具在即将发布的版本中将实现多达 8 个维度的索引。
- Rtree：PostgreSQL 在> = 9.0 的版本中实现了这一功能，最多可支持 200 个维度。
- Minhash 或局部敏感哈希：pip install lshash3。

上述工作在一定的维度范围内可用，这个范围大约是 12 维以内。如果大家自己尝试过优化数据库索引或局部敏感哈希，就会发现保持常数时间的查找速度变得越来越难。在大约 12 维时，这个任务就基本上难以完成了。

那么如何处理 300 维的 word2vec 向量或 100 多维的 LSA 语义向量呢？解决方案是近似算法。近似最近邻搜索算法不会试图给出与查询向量最相似的精确文档向量集，而只是试图找到一些相对较好的匹配结果，而且它们的匹配结果通常非常好，在前 10 名左右的搜索结果中几乎不会遗漏任何一个更接近的匹配。

但是如果使用 SVD 或嵌入的方法将词条维度（要处理的词汇量规模，通常为百万级）降低到 200 或 300 个主题维度，那么情况就大不相同了。这里主要有 3 点不同。第一点不同是问题简化了：降维后搜索的维度更少了（想想数据库表中的列）。另外两点不同具有挑战性：降维后的向量为连续值稠密向量。

13.2.2 高级索引

语义向量在所有边界框中检查难以查找的对象。这些对象之所以难以查找，是因为它们：

- 高维；
- 实数值；
- 稠密。

上一节我们引入了两个新的难题代替了维数灾难。向量现在是稠密的（没有可以忽略的零）和连续的（实数值）。

在稠密的语义向量中，每个维度都是一个有意义的值。我们不能再跳过或忽略用于填充 TF-IDF 表或 BOW 表的零值（见第 2 章和第 3 章）。即使通过加 1 平滑（拉普拉斯平滑）填充 TF-IDF 向量中的空值，得到的稠密表中也仍然会有一些不变的值，可以让我们把稠密表当作稀疏矩阵处理。但是现在我们的向量中不再存在零值或高频值。每个主题对于每篇文档都有若干与其对应的权重。当然这不是一个无法解决的问题。降维不止可以弥补上述稠密问题。

这些稠密向量中的值是实数。但是还有一个更大的问题。语义向量中的主题权重值可以为正或负，并不限于离散字符或整数值。与每个主题相关联的若干权重现在是连续的实数值（浮点数）。像浮点数这样的非离散值是无法索引的。它们不再只是出现或者不出现，它们不能通过独热编码向量化后作为特征输入神经网络。并且，我们肯定无法在倒排索引表中创建一个条目，该条目指向是否出现该特征或主题的所有文档。因为现在在所有文档中，主题都有不同程度的存在。

如果能找到有效的搜索或 KNN 算法，就可以解决本章开头提出的自然语言搜索问题。一种用于优化此类问题的算法的方法是牺牲确定性和精确性，来换取巨大的速度提升。这称为近似最近邻（approximate nearest neighbors，ANN）搜索。例如，DuckDuckGo 搜索不会试图找出与我们搜索的语义向量最匹配的结果。相反，它会尝试提供 10 个左右最接近的近似匹配。

幸运的是，很多公司都开源了大量使 ANN 更具可扩展性的研究软件。这些研究小组通过相互竞争，提供了最简单、最快速的 ANN 搜索软件。下面是在竞争中出现的一些 Python 包，这些包已经通过了印度科技大学（ITU）对于 NLP 问题的标准基准测试：

- Spotify 的 `Annoy`[1]
- BallTree（使用 `nmslib`）[2]
- Brute Force using Basic Linear Algebra Subprograms library（BLAS）[3]
- Brute Force using Non-Metric Space Library（NMSlib）[4]
- Dimension reductiOn and LookuPs on a Hypercube for effIcient Near Neighbor（DolphinnPy）[5]
- Random Projection Tree Forest（`rpforest`）[6]
- Locality sensitive hashing（`datasketch`）[7]

---

① 详见标题为 "GitHub - spotify/annoy: Approximate Nearest Neighbors in C++/Python optimized for memory usage and loading/saving to disk" 的网页。

② 详见标题为 "GitHub - nmslib/nmslib: Non-Metric Space Library (NMSLIB): An efficient similarity search library and a toolkit for evaluation of k-NN methods for generic non-metric spaces" 的网页。

③ 详见标题为 "1.6. Nearest Neighbors — scikit-learn 0.19.2 documentation" 的网页。

④ 详见标题为 "GitHub - nmslib/nmslib: Non-Metric Space Library (NMSLIB): An efficient similarity search library and a toolkit for evaluation of k-NN methods for generic non-metric spaces" 的网页。

⑤ 详见标题为 "GitHub - ipsarros/DolphinnPy: High-dimensional approximate nearest neighbor in python" 的网页。

⑥ 详见标题为 "GitHub - lyst/rpforest: It is a forest of random projection trees" 的网页。

⑦ 详见标题为 "GitHub - ekzhu/datasketch: MinHash, LSH, LSH Forest, Weighted MinHash, Hyper-LogLog, HyperLogLog++" 的网页。

- Multi-indexing hashing（MIH）[①]
- Fast Lookup of Cosine and Other Nearest Neighbors（FALCONN）[②]
- Fast Lookup of Approximate Nearest Neighbors（FLANN）[③]
- Hierarchical Navigable Small World（HNSW）（在 `nmslib` 中）[④]
- K-Dimensional Trees（kdtree）[⑤]
- `nearpy`[⑥]

这些索引方法中最简单的方法之一是在 Spotify 提供的一个名为 Annoy 的软件包中实现的。

13.2.3　基于 Annoy 的高级索引

最近在 `gensim` 的 `word2vec`（`KeyedVectors`）更新中增加了一种高级索引方法。大家现在可以在数毫秒内检索任何向量的近似最近邻，该功能开箱即用。但正如我们在本章开头所讨论的那样，大家需要对任何类型的高维稠密连续向量集使用索引，而不仅仅是对 `word2vec` 向量。我们可以使用 Annoy 对 `word2vec` 向量建立索引并将其结果与 `gensim` 的 `KeyedVectors` 索引进行对比。首先，需要像第 6 章中那样加载 `word2vec` 向量，如代码清单 13-1 所示。

代码清单 13-1　加载 word2vec 向量

```
>>> from nlpia.loaders import get_data
>>> wv = get_data('word2vec')
100%|#########################| 402111/402111 [01:02<00:00, 6455.57it/s]
>>> len(wv.vocab), len(wv[next(iter(wv.vocab))])
(3000000, 300)
>>> wv.vectors.shape
(3000000, 300)
```

如果大家还没有把 GoogleNews-vectors-negative300.bin.gz 下载到 nlpia/src/nlpia/bigdata/目录，那么可以通过 get_data()来下载

初始化一个空的 Annoy 索引，使用与上述向量同样的维数，如代码清单 13-2 所示。

代码清单 13-2　初始化 300 维 AnnoyIndex

```
>>> from annoy import AnnoyIndex
>>> num_words, num_dimensions = wv.vectors.shape
>>> index = AnnoyIndex(num_dimensions)
```

原始的 GoogleNews word2vec 模型包含 300 万个词向量，每个词向量有 300 维

---

① 详见标题为 "GitHub - norouzi/mih: Fast exact nearest neighbor search in Hamming distance on binary codes with Multi-index hashing" 的网页。

② 详见标题为 "FALCONN: PyPI" 的网页。

③ 详见标题为 "FLANN - Fast Library for Approximate Nearest Neighbors" 的网页。

④ 详见标题为 "nmslib/hnsw.h at master: nmslib/nmslib" 的网页。

⑤ 详见 KD-Tree 的 GitHub 代码库。

⑥ 详见 Pypi 的 NearPy 项目。

现在，可以将 word2vec 向量逐个添加到 Annoy 索引中。我们可以将此过程视为逐页读取一本书，并将每个词对应的页码放在书后倒排索引表中的过程。显然，ANN 搜索要复杂得多，但 Annoy 将其进行了简化。具体做法参见代码清单 13-3。

代码清单 13-3　把每一个词向量添加到 AnnoyIndex

tqdm()接受一个迭代器并返回一个迭代器（如 enumerate()），然后在循环中插入代码以显示一个进度条

.index2word 是词汇表中所有 300 万词条的未排序列表，相当于将整数索引（0-2999999）映射到词条（'</s>'映射为'snowcapped_Caucasus'）

```
>>> from tqdm import tqdm
>>> for i, word in enumerate(tqdm(wv.index2word)):
...     index.add_item(i, wv[word])
22%|#######?              | 649297/3000000 [00:26<01:35, 24587.52it/s]
```

AnnoyIndex 对象需要执行的最后一个操作是读取整个索引并尝试将向量聚类成可以在树状结构中索引的小块，如代码清单 13-4 所示。

代码清单 13-4　基于 15 棵树创建欧几里得距离索引

这只是一个经验法则，如果这个索引无法满足你所关注的指标（内存占用、查找性能、索引性能），或者对于你的应用来说精度不够，那么你可能需要优化这个超参数

```
>>> import numpy as np
>>> num_trees = int(np.log(num_words).round(0))
>>> num_trees
15
>>> index.build(num_trees)
>>> index.save('Word2vec_euc_index.ann')
True
>>> w2id = dict(zip(range(len(wv.vocab)), wv.vocab))
```

300 万个向量需要 round(ln(3000000)) => 15 个索引树——在笔记本电脑上需要处理几分钟

将索引保存到本地文件并释放内存，但可能需要几分钟

这里生成了 15 个树状结构（大约是 300 万的自然对数），因为我们需要搜索 300 万个向量。如果你有更多的向量或者希望索引更快、更精确，那么可以增加树的数量，请注意不要太多，否则需要等待一段时间才能完成索引过程。

现在，我们可以试着在索引中查找词汇表中的词，如代码清单 13-5 所示。

代码清单 13-5　基于 AnnoyIndex 查找 Harry_Potter 的邻居

gensim 的 KeyedVectors.vocab 字典包含 Vocab 对象，而不是原始字符串或索引号

gensim 的 Vocab 对象可以告诉大家 2-gram "Harry_Potter" 在 Google News 语料库中被提及的次数……将近 300 万次

```
>>> wv.vocab['Harry_Potter'].index
9494
>>> wv.vocab['Harry_Potter'].count
2990506
>>> w2id = dict(zip(
...     wv.vocab, range(len(wv.vocab))))
>>> w2id['Harry_Potter']
```

创建一种类似于 wv.vocab 的映射关系，将词条映射到它们的索引值（整数）

```
9494
>>> ids = index.get_nns_by_item(
...     w2id['Harry_Potter'], 11)
>>> ids
[9494, 32643, 39034, 114813, ..., 113008, 116741, 113955, 350346]
>>> [wv.vocab[i] for i in _]
>>> [wv.index2word[i] for i in _]
['Harry_Potter',
 'Narnia',
 'Sherlock_Holmes',
 'Lemony_Snicket',
 'Spiderwick_Chronicles',
 'Unfortunate_Events',
 'Prince_Caspian',
 'Eragon',
 'Sorcerer_Apprentice',
 'RL_Stine']
```

Annoy 首先返回的是目标向量，所以如果我们想要除目标向量之外的 10 个最近邻邻居，就必须请求 11 个最近邻

Annoy 列出的 10 个最近邻大多是与 *Harry Potter* 同样类型的书籍，但它们并不是书名、电影名或角色名的精确同义词。所以这里的结果肯定是近似最近邻。另外，请记住，Annoy 使用的算法是随机的，类似于随机森林机器学习算法。[①]因此，大家的结果可能与这里看到的结果不同。如果需要同样的结果，那么可以使用 AnnoyIndex.set_seed() 方法初始化随机数生成器。

看起来 Annoy 索引漏掉了很多更近的邻居，提供了搜索词的通用近邻而不是最近的 10 个近邻。那么 gensim 怎么样呢？如果使用 gensim 内置的 KeyedVector 索引来检索正确的最近 10 个邻居，会出现什么情况呢？具体做法参见代码清单 13-6。

代码清单 13-6　基于 gensim.KeyedVectors 索引返回的 10 个 Harry_Potter 最近邻

```
>>> [word for word, similarity in wv.most_similar('Harry_Potter', topn=10)]
['JK_Rowling_Harry_Potter',
 'JK_Rowling',
 'boy_wizard',
 'Deathly_Hallows',
 'Half_Blood_Prince',
 'Rowling',
 'Actor_Rupert_Grint',
 'HARRY_Potter',
 'wizard_Harry_Potter',
 'HARRY_POTTER']
```

现在，它看起来像一个更相关的前 10 名同义词表。这里列出了正确的作者、标题的其他拼写形式、系列书中其他书籍的标题，甚至哈利波特电影中的演员。但是 Annoy 的结果在某些情况下可能会有用，例如当对一个词的类型或一般意义而不是其精确同义词更感兴趣时。这会非常酷。

但是 Annoy 索引近似值确实走了捷径。要解决该问题，请使用余弦距离度量（而不是欧几里

① Annoy 使用随机投影来生成局部敏感哈希。

得距离）重建索引并添加更多树。这应该能够提高最近邻的精确性，并使其结果更接近 gensim。
具体做法参见代码清单 13-7。

代码清单 13-7　创建一个余弦距离索引

```
>>> index_cos = AnnoyIndex(
...     f=num_dimensions, metric='angular')
>>> for i, word in enumerate(wv.index2word):
...     if not i % 100000:
...         print('{}: {}'.format(i, word))
...     index_cos.add_item(i, wv[word])
0: </s>
100000: distinctiveness
    ...
2900000: BOARDED_UP
```

metric='angular'表示使用 angular
（余弦）距离度量来计算簇和哈希。
大家可以选择"angular"（余弦距
离）、"euclidean"（欧几里得距离）、
"manhattan"（曼哈顿距离）或
"hamming"（海明距离）

如果你不喜欢 tqdm，也可以用
另一种方式来跟踪程序进度

现在我们来构建两倍数量的树状结构，并设置随机种子，这样就可以获得与代码清单 13-8
中显示的一样的结果。

代码清单 13-8　创建一个余弦距离索引

```
>>> index_cos.build(30)
>>> index_cos.save('Word2vec_cos_index.ann')
True
```

30 是 int(np.log(num_vectors).round(0))
的计算结果，是之前的两倍

这个索引需要花费两倍的时间来运行，但是一旦完成，我们能够期望结果更接近于 gensim
产生的结果。现在我们看看在更精确的索引上，最近邻和"Harry Potter"这个词项的近似程度，
如代码清单 13-9 所示。

代码清单 13-9　在余弦距离空间里 Harry_Potter 的邻居

```
>>> ids_cos = index_cos.get_nns_by_item(w2id['Harry_Potter'], 10)
>>> ids_cos
[9494, 37681, 40544, 41526, 14273, 165465, 32643, 420722, 147151, 28829]
>>> [wv.index2word[i] for i in ids_cos]
['Harry_Potter',
 'JK_Rowling',
 'Deathly_Hallows',
 'Half_Blood_Prince',
 'Twilight',
 'Twilight_saga',
 'Narnia',
 'Potter_mania',
 'Hermione_Granger',
 'Da_Vinci_Code']
```

大家可能无法复现同样的结果。LSH
的随机投影是随机的。如果需要复现
结果，请使用 AnnoyIndex.set_seed()
方法

结果看起来好了一点，至少列出了正确的作者。我们可以将两次 Annoy 搜索的结果与 gensim
的正确答案进行比较，如代码清单 13-10 所示。

代码清单 13-10　排名前 10 的搜索结果精确率

> 我们把如何将这些排名前 10 的列表合并到
> 一个 DataFrame 中的操作留给读者解决

```
>>> pd.DataFrame(annoy_top10, columns=['annoy_15trees',
...                                    'annoy_30trees'])
```

gensim	annoy_15trees	annoy_30trees
JK_Rowling_Harry_Potter	Harry_Potter	Harry_Potter
JK_Rowling	Narnia	JK_Rowling
boy_wizard	Sherlock_Holmes	Deathly_Hallows
Deathly_Hallows	Lemony_Snicket	Half_Blood_Prince
Half_Blood_Prince	Spiderwick_Chronicles	Twilight
Rowling	Unfortunate_Events	Twilight_saga
Actor_Rupert_Grint	Prince_Caspian	Narnia
HARRY_Potter	Eragon	Potter_mania
wizard_Harry_Potter	Sorcerer_Apprentice	Hermione_Granger
HARRY_POTTER	RL_Stine	Da_Vinci_Code

要去除冗余的"Harry_Potter"这个同义词，我们应该列出前 11 名，并跳过第一名。不过我们仍可以看出这里的改进。当我们增加 Annoy 索引树的数量时，会降低不太相关的词项（如"Narnia"）的排名，并插入更多相关的真正的最近邻词项（如"JK_Rowling"和"Deathly_Hallows"）。

此外，Annoy 索引得到近似答案明显快于提供精确结果的 gensim 索引。并且可以将此 Annoy 索引用于需要搜索的任何高维、连续、稠密的向量，例如 LSA 文档-主题向量或 doc2vec 文档嵌入（向量）。

13.2.4　究竟为什么要使用近似索引

那些有算法效率分析经验的人可能会对自己说 $O(n^2)$ 算法在理论上是有效的。毕竟，它们比指数算法更有效，甚至比多项式算法更有效。当然，它们更不是求解 NP 困难问题，它们不是那种需要花费宇宙一生的时间来计算的不可能的东西。

因为这些 $O(n^2)$ 计算仅发生在 NLP 流水线中的机器学习模型训练阶段，所以它们可以预先计算。聊天机器人不需要在每次回复新语句时都执行 $O(n^2)$ 操作。n^2 操作本质上是可并行化的。大家几乎总是可以独立于其他 n 个序列来运行 n 个计算序列中的一个。所以大家可以在这个问题上投入更多的内存和处理器，在每晚或每个周末运行一些批处理训练过程，以保持机器人的大脑与时俱进。[①]更好的是，大家可以分块进行 n^2 计算并逐个运行，随着数据的增加，n 也会增加。

例如，假设我们一开始就已经在一些小型数据集上训练了一个聊天机器人，然后对外界开放使用。想象一下，n 是其持久性存储（数据库）中语句（statement）和回复（response）的数量。每当有人使用新语句对聊天机器人说话时，机器人可能要在其数据库中搜索最相似的语句，以便

---

① 这是大家在复杂度为 n^2 文档匹配问题上真实使用的架构。

可以复用之前适用该语句的任何回复。因此，计算 n 个已有语句和新语句之间的某种相似性得分（度量），并将新的相似性得分作为新的行和列存储在大家的$(n+1)^2$ 相似度矩阵中。或者只需在图数据结构中再添加 n 条连接或关系，来存储语句之间的所有相似性得分。现在，我们可以对这些连接（或连接矩阵中的单元格）进行查询，以找到最小距离值。对于最简单的方法，只需要检查刚刚计算的 n 个得分。但是如果想更加周全，可以查看其他行和列（更深入地遍历图），例如，找到对针对相似语句的一些回复，并检查其友好程度、信息内容、情感、符合语法性、结构完整性、简洁性和风格。无论哪种方式，大家都有一个用于计算最佳回复的 $O(n)$ 算法，即使对完整的训练其总的复杂度为 $O(n^2)$。

但是如果 $O(n)$ 还不够快呢？如果大家正在构建一个非常大的大脑，例如谷歌，其 n 超过 60 万亿？即使大家的 n 不是那么大，如果个别计算相当复杂，或者想在合理的时间（数十毫秒）内回复，那么也需要使用一个索引。

13.2.5　索引变通方法：离散化

所以我们前面说到浮点数（实数值）不可能直接索引。有什么方法可以解决我们的问题，或者说不用直接索引？那些有传感器数据和模数转换器处理经验的人可能会想到，连续的数值可以很容易地数字化或离散化。而且浮点数并不是真正连续的。毕竟，它们是一串二进制数。但是如果希望它们适用大家的索引概念并保持低维度，就需要将它们真正离散化。需要将它们"封装"成可控的东西。将连续变量转换为可控数量的分类值或序数值的最简单方法就像代码清单 13-11 中展示的代码。

代码清单 13-11　针对低维向量的 MinMaxScaler

```
>>> from sklearn.preprocessing import MinMaxScaler
>>> real_values = [-1.2, 3.4, 5.6, -7.8, 9.0]
>>>
>>> scaler = MinMaxScaler()
>>> scaler.fit(real_values)

[int(x * 100.) for x in scaler.transform(real_values)]
[39, 66, 79, 0, 100]
```

将我们的浮点数限制在 0.0 到 1.0 之间

按照比例，离散化到 0 到 100 之间

该方法适用于低维空间。这基本上是一些二维 GIS 索引用来将经度/纬度值离散化为边界框网格中的内容。对于每个网格点，二维空间中的点存在也可能不存在。随着维度的增长，需要使用比简单二维网格更复杂、更高效的索引。

在深入研究 300 维自然语言语义向量之前，我们通过空间维度来思考三维空间。例如，通过将高度添加到某个包含纬度和经度的二维 GPS 数据库，想象一下从二维增长到三维引起的变化。现在假设我们将地球划分为三维立方体而不是原先使用的二维网格。大部分立方体中没有太多我们有兴趣查找的东西，而且进行邻近搜索（例如，查找某个三维球体或三维立方体内的所有对象）变得更加困难。我们需要搜索的网格点数量以 n^3 的数量级增长，其中 n 是搜索区域的直径。可

以看到，当维度从 3 增长到 4 或 5 时，大家真的需要对搜索方法深入了解。

13.3 常数级内存算法

处理大型语料库和 TF-IDF 矩阵的主要挑战之一是将其全部存放在内存中。我们在本书中使用 gensim 的原因是它们的算法尝试保持常数级的内存占用。

13.3.1 gensim

如果文档数量超出内存所能容纳的容量怎么办？随着语料库中文档的大小和种类的增长，即使是从云服务中租用最大的机器，最终也可能会超出内存容量。但是无须担心，数学家就在这里。

像 LSA 这样的算法，其背后的数学原理已经发展了几十年。数学家和计算机科学家有很多时间去研究并让它在外存中运行，这意味着运行算法所需的对象并不都需要一次存放在核心存储器（内存）中。这就意味着可以不再受到机器上内存的限制。

即使不需要在多台机器上并行运行大家的训练流水线，大型数据集也需要常数级内存算法的支持。gensim 的 LsiModel 是 LSA 奇异值分解算法的一种外存实现。[①]

即使对于较小的数据集，gensimLSIModel 的优势也在于它不需要增加内存用量来处理不断增长的词汇表或文档集。因此，不必担心它会在语料库处理过程中被交换到磁盘分区，或者在内存耗尽时停止运行。我们甚至可以同时使用笔记本电脑处理其他任务，而 gensim 模型则在后台进行训练。

gensim 使用所谓的批训练来实现这种内存效率。它在文档上逐批训练 LSA 模型（gensim.models.LsiModel）并增量合并逐批训练的结果。所有 gensim 的模型都设计为常数级内存，这使它们避免将数据交换到磁盘分区，并有效地使用宝贵的 CPU 缓存，从而可以在大型数据集上运行得更快。

> **提示** 除了常数级内存开销，gensim 模型的训练是可并行化的，至少对这些流水线中的许多长时间运行的阶段而言可以并行化。

所以像 gensim 这样的软件包值得出现在大家的工具箱中。它们可以加速大家在小数据上的实验（如本书中的实验），并为将来在大数据上的多维空间处理提供支持。

13.3.2 图计算

Hadoop、TensorFlow、Caffe、Theano、Torch 和 Spark 一开始就设计为常数级内存。如果可以将机器学习流水线表示为一个 Map-Reduce 问题或一张通用计算图，则可以利用这些框架来避

---

① 详见标题为 "gensim:models.lsimodel - Latent Semantic Indexing" 的网页。

免内存不足的问题。这些框架会自动遍历计算图来分配资源并优化吞吐量。

Peter Goldsborough 使用这些框架实现了若干基准模型和数据集来对比它们的性能。尽管 Torch 早在 2002 年就出现了，但它在大多数基准测试中表现都不错，在 CPU 上的表现优于其他所有框架，有时甚至在 GPU 上也是如此。在很多情况下，它比最接近的竞争对手快 10 倍。

Torch（及其 PyTorch Python API）已集成到许多集群计算框架中，如 RocketML。虽然我们没有使用 PyTorch 作为本书中的示例（为了避免给大家提供过多的选择），但是如果内存或吞吐量是 NLP 流水线的瓶颈，那么大家可能需要了解它。

我们使用 RocketML 成功实现了 NLP 流水线的并行化。他们付出了研究和开发的时间来帮助 Aira 和 TotalGood 公司实现我们的 NLP 流水线的并行化，以帮助那些视障人士：

- 从视频中提取图像；
- 对预训练的 Caffe、PyTorch、Theano 和 TensorFlow（Keras）模型进行推理和嵌入；
- 对 GB 级别语料库的大型 TF-IDF 矩阵进行奇异值分解（SVD）[1]。

RocketML 流水线可以很好地进行扩展，这种扩展一般是线性的，具体取决于算法。[2]因此，如果大家将集群中的计算机加倍，那么模型训练的速度能够提升两倍。但实际情况比看起来的困难。更通用的计算图并行框架（如 PySpark 和 TensorFlow）很少声称这一点。

13.4　并行化 NLP 计算

NLP 的高性能计算有两种流行的方法，一种是将 GPU 添加到服务器（在某些情况下甚至是笔记本电脑）中，另一种是将多个服务器的 CPU 连接到一起。

13.4.1　在 GPU 上训练 NLP 模型

GPU 已成为开发实际 NLP 应用程序的重要且有时是必需的工具。GPU 于 2007 年首次推出，被设计用于并行化大量计算任务和访问大量内存。这与 CPU 的设计形成了鲜明对比，CPU 是每台计算机的核心。它们旨在高速顺序处理任务，并且可以高速访问有限的处理内存（如图 13-1 所示）。

事实证明，训练深度学习模型涉及多种可以并行化的操作，例如矩阵的乘法。类似于 GPU 最初目标市场的图形动画处理，深度学习模型的训练通过矩阵乘法并行化大大加速。

图 13-2 展示了输入向量与权重矩阵的乘法，这是在神经网络训练的前向传播过程中频繁出现的操作。与 CPU 相比，GPU 的每个核的处理速度较慢，但每个核都可以计算结果向量中的一个分量。如果在 CPU 上执行训练，在没有使用特定线性代数库的情况下，每行乘法将按顺序执行。它需要 n 个（矩阵行数）时刻才能完成乘法。如果在 GPU 上执行相同的任务，则乘法将被

---

[1] 在 2008 年 SAIS 会议上，Santi Adavani 解释了针对 SVD 的优化，可以使其在 RocketML 的高性能计算平台上运行更快、可扩展性更好。

[2] Santi Adavani 和 Vinay Rao 贡献了 Real-Time Video Description 项目。

并行化，并且每行乘法可以在 GPU 的各个核中同时执行。

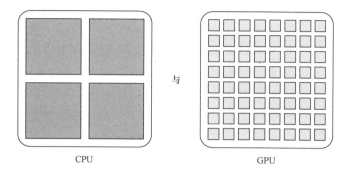

图 13-1　CPU 和 GPU 的对比

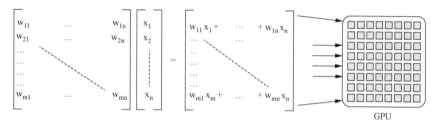

图 13-2　矩阵乘法，其中每一行乘法可以在 GPU 上并行执行

是否需要在 GPU 上运行训练好的模型？　即使使用 GPU 训练模型，也不需要在生产环境中使用 GPU 进行模型推理。实际上，除非需要在预训练模型上前向传播（神经网络的推理或激活）数百万个样本或有高吞吐量（实时流）的需求，否则可能只应该在训练新的模型时使用 GPU。在神经网络上反向传播相比前向激活（推理）在计算成本上要高昂得多。

GPU 会给流水线增加复杂性和成本。但是，如果可以在模型缩短迭代周期，那么这种前期成本可以很快收回。如果可以在十分之一的时间内使用新的超参数重新训练模型，则可以尝试 10 倍数量的不同方法来取得更高的精确率。

训练完成后，Keras 或其他深度学习框架提供了导出模型权重和结构的方法。然后，大家就可以在几乎任何硬件上加载权重和模型设置，来计算（前向传递或推理传递）模型预测的结果，即使在智能手机[1]或浏览器[2]中也是如此。

13.4.2　租与买

使用 GPU 可以加速我们的模型开发，并允许我们更快地迭代模型开发。GPU 很有用，但是我们应该购买吗？

---

[1] 详见苹果公司的 Core ML 文档或者谷歌公司的 TensorFlow Lite 文档。
[2] 详见标题为 "Keras.js - Run Keras models in the browser" 的网页。

大多数情况下答案是否定的。GPU 的性能正在迅速提高，购买的显卡可能很快就会过时。除非大家计划全天候使用 GPU，否则通过 Amazon Web Services 或 Google Cloud 等服务租用 GPU 可能会更好。GPU 服务允许在模型训练运行期间切换实例数量。这样，我们就可以根据需要扩展或压缩 GPU 数量。这些服务商还经常提供已经完全配置好的安装实例，这可以节省我们的时间，让我们专注于模型开发。

我们搭建并维护了自己的 GPU 服务器，用于加速本书中用到的一些模型训练，但大家应该像我们说的那样去租用服务器，而不要像我们所做的一样购买 GPU。选择相互兼容的组件并最大限度地减小数据吞吐量瓶颈是一项挑战。我们借鉴了其他人介绍的成功架构，并在最近比特币激增导致高性能计算（HPC）组件价格飙升之前购买了内存和 GPU。保持所有开发库处于最新状态并协调本书作者之间的使用和配置是一项挑战。它既有趣又有教育意义，但它并不能有效利用我们的时间和金钱。

租用 GPU 实例的灵活性也有一个缺点：大家需要密切关注成本。完成训练并不会自动停止实例。为了停止计费器（产生持续成本），需要在每次训练运行的间隙关闭 GPU 实例。更多详细信息，参见 E.1.1 节。

13.4.3　GPU 租赁选择

多家公司都提供 GPU 租赁选择，从众所周知的平台即服务公司开始，如微软、AWS（Amazon Web Services）和谷歌。其他初创公司，如 Paperspace 或 FloydHub，正在通过推出有趣的产品进入该行业，这些产品可以帮助大家快速启动深度学习项目。

表 13-1 比较了"平台即服务"（PaaS）提供商的不同 GPU 选择。服务范围从具有最小配置的裸 GPU 机器到具有拖放客户端的完全配置好的机器。由于服务定价的区域性差异，我们无法根据价格比较提供商。服务价格从每小时每实例 0.65 美元到几美元不等，具体取决于服务器的位置、配置和设置。

表 13-1　GPU 平台即服务的选择对比

公司	选择的原因	GPU 选择	上手容易程度	灵活性
AWS	多种 GPU 选择，实时收费，可在世界各地的多个数据中心使用	NVIDIA GRID K520、Tesla M60、Tesla K80、Tesla V100	中	高
Google Cloud	集成 Google Cloud Kubernetes、DialogFlow、Jupyter	NVIDIA Tesla K80, Tesla P100	中	高
Microsoft Azure	如果大家使用 Azure 的其他服务，这是个好选择	NVIDIA Tesla K80	中	高
FloydHub	支持命令行接口打包代码	NVIDIA Tesla K80, Tesla V100	易	中
Paperspace	虚拟服务器和托管的 iPython/Jupyter 笔记本，支持 GPU	NVIDIA Maxwell、Tesla P5000、Tesla P6000、Tesla V100	易	中

在 AWS 上设置我们自己的 GPU　附录 E 中展示了开始使用自己的 GPU 实例前的必要步骤的总结。

13.4.4 张量处理单元 TPU

大家可能听说过张量处理单元（TPU），这是一个高度优化的深度学习计算单元。它们在计算 TensorFlow 模型的反向传播时特别高效。TPU 针对任意维数的张量乘法进行了优化，并使用专用的 FPGA 和 ASIC 芯片对数据进行预处理和传输。GPU 针对图形处理进行了优化，图形处理主要集中在三维游戏世界中渲染和移动所需的二维矩阵乘法。

谷歌公司声称 TPU 在计算深度学习模型方面的效率是同等 GPU 的 10 倍。在撰写本书时，谷歌刚刚将在 2015 年设计并发明的 TPU 对外发布，目前处于开放测试阶段（未提供服务级别协议）。同时，研究人员可以申请成为 TensorFlow Research Cloud[①]的一员，从而在 TPU 上训练他们的模型。

13.5 减少模型训练期间的内存占用

当在 GPU 上基于大型语料库训练 NLP 模型时，最终可能会在训练期间遇到 MemoryError 错误消息，如代码清单 13-12 所示。

代码清单 13-12 如果训练数据超过了 GPU 的内存，就会出现错误消息

```
Epoch 1/10
Exception in thread Thread-27:
Traceback (most recent call last):
  File "/usr/lib/python2.7/threading.py", line 801, in __bootstrap_inner
    self.run()
  File "/usr/lib/python2.7/threading.py", line 754, in run
    self.__target(*self.__args, **self.__kwargs)
  File "/usr/local/lib/python2.7/dist-packages/keras/engine/training.py",
    line 606, in data_generator_task
    generator_output = next(self._generator)
  File "/home/ubuntu/django/project/model/load_data.py", line 54,
    in load_training_set
    rv = np.array(rv)
MemoryError
```

为了实现 GPU 的高性能，除 CPU 内存之外，这些计算单元还使用自己内部的 GPU 内存。GPU 卡的内存大小通常限制在几千兆字节，在大多数情况下，没有 CPU 能访问的内存那么大。当在 CPU 上训练模型时，训练数据可能会加载到计算机内存的一个大型表或张量序列中。然而由于 GPU 内存的限制，上述做法在 GPU 上是不可行的（如图 13-3 所示）。

一个有效的解决方法是使用 Python 的生成器概念——一个返回迭代器对象的函数。我们可以将迭代器对象传递给模型训练方法，并在每次训练迭代时"取出"一个或多个训练条目，这样它永远不需要在内存中存放整个训练集。这种减少内存占用的有效方法有一些需要说明的地方：

---

① 详见标题为 "TensorFlow Research Cloud" 的网页。

■ 生成器一次只提供一个序列元素，因此在到达序列末尾之前，大家并不知道它包含多少个元素；

■ 生成器只能运行一次。它们是一次性的，不可回收利用。

由于上述这两个难点，利用数据进行多次训练会更加烦琐。但是 Keras 正在采取一些方法来处理所有这些烦琐的"记账"工作（如图 13-4 所示）。

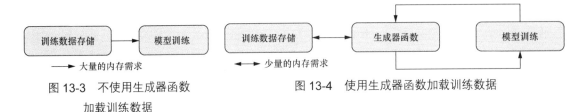

图 13-3　不使用生成器函数
　　　　　加载训练数据

图 13-4　使用生成器函数加载训练数据

生成器函数处理训练数据存储的加载并将训练"数据块"返回给训练方法。在代码清单 13-13 中，训练数据存储是一个 csv 文件，其输入数据和预期输出数据之间由"|"分隔符分开。数据块限制为批处理大小，并且每次只需在内存中存储一个批处理集合。这样，可以大大减少模型训练集的内存占用。

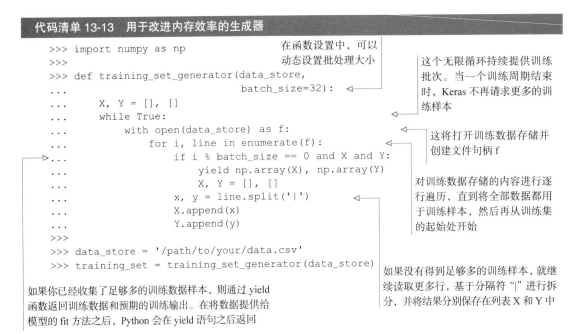

代码清单 13-13　用于改进内存效率的生成器

```
>>> import numpy as np
>>>
>>> def training_set_generator(data_store,
...                            batch_size=32):
...     X, Y = [], []
...     while True:
...         with open(data_store) as f:
...             for i, line in enumerate(f):
...                 if i % batch_size == 0 and X and Y:
...                     yield np.array(X), np.array(Y)
...                     X, Y = [], []
...                 x, y = line.split('|')
...                 X.append(x)
...                 Y.append(y)
>>>
>>> data_store = '/path/to/your/data.csv'
>>> training_set = training_set_generator(data_store)
```

在函数设置中，可以动态设置批处理大小

这个无限循环持续提供训练批次。当一个训练周期结束时，Keras 不再请求更多的训练样本

这将打开训练数据存储并创建文件句柄 f

对训练数据存储的内容进行逐行遍历，直到将全部数据都用于训练样本，然后再从训练集的起始处开始

如果你已经收集了足够多的训练数据样本，则通过 yield 函数返回训练数据和预期的训练输出。在将数据提供给模型的 fit 方法之后，Python 会在 yield 语句之后返回

如果没有得到足够多的训练样本，就继续读取更多行，基于分隔符"|"进行拆分，并将结果分别保存在列表 X 和 Y 中

在我们的示例中，training_set_generator 函数读入以"|"分隔值的文件，不过它可以从任何数据库或任何其他数据存储系统加载数据。

生成器的一个缺点是，它不返回关于训练数据阵列大小的任何信息。因为不知道有多少训练数据可用，所以必须使用 Keras 模型略有不同的 `fit`、`predict` 和 `evaluate` 方法。

我们不再使用下面的方法训练模型：

```
>>> model.fit(x=X,
...           y=Y,
...           batch_size=32,
...           epochs=10,
...           verbose=1,
...           validation_split=0.2)
```

而使用下面的方法开始训练模型：

> fit_generator 期望传给它的是一个生成器，它可以是你的训练集生成器，也可以是你编写的任何其他生成器

```
>>> data_store = '/path/to/your/data.csv'
>>> model.fit_generator(generator=training_set_generator(data_store,
...     batch_size=32),
...                     steps_per_epoch=100,
...                     epochs=10,
...                     verbose=1,
...                     validation_data=[X_val, Y_val])
```

> 像之前一样设置训练周期的数量

> 因为 fit_generator 无法获得完整的训练数据，所以它不允许使用常见的 validation_split 方法，而需要你定义 validation_data 方法

> 与在原始 fit 方法中定义 batch_size 不同，fit_generator 需要每个训练周期的步骤数 steps_per_epoch。每一步都调用生成器。将 steps_per_epoch 设置为训练样本数量除以 batch_size，这样你的模型将在每个训练周期中使用一次完整的训练集

如果使用生成器，可能还需要更新模型的 `evaluate`

```
>>> model.evaluate_generator(generator=your_eval_generator(eval_data,
...     batch_size=32), steps=10)
```

和 `predict` 方法

```
>>> model.predict_generator(generator=your_predict_generator(\
...     prediction_data, batch_size=32), steps=10)
```

警告　生成器在内存中运行很高效，但它们也可能成为模型训练期间的瓶颈并减慢训练迭代速度。在开发训练函数时注意生成器的运行速度。如果即时处理数据减慢了生成器的运行速度，那么对训练数据进行预处理或者租用具有更大内存配置的实例，或者同时采用这两种方法，都可能带来帮助。

13.6　使用 TensorBoard 了解模型

在训练模型时深入了解模型性能，并将其与之前的训练进行比较，这不是很好吗？或者快速绘制词嵌入来检查语义相似性？谷歌的 TensorBoard 就提供了这样的功能。

在使用 TensorFlow（或使用 Keras 和 TF 后端）训练模型时，可以使用 TensorBoard 深入了解我们的 NLP 模型。我们可以使用它来跟踪模型训练指标，绘制网络权重分布，可视化词嵌入以

及完成其他任务。TensorBoard 易于使用，它通过浏览器连接到训练实例。

如果想与 Keras 一起使用 TensorBoard，那么需要像任何其他 Python 包一样安装 TensorBoard：

```
pip install tensorboard
```

安装完成后，现在可以用下列命令启动它：

```
tensorboard --logdir=/tmp/
```

在 TensorBoard 运行后，如果在笔记本电脑或台式 PC 上进行训练，那么请在浏览器中通过 localhost 的 6006 端口（http://127.0.0.1:6006）访问。如果在租用的 GPU 实例上训练模型，请使用 GPU 实例的公共 IP 地址，并确保 GPU 提供商允许通过端口 6006 进行访问。

一旦登录后，就可以探索模型性能。

如何可视化词嵌入

TensorBoard 是一个可视化词嵌入的好工具。特别是当训练自己的、基于特定领域的词嵌入时，嵌入可视化可以帮助验证语义相似性。将词模型转换为 TensorBoard 可以处理的格式很简单。将词向量和向量标签加载到 TensorBoard 后，它将执行降维到二维或三维的操作。TensorBoard 目前提供 3 种降维方法：PCA、t-SNE 和自定义降维。

代码清单 13-14 展示了如何将词嵌入转换为 TensorBoard 格式并生成投影数据。

代码清单 13-14　将词嵌入转换为 TensorBoard 格式并生成投影数据

```
>>> import os
>>> import tensorflow as tf                    create_projection 函数有 3 个参数：嵌入数据、
>>> import numpy as np                         投影的名称，以及存储投影文件的路径
>>> from io import open
>>> from tensorflow.contrib.tensorboard.plugins import projector
>>>
>>>
>>> def create_projection(projection_data,
...                        projection_name='tensorboard_viz',
...                        path='/tmp/'):              ◁
...     meta_file = "{}.tsv".format(projection_name)
...     vector_dim = len(projection_data[0][1])
...     samples = len(projection_data)
...     projection_matrix = np.zeros((samples, vector_dim))
...
...     with open(os.path.join(path, meta_file), 'w') as file_metadata:
...         for i, row in enumerate(projection_data):   ◁    该函数循环遍历嵌入数据并创建
...             label, vector = row[0], row[1]                一个 numpy 数组，然后该数组将
...             projection_matrix[i] = np.array(vector)       被转换为一个 TensorFlow 变量
...             file_metadata.write("{}\n".format(label))
...
```

```
...        sess = tf.InteractiveSession()
...
...        embedding = tf.Variable(projection_matrix,
...                                trainable=False,
...                                name=projection_name)
...        tf.global_variables_initializer().run()
...
...        saver = tf.train.Saver()
...        writer = tf.summary.FileWriter(path, sess.graph)
...
...        config = projector.ProjectorConfig()
...        embed = config.embeddings.add()
...        embed.tensor_name = '{}'.format(projection_name)
...        embed.metadata_path = os.path.join(path, meta_file)
...
...        projector.visualize_embeddings(writer, config)
...        saver.save(sess, os.path.join(path, '{}.ckpt'\
...            .format(projection_name)))
...        print('Run `tensorboard --logdir={0}` to run\
...            visualize result on tensorboard'.format(path)
```

> 要创建 TensorBoard 投影，你需要创建一个 TensorFlow 会话

> TensorFlow 提供了内置的方法来创建投影

> visualize_embeddings 方法将投影结果写入你的路径中，然后就可以使用 TensorBoard 了

函数 create_projection 获取元组列表（预期先是向量，然后是标签）并将其转换为 TensorBoard 投影文件。一旦投影文件被创建并可供 TensorBoard 使用（在上例中，TensorBoard 预期的文件在 tmp 目录中），前往浏览器中的 TensorBoard 页面并查看嵌入的可视化结果（如图 13-5 所示）：

```
>>> projection_name = "NLP_in_Action"
>>> projection_data = [
>>>     ('car', [0.34, ..., -0.72]),
>>>     ...
>>>     ('toy', [0.46, ..., 0.39]),
>>> ]
>>> create_projection(projection_data, projection_name)
```

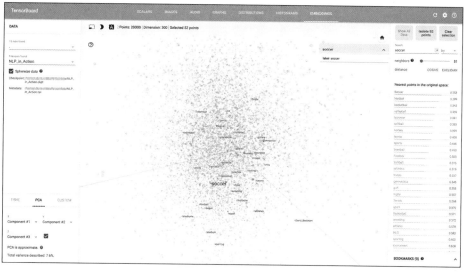

图 13-5　利用 TensorBoard 对 word2vec 的嵌入结果进行可视化

13.7   小结

- 像 Annoy 这样的局部敏感哈希使隐性语义索引成为现实。
- GPU 加速模型训练，缩短模型的迭代周期，便于更快地构建更好的模型。
- CPU 并行化对于无法从大型矩阵的加速乘法中受益的算法有意义。
- 可以使用 Python 的生成器绕过系统内存瓶颈，为 GPU 和 CPU 实例节省资金。
- 谷歌的 TensorBoard 可以帮大家实现可视化和提取可能想不到的自然语言嵌入。
- 掌握 NLP 并行化可以扩展大家的脑力，提供一个由机器集群构成的心智社会来帮大家思考。[①]

---

① 详见 Peter Watts 关于有意识的蚂蚁和人类蜂房的视频。

附录 A　本书配套的 NLP 工具

如果大家已经安装 nlpia 包（https://github.com/totalgood/nlpia），就可以运行本书中的所有示例。我们会保持 README 文件中的安装说明为最新版本。但是，如果你已经安装了 Python 3，而且觉得自己手气不错（或者幸运地拥有一个 Linux 环境）的话，那么可以尝试执行：

```
$ git clone https://github.com/totalgood/nlpia
$ pip3 install -e nlpia
```

如果上面的命令不起作用的话，那么可能需要在操作系统下安装一个软件包管理器和一些二进制软件包。我们将用 3 节分别介绍不同操作系统下的一些具体使用说明：

- Ubuntu；
- Mac；
- Windows。

在这几节中会展示操作系统包管理器的安装方法。一旦安装了软件包管理器（或者使用一个像 Ubuntu 这样已经安装包管理器的对开发人员友好的操作系统），就可以安装 Anaconda3。

A.1　Anaconda3

Python 3 具有很多高性能和表达能力强的功能，非常适合 NLP。在几乎所有系统上安装 Python 3 的最简单方法是安装 Anaconda3。这样做的另一个好处是提供了一个包和环境管理器，可以在各种容易出问题的操作系统（如 Windows）上安装很多容易出问题的包（如 matplotlib）。

可以运行代码清单 A-1 的代码，以编程方式安装最新版本的 Anaconda 及其 conda 软件包管理器。

代码清单 A-1　安装 Anaconda3

```
$ OS=MacOSX  # or Linux or Windows
$ BITS=_64  # or '' for 32-bit
$ curl https://repo.anaconda.com/archive/ > tmp.html
```

```
$ FILENAME=$(grep -o -E -e "Anaconda3-[.0-9]+-$OS-
    x86$BITS\.(sh|exe)" tmp.html | head -n 1)
$ curl "https://repo.anaconda.com/archive/$FILENAME" > install_anaconda
$ chmod +x install_anaconda
$ ./install_anaconda -b -p ~/Anaconda
$ export PATH="$HOME/Anaconda/bin:$PATH"
$ echo 'export PATH="$HOME/Anaconda/bin:$PATH"' >> ~/.bashrc
$ echo 'export PATH="$HOME/Anaconda/bin:$PATH"' >> ~/.bash_profile
$ source ~/.bash_profile
$ rm install_anaconda
```

现在就可以创建一个虚拟环境：不是 Python virtualenv，而是一个更完整的 conda 环境，它将所有 Python 的二进制依赖项与操作系统 Python 环境隔离开来。然后，可以在该 conda 环境中使用代码清单 A-2 安装 NLPIA 的依赖项和源代码。

A.2　安装 nlpia

我们喜欢在用户目录$HOME 下面的 code/子目录下安装正在开发的软件源代码，但是读者也可以把它放在任何自己喜欢的地方。如果代码清单 A-2 中的代码不起作用，请查看 nlpia 的 README 文件，以获取更新的安装说明。

代码清单 A-2　使用 conda 安装 nlpia 源码

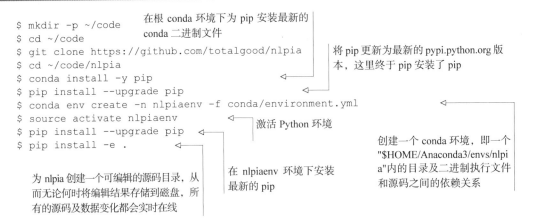

```
$ mkdir -p ~/code                               在根 conda 环境下为 pip 安装最新的
$ cd ~/code                                     conda 二进制文件
$ git clone https://github.com/totalgood/nlpia
$ cd ~/code/nlpia                                      将 pip 更新为最新的 pypi.python.org 版
$ conda install -y pip                                 本，这里终于 pip 安装了 pip
$ pip install --upgrade pip
$ conda env create -n nlpiaenv -f conda/environment.yml
$ source activate nlpiaenv                  激活 Python 环境
$ pip install --upgrade pip
$ pip install -e .                                              创建一个 conda 环境，即一个
                                                               "$HOME/Anaconda3/envs/nlpi
                                                               a"内的目录及二进制执行文件
  为 nlpia 创建一个可编辑的源码目录，从      在 nlpiaenv 环境下安装        和源码之间的依赖关系
  而无论何时将编辑结果存储到磁盘，所         最新的 pip
  有的源码及数据变化都会实时在线
```

A.3　集成开发环境

现在你的机器上有了 Python 3 和 NLPIA，下面只需要一个优秀的文本编辑器来搭建我们的集成开发环境（IDE）。我们不安装 JetBrains 提供的像 PyCharm 这样的完整系统，而安装适合小规模团队开发使用的个人工具（如为单人团队所用的 Sublime Text），后者可以把一件事做得很好。

提示　开发者为开发者开发工具确实存在，特别是当开发团队是一个人的团队时更是如此。个人开发者通常会开发出比公司开发者更好的工具，因为个人更愿意吸纳其用户的代码和建议。由于需要而开发一个工具的个人开发者一般是开发一个针对其工作流进行优化的工具。如果他们开发的工具可靠、功能强大且很受欢迎，那么他们的工作流会非常棒。从另一个角度说，像 Jupyter 这样的大型开源项目也很棒。只要它们没有使用开源项目的商业许可代码分支，它们一般就会非常通用并且功能齐全。

幸好，Python IDE 所需的工具都是免费的、可扩展的，并且是持续维护的，大多数甚至是开源的，所以你可以把它们留作自用。

- Sublime Text 3：带 Package Control 和 Anaconda 自动纠错检查的文本编辑器。
- Meld：适用于 Mac 或其他操作系统的代码合并工具。
- ipython（Jupyter 控制台）：用于阅读→评估→打印→循环（开发工作流）。
- jupyter 记事本：用于创建报告、教程和博客文章，或用于与老板分享结果。

提示　一些非常高效的开发人员使用 Python 的 REPL 工作流[①]。ipython、jupyter 控制台和 jupyter 记事本等 REPL 控制台非常强大，同时它们还有 help、?、??和%等神奇的命令，另外它们的属性、方法、参数、文件路径甚至是 dict 键都能借助 tab 健完成自动补全。在使用 Google 或 Stack Overflow 搜索之前，我们可以尝试使用像>>> sklearn.linear_model.BayesianRidge?? 这样的命令来探索所导入的 Python 包对应的代码文档和源代码。Python 的 REPL 甚至允许我们在手指不离开键盘的情况下执行 shell 命令（尝试 >>> !git pull 或 >>> !find . -name nlpia），这样可以最大限度地减少上下文切换并最大限度地提高工作效率。

A.4　Ubuntu 包管理器

Linux 发行版已经安装了功能齐全的包管理器。如果使用 Anaconda 的软件包管理器 conda，那么就像 NLPIA 安装说明中所建议的那样，可能根本用不着系统自带的那个包管理器。Ubuntu 的包管理器叫作 apt。在 A.3 节中我们已经建议安装了一些软件包。几乎可以肯定，你并不需要所有的这些软件包，但我们还是提供了一个详尽的工具代码清单，以防你在使用 Anaconda 安装软件时提示缺少二进制文件。我们可以从第一行开始向下执行，直到 conda 能够安装 Python 包为止。具体参见代码清单 A-3。

代码清单 A-3　使用 apt 安装开发工具

```
$ sudo apt-get update
$ sudo apt install -y build-essential libssl-dev g++ cmake swig git
$ sudo apt install -y python2.7-dev python3.5-dev libopenblas-dev libatlasbase-
```

---

① 这里说的就是"数字游民"（Digital Nomad）Steven Skoczen 和"老伙计"（The Dude）Aleck Landgraf。

```
         dev gfortran libgtk-3-dev
$ sudo apt install -y openjdk-8-jdk python-dev python-numpy pythonpip
    python-virtualenv python-wheel python-nose
$ sudo apt install -y python3-dev python3-wheel python3-numpy pythonscipy
    python-dev python-pip python3-six python3-pip
$ sudo apt install -y python3-pyaudio python-pyaudio
$ sudo apt install -y libcurl3-dev libcupti-dev xauth x11-apps python-qt4
$ sudo apt install -y python-opencv-dev libxvidcore-dev libx264-dev libjpeg8-
    dev libtiff5-dev libjasper-dev libpng12-dev
```

提示　如果 apt-get update 命令失败并出现关于 bazel 的错误，那么可能需要添加谷歌的 apt 仓库以及用于 TensorFlow 的构建工具。

A.5　Mac

在安装与其他开发人员保持一致所需的所有工具之前，需要一个真正的包管理器（不是 XCode）。

A.5.1　一个 Mac 包管理器

Homebrew 可能是最受开发人员欢迎的 Mac 系统命令行包管理器。它易于安装，并且包含开发人员使用的大部分工具的一键安装包。它相当于 Ubuntu 的 apt 包管理器。苹果公司本可以确保他们的操作系统能够与 apt 兼容，但他们不希望开发人员绕过他们的 XCode 和 App Store 的"渠道"，这显然是出于商业利益考虑。所以一些勇敢的 Ruby 开发人员开发了他们自己的包管理器。[①]它几乎和 apt 或任何其他操作系统自带的二进制包管理器一样好。具体参见代码清单 A-4。

代码清单 A-4　安装 brew

```
$ /usr/bin/ruby -e "$(curl -fsSL https://raw.githubusercontent.com/Homebrew/
    install/master/install)"
```

系统会要求按回车键确认，并输入 root 或者 sudo 密码。因此，在输入密码并且安装脚本开始顺利执行之前，不要离开去煮咖啡。

A.5.2　一些工具包

brew 装好之后，可能还需要安装一些好用的 Linux 工具，如代码清单 A-5 所示。

代码清单 A-5　安装开发工具

```
$ brew install wget htop tree pandoc asciidoctor
```

---

① 详见 Homebrew package manager 的维基百科页面。

A.5.3 准备工作

如果你对 NLP 和软件开发非常认真,那么需要确保操作系统准备妥当以便能够胜任工作。下面是我们在 Mac 上创建新的用户账户时安装的内容。

- Snappy:用于屏幕截图。
- CopyClip:用于管理剪贴板。

如果想与其他 NLP 开发者分享屏幕截图,就需要一个屏幕截图软件,如 Snappy。而剪贴板管理器(如 CopyClip)则允许你一次复制和粘贴多项内容,并在不重启系统的情况下保留剪贴板历史记录。剪贴板管理器提供在图形用户界面执行复制和粘贴操作时搜索控制台历史([ctrl] - [R])的强大功能。

同时我们还应该增加 bash shell 的历史记录,添加一些更安全的 rm -f 别名,设置默认编辑器,创建彩色提示符文本,以及为浏览器、文本编辑器和代码合并工具添加 open 命令,具体如代码清单 A-6 所示。

代码清单 A-6 bash_profile 脚本

```bash
#!/usr/bin/env bash
echo "Running customized ~/.bash_profile script: '$0' ......."
export HISTFILESIZE=10000000
export HISTSIZE=10000000
# append the history file after each session
shopt -s histappend
# allow failed commands to be re-edited with Ctrl-R
shopt -s histreedit
# command substitions are first presented to user before execution
shopt -s histverify
# store multiline commands in a single history entry
shopt -s cmdhist
# check the window size after each command and, if necessary, update the valu
    es of LINES and COLUMNS
shopt -s checkwinsize
# grep results are colorized
export GREP_OPTIONS='--color=always'
# grep matches are bold purple (magenta)
export GREP_COLOR='1;35;40'
# record everything you ever do at the shell in a file that won't be unintent
    ionally cleared or truncated by the OS
export PROMPT_COMMAND='echo "# cd $PWD" >> ~/
    .bash_history_forever; '$PROMPT_COMMAND
export PROMPT_COMMAND="history -a; history -c; history -r; history 1 >> ~/
    .bash_history_forever; $PROMPT_COMMAND"
# so it doesn't get changed again
readonly PROMPT_COMMAND
# USAGE: subl http://******.com # opens in a new tab
if [ ! -f /usr/local/bin/firefox ]; then
    ln -s /Applications/Firefox.app/Contents/MacOS/firefox /usr/local/bin/
    firefox
```

```
fi
alias firefox='open -a Firefox'
# USAGE: subl file.py
if [ ! -f /usr/local/bin/subl ]; then
    ln -s /Applications/Sublime\ Text.app/Contents/SharedSupport/bin/subl /
     usr/local/bin/subl
fi
# USAGE: meld file1 file2 file3
if [ ! -f /usr/local/bin/meld ]; then
    ln -s /Applications/Meld.app/Contents/MacOS/Meld /usr/local/bin/meld
fi
export VISUAL='subl -w'
export EDITOR="$VISUAL"
# you can use -
     f to override these interactive nags for destructive disk writes
alias rm="rm -i"
alias mv="mv -i"
alias ..="cd .."
alias ...="cd ../.."
```

可以使用 GitHubGist 搜索功能找到其他 bash_profile 脚本。

A.6　Windows

用于包管理的命令行工具（如 Windows 上的 cygwin）并不是那么好。但如果在 Windows 机器上安装了 GitGUI，那么会得到一个 bash 提示符和一个能运行 Python REPL 控制台的可用终端工具。

（1）下载并安装 git 安装程序。

（2）下载并安装 GitHub Desktop。

git 安装程序附带了一个版本的 bash shell，应该可以在 Windows 中很好地工作，但它安装的 git-gui 对用户不是十分友好，特别是对于初学者更是如此。除非在命令行（Windows 下的 bash shell）里使用 git，否则在 Windows 下所有 git 的 push/pull/merge 需求都应通过 GitHub Desktop 来完成。在本书的整个编辑过程中，我们遇到了一些问题：当出现版本冲突时，git-gui 会执行一些无法预料的操作，这些操作覆盖了其他人提交的内容，即使在不涉及冲突的文件中也是如此。这就是我们建议在原始 git 和 git-bash 之上安装 GitHub Desktop 的原因。GitHub Desktop 提供了对用户更加友好的 git 体验，让你知道什么时候需要 pull 或 push 或 merge 更改结果。[①]

一旦在 Windows 终端上运行了一个 shell，就可以像我们在其他部分一样使用 github 仓库 README 中的说明，安装 Anaconda 并使用 conda 包管理器来安装 nlpia 包。

虚拟化

如果对 Windows 感到不满意，可以安装 VirtualBox 或者 Docker，然后用 Ubuntu 操作系统

① 非常感谢 Manning 出版社的 Benjamin Berg 和 Darren Meiss 发现了这一点，也非常感谢他们为了让本书符合要求而付出的所有努力。

创建一个虚拟机。这个主题需要用整本书（或至少一章）来介绍，在这个领域有比我们做得更好的人：

- Jason Brownlee；
- Jeroen Janssens；
- Vik Paruchuri；
- Jamie Hall。

在 Windows 世界中使用 Linux 的另一种方法是使用微软的 Ubuntu shell 应用程序。我没有用过，所以我无法保证它与你要安装的 Python 包的兼容性。如果你尝试使用，请在 nlpia 仓库中与我们分享你的知识，并在文档上发起一个新功能（feature）或拉取（pull）请求。Manning 出版社网站上的本书论坛也是你分享知识和获取帮助的好地方。

A.7　NLPIA 自动化

幸运的是，nlpia 有一些自动环境配置程序，可以下载 NLTK、Spacy、Word2vec 模型以及本书所需的数据。只要调用的 nlpia 包装器函数（如 segment_sentences()）需要任何上述的数据集或模型，就会触发这些下载程序。但是，该软件还在开发中，并不断由像各位一样的读者进行维护和扩展。因此，当 nlpia 的自动化失败时，你可能想知道如何手动安装这些软件包并下载所需的数据，从而使它们能够正常工作。你也可能只对那些用于句子解析和词性标注的数据集感到好奇。因此，如果要自定义环境，后续的附录将展示如何安装和配置功能齐全的 NLP 开发环境所需的各个组件。

附录 B 有趣的 Python 和正则表达式

为了充分挖掘本书的价值，需要熟悉 Python，需要达到玩转 Python 的程度。当代码不能正常运行时，需要能够尝试各种方法，探寻一种能够让 Python 按照我们的设想运行的方式。

即使代码运行正常，各种尝试也有助于发现很酷的新方法或者隐藏在代码中的"怪物"。因为类似于英语这样的语言有很多不同的表达方式，所以隐藏的错误和边界情况在自然语言处理中非常常见。

为了获得乐趣，你只需像孩子一样，对 Python 代码进行各种尝试。如果是复制和粘贴代码，那么试着去修改。尝试一下破坏并修复代码，将代码拆分成尽可能多的独立表达式，通过函数或类为代码片段创建模块，然后将其还原成尽可能少的代码行。

使用自己创建的数据结构、模型或函数随意尝试。尝试运行你认为应该包含在模块或类中的命令。经常使用键盘上的 Tab 键。当按下 Tab 键时，编辑器或 shell 会尝试基于已经完成键入的变量、类、函数、方法、属性或者路径名称来补全你的输入。

使用 Python 和 shell 提供的所有 help 命令。就像 Linux shell 中的 man 一样，help() 是内置在 Python 中的好朋友。尝试在 Python 控制台输入 help 或 help(object)。当 IPython 上运行?和??命令失败时，它应该也能正常运行。如果读者以前从未这样做过，尝试一下在 Jupyter 控制台或 Jupyter 记事本中运行 object?和 object??命令。

这篇 Python 入门介绍的剩余部分列举了本书中用到的数据结构和函数，以便我们可以开始使用它们：

- str 和 bytes；
- ord 和 chr；
- .format()；
- dict 和 OrderedDict；
- list、np.array、pd.Series；
- pd.DataFrame。

我们还介绍了在本书和 nlpia 包中用到的一些模式和内置 Python 函数：

- 列表解析式——`[x for x in range(10)]`；
- 生成器——`(x for x in range(1000000000))`；
- 正则表达式——`re.match(r'[A-Za-z ]+', 'Hello World')`；
- 文件操作符——`open('path/to/file.txt')`。

B.1　处理字符串

自然语言处理完全就是处理字符串。Python 3 中的字符串有很多可能会令人感到意外的怪异之处，特别当大家有丰富的 Python 2 经验时更是如此。因此，大家需要熟悉字符串以及处理它们的所有方式，以便能以轻松处理自然语言中的字符串。

B.1.1　字符串类型（str 和 bytes）

字符串（`str`）是 Unicode 字符序列。如果在 `str` 中使用非 ASCII 字符，则这些字符可能包含多个字节。如果从网上复制字符串并粘贴到 Python 控制台或者程序中，会经常包含非 ASCII 字符，其中有一些还很难发现，例如那些不对称的引号和省略号。

当使用 Python 的 `open` 命令打开文件时，默认情况下该文件会被作为 `str` 读入。如果打开二进制文件，如预训练 Word2vec 模型的 ".txt" 文件，却没有指定 `mode = 'b'`，那么文件将无法正确加载。尽管 `gensim.KeyedVectors` 模型的类型可能是文本而不是二进制文件，但必须以二进制模式打开，这样 `gensim` 在加载模型时 Unicode 字符不会出现乱码，这一点对于使用 Python 2 保存的 CSV 文件或其他任何文本文件都适用。

二进制文件（`bytes`）是 8 位的数组，通常用于保存 ASCII 字符或扩展 ASCII 字符（十进制整数值大于 128 的字符）。[①]二进制文件有时也用来存储 RAW 格式图像、WAV 音频文件或其他二进制数据对象。

B.1.2　Python 中的模板（.format()）

Python 附带了一个多功能字符串模板系统，允许使用变量值填充字符串。这可以让我们使用数据库的结果或者运行中的 python 程序（`locals()`）的上下文创建动态的响应。

B.2　Python 中的映射（dict 和 OrderedDict）

哈希表（或映射）数据结构内置在 Python 的 `dict` 对象中。但是 `dict` 不强制一致的键顺序，

---

① 没有所谓的官方扩展 ASCII 字符集，所以不要将它们用于 NLP，除非想让机器在学习通用语言模型时感到困惑。

因此标准 Python 库中的 `collections` 模块包含一个 `OrderedDict`，允许大家控制键值对以一致的顺序来存储（基于插入新键时的顺序）。

B.3　正则表达式

正则表达式是具备自己的编程语言的小型计算机程序。每个像 `r'[a-z] +'` 这样的正则表达式字符串都可以编译成一个小程序，用于在其他字符串上运行以查找匹配项。我们在后面提供了快速参考和一些示例，但是如果要认真对待 NLP 的话，那么可能希望深入研究一些在线教程。像前面一样，最好的学习方法是在命令行中进行各种尝试。`nlpia` 包有很多自然语言文本文档和一些有用的正则表达式示例供大家尝试。

正则表达式定义了条件表达式序列（类似于 Python 中的 `if` 语句），每个条件表达式都作用于单个字符。条件序列形成一棵树，最终得出"输入字符串是否匹配"这个问题的答案。因为每个正则表达式只能匹配有限数量的字符串并且具有有限数量的条件分支，所以它定义了一个有限状态机（FSM）。[①]

`re` 包是 Python 中默认的正则表达式编译器/解释器，但新的官方包是 `regex`，可以使用 `pip install regex` 轻松安装。后者更强大，能更好地支持 Unicode 字符和模糊匹配（对于 NLP 来说非常棒）。下面的示例不需要这些额外功能，因此可以使用上述两个包中的任意一个。只需要学习一些正则表达式符号，就可以解决本书中的问题：

- `|`——或（OR）符号；
- `()`——用括号分组，就像在 Python 表达式中一样；
- `[]`——字符类；
- `\s`、`\b`、`\d`、`\w`——常见字符类的快捷方式；
- `*`、`?`、`+`——一些限制字符类出现次数的快捷方式；
- `{7, 10}`——当`*`、`?`、和`+`不够用时，可以使用花括号指定出现次数的范围。

B.3.1　"|"——或

"|" 操作符用于分隔字符串，这些字符串可以选择性地匹配输入字符串从而得到正则表达式的整体匹配。因此，正则表达式 `Hobson|Cole|Hannes` 将匹配本书任何一个作者的名字（名）。和其他大多数编程语言一样，模式从左到右进行匹配，当匹配上之后停止匹配（"短路"）。所以在这种情况下，OR 符号（`|`）之间模式的顺序不会影响匹配，因为所有模式（作者名字）对应的前两个字符都是唯一的字符序列。代码清单 B-1 展示了作者姓名的位置变换，便于大家自己查看结果。

---

① 这只适用于严格的正则表达式语法，不包括前向环视和后向环视的情况。

代码清单 B-1　正则表达式中的 OR 符号

```
>>> import re
>>> re.findall(r'Hannes|Hobson|Cole', 'Hobson Lane, Cole Howard,
➥ and Hannes Max Hapke')
['Hobson', 'Cole', 'Hannes']
```

◁── .findall()函数会在输入字符串中查找所有非重叠的
正则表达式匹配结果，因此其返回的是一个列表

要尝试 Python 的趣味性，看看是否可以让正则表达式在第一个模式上"短路"，而当由人来判断这 3 个模式时，可能会选择更好的匹配：

```
>>> re.findall(r'H|Hobson|Cole', 'Hobson Lane, Cole Howard,
➥ and Hannes Max Hapke')
['H', 'Cole', 'H', 'H', 'H']
```

B.3.2　"()"——分组

可以使用括号将多个符号模式分组到一个表达式中。每个分组表达式作为一个整体进行匹配。所以 r'(kitt|dogg)ie'匹配"kitty"或"doggy"。如果没有括号，r'kitt|dogg 将匹配"kitt"或"doggy"（注意没有"kitty"）。

分组有另一个目的，它们可用于捕获（提取）输入文本的一部分。每个分组都在 groups()列表中分配了一个位置，可以根据它们的索引从左到右进行提取。.group()方法返回整个表达式的默认整体组。可以使用前一个组来捕获 kitty/doggy 正则表达式的"词干"（没有 y 的部分），如代码清单 B-2 所示。

代码清单 B-2　正则表达式中的分组括号

```
>>> import re
>>> match = re.match(r'(kitt|dogg)y', "doggy")
>>> match.group()
'doggy'
>>> match.group(0)
'dogg'
>>> match.groups()
('dogg',)
>>> match = re.match(r'((kitt|dogg)(y))', "doggy")
>>> match.groups()
('doggy', 'dogg', 'y')
>>> match.group(2)
'y'
```

◁── 如果想捕获其分组
中的每一部分

如果希望/需要为命名分组，以便将信息提取为结构化数据类型（dict），则需要在分组的开头使用符号 P，如(P?<animal_stemm>dogg|kitt)y。[①]

---

① 命名正则表达式分组："P"代表什么？

B.3.3 "[]" ——字符类

字符类等同于一组字符之间使用 OR 符号（|）连接，因此[abcd]相当于(a|b|c|d)，[abc123]相当于(a|b|c|1|2|3)。

如果字符类中的某些字符是字符表（ASCII 或 Unicode）中的连续字符，则可以在字符之间使用连字符进行缩写。因此[a-d]相当于[abcd]或(a|b|c|d)，[a-c1-3]是[abc123]和(a|b|c|1|2|3)的缩写。

字符类快捷方式：

- \s——[\t\n\r]，空白符；
- \b——字母或数字边界；
- \d——[0-9]，一位数字；
- \w——[a-zA-Z0-9_]，一个词或者变量名。

B.4　代码风格

即使不打算与他人共享代码，也要尝试遵守 PEP8。未来大家将会为能够高效地阅读和调试代码而心存感激。将代码风格检查工具或自动风格修正器添加到编辑器或 IDE 中是引入 PEP8 工具的最简单方法。

另一种有助于自然语言处理的风格约定是如何在两个都是引号的符号（'和"）之间做出选择。无论怎么选择，都要保持一致性。有一个方法可以帮助专业人士提高代码的可读性。在定义用于机器处理的字符串时，总是使用单引号（'），例如正则表达式、标记和标签。然后，对于人使用的自然语言语料库，可以使用双引号（'"'）。

对于原始字符串(r''和r"")怎么选择呢？所有正则表达式都应该是单引号的原始字符串，如 r'match [ ] this'，即使它们不包含反斜杠。文档字符串应该是三引号的原始字符串，如 r"""This function does NLP """。这样做之后，如果曾经为 doctests 或正则表达式添加反斜杠的话，那么它们会达到所期望的效果。[①]

B.5　技巧

在加入生产项目之前，大家可以找一个交互式编码挑战网站来磨炼自己的 Python 技能。在阅读本书时，大家可以每周做一到两次。

（1）CodingBat——在基于 Web 的交互式 Python 解释器中的有趣挑战。

（2）Donne Martin 的编码挑战——一个基于 Jupyter 记事本和 Anki 闪卡的开源代码库，有助于学习算法和数据。

（3）DataCamp——DataCamp 上的 Pandas 和 Python 教程。

---

① 这个在 stack overflow 网站上提出的问题解释了原因。

附录 C　向量和矩阵 （线性代数基础）

　　向量和数字是计算机思考的语言。位是计算机处理的最基本的"数字"，有点儿像人类思考的语言，字母（字符）是词中最基本、不可切分的部分。所有数学运算都可以简化为位序列上的若干逻辑运算。当我们以类似的方式阅读时，人脑也是在处理字符序列。因此，如果想要教会计算机理解我们的词，那么第一个挑战就是提出计算机可用的，用于表示字符、词、句子和中间概念的向量，从而实现看似智能的行为。

向量

　　向量是一个有序的数字序列，没有任何"跳跃"。在 scikit-learn 和 numpy 中，向量是一个稠密的数组（array），它的使用方式很像 Python 的数字列表（list）。我们使用 numpy 数组而不是 Python 列表的主要原因是前者的速度快很多（是后者的 100 倍），并且内存占用更少（只有后者的 1/4）。另外，我们可以使用向量运算，例如，可以将整个数组乘以一个值，而无须使用 for 循环遍历每个值。当有大量文本包含基于向量和数字表示的大量信息时，这一点非常重要。创建向量过程如代码清单 C-1 所示。

代码清单 C-1　创建向量

```
>>> import numpy as np
>>> np.array(range(4))
array([0, 1, 2, 3])
>>> np.arange(4)
array([0, 1, 2, 3])
>>> x = np.arange(0.5, 4, 1)
>>> x
array([ 0.5, 1.5, 2.5, 3.5])
>>> x[1] = 2
>>> x
array([ 0.5, 2, 2.5, 3.5])
>>> x.shape
```

```
(4,)
>>> x.T.shape
(4,)
```

数组有一些列表没有的属性，例如 .shape 和 .T。.shape 属性包含向量维度的长度或大小（即其包含的对象个数）。当命名数组和向量（或者只是数字）变量时，我们使用小写字母，就像正式的数学符号一样。在线性代数、物理和工程学课本中，这些字母通常用粗体表示，有时在字母上方用箭头修饰（特别是使用黑板或白板的教授们）。

如果听说过矩阵，那么可能知道它可以被看成是一个行向量数组，如下：

```
>>> np.array([range(4), range(4)])
>>> array([[0, 1, 2, 3],
           [0, 1, 2, 3]])
>>> X = np.array([range(4), range(4)])
>>> X.shape
(2, 4)
>>> X.T.shape
(4, 2)
```

T 属性返回矩阵的转置矩阵。矩阵的转置矩阵是沿着左上角到右下角的假想对角线翻转后得到的矩阵。所以，给定下面一个矩阵 A：

```
>>> A = np.array([[1, 2, 3], [4, 5, 6]])
>>> A
array([[1, 2, 3],
       [4, 5, 6]])
```

其对应的转置矩阵是：

```
>>> A.T
array([[1, 4],
       [2, 5],
       [3, 6]])
```

因此，如果 A 初始化为行向量的集合，那么 A.T 将会把这些行向量转换为列向量。

距离

两个向量之间的距离可以通过很多不同的方式来度量。两个向量的差还是向量，如代码清单 C-2 所示。

代码清单 C-2　向量的差

```
>>> A
array([[1, 2, 3],
       [4, 5, 6]])
>>> A[0]
array([1, 2, 3])
>>> A[1]
array([4, 5, 6])
```

```
>>> np.diff(A, axis=0)
array([[3, 3, 3]]
>>> A[1] - A[0]
array([3, 3, 3])
```

[3, 3, 3]向量确切地给出了两个向量在每个维度的距离。想象一下，假设上述两个向量分别代表两个人所在的曼哈顿街区和楼层：向量的差就是从其中一个位置到另一个位置需要行走的确切方向。如果你在第一街和第二道拐角公寓的 3 楼，那么你对应街、道、楼层的坐标就是[1，2，3]，就和上例中一样。如果你的 Python 导师在第四街和第五道拐角公寓的 6 楼，那么她的坐标就是[4，5，6]。所以，这两个向量之间的差值（[3，3，3]）表示你需要向北走 3 个街区，向东走 3 个街区，然后向上爬 3 个楼层到达她的公寓。实际上，向量和数学并不关心像地心引力这种烦人的细节。因此，代数学假设你可以踏着窗户外面"回到未来"中的悬浮滑板上，在车流上方的 3 层楼高处快速行驶，然后到达线性代数导师的公寓。

如果你告诉导师她的公寓和你的公寓的距离是[3，3，3]，她会嘲笑这个愚蠢的精确率。当谈论距离时，稍微聪明的人会将上述 3 个数字简化成一个数字，即一个标量。所以，如果你说她的位置有 6 个街区远，她就会明白你的意思，你忽略了不重要的楼层维度，因为这对你的悬浮滑板（或电梯）而言不值一提。除了忽略某些维度，你还使用了一种有时称为曼哈顿距离的巧妙的距离度量。后面，我们会展示如何计算 300 维词向量之间的曼哈顿距离，就像计算二维公寓位置向量一样容易。

1. 欧几里得距离

当提到"像乌鸦飞行一样"时，我们说的就是二维向量的欧几里得距离（即欧式距离）。它是由向量定义的空间中两个点之间的直线距离（即向量的"尾部"或"头部"之间的长度）。

欧几里得距离也称为 L2 范数，因为它是两个向量差的长度。L2 中的"L"代表长度。L2 中的"2"表示在对这些值求和之前（且在求和的平方根之前）向量差的各个维度对应的指数（平方）。

欧几里得距离也称为 RSS 距离，其表示距离或差值平方和的平方根，即：

```
euclidean_distance = np.sqrt(((vector1 - vector2) ** 2).sum())
```

下面我们看一下在 Patrick Winston 的 AI 系列讲座中提到的一个 NLP 示例中的一些向量之间的欧几里得距离。[①]

假设有一个二维词频（词袋）向量，对应"hack"和"computer"在"Wired Magazine"和"Town and Country"两个杂志的文章中出现的次数。我们希望能够在研究某些内容时能够查询这些文章，从而找到有关特定主题的一些结果。查询字符串中包含"hacking"和"computers"两个词。对于词"hack"和"computer"，我们的查询字符串词向量是[1，1]，因为这是我们的查询经过分词和词干还原后的结果（见第 2 章）。

---

① Patrick Winston，6.034 人工智能，2010 年秋季，麻省理工学院：麻省理工开放式课程。协议：Creative Commons BY-NC-SA。第 10 讲。

现在来看哪些文章与我们的查询在欧几里得距离上最接近。欧几里得距离是图 C-1 中 4 条线的长度。它们看起来非常接近，是不是？为了让搜索引擎针对此查询返回一些有用的文章，我们该如何解决这个问题？

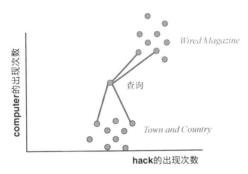

图 C-1　欧几里得距离的计算

我们可以计算词数相对于文档中词总数的比率，并基于该比率计算欧几里得距离。但是在第 3 章中我们已经学了更好的计算该比率的方法——TF-IDF。TF-IDF 向量之间的欧几里得距离倾向于成为文档距离（逆相似性）的良好衡量标准。

如果要使用限定的欧几里得距离，我们可以将所有向量归一化为单位长度（每个向量长度为 1）。这将确保所有向量之间的距离都在 0 到 2 之间。

2．余弦距离

另一种对距离计算的调整使我们的距离值更加有用。余弦距离是余弦相似度的取反结果（cosine_distance = 1 - cosine_similarity）。余弦相似度是两个向量之间夹角的余弦。因此，在上例中，查询字符串的 TF 向量与"Wired Magazine"文章的向量之间的夹角远小于该查询与"Town and Country"文章之间的夹角。这正是我们想要的结果。因为查询"hacking computers"应该为我们返回"Wired Magazine"杂志的文章，而不是关于骑马（"hacking"）[1]、打猎、晚宴和乡村风格的室内设计等娱乐活动的文章。

该距离可以通过计算两个归一化向量的点积来进行有效计算，归一化向量即每个向量均除以自己的长度，如代码清单 C-3 所示。

代码清单 C-3　余弦距离

```
>>> import numpy as np
>>> vector_query = np.array([1, 1])
>>> vector_tc = np.array([1, 0])
>>> vector_wired = np.array([5, 6])
>>> normalized_query = vector_query / np.linalg.norm(vector_query)
>>> normalized_tc = vector_tc / np.linalg.norm(vector_tc)
```

① 详见维基百科文章"Hack (horse)"中的单词"hack"在马术领域的用法。

```
>>> normalized_wired = vector_wired / np.linalg.norm(vector_wired)

>>> normalized_query
array([ 0.70710678,  0.70710678])
>>> normalized_tc
array([ 1.,  0.])
>>> normalized_wired
array([ 0.6401844 ,  0.76822128])
```

我们的查询 TF 向量与其他两个 TF 向量之间的余弦相似度（向量之间夹角的余弦）分别为：

```
>>> np.dot(normalized_query, normalized_tc) # cosine similarity
0.70710678118654746
>>> np.dot(normalized_query, normalized_wired) # cosine similarity
0.99589320646770374
```

我们的查询与这两个 TF 向量之间的余弦距离是 1 减去余弦相似度，即：

```
>>> 1 - np.dot(normalized_query, normalized_tc)  # cosine distance
0.29289321881345254
>>> 1 - np.dot(normalized_query, normalized_wired)  # cosine distance
0.0041067935322962601
```

下面给出了余弦相似性用于计算 NLP 中 TF 向量相似度的原因：

- 计算简单（只需乘法和加法）；
- 有一个方便的取值范围（-1 到 $+1$）；
- 其取反（余弦距离）易于计算（$1 - $ 余弦相似度）；
- 其取反（余弦距离）有界（0 到 $+2$）。

然而，与欧几里得距离相比，余弦距离有一个缺点：它不是真正的距离度量，因为此时三角形不等式并不成立。[①]这意味着如果 "red" 词向量与 "car" 词向量的余弦距离为 0.5，与 "apple" 词向量的余弦距离为 0.3，则 "apple" 和 "car" 的距离可能远远超过 0.8。当想用余弦距离来证明向量的一些性质时，三角不等式是很重要的。当然，在实际的 NLP 问题中很少会出现这种情况。

3. 曼哈顿距离

曼哈顿距离也称为出租车距离或 L1 范数。之所以称为出租车距离，因为如果这些向量的坐标与街道网格对齐并且它们都是二维向量的话，那么该距离表示出租车从一个向量到达另一个向量需要行驶的距离。[②]这个距离也称为 L1 范数。

曼哈顿距离计算起来非常简单：计算所有维度的绝对距离的和。使用我们前面虚构的杂志向量，曼哈顿距离将是：

```
>>> vector_tc = np.array([1, 0])
>>> vector_wired = np.array([5, 6])
```

---

① 详见维基百科文章 "Cosine similarity"，它链接到真实距离度量的规则。

② 详见维基百科文章 "Taxicab geometry"。

```
>>> np.abs(vector_tc - vector_wired).sum()
10
```

如果在计算曼哈顿距离之前对向量进行了归一化，则计算的距离会有很大差异：

```
>>> normalized_tc = vector_tc / np.linalg.norm(vector_tc)
>>> normalized_wired = vector_wired / np.linalg.norm(vector_wired)
>>> np.abs(normalized_tc - normalized_wired).sum()
1.128...
```

我们可能希望这个距离度量限定在一定的范围内，如 0~2，但它并不会如此。与欧几里得距离一样，曼哈顿距离是一个真实度量，因此它遵从三角不等式，并且可以用于依赖真实距离度量的数学证明中。但是与归一化向量的欧几里得距离不同，我们不能指望归一化向量之间的曼哈顿距离保持在一个理想的范围内，如 0~2。即使已经把向量全部归一化为长度为 1 的向量，曼哈顿距离的最大长度也会随着维数的增加而增长。对于归一化的二维向量，任意两个向量之间的最大曼哈顿距离约为 2.82（$\sqrt{8}$）。对于三维向量，这个值约为 3.46（$\sqrt{12}$）。大家能猜出或计算出四维向量所对应的值吗？

附录 D　机器学习常见工具与技术

许多自然语言处理都涉及机器学习，所以理解机器学习的一些基本工具和技术是有益处的。有些工具已经在前几章中讨论过，有些还没有，但这里我们会讨论所有这些工具。

D.1　数据选择和避免偏见

数据选择和特征工程会带来偏见的风险（用人类的话来说）。一旦我们把自己的偏见融入算法中，通过选择一组特定的特征，模型就会适应这些偏见并产生带有偏差的结果。如果我们足够幸运能在投入生产之前发现这种偏见，那么也需要投入大量的工作来消除这种偏见。例如，必须重新构建和重新训练整个流水线，以便能够充分利用分词器的新词汇表。我们必须重新开始。

一个例子是著名的 Word2vec 模型的数据和特征选择。Word2vec 是针对大量的新闻报道进行训练的，从这个语料库中选择了大约 100 万个 n-gram 作为这个模型的词汇表（特征）。它产生了一个使数据科学家和语言学家兴奋的模型，后者能够对词向量（如 "king – man + woman = queen"）进行数学运算。但随着研究的深入，在模型中也出现了更多有问题的关系。

例如，对于 "医生 – 父亲 + 母亲 = 护士" 这个表达式，"护士" 的答案并不是人们希望的无偏见和合乎逻辑的结果。性别偏见在不经意间被训练到模型中。类似的种族、宗教甚至地理区域偏见在原始的 Word2vec 模型中普遍存在。谷歌公司的研究人员无意制造这些偏见，偏见存在于数据中，即他们训练 Word2vec 使用的谷歌新闻语料库中词使用统计的数据。

许多新闻报道只是带有文化偏见，因为它们是由记者撰写的，目的是让读者开心。这些记者描写的是一个存在制度偏见和现实生活中人们对待事件的偏见的世界。谷歌新闻中的词使用统计数据仅仅反映的是，在母亲当中当护士的数目要比当医生的多得多，同时在父亲当中当医生的数目比当护士的多得多。Word2vec 模型只是为我们提供了一个窗口，让我们了解我们创建的世界。

幸运的是，像 Word2vec 这样的模型不需要标记训练数据。因此，我们可以自由选择任何喜欢的文本来训练模型。我们可以选择一个更平衡的、更能代表大家希望模型做出的信念和推理的数据集。当其他人躲在算法背后说他们只是按照模型做事时，我们可以与他们分享自己的数据集，这些数据集更公平地代表了一个社会，在这个社会里，我们渴望为每个人提供平等的机会。

当训练和测试模型时，大家可以依靠自己天生的公正感来帮助决定一个模型何时可以做出影响用户生活的预测。如果得到的模型以我们希望的方式对待所有用户，那么我们可以在晚上睡个好觉。它还可以帮助密切关注那些与大家不同的用户的需求，特别是那些通常处于社会不利地位的用户。如果需要更正式的理由来证明自己的行为，大家还可以学习更多关于统计学、哲学、伦理学、心理学、行为经济学和人类学的知识，来增强大家在本书中学到的计算机科学技能。

作为一名自然语言处理实践者和机器学习工程师，大家有机会训练出比人类做得更好的机器。老板和同事不会告诉大家应该在训练集中添加或删除哪些文本，大家自己有能力影响塑造整体社区和社会的机器的行为。

我们已经为大家提供了一些关于如何组装一个带有更少偏见和更公平的数据集的想法。现在，我们将展示如何使得到的模型与无偏见数据相拟合，以便它们在现实世界中精确和有用。

D.2 模型拟合程度

对于所有机器学习模型，一个主要的挑战是克服模型过度优异的表现。什么是"过度优异"呢？在处理所有模型中的样本数据时，给定的算法都可以很好地在给定数据集中找到模式。但是考虑到我们已经知道训练集中所有给定样本的标签（如果不知道其标签表明它不在训练集中），因此算法在训练样本的上述预测结果不会特别有用。我们真正的目的是利用这些训练样本来构建一个有泛化能力的模型，能够为一个新样本打上正确标签。尽管该样本与训练集的样本类似，但是它是训练集以外的样本。在训练集之外新样本上的预测性能就是我们想优化的目标。

我们称能够完美描述（并预测）训练样本的模型"过拟合"（overfit）（如图 D-1 所示）。这样的模型将很难或没有能力描述新数据。它不是一个通用的模型，当给出一个不在训练集中的样本时，很难相信它会做得很好。

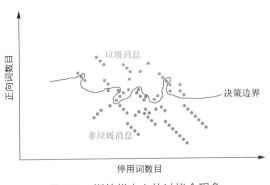

图 D-1 训练样本上的过拟合现象

相反，如果我们的模型在训练样本上做出了许多错误的预测，并且在新样本上也做得很差，则称它"欠拟合"（underfit）（如图 D-2 所示）。在现实世界中，这两种模型都对预测作用不大。因此，下面看看哪些技术能够检测出上述两种拟合问题，更重要的是，我们还会给出一些避免上述问题的方法。

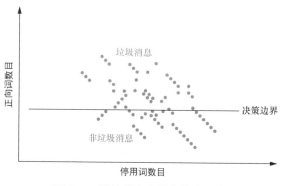

图 D-2　训练样本上的欠拟合现象

D.3　数据集划分

在机器学习实践中，如果数据是黄金，那么标注数据就是 raritanium（某游戏里的一种珍贵资源）。我们的第一直觉可能是获取带标注数据并把它们全部传递给模型。更多的训练数据会产生更有弹性的模型，对吧？但这使我们没有办法测试这个模型，只能心中希望它在现实世界中能产生好的结果。这显然是不切实际的。解决方案是将带标注的数据拆分为两个数据集，有时是 3个数据集：一个训练集、一个验证集，在某些情况下还有一个测试集。

训练集是显而易见的。在一轮训练中，验证集是我们保留的对模型隐藏的一小部分带标注数据。在验证集上获得良好性能是验证经过训练的模型在训练集之外的新数据上表现良好的第一步。大家经常会看到将一个给定的标注数据集按照训练与验证比 80%/20% 或 70%/30% 进行划分。测试集类似于验证集，也是带标注训练数据的子集，用于测试模型并度量性能。但是这个测试集与验证集有什么不同呢？在组成上，它们其实没有任何不同，区别在于使用它们的方法。

在训练集上对模型进行训练时，会有若干次迭代，迭代过程中会有不同的超参数。我们选择的最终模型将是在验证集上执行得最好的模型。但是这里有一个问题，我们如何知道自己没有优化一个仅仅是高度拟合验证集的模型？我们没有办法验证该模型在其他数据上的性能是否良好。这就是我们的老板或论文的读者最感兴趣的地方——该模型在他们的数据上的效果到底如何？

因此，如果有足够的数据，需要将标注数据集的第三部分作为测试集。这将使我们的读者（或老板）更有信心，确信模型在训练和调优过程中在从未看到的数据上也可以获得很好的效果。一旦根据验证集性能选择了经过训练的模型，并且不再训练或调整模型，那么就可以对测试集中的每个样本进行预测（推理）。假如模型在第三部分数据上表现良好，那么它就有不错的泛化性。为了得到这种具有高可信度的模型验证，大家经常会看到数据集按照 60%/20%/20% 的训练/验证/测试比进行划分的情形。

> **提示**　在对数据集进行训练集、验证集和测试集的划分之前，对数据集进行重新排序是非常重要的。我们希望每个数据子集都是能代表"真实世界"的样本，并且它们需要与期望看到的每个标签的比大致相同。如果训练集有 25% 的正向样本和 75% 的负向样本，那么同样也希望测试集和验证集也有 25% 的正向样本和 75% 的负向样本。如果原始数据集的前面都是负向样本，并且在将数据集划分为 50%/50% 比的训练集/测试集前没有打乱数据，那么在训练集中将得到 100% 的负向样本，而在测试集中将得到 50% 的负向样本。这种情况下，模型永远不能从数据集中的正向样本中学习。

D.4　交叉拟合训练

另一个划分训练集/测试集的方法是交叉验证或者 k 折交叉验证（如图 D-3 所示）。交叉验证背后的概念和我们刚讨论过的数据划分非常相似，但是它允许使用所有的带标记数据集进行训练。这个过程将训练集划分为 k 等分，或者说 k 折。然后通过将 $k-1$ 份数据作为训练集训练模型并在第 k 份数据上进行验证。之后将第一次尝试中用作训练的 $k-1$ 份数据中的一份数据作为验证集，剩下的 $k-1$ 份数据成为新训练集，进行重新训练。

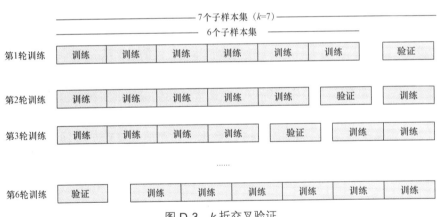

图 D-3　k 折交叉验证

该技术对于分析模型的结构和寻找对各个验证数据性能表现良好的超参数具有重要价值。一旦选择了超参数，还需要选择表现最好的经过训练的模型，因此很容易受到上一节所表述的偏见的影响，因此，在此过程中仍然建议保留一份测试集。

这种方法还提供了关于模型可靠性的一些新信息。我们可以计算一个 P 值，表示模型发现的输入特征和输出预测之间的关系的可能性在统计上是显著的，而不是随机选择的结果。如果训练集确实是真实世界的代表性样本，那么这将是一个非常重要的新信息。

这种对模型有额外信心的代价是，需要 k 倍的训练时间来进行 k 折的交叉验证。所以，如果想要得到关于问题的 90% 的答案，通常可以简单地做 1 折交叉验证。这个验证方法与我们之前做的训练集/验证集划分方法完全相同。我们不会对模型这个对真实世界的动态描述的可靠性有 100% 的信心，但是如果它在测试集中表现良好，也可以非常自信地认为它是预测目标变量的有用模型。所以通过这种实用方法得到的机器学习模型对大多数商业应用来说都是有意义的。

D.5 抑制模型

在 `model.fit()` 中，梯度下降过分热衷于追求降低模型中可能出现的误差。这可能导致过拟合，即学到的模型在训练集上效果很好，但是在新的未见样本集（测试集）上却效果很差。因此，我们可能希望"保留"对模型的控制。以下是 3 种方法：

- 正则化；
- 随机 dropout；
- 批归一化。

D.5.1 正则化

在所有机器学习模型中，最终都会出现过拟合。幸运的是，有几种工具可以解决这个问题。第一个是正则化，它是对每个训练步骤的学习参数的惩罚。它通常但不总是参数本身的一个因子。其中，L1 范数和 L2 范数是最常见的做法。

L1 正则化：

$$+\lambda\sum_{i=1}^{n}|w_i|$$

L1 是所有参数（权重）的绝对值与某个 λ（超参数）乘积的和，通常是 0 到 1 之间的一个小浮点数。这个和应用于权重的更新——其思想是，较大的权重会产生较大的惩罚，因此鼓励模型使用更多的、均匀的权重……

L2 正则化：

$$+\lambda\sum_{i=1}^{n}|w_i^2|$$

类似地，L2 是一种权重惩罚，但定义略有不同。这种情况下，它是权重的平方与某个 λ 乘积的和，这个 λ 值是一个要在训练前选择的单独超参数。

D.5.2 dropout

在神经网络中，dropout 是另一个解决过拟合的办法——乍一看似乎很神奇。dropout 的概念是，在神经网络的任何一层，我们都会在训练的时候，按一定比例关闭通过这一层的信号。注意，这只发生在训练期间，而不是推理期间。在所有训练过程中，网络层中一部分神经元子集都会被"忽略"，这些输出值被显式地设置为零。因为它们对预测结果没有输入，所以在反向传播步骤中不会进行权重更新。在下一个训练步骤中，将选择层中不同权重的子集，并将其他权重归零。

一个在任何时间都有 20% 处于关闭状态的大脑的网络该如何学习呢？其思想是，没有一个特定的权重路径可以完全定义数据的特定属性。该模型必须泛化其内部结构，以便该模型通过神经元的多条路径都能够处理数据。

被关闭的信号的百分比被定义为超参数，因为它是一个介于 0 和 1 之间的浮点数。在实践中，从 0.1 到 0.5 的 dropout 通常是最优的，当然，这是依赖模型的。在推理过程中，dropout 会被忽略，从而充分利用训练后的权值对新数据进行处理。

Keras 提供了一种非常简单的实现方法，可以在本书的示例和代码清单 D-1 中看到。

代码清单 D-1　Keras 中的 dropout 层会减少过拟合

```
>>> from keras.models import Sequential
>>> from keras.layers import Dropout, LSTM, Flatten, Dense

>>> num_neurons = 20            ◁──┐  本例中使用的超参数
>>> maxlen = 100
>>> embedding_dims = 300
>>> model = Sequential()

>>> model.add(LSTM(num_neurons, return_sequences=True,
...                 input_shape=(maxlen, embedding_dims)))
>>> model.add(Dropout(.2))      ◁──┐  这里的.2是超参数，因此 LSTM
                                    层中 20%的输出会被置为 0，从
>>> model.add(Flatten())            而被忽略
>>> model.add(Dense(1, activation='sigmoid')) │
```

D.5.3　批归一化

神经网络中一个称为批归一化的新概念可以帮助对模型进行标准化和泛化。批归一化的思想是，与输入数据非常相似，每个网络层的输出应该归一化为 0 到 1 之间的值。关于如何、为什么、什么时候这样做是有益的，以及在什么条件下应该使用它，仍然存在一些争议。我们希望大家自己去对这个研究方向进行探索。

但是 Keras 的 BatchNormalization 层提供了一个简单的实现方法，如代码清单 D-2 所示。

代码清单 D-2　归一化 BatchNormalization

```
>>> from keras.models import Sequential
>>> from keras.layers import Activation, Dropout, LSTM, Flatten, Dense
>>> from keras.layers.normalization import BatchNormalization

>>> model = Sequential()
```

```
>>> model.add(Dense(64, input_dim=14))
>>> model.add(BatchNormalization())
>>> model.add(Activation('sigmoid'))
>>> model.add(Dense(64, input_dim=14))
>>> model.add(BatchNormalization())
>>> model.add(Activation('sigmoid'))
>>> model.add(Dense(1, activation='sigmoid'))
```

D.6 非均衡训练集

机器学习模型的好坏取决于提供给它们的数据。只有当样本中涵盖了希望在预测阶段的所有情况时，拥有大量的数据才有帮助，并且数据集涵盖每种情况仅仅一次是不够的。想象一下我们正试图预测一副图像到底是一只狗还是一只猫。这时我们手里有一个训练集，里面包含 20 000 张猫的照片，但是狗的照片只有 200 张。如果要在这个数据集中训练一个模型，那么这个模型很可能只是简单地学会将任何给定的图像都预测为一只猫，而不管输入是什么。从模型的角度来说，这个结果还可以接受，对不对？我的意思是，对 99% 的训练样本的预测结果都是正确的。当然，这个观点实际完全站不住脚，这个模型毫无价值。但是，完全超出了特定模型的范围之外，造成这种失败的最可能原因是非均衡训练集。

模型可能会非常关注训练集，其原因很简单，来自标记数据中过采样类的信号会压倒来自欠采样类的信号。权重将更经常地由主类信号的误差进行更新，而来自小类的信号将被忽视。获得每个类的绝对均匀表示并不重要，因为模型自己能够克服一些噪声。这里的目标只是让类的比例达到均衡水平。

与任何机器学习任务一样，第一步是长时间、仔细地查看数据，了解一些细节，并对数据实际表示的内容进行一些粗略的统计。不仅要知道有多少数据，还要知道有多少种类的数据。

那么，如果事情从一开始就没有特别之处，大家会怎么做呢？如果目标是使类的表示均匀（确实如此），则有 3 个主要方法可供选择：过采样、欠采样和数据增强。

D.6.1 过采样

过采样是一种重复采样来自一个或多个欠表示类的样本的技术。我们以先前的狗/猫分类示例为例（只有 200 只狗，有 20 000 只猫）。我们可以简单地重复 100 次已有的 200 张狗的图像，最终得到 40 000 个样本，其中一半是狗，一半是猫。

这是一个极端的例子，因此会导致自身固有的问题。这个网络很可能会很好地识别出这 200 只特定的狗，而不能很好地推广到其他不在训练集中的狗。但是，在不那么极端不平衡的情况下，过采样技术肯定有助于平衡训练集。

D.6.2 欠采样

欠采样是同一枚硬币的反面。在这里，就是从过度表示的类中删除部分样本。在上面的猫/

狗示例中，我们将随机删除 19 800 张猫的图片，这样就会剩下 400 个样本，其中一半是狗，一半是猫。当然，这样做本身也有一个突出的问题，就是我们抛弃了绝大多数的数据，而只在一个不那么宽泛的数据基础上进行研究。上述例子中这样的极端做法并不理想，但是如果欠表示类本身包含大量的样本，那么上述极端做法可能是一个很好的解决方案。当然，拥有这么多数据绝对是太奢侈了。

D.6.3　数据增强

数据增强有点儿棘手，但在适当的情况下它可以给我们带来帮助。增强的意思是生成新的数据，或者从现有数据的扰动中生成，或者重新生成。AffNIST 就是这样一个例子。著名的 MNIST 数据集由一组手写的 0~9 数字组成（如图 D-4 所示）。AffNIST 在保留原始标签的同时，以各种方式对每个数字进行倾斜、旋转和缩放。

图 D-4　最左侧列中的条目是原始 MNIST 中的样本，其他列都是经仿射
转换后包含在 affNIST 中的数据（图片经"affNIST"授权）

这种特别的做法的目的并不是平衡训练集，而是使像卷积神经网络一样的网络对以其他方式编写的新数据更具弹性，但这里数据增强的概念仍然适用。

不过，大家必须小心，添加不能真正代表待建模型数据的数据有可能弊大于利。假设数据集是之前的 200 只狗和 20 000 只猫组成的图片集。我们进一步假设这些图像都是在理想条件下拍摄的高分辨率彩色图像。现在，给 19 000 名幼儿园教师一盒蜡笔并不一定能得到想要的增强数据。因此，考虑一下增强的数据会对模型产生什么样的影响。答案并不是在任何时候都清晰无比，所以如果一定要沿着这条路径走下去的话，在验证模型时请记住模型的影响这一点，并努力围绕其边缘进行测试，以确保没有无意中引入意外的行为。

最后，再说一件可能价值最小的事情，但这的确是事实：如果数据集"不完整"，那么首先应该考虑回到原来的数据源中寻找额外的数据。这种做法并不总是可行，但至少应该把它当作一种选择。

D.7 性能指标

任何机器学习流水线中最重要的部分都是性能指标。如果不知道学到的机器学习模型运行得有多好，就无法让它变得更好。当启动机器学习流水线时，要做的第一件事是在任何 sklearn 机器学习模型上设置一个性能度量方法，例如".score()"。然后我们构建一个完全随机的分类/回归流水线，并在最后计算性能分数。这使我们能够对流水线进行增量式改进，从而逐步提高分数，以便更接近最终的目标。这也是让老板和同事确信大家走在正确的轨道上的好方法。

D.7.1 分类的衡量指标

对分类器而言，我们希望它做对两件事：一是用类标签标记真正属于该类的对象，二是不用这个标签去标记不属于此类的对象。这两件事对应得到的正确计数值分别称为真阳（true positive）和真阴（true negative）。如果有一个 numpy 数组包含模型分类或预测的所有结果，那么就可以计算出正确的预测结果，如代码清单 D-3 所示。

代码清单 D-3　计算模型得到的正确结果

> y_true 是存储 true（正确）类标签的 numpy 数组。通常这些都是由人决定的

> y_pred 是存储模型预测出的类标签（0 或 1）的 numpy 数组

```
>>> y_true = np.array([0, 0, 0, 1, 1, 1, 1, 1, 1, 1])
>>> y_pred = np.array([0, 0, 1, 1, 1, 1, 1, 0, 0, 0])
>>> true_positives = ((y_pred == y_true) & (y_pred == 1)).sum()
>>> true_positives
4
```

> true_positives 是模型在正向类（正确的类标签为 1）上预测正确（预测的类标签也为 1）的样本数目

```
>>> true_negatives = ((y_pred == y_true) & (y_pred == 0)).sum()
>>> true_negatives
2
```

> true_negatives 是在负向类（正确的类标签为 0）上预测正确（预测的类标签也为 0）的样本数目

通常而言，对模型预测错误的计数也很重要，如代码清单 D-4 所示。

代码清单 D-4　计算模型得到的错误结果

```
>>> false_positives = ((y_pred != y_true) & (y_pred == 1)).sum()
>>> false_positives
3
>>> false_negatives = ((y_pred != y_true) & (y_pred == 0)).sum()
>>> false_negatives
1
```

> false_negatives 是被模型错误地标记为负向类的负类样本数目（它们的类标签应该为 1 时却预测为 0）

> false_positives 是被模型错误地标记为正向类的负向类样本数目（它们的类标签应该为 0 时却预测为 1）

有时，这 4 个数合并成一个 4×4 矩阵，称为误差矩阵或混淆矩阵。代码清单 D-5 给出了混淆矩阵中预测值和真实值的样子。

代码清单 D-5　混淆矩阵

```
>>> confusion = [[true_positives, false_positives],
...              [false_negatives, true_negatives]]
>>> confusion
[[4, 3], [1, 2]]
>>> import pandas as pd
>>> confusion = pd.DataFrame(confusion, columns=[1, 0], index=[1, 0])
>>> confusion.index.name = r'pred \ truth'
>>> confusion
              1   0
pred \ truth
1             4   1
0             3   2
```

在混淆矩阵中，我们希望对角线（左上角和右下角）上的数字较大，希望对角线外的数字（左上角和左下角）较小。然而，正向类和负向类的顺序是任意的，所以有时可能会看到这个表的数字被调换了位置。请始终标记好混淆矩阵的列和下标。有时可能会听到统计学家把这个矩阵称为分类器列联表，但如果坚持使用"混淆矩阵"这个名字的话，就可以避免混淆。

对于机器学习分类问题，有两种有用的方法可以将这 4 种计数值中的一些指标组合成一个性能指标：正确率（precision）和召回率（recall）。信息检索（搜索引擎）和语义搜索就是此分类问题的例子，因为那里的目标是将文档分为（和输入查询）匹配或不匹配两类。第 2 章中，我们学习过词干还原和词形归并如何能够提高召回率，但同时降低了正确率。

正确率度量的是模型在检测所感兴趣类的所有对象（称为正向类）的能力，因此它也被称为正向预测值（positive predictive value）。由于真阳是预测正确的正向类样本数目，而假阳是错误地标记为正向类的负向类样本数目，因此可以按照代码清单 D-6 所示来计算正确率。

代码清单 D-6　正确率

```
>>> precision = true_positives / (true_positives + false_positives)
>>> precision
0.571...
```

上述例子中的混淆矩阵给出了约 57% 的正确率，因为在所有预测为正向类的样本中有约 57% 是正确的。

召回率和正确率类似，它也被称为灵敏度、真阳率或查全率。因为数据集中的样本总数是真阳（true positive）和假阴（false negative）的和，所以可以计算召回率，即检测到的预测正确的正向类样本占所有样本的百分比，代码如代码清单 D-7 所示。

代码清单 D-7　召回率

```
>>> recall = true_positives / (true_positives + false_negatives)
>>> recall
0.8
```

这就是说上面例子中得到的模型检测到了数据集中 80% 的正向类样本。

D.7.2　回归的衡量指标

用于机器学习回归问题的两个最常见的性能评价指标是均方根误差（RMSE）和皮尔逊相关系数（R^2）。事实证明，分类问题背后实际上是回归问题。因此，如果类标签已经转换为数字（就像我们在上一节中所做的那样），就可以在其上使用回归度量方法。下面的代码示例将复用上一节的那些预测值和真实值。RMSE 对于大多数问题是最有用的，因为它给出的是预测值与真实值可能的相差程度。RMSE 给出的是误差的标准偏差，如代码清单 D-8 所示。

代码清单 D-8　均方根误差（RMSE）

```
>>> y_true = np.array([0, 0, 0, 1, 1, 1, 1, 1, 1, 1])
>>> y_pred = np.array([0, 0, 1, 1, 1, 1, 1, 0, 0, 0])
>>> rmse = np.sqrt((y_true - y_pred) ** 2) / len(y_true))
>>> rmse
0.632...
```

皮尔逊相关系数是回归函数的另一个常见性能指标。sklearn 模块默认将其作为 .score() 函数附加到大多数模型上。如果大家不清楚这些指标如何计算的话，那么应该手动计算一下找找感觉。相关系数的计算参见代码清单 D-9。

代码清单 D-9　相关系数

```
>>> corr = pd.DataFrame([y_true, y_pred]).T.corr()
>>> corr[0][1]
0.218...
>>> np.mean((y_pred - np.mean(y_pred)) * (y_true - np.mean(y_true))) /
...     np.std(y_pred) / np.std(y_true)
0.218...
```

由此可见我们的样本预测值与真实值的相关度只有 28%。

D.8　专业技巧

一旦掌握了基本知识，那么下面这些简单的技巧将有助于更快地建立良好的模型：

- 使用数据集中的一个小的随机样本子集来发现流水线的可能缺陷；.
- 当准备将模型部署到生产环境中时，请使用所有的数据来训练模型；
- 首先应该尝试自己最了解的方法，这个技巧也适用于特征提取和模型本身；
- 在低维特征和目标上使用散点图和散点矩阵，以确保没有遗漏一些明显的模式；
- 绘制高维数据作为原始图像，以发现特征的转移[1]；
- 当希望最大化向量对之间的差异时，可以尝试对高维数据使用 PCA（对 NLP 数据使用 LSA）；

---

[1]　时序训练集通常会随着时间的推移或延迟而生成。在隐藏数据源的 Kaggle 竞赛中，发现这一点会对大家有所帮助，例如在比赛 Santander Value Prediction competition 中。

- 当希望在低维空间中进行回归或者寻找匹配的向量对时，可以使用非线性降维，如 t-SNE；
- 构建一个 `sklearn.Pipeline` 对象，以提高模型和特性提取器的可维护性和可复用性；
- 使超参数的调优实现自动化，这样模型就可以了解数据，大家就可以花时间学习机器学习。

超参数调优　超参数是所有那些确定流水线性能的值，包括模型类型及其配置方式等。超参数还可以是神经网络中包含的神经元数和层数，或者是 `sklearn.linear_model.Ridge` 岭回归模型中的 alpha 值。超参数还包括控制所有预处理步骤的值，例如分词类型、所有忽略的词列表、TF-IDF 词汇表的最小和最大文档频率、是否使用词形归并、TF-IDF 归一化方法等。

超参数调优可能是一个十分缓慢的过程，因为每个实验都需要训练和验证一个新模型。因此，在搜索范围广泛的超参数时，我们需要将数据集减小到具有代表性的最小样本集。当搜索接近满足需求的最终模型时，可以增加数据集的大小，以使用尽可能多的所需数据。

优化流水线的超参数是提高模型性能的方法。实现超参数调优自动化可以节省更多的时间来阅读本书这样的书籍，或者可视化和分析最后的结果。当然大家仍然可以通过直觉设置要尝试的超参数范围来指导调优。

提示　超参数调优最有效的算法是（从最好到最差）：

（1）贝叶斯搜索；

（2）遗传算法；

（3）随机搜索；

（4）多分辨率网格搜索；

（5）网格搜索。

但是无论如何，在大家进入梦乡时工作的所有计算机搜索算法，都比手动猜测一个个新参数好。

附录 E 设置亚马逊云服务（AWS）上的 GPU

如果想快速训练或使用 NLP 流水线，那么带有 GPU 的服务器通常可以用于加速。当使用 Keras（TensorFlow 或 Theano）、PyTorch 或 Caffe 等框架构建模型时，GPU 尤其擅长训练深度神经网络。这些计算图框架可以充分利用为 GPU 构建的大规模并行乘法和加法运算。

如果大家不想花时间和金钱来构建自己的服务器，那么云服务是一个很好的选择。但是，用 GPU 构建一个服务器的速度可能是使用类似 AWS（Amazon Web Services）服务器的两倍，而在一个类似 AWS 实例上需要花费大约一个月的时间。另外，可以使用更紧密的耦合方式（更高的带宽）来存储更多的数据，并且通常可以获得比单个 AWS EC2 实例更多的内存。

有了 AWS，就可以快速启动和运行，而无须维护自己的存储设备和服务器。此外，大多数云服务提供预配置的硬盘镜像（ISO），这比配置自己的服务器启动和运行更快。对于生产环境，像 AWS 或谷歌云服务（Google Cloud Services）这样的云提供商（Azure 仍在追赶）仍是有意义的。而对于测试和实验，大家需要自力更生搭建一个环境。

创建 AWS GPU 实例的步骤

（1）登录 AWS 官方网站注册账户或登录现有账户。登录账户后，转到 AWS 管理控制台，如图 E-1 所示。

（2）在所有服务项下选择 EC2，你还可以在页面顶部的 Services 菜单中找到 EC2 服务。EC2 指示板提供了关于现有 EC2 实例的摘要信息（如图 E-2 所示）。

（3）在 EC2 指示板中，单击蓝色启动实例按钮以启动实例设置向导，大家可以在这一系列界面上配置要启动的虚拟机。

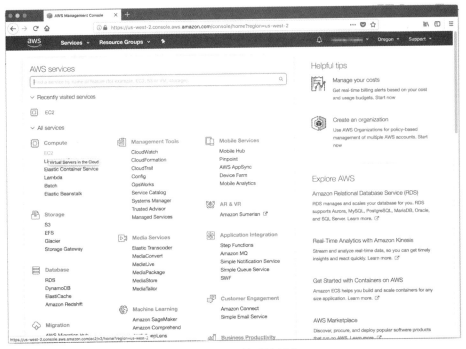

图 E-1　AWS 管理控制台

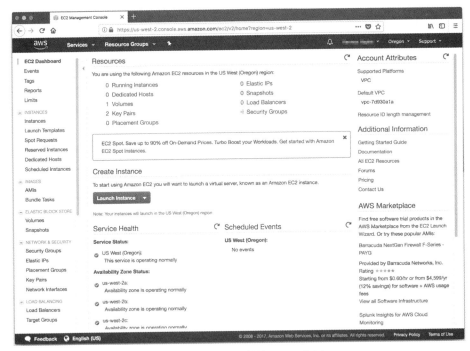

图 E-2　创建一个新的 AWS 实例

（4）这个界面上（如图 E-3 所示）显示了可以安装在虚拟机上的服务器硬盘镜像或 ISO。它们在亚马逊被称为亚马逊机器镜像（Amazon Machine Images，AMI）[①]。有些 AMIs 已经安装了深度学习框架，这样，就不需要安装和配置 CUDA 和 BLAS 库或诸如 `TensorFlow`、`numpy` 和 `Keras` 之类的 Python 包。要找到一个预先配置好的免费深度学习 AMI，单击左侧的 Amazon Marketplace 或 Community AMIs 选项卡，搜索"深度学习"[②]。仍然必须配置使用给定 AMI 提供的所有软件特性的硬件。

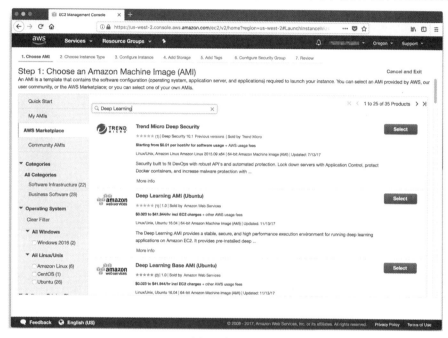

图 E-3　选择一个 AWS 机器镜像

（5）本书中的一些神经网络代码在 Deep Learning AMI（Ubuntu）上进行了测试，其旨在充分利用虚拟机上的所有 GPU 硬件。单击要使用的 AMI 旁边的蓝色 Select 按钮。如果选择了一个 Amazon Marketplace 镜像，那么将会看到在各种具有 GPU 的 EC2 实例上运行 AMI 的价格预估值（如图 E-4 所示）。

（6）许多开源 AMI，如 Deep Learning Ubuntu AMI，都是免费的，所以 Amazon Marketplace 的 More Info 页面上的软件成本栏显示为 0 美元。AWS Marketplace 选项卡下的其他 AMI，如 RocketML AMI，可能会有与之相关的软件成本。不管软件成本如何，如果超出了"免费层"的限制，则需要为服务器实例的开机时长付费。GPU 实例不在免费层中。因此，在运行昂贵的实例之前，请确保自己的流水线已经在低成本 CPU 机器上完全测试过。如果你正在查看此价格表（如图 E-4 所示），请单击蓝色的 Continue 按钮。如果已经返回到 Amazon Marketplace 上的 AMI 列表，则可以单击自己的 EC2 实

---

① ISO 是 ISO-9660 的缩写，ISO-9660 是国际标准组织的一个开放标准，用于编写磁盘镜像，使其不仅可以在一个专有的云服务（如 AWS）上，还可以在其他地方传输和安装。

② 在撰写本书时，Amazon Marketplace 中一个这样的镜像的 AMI ID 是 ami-f1d51489。

例上要安装的 AMI 旁边的蓝色 Select 按钮，这将进入"步骤 2:选择实例类型"（如图 E-5 所示）。

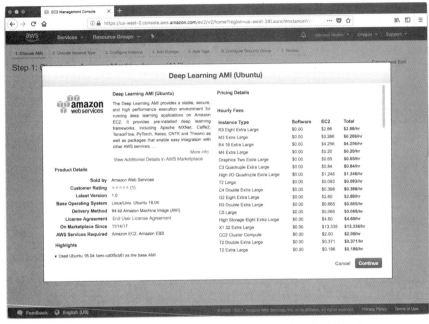

图 E-4 机器镜像和 AWS 区域中可用实例类型的成本一览

（7）在此步骤中，选择虚拟机的服务器类型（如图 E-5 所示）。最小的 GPU 实例 g2.2xlarge 是一个很好的值。亚马逊的 UI 会预先选择更昂贵的类型，所以如果想要 g2.2xlarge 实例，就必须手动选择它。此外，如果选择 US West 2（Oregon）作为自己所在的地区，而不是其他美国地区，大家会发现虚拟机要便宜得多。大家可以在靠近账户名称的页面右上角的菜单中找到该选项。

（8）一旦选择了想要使用的实例类型，就可以通过单击蓝色的 Review and Launch 按钮启动机器。但是对于大家的第一个实例，大家应该按照自己的方式完成所有安装向导步骤，这样即便决定接受这些界面上的默认值，也可以看到选项是什么。要继续下一步，单击灰色的 Next: Configure Instance Details 按钮。

（9）这里可以配置实例细节（如图 E-6 所示）。如果已经在现有的虚拟私有云（VPC）上使用 AWS 机器，则可以将自己的 GPU 机器分配给现有的 VPC。同一 VPC 上的机器可以使用该 VPC 上的相同网关或堡垒服务器来访问大家的机器。但是，如果这是大家的第一个 EC2 实例，或者没有"堡垒服务器"（bastion server）[1]，则不需要担心这个问题。

（10）选择"防止意外终止"（Protect against accidental termination）将使大家更难意外终止机器。在 Amazon Web Services 上，"terminate"（终止）意为关闭机器并删除其存储单元。"停止"（stop）意为关闭或挂起机器，同时保留所有可能保存到该机器上要持续存储的训练检查点。

---

① 亚马逊有一个关于 Bastion 主机的最佳实践教程。

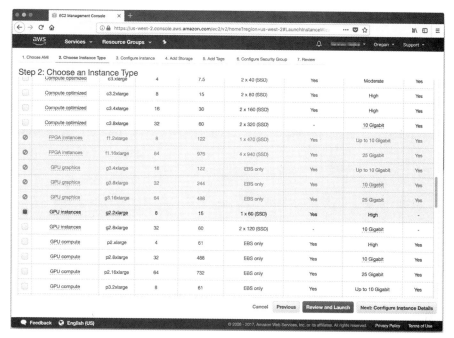

图 E-5　选择实例类型

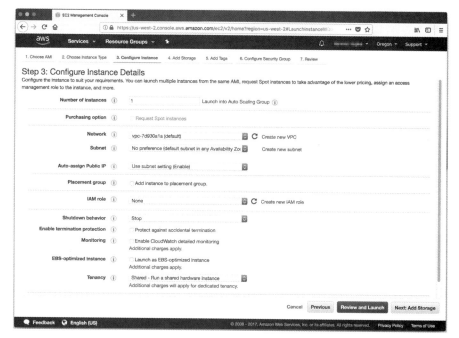

图 E-6　向实例添加存储单元

（11）要继续，单击 Next: Add Storage 按钮。

（12）在这个步骤中（如图 E-7 所示），如果计划使用大型语料库，可以添加存储单元。但是，最好在 EC2 实例中使用较少的"本地"存储，并在 EC2 实例启动并运行之后等待挂载亚马逊的 S3 Bucket 或其他云存储服务。这允许跨多个服务器共享大型数据集或训练运行（在实例终止之间）。Amazon Web Services 将对所有超过 30 GB "本地" EC2 免费存储单元收取费用。AWS UX 有很多黑暗模式累积费用。

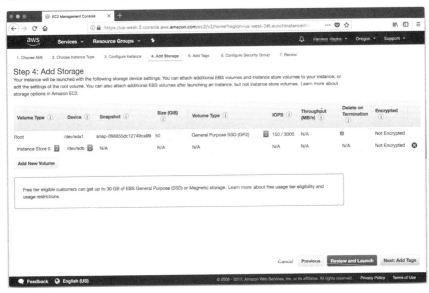

图 E-7　向实例添加持续存储单元

（13）单击 Next 按钮继续进行下一步，查看分配给 EC2 实例的默认标签和安全组。最后一个 Next 按钮将向大家发送检查步骤（如图 E-8 所示）。

（14）在检查界面上（如图 E-8 所示），Amazon Web Services 在预览中显示了实例的详细信息。

（15）在单击 Launch 按钮之前，确认实例的详细信息——特别是类型（RAM 和 CPU）、AMI 镜像（Deep Learning Ubuntu）和存储空间（存储数据的足够 GB）。此时，AWS 将启动虚拟机并开始将软件镜像加载到虚拟机上。

（16）如果以前没有使用 AWS 创建过实例，那么它将要求大家创建一个新的密钥对（如图 E-9 所示）。密钥对允许在没有密码的情况下通过 ssh 进入机器。默认情况下，EC2 实例不允许通过密码登录，因此需要将 .pem 文件保存在 $HOME/.ssh/ 文件夹下，并将其副本安全地保存在本地（例如密码管理器），否则将无法访问正在运行的服务器，从而必须重新启动。

（17）保存密钥对（如果创建了新的密钥对）后，AWS 确认启动了实例。在极少数情况下，亚马逊的数据中心可能没有接收到大家请求的资源，这时将收到一个错误消息，要求重新开始。

（18）单击以 i-... 开头的哈希实例（如图 E-10 所示）。该链接将发送所有 EC2 实例的概览，大家将看到实例状态指示为"正在运行"或"正在初始化"。

（19）大家会希望在 .pem 文件旁记录实例的公共 IP 地址（如图 E-11 所示），以获得前面生成的密钥对。将它存储在 .pem 文件的密码管理器中是一个好主意。大家也可以把它放在自己的

$HOME/.ssh/config 文件夹下，这样就可以给实例一个主机名，从此以后就不必查找 IP 地址了。

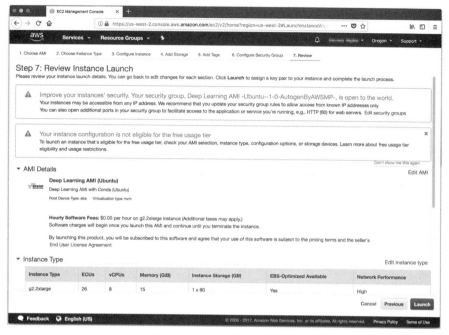

图 E-8　在启动之前检查实例设置

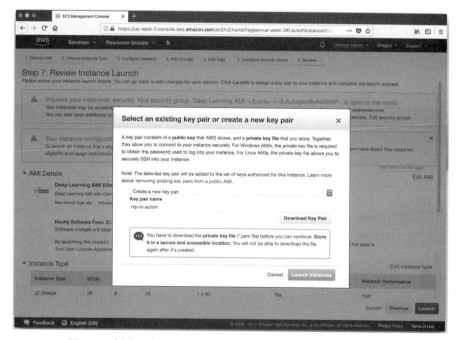

图 E-9　创建一个新的实例密钥（或下载一个现有的实例密钥）

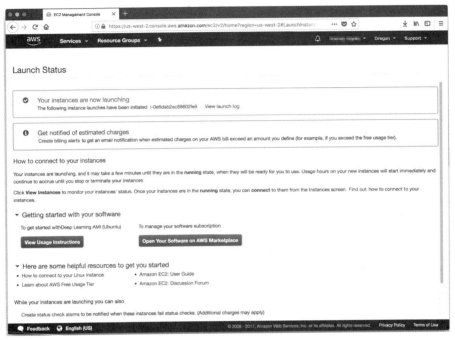

图 E-10　AWS 启动确认

图 E-11　EC2 指示板显示了新创建的实例

　　一个典型的配置文件将如代码清单 E-1 所示。最好将刚刚启动的 EC2 实例的 `HostName` 值更改为公共 IP 地址（从 EC2 指示板更改）或完全限定域名（从 AWS 上的"Route 53"指示板更改）

代码清单 E-1　$HOME/.ssh/config

```
Host totalgood
    User ubuntu
    HostName INSTANCE_PUBLIC_IP
    Port 22
    IdentityFile ~/.ssh/nlp-in-action.pem
    # ssh -i ~/.ssh/nlp-in-action.pem ubuntu@INSTANCE_PUBLIC_IP
```

将 INSTANCE_PUBLIC_IP 更改为大家自己的公共 IP 地址

这是大家下载的.pem 文件的路径

大家可以在自己的配置文件中留下注释

　　（20）在登录到 AWS 实例之前，ssh 需要私钥文件（.pem 文件在你的 $HOME/.ssh 目录下）只能由你自己和系统上的根超级用户读取。大家可以通过执行以下 bash 命令来适当地设置权限[①]：

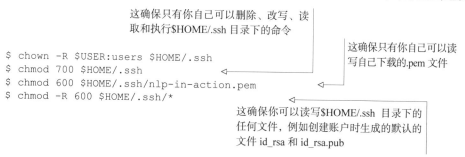

这确保只有你自己可以删除、改写、读取和执行 $HOME/.ssh 目录下的命令

这确保只有你自己可以读写自己下载的.pem 文件

```
$ chown -R $USER:users $HOME/.ssh
$ chmod 700 $HOME/.ssh
$ chmod 600 $HOME/.ssh/nlp-in-action.pem
$ chmod -R 600 $HOME/.ssh/*
```

这确保你可以读写 $HOME/.ssh 目录下的任何文件，例如创建账户时生成的默认的文件 id_rsa 和 id_rsa.pub

　　（21）设置好适当的文件权限并设置好配置文件后，执行以下 bash 命令，尝试登录到 EC2 实例：

```
$ ssh -i ~/.ssh/nlp-in-action.pem ubuntu@INSTANCE_PUBLIC_IP
```

　　（22）如果亚马逊机器镜像是基于 Ubuntu 的，则用户名通常是 `ubuntu`。每个 AMI 都有关于登录所需的用户名和 ssh 端口号的文档。

　　（23）如果大家是第一次登录，则将被警告机器的指纹未知（如图 E-12 所示）。输入 `yes` 确认继续登录过程[②]。

　　（24）成功登录之后，大家将看到一个欢迎界面（如图 E-13 所示）。

　　（25）作为最后一步，大家需要激活喜欢的开发环境。机器镜像提供了各种环境，包括 `PyTorch`、`TensorFlow` 和 `CNTK`。因为我们在本书中使用了 TensorFlow 和 Keras，所以大家应该激活 tensorflow_p36 环境。这将加载一个安装了 Python 3.6、Keras 和 TensorFlow 的虚拟环境（如图 E-14 所示）：

```
$ source activate tensorflow_p36
```

---

① 必须安装一个如 cygwin 或 git-bash 的 bash shell 命令行操作工具，以便 bash ssh 命令在 Windows 系统上执行。
② 如果将来在大家没有更改它的 IP 地址时看到这个警告，那么可能是有人企图欺骗你机器的 IP 地址或域名，并使用中间人攻击（man-in-the-middle attack）侵入你的实例。这是极为罕见的。

```
●●●                                2. ssh

Last login: Thu Nov 16 21:51:26 on ttys007
You have mail.
12:48-hannes@Hanness-MBP-2$ ssh -i ~/Downloads/nlp-in-action.pem ubuntu@34.214.168.124
The authenticity of host '34.214.███.██ (34.214.███.██)' can't be established.
ECDSA key fingerprint is SHA256:Ys+LJbmnsmci9/bCSXnvc6b2LqYzNwO7iqM2pL███.
Are you sure you want to continue connecting (yes/no)? █
```

图 E-12　交换 ssh 凭据的确认请求

```
●●●                          2. ubuntu@ip-172-31-26-225: ~ (ssh)

       _|  (   /   Deep Learning AMI  (Ubuntu)
     ___|\___|___|

===============================================================================
Welcome to Ubuntu 16.04.3 LTS (GNU/Linux 4.4.0-1039-aws x86_64v)

Please use one of the following commands to start the required environment with the framework of your choice:
for MXNet(+Keras1) with Python3 (CUDA 9) _____ source activate mxnet_p36
for MXNet(+Keras1) with Python2 (CUDA 9) _____ source activate mxnet_p27
for TensorFlow(+Keras2) with Python3 (CUDA 8) _____ source activate tensorflow_p36
for TensorFlow(+Keras2) with Python2 (CUDA 8) _____ source activate tensorflow_p27
for Theano(+Keras2) with Python3 (CUDA 9) _____ source activate theano_p36
for Theano(+Keras2) with Python2 (CUDA 9) _____ source activate theano_p27
for PyTorch with Python3 (CUDA 8) _____ source activate pytorch_p36
for PyTorch with Python2 (CUDA 8) _____ source activate pytorch_p27
for CNTK(+Keras2) with Python3 (CUDA 8) _____ source activate cntk_p36
for CNTK(+Keras2) with Python2 (CUDA 8) _____ source activate cntk_p27
for Caffe2 with Python2 (CUDA 9) _____ source activate caffe2_p27
for base Python2 (CUDA 9) _____ source activate python2
for base Python3 (CUDA 9) _____ source activate python3

Official conda user guide: https://conda.io/docs/user-guide/index.html
AMI details: https://aws.amazon.com/amazon-ai/amis/details/
Release Notes: https://aws.amazon.com/documentation/dlami/latest/devguide/appendix-ami-release-notes.html
```

图 E-13　成功登录后的欢迎界面

```
●●●                          2. ubuntu@ip-172-31-26-225: ~ (ssh)

Official conda user guide: https://conda.io/docs/user-guide/index.html
AMI details: https://aws.amazon.com/amazon-ai/amis/details/
Release Notes: https://aws.amazon.com/documentation/dlami/latest/devguide/appendix-ami-release-notes.html

 * Documentation:  https://help.ubuntu.com
 * Management:     https://landscape.canonical.com
 * Support:        https://ubuntu.com/advantage

  Get cloud support with Ubuntu Advantage Cloud Guest:
    http://www.ubuntu.com/business/services/cloud

56 packages can be updated.
31 updates are security updates.


The programs included with the Ubuntu system are free software;
the exact distribution terms for each program are described in the
individual files in /usr/share/doc/*/copyright.

Ubuntu comes with ABSOLUTELY NO WARRANTY, to the extent permitted by
applicable law.

ubuntu@ip-172-31-███.███:~$ source activate tensorflow_p36█
```

图 E-14　激活预先安装的 Keras 环境

现在大家已经激活了 TensorFlow 环境，已经准备好训练自己的深度学习 NLP 模型。使用 iPython shell：

```
$ ipython
```

现在大家已经准备好训练自己的模型了，接下来玩得开心！

成本控制

在 AWS 这样的云服务上运行 GPU 实例会很昂贵。在撰写本书时，US-West 2 地区最小的 GPU 实例的成本为每小时 0.65 美元。训练一个简单的序列到序列模型可能需要几个小时，然后可能需要迭代模型参数。所有的迭代会快速地累积成一个价格不菲的月账单。大家可以通过一些预防措施来最小化意外花费（如图 E-15 和图 E-16 所示）。

- 关闭空闲的 GPU 机器。当停止（而不是终止）机器时，存储的最后一个状态（除了/tmp 文件夹）将被保留，可以返回到它。内存中的数据将丢失，因此请确保在停止机器之前保存所有模型的检查点。
- 检查 EC2 实例摘要页，查看正在运行的实例。
- 定期检查 AWS 账单摘要，以检查正在运行的实例。
- 创建一个带有支出预警的 AWS Budget。一旦配置了预算，AWS 将在超出预算前给出警告。

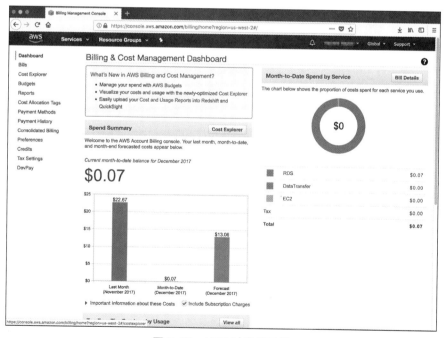

图 E-15　AWS 计费指示板

图 E-16　AWS Budget 控制台

附录 F 局部敏感哈希

在第 4 章中,我们学习了如何创建具有数百个实值(浮点数)维度的主题向量。在第 6 章中,我们学习了如何创建具有数百维的词向量。尽管可以对这些向量进行数学运算,但无法像搜索离散向量或字符串那样快速地对这些向量进行搜索。数据库没有针对超过 4 个维度向量的有效索引方案[①]。要想有效地使用词向量和文档主题向量,就需要一个搜索索引,用来寻找任意给定向量的最近邻。

同时需要这个搜索索引将向量数学运算的结果转换成一个或一组词(因为生成的向量通常不会与已有的词向量完全匹配)。大家还需要用这个搜索索引进行语义搜索。本附录展示了一个基于局部敏感哈希(locality sensitive hash,LSH)的示例方法。

F.1 高维向量的区别

当向量的维数从一维增加到二维,甚至是三维时,快速寻找最近邻的数学方法本身并没有多大变化。我们先谈谈数据库中针对二维向量索引所使用的传统方法,然后再来研究高维向量。这会帮助大家了解数学方法将在何处失效(变得不切实际)。

F.1.1 向量空间上的索引与哈希

设计索引是为了使查找变得简单。像经纬度这种浮点值索引不能依赖精确匹配,例如教科书后面的词索引。对于二维实值数据,大多数索引使用某种边界框将低维空间划分为多个可管理的块。这种二维地理位置信息索引的最常见的例子是各国用于收集相邻区域内邮件地址的邮政编码系统(在美国称为 ZIP Code)。

大家可以给二维空间中的每个区域分配一个数字,尽管邮政编码区域不是矩形的边界框,但它们具有相同的用途。军事上使用带网格系统的边界框将全球划分为矩形边界框,并为每个框分配一个数字。在美国邮政编码和军事网格系统中,这些区域的数字都具有语义意义。

---

① 一些高级数据库(如 PostgreSQL)可以索引更高维度的向量,但效率会随着维数增加而迅速下降。

像美国邮政编码这样具有"局部敏感性"的哈希来自这样一个事实，即在序号值上彼此接近的数字或哈希在它们对应的二维空间上也会彼此接近。例如，美国邮政编码中的第一个数字表示一个地区，如西海岸、西南部或它们所属的州。下一个数字（与第一个数字结合）唯一地标识特定的州。前三位数字唯一地标识州内的区域或大城市。美国邮政编码的局部敏感性一直延续到"+4"后缀，它标识特定的城市街区，甚至是公寓大楼[①]。

美国邮政编码系统的生成过程和算法等效于在其他向量空间上创建的局部敏感哈希算法。局部敏感哈希算法定义了一种生成这些局部敏感数字的方法。它们使用向量空间中位置的坐标，所以如果区域在向量空间中的映射位置彼此接近或有重叠，则其对应的哈希数值也会彼此接近。局部敏感哈希旨在创建一般密码哈希算法试图避免的那些数学属性，例如高概率的碰撞和局部敏感性。

F.1.2 关于高维的思考

自然语言向量空间是高维空间。自然语言囊括了人类思考和交流中的所有复杂概念，包括自然语言处理本身。所以如果想把所有的复杂度压缩到一个向量空间中，经常会丢弃一些复杂度，以便适应这个向量空间。通过增加向量的维数，能够尽可能地匹配人类思维和语言的复杂度。

例如，词袋向量丢弃了词序中包含的信息内容，以便生成能够高效索引和搜索的离散高维向量，并可以使用二分搜索和索引树来检测查询和语料库中是否存在特定的关键词。即使将关键词表扩展到包含自然语言中的所有词，这种方法依然有效。Web 搜索引擎中甚至常常同时包含数百种语言的所有词。这就是大家在使用 Web 搜索时可以在同一个查询同时包含西班牙语、德语以及英语词的原因。

在第 2 章中，大家学习了通过向词袋向量维度添加 n-gram 来捕获词序的复杂度。在第 3 章中，学习了如何根据数百万词项（词或 n-gram）的重要性来评估它们的权重。这给语言的向量空间模型带来了数百万的维度或"箱子"。

但是词袋模型、TF-IDF 和正则表达式并不能理解我们。它们只能帮我们找到想要找的文档。在第 4 ~ 6 章，我们学会了构建连续的向量空间，将自然语言的部分复杂度压缩到词频整数之间的间隙中，而不再依赖严格的离散词汇表来定义向量空间的维度。通过将词分组到概念或主题中，可以将向量的维数从数百万减少到数百。我们还创建了属性向量来获取词和句子中的女性、忧郁和平静等属性。

还有更多。在第 7 ~ 10 章中，我们了解了如何在向量中捕获词组合，以及更长更复杂的词序列。当学习循环神经网络和长短期记忆网络时，我们的浅层属性向量变成了深层思考向量。

但所有这些深度和复杂度都带来了一个问题。连续的、密集的、高维的向量（如思考向量）无法进行有效的索引或搜索。这就是搜索引擎不能在一毫秒内回答我们提出的复杂问题的原因。如果想要探讨生命的意义，必须找一个聊天机器人交谈，或者干脆打消这个想法，直接找人类会更好。

这是为什么呢？为什么不能对高维连续向量进行索引或搜索呢？对于一维向量空间，在一维数轴上索引和搜索单个标量值是非常容易的。然后读者可以思考一下，如何扩展一维索引来处理

---

① ZIP Code 维基百科文章包含一张地图，显示了这种局部敏感性。

多个维度。读者可以沿着这个思路一直思考维数问题。

1. 一维索引

想象一个一维向量的随机分布———一串随机数。我们可以创建一个自然的一维边界框，它的宽度是整个空间宽度的一半，方法是将数轴切成两半，然后就可以把所有正值放在一个框里，负值放在另一个框里。只要知道向量空间的中心或质心的位置（通常为零），每个框中就会有大约一半的向量。

每个边界框都可以再一分为二，总共创建 4 个框。如果继续这样做，其中的一些划分将创建一个二叉查找树或一个二进制哈希，该哈希对局部（它的位置）很敏感。对于一维向量空间，每个框中点的平均数量是 `pow(num_vectors/2, num_boxes)`。对于一维空间，只需要大约 32 个级别（框大小）的框就可以索引数十亿个点，这样每个框中就只有几个点。

每个一维向量都可以有自己的邮政编码、索引值或局部敏感哈希。将所有这些哈希值排序之后，相似的向量将彼此相邻。如此一来，对于新查询就可以计算它们的哈希值，并在数据库中快速找到它。

2. 二维、三维、四维索引

我们添加一个维度，看看一维二叉树索引如何工作。考虑一下如何在二叉树中将空间划分成区域，用树中的每个叉将区域大致分成两半。在试图将点数减半时，在哪个维度上减半呢？对于二维向量，这是二维平面上的 2×2 个正方形或象限。对于三维向量，这可能是空间的"魔方"中的 3×3×3 块。对于四维向量，需要大约 4×4×4×4 块……二叉树索引的第一个分叉将会产生 4^4 个分支。在四维向量空间中的这 256 个边界框可能有一些不包含任何向量，因为有些词组合或序列从未出现过。

这个朴素二叉树方法适用于三维、四维、一直到八维向量甚至更多维。但它很快就变得不守规矩、效率低下。想象一下边界"立方体"在 10 维空间中会是什么样子。如果你的大脑不能处理这个概念的话也没关系，因为别人也一样。人类的大脑生活在三维世界中，所以连四维向量空间的概念也不能完全掌握。

机器可以处理 10 维空间，但是如果想把人类思维的复杂度压缩到向量中，则需要它们能够处理 100 维甚至更多维。我们可以用几种不同的方式来思考这个维数灾难。

- 维度的组合随着维数的增加呈指数级增长。
- 在高维空间中，所有的向量都彼此远离。
- 高维向量空间大多为空向量——随机边界框几乎总是空的。

代码清单 F-1 中的代码可以帮助读者了解高维空间的这些属性。

代码清单 F-1 探索高维空间

```
>>> import pandas as pd
>>> import numpy as np
>>> from tqdm import tqdm

>>> num_vecs = 100000
>>> num_radii = 20
>>> num_dim_list = [2, 4, 8, 18, 32, 64, 128]
```

```
>>> radii = np.array(list(range(1, num_radii + 1)))
>>> radii = radii / len(radii)
>>> counts = np.zeros((len(radii), len(num_dims_list)))
>>> rand = np.random.rand
>>> for j, num_dims in enumerate(tqdm(num_dim_list)):        归一化随机行向量为
...     x = rand(num_vecs, num_dims)                         单位长度
...     denom = (1. / np.linalg.norm(x, axis=1))       ◄─────
...     x *= denom.reshape(-1, 1).dot(np.ones((1, x.shape[1])))
...     for i, r in enumerate(radii):
...         mask = (-r < x) & (x < r)
...         counts[i, j] = (mask.sum(axis=1) == mask.shape[1]).sum()
```

读者可以在本书源代码中的 nlpia/book/examples/ch_app_h.py 中探索这个奇怪的高维空间世界。在下面的表格中可以看到很多奇怪的地方，它显示了在按点扩展时每个边界框中点的密度：

```
>>> df = pd.DataFrame(counts, index=radii, columns=num_dim_list) / num_vecs
>>> df = df.round(2)
>>> df[df == 0] = ''
>>> df
```

	2	4	8	18	32	64	128
0.05							
0.10							
0.15							0.37
0.20						0.1	1
0.25						1	1
0.30					0.55	1	1
0.35				0.12	0.98	1	1
0.40				0.62	1	1	1
0.45			0.03	0.92	1	1	1
0.50			0.2	0.99	1	1	1
0.55		0.01	0.5	1	1	1	1
0.60		0.08	0.75	1	1	1	1
0.65		0.24	0.89	1	1	1	1
0.70		0.45	0.96	1	1	1	1
0.75	0.12	0.64	0.99	1	1	1	1
0.80	0.25	0.78	1	1	1	1	1
0.85	0.38	0.88	1	1	1	1	1
0.90	0.51	0.94	1	1	1	1	1
0.95	0.67	0.98	1	1	1	1	1
1.00	1	1	1	1	1	1	1

有一种索引算法称为 KD-Tree，它试图尽可能有效地划分高维空间，以最小化空的边界框数量。但即使是这些方法，当维数灾难开始起作用时，也会使其在遇到数十维或数百维时崩溃。与二维和三维向量不同，对于高维词向量和思考向量，不可能真正索引或哈希并快速检索到最接近的匹配，而是需要多次计算到最近邻的距离，直到找到一些很接近的。或者，如果想要确保没有漏掉，则必须计算所有的可能选项。

F.2　高维索引

在高维空间中，依赖边界框的常规索引会失效。最终，即使是局部敏感哈希也会失效。但是，

我们先用局部敏感哈希来试验一下它的限制。然后，大家将学习如何通过放弃完美索引的想法来避开这些限制。在使用局部敏感哈希进行试验之后，大家将创建一个近似索引。

F.2.1　局部敏感哈希

在图 F-1 中，我们构建了 400 000 个完全随机的向量，每个向量都有 200 个维度（对于大型语料库，主题向量是典型的）。我们用 Python LSHash 包（`pip install lshash3`）对它们进行了索引。现在假设有一个搜索引擎，它想要找到与查询主题向量接近的所有主题向量。局部敏感哈希需要收集多少个向量？主题向量的维数达到多少时，我们的搜索结果会根本没有意义呢？

D	N	100th Cosine Distance	Top 1 Correct	Top 2 Correct	Top 10 Correct	Top 100 Correct
2	4254	0	TRUE	TRUE	TRUE	TRUE
3	7727	0.0003	TRUE	TRUE	TRUE	TRUE
4	12198	0.0028	TRUE	TRUE	TRUE	TRUE
5	9920	0.0143	TRUE	TRUE	TRUE	TRUE
6	11310	0.0166	TRUE	TRUE	TRUE	TRUE
7	12002	0.0246	TRUE	TRUE	TRUE	FALSE
8	11859	0.0334	TRUE	TRUE	TRUE	FALSE
9	6958	0.0378	TRUE	TRUE	TRUE	FALSE
10	5196	0.0513	TRUE	TRUE	FALSE	FALSE
11	3019	0.0695	TRUE	TRUE	TRUE	FALSE
12	12263	0.0606	TRUE	TRUE	FALSE	FALSE
13	1562	0.0871	TRUE	TRUE	FALSE	FALSE
14	733	0.1379	TRUE	FALSE	FALSE	FALSE
15	6350	0.1375	TRUE	TRUE	FALSE	FALSE
16	10980	0.0942	TRUE	TRUE	FALSE	FALSE

图 F-1　基于 LSHash 的语义搜索

一旦维数明显超过 10，就很难得到许多正确的搜索结果。如果大家想亲自尝试一下，或者想尝试构建一个更好的 LSH 算法，`nlpia` 包中提供了运行类似实验的代码。`lshash3` 包是开源的，其核心只有大约 100 行代码。

F.2.2　近似最近邻

近似最近邻搜索是解决高维向量空间问题的最新方法。近似哈希类似于局部敏感哈希和 KD 树，但它们依赖更像是随机森林算法的东西。它们是将向量空间分割成越来越小的空间块的随机方法。

目前高维向量搜索匹配技术的最先进方法是 Facebook 的 FAISS 包和 Spotify 的 Annoy 包。Annoy 包的安装和使用非常简单，所以我们在聊天机器人中选择使用这个包。除了在音乐爱好者歌曲元数据的向量表示上进行搜索匹配，Dark Horse Comics 还用 Annoy 包来高效地推荐漫画书。我们在第 13 章中提到了这些工具。

F.3　推文点赞预测

　　图 F-2 是一个推文集合在超空间中的展示。这是将这些推文通过 LSA 得到的 100 维主题向量（点）投影到二维平面上得到的结果。大多数标记表示至少被"赞"过一次的推文，小部分标记是针对那些没有收到任何"赞"的推文。

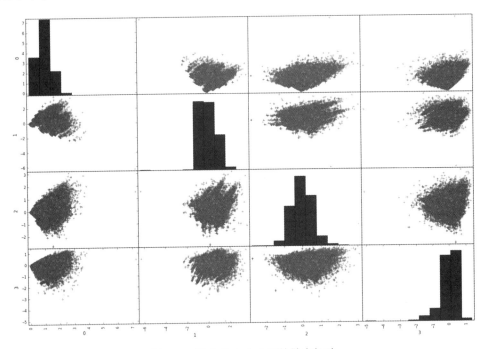

图 F-2　推文的 4 个主题的散点矩阵

　　用 LDA 模型来拟合这些主题向量有 80% 的成功率。然而，就像短消息数据集一样，这个推文数据集也非常不平衡。因此，使用该模型去预测新推文的精确率可能不会太高。对于下面这些可以用方差最大化（代表类的可分性很强）的分类问题，大家可能只使用 LSA、LDA 和 LDiA 语言模型就足够了：

- 语义搜索；
- 情感分析；
- 垃圾邮件检测。

　　而对于需要从语义内容相似性中归纳文本之间微妙区别的问题，则需要用到工具箱中最复杂的 NLP 工具。利用 LSTM 深度学习模型和 t-SNE 降维技术可以解决下面这类难题：

- 人类反应预测（推文可爱度）；
- 机器翻译；
- 自然语言生成。

资源

在写本书的过程中，我们用到了大量的资源。下面是我们的一些最爱。

在理想情况下，大家可以在一些语义搜索引擎中直接输入标题文本来获取这些资源，常用的语义搜索引擎包括 DuckDuckGo、Gigablast 和 Qwant。不过，在 Jimmy Wales 用 Wikia Search 或 Google 分享他们的 NLP 技术之前，我们还是需要依赖下面这些 20 世纪 90 年代风格的列表。如果大家想参与开源 Web 索引项目，请查看"搜索引擎"一节。

应用及项目

下面是一些可以启发大家开发自己的 NLP 项目的应用程序。

- 从社交网络档案中猜测密码。
- 聊天机器人律师在伦敦和纽约撤销了 16 万张停车罚单（Chatbot lawyer overturns 160 000 parking tickets in London and New York）。
- GitHub——craigboman/gutenberg：面向 NLP 和机器学习的 gutenberg 项目数据图书管理员。
- 基于手写文字词汇和句法变化对痴呆的深度检测（Longitudial Detection of Dementia Through Lexical and Syntactic Changes in Writing）——Xuan Le 的硕士论文《心理诊断与 NLP》。
- 时间序列匹配方法（Time Series Matching: a Multi-filter Approach），王志华提出的一种多过滤器方法——通过类似于莱文斯坦距离的动态规划算法，对歌曲、音频剪辑和其他时间序列进行离散化和搜索。
- NELL（Never Ending Language Learning，永恒语言学习）——CMU 提出的通过自然语言文本来不断学习发展的知识库。
- 美国国家安全局是如何识别中本聪的？（How the NSA identified Satoshi Nakamoto?）——《连线》杂志和美国国家安全局使用 NLP 确定了中本聪的身份。

- 文体分析(Stylometry)和社交媒体的作者身份分析(Authorship Attribution for Social Media Forensics)——风格/模式匹配和自然语言文本（也包括音乐和艺术品）的聚类，用于作者身份和归属分析。

- Your Dictionary 这样的在线字典可以使用 POS 标注来做句子语法校正，POS 标注可以用来训练定制的 Parsey McParseface 句法树和 POS 标签器。

- 纽约数据科学学院的 Julia Goldstein 和 Mike Ghoul 用 NLP 技术来识别"假新闻"。

- Andreas Vlachos 的 simpleNumericalFactChecker 和信息提取（见第 11 章）可用于对出版商、作者和记者的真实性进行排名。可以与 Julia Goldstein 的"假新闻"预测器相结合。

- artificial-adversary 包，用于生成模糊自然语言文本（可以将"you are great"转为"ur gr8"），作者 Jack Dai，他是 Airbnb 的一名实习生。可以训练一个机器学习分类器来检测英语并将其翻译成模糊的英语或 L33T。还可以训练一个词干分析器（生成具有字符特性模糊词的自动编码器）来解码模糊处理后的词，使 NLP 流水线可以处理模糊的文本而无须重新训练。感谢 Aleck。

课程与教程

下面列出一些来自著名大学项目的优秀教程、演示和课件，其中许多都配备了 Python 示例。

- 《语音与语言处理》，作者 David Jurafsky 和 James H. Martin：如果大家对 NLP 是认真的，就应该读一读这本书。Jurafsky 和 Martin 对 NLP 概念的解释更为透彻，也更有说服力。本书中忽略的很多概念在他们的书中都有整章的介绍，如有限状态机（FST）、隐马尔可夫模型（HMM）、词性（POS）标注、句法分析、语句连贯性分析、机器翻译、摘要生成和对话系统等。

- 麻省理工学院通用人工智能课程由 Lex Fridman 开设于 2018 年 2 月——麻省理工学院的免费互动（公开竞争！）AGI 课程。这可能是人工智能工程最透彻、最严格的免费课程。

- *Textacy*：*NLP, before and after spaCy*——SpaCy 的主题建模包装器。

- 麻省理工学院 2003 年春季课程：自然语言与计算机知识表示课程。

- 《奇异值分解》（*Singular value decomposition*）（SVD），作者 Kardi Teknomo 博士。

- 《信息检索导论》，作者 Christopher D. Manning、Prabhakar Raghavan 和 Hinrich Schütze。

工具和包

- `nlpia`——本书中用到的 NLP 数据集、工具和示例脚本。

- `OpenFST`，作者 Tom Bagby、Dan Bikel、Kyle Gorman 和 Mehryar Mohri 等——有限状态转换机的开源 C++实现。

- `pyfst`，作者 Victor Chahuneau——OpenFST 的 Python 接口。

- 斯坦福大学的 `CoreNLP`——最先进的句子切分、日期提取、词性标注、语法检查等的 Java 包，作者 Christopher D. Manning 等。
- `stanford-corenlp3.8.0`——斯坦福大学的 `CoreNLP` 的 Python 接口。
- `keras`——用于构建 TensorFlow 和 Theano 计算图（神经网络）的高级 API。

研究论文及讲座

要想对一个话题有深刻的理解，最好的方法之一就是重复研究人员的实验，然后以某种方式修改它们。这就是最好的教授和导师"教导"学生的方式，他们会鼓励学生尝试复现他们感兴趣的其他研究人员的成果。如果大家花了足够的时间来使用这些项目，就会忍不住想要去调整它。

向量空间模型及语义搜索

- *Semantic Vector Encoding and Similarity Search Using Fulltext Search Engines*——Jan Rygl 等人使用传统的倒排索引引擎实现对所有维基百科的高效语义搜索。
- *Learning Low-Dimensional Metrics*——Lalit Jain 等人将人类的判断融入成对的距离度量中，可以更好地进行决策，以及对词向量和主题向量进行无监督聚类。例如，招聘人员可以用它来引导一个基于内容的推荐引擎，将简历与职位描述匹配起来。
- *RAND-WALK: A latent variable model approach to word embeddings*，作者 Sanjeev Arora、Yuanzhi Li、Yingyu Liang、Tengyu Ma 和 Andrej Risteski——解释如何用 Word2vec 和其他词向量空间模型进行"面向向量的推理"的最新理解（2016 年），特别是类比问题。
- *Efficient Estimation of Word Representations in Vector Space*，作者是谷歌公司的 Tomas Mikolov、Greg Corrado、Kai Chen 和 Jeffrey Dean，2013 年 9 月——首次发表 Word2vec 模型，包括一个基于 C++实现的使用谷歌新闻语料库进行预训练的模型。
- *Distributed Representations of Words and Phrases and their Compositionality*，作者谷歌公司的 Tomas Mikolov、Ilya Sutskever、Kai Chen、Greg Corrado 和 Jeffrey Dean——对 Word2vec 模型进行了改进，包括子抽样和负抽样，从而提高了其精确性。
- *From Distributional to Semantic Similarity*，James Richard Curran 写的 2003 年的博士论文——大量经典的信息检索（全文检索）研究，包括 TF-IDF 归一化和 Web 搜索的页面排名技术。

金融

- *Predicting Stock Returns by Automatically Analyzing Company News Announcements*——Bella Dubrov 使用 gensim 的 Doc2vec 实现基于公司公告来预测股价，并对 `Word2vec` 和 `Doc2vec` 进行了出色的解释。
- *Building a Quantitative Trading Strategy to Beat the S&P 500*——在 2016 年 PyCon 大会上，

Karen Rubin 阐述了她是如何发现女性首席执行官在预测股价上涨中的作用,尽管并不像她最初设想的那么强相关。

问答系统

- *Keras-based LSTM/CNN models for Visual Question Answering*,作者 Avi Singh。
- *Open Domain Question Answering: Techniques, Resources and Systems*,作者 Bernardo Magnini。
- *Question Answering Techniques for the World Wide Web*,作者林凯兹,加拿大滑铁卢大学。
- *NLP-Question-Answer-System*——使用 `corenlp` 和 `nltk` 从零开始完成句子切分和词性标注。
- *PiQASso: Pisa Question Answering System*,作者 Attardi 等,使用了传统的信息检索(IR)NLP。

深度学习

- *Understanding LSTM Networks*,作者 Christopher Olah——对 LSTM 进行了清晰而正确的解释。
- *Learning Phrase Representations using RNN Encoder–Decoder for Statistical Machine Translation*,作者 Kyunghyun Cho 等在 2014 年发表的论文——首次引入了门控循环单元,使 LSTM 对 NLP 的效率更高。

LSTM 与 RNN

我们很难理解 LSTM 的术语和架构。这里有一个引用得最多的参考文献的集合,因此大家可以让作者"投票"LSTM 的正确讨论方式。关于 LSTM 的维基百科页面的状态很好地说明了目前对于 LSTM 的含义缺乏共识。

- *Learning Phrase Representations using RNN Encoder-Decoder for Statistical Machine Translation*,作者 Cho 等——解释了如何用 LSTM 记忆元胞层的内容作为嵌入,对变长序列进行编码,然后再解码为一个新的变长序列,实现一个序列到另一个序列的翻译或编码转换。
- *Reinforcement Learning with Long Short-Term Memory*,作者 Bram Bakker——将 LSTM 应用于规划和预期认知,并演示了一个可以解决 T 型迷宫导航问题和高级杆平衡(倒立摆)问题的网络。
- *Supervised Sequence Labelling with Recurrent Neural Networks*——Alex Graves 与导师 B. Brugge 的论文,针对 1997 年 Hochreiter 和 Schmidhuber 首次提出的 LSTM 精确梯度的详

细数学解释。但是 Graves 没有严格定义像 CEC 或 LSTM 记忆块/元胞这样的术语。

- Theano LSTM 文档，作者 Pierre Luc Carrier 和 Kyunghyun Cho——对 LSTM 在 Theano 和 Keras 中的实现进行了图解和说明。

- *Learning to Forget: Continual Prediction with LSTM*，作者 Felix A. Gers、Jurgen Schmidhuber 和 Fred Cummins——使用非标准符号表示输入层（y^{in}）和输出层（y^{out}）以及内部隐藏状态（h）。所有的数学和图表都是"向量化的"。

- *Sequence to Sequence Learning with Neural Networks*，作者是谷歌公司的 Ilya Sutskever、Oriol Vinyals 和 Quoc V. Le。

- *Understanding LSTM Networks*，Charles Olah 在 2015 年的博客——包含许多高质量图表和来自读者的讨论/反馈。

- *Long Short-Term Memory*，由 Sepp Hochreiter 和 Jurgen Schmidhuber 在 1997 年发表——关于 LSTM 的原始论文，术语陈旧，实现效率低下，但数学推导详细。

竞赛与奖励

- *Large Text Compression Benchmark*，一些研究人员认为，自然语言文本的压缩等效于通用人工智能（AGI）。

- *Hutter Prize*，压缩 100 MB 维基百科自然语言文本的年度竞赛。Alexander Rhatushnyak 在 2017 年获奖。

- *Open Knowledge Extraction Challenge 2017*。

数据集

自然语言数据随处可见。语言是人类的超能力，大家在工作流中应该尽量利用数据优势：

- 谷歌公司的 Dataset Search——用于数据检索的搜索引擎，类似于谷歌学术搜索。

- 斯坦福数据集（Stanford Datasets）——包含预训练的 `word2vec` 和 GloVE 模型、多语言模型和数据集、多语言字典、辞典及语料库。

- 预训练词向量模型（Pretrained word vector models）——词向量 Web API 的 README 说明，提供了一些词向量模型的链接，包括 300 维维基百科 GloVE 模型。

- NLP 任务的数据集/语料库列表，按倒序时间排列，由 Karthik Narasimhan 编写。

- NLP 领域中使用的免费/公开数据集（文本数据）的列表，按字母顺序排列。

- 基本自然语言处理的数据集和工具——谷歌公司的国际化工具。

- `nlpia`——用于所有 NLP 数据加载器（`nlpia.loaders`）和预处理器的 Python 包，在本书中会一直用到这个工具包。

搜索引擎

搜索（信息检索）是自然语言处理的重要组成部分。我们要学会正确地使用搜索引擎，这样人工智能（和企业）霸主就不能通过他们灌输给我们大脑的信息来操纵我们，这一点非常重要。如果大家想通过搭建自己的搜索引擎来学习如何检索信息，以下是一些有用的资源。

搜索算法

■ *Billion-scale similarity search with GPUs*——BidMACH 是一种对高维向量进行索引和 KNN 搜索的算法实现，类似于 Python 包 `annoy`。本文介绍了一种 GPU 增强方法，比原来的实现快 8 倍。

■ Spotify 的 `Annoy` 软件包，作者 Erik Bernhardsson——这是一种 KNN 算法，用于在 Spotify 上查找相似的歌曲。

■ *New benchmarks for approximate nearest neighbors*，作者 Erik Bernhardsson——近似最近邻算法是大规模语义搜索的关键，作者 Erik 密切关注最新的技术状态。

开源搜索引擎

■ BeeSeek——开源分布式 Web 索引和私有搜索（hive 搜索），已经不再维护。

■ WebSPHNIX——用于构建网络爬虫程序的 Web GUI。

开源全文索引器

有效的索引对于任何自然语言搜索应用程序都是至关重要的。下面是一些开源全文索引项目。不过，这些"搜索引擎"不会抓取 Web，所以大家需要提供用于索引和搜索的语料库：

■ Elasticsearch——开源、分布式、REST 风格的搜索引擎。

■ Apache Lucern + Solr。

■ Sphinx Search。

■ Kronuz/Xapiand，一个 REST 风格的搜索引擎——提供在 Ubuntu 中搜索本地硬盘的包（就像以前的谷歌桌面一样）。

■ Indri——带 Python 接口的语义搜索，但维护不够积极。

■ Gigablast——基于 C++ 的开源网络爬虫程序和自然语言索引器。

■ Zettair——开源 HTML 和 TREC 索引器（没有爬虫程序或实际例子），上次更新是在 2009 年。

■ OpenFTS，全文搜索引擎——使用 PostgreSQL 为 PyFTS 提供全文搜索索引，带 Python API。

搜索引擎的操控性

大多数人使用的搜索引擎并不是为了帮助大家找到需要的东西而优化的，而是为了确保大家点击的链接能为构建它的公司带来收入。谷歌提出的创新式第二价格密封竞价拍卖确保了广告商不会支付过高的广告费用[①]，但它并不能阻止搜索用户在点击伪装广告时支付过高的费用。这种搜索操控并不是 Google 独有的。在任何按照"目标函数"进行排序，而不是按照用户对搜索结果的满意度进行排序的搜索引擎中，都存在这种操控。大家可以对它们进行比较和实验：

- Google；
- Bing；
- Baidu。

具有更少操控性的搜索引擎

为了检验一个搜索引擎商业化和具有操控性的程度，我用"开源搜索引擎"之类的条目查询了许多搜索引擎，然后统计排名前十的搜索结果中广告词购买者和点击诱饵网站的数量。以下网站将这一数字保持在一两个以下，而且提供的排名靠前的搜索结果中基本上是最客观和最有用的网站，如维基百科、Stack Exchange 或著名的新闻报道和博客。

- Google 的替代品。[②]
- Yandex——令人惊讶的是，最流行的俄罗斯搜索引擎（占俄罗斯搜索的 60%）似乎没有排名靠前的美国搜索引擎那么具有操控性。
- DuckDuckGo。
- watson 语义 Web 搜索，它不再处于开发阶段，也不是真正的全文 Web 搜索，但它是探索语义 Web 的一种有趣方式（至少在 watson 被冻结之前是这样）。

分布式搜索引擎

分布式搜索引擎[③]可能是最不具有操控性和最"客观"的，因为它们没有中心服务器来影响搜索结果的排名。然而，由于语义搜索 NLP 算法难以扩展和分布式部署，目前的分布式搜索实现依赖 TF-IDF 词频对页面进行排序。不过，语义索引方法如隐性语义分析（LSA）和局部敏感哈希已经成功地以近乎线性伸缩的方式进行分布式部署。也许很快就会有人在 Yacy 这种开源项目中贡献语义搜索代码，或建立一个新的支持 LSA 的分布式搜索引擎，这只是时间问题。

- Nutch——Nutch 催生了 Hadoop，随着时间的推移，它本身变得不那么像一个分布式搜索引擎，而更像一个分布式 HPC 系统。
- Yacy——少数几个仍在使用的开源的去中心化的搜索引擎和网络爬虫程序之一，提供了预配置的 Mac、Linux 和 Windows 客户端。

---

① 康奈尔大学网络课程案例研究，"Google AdWords Auction - A Second Price Sealed-Bid Auction"。
② 详见标题为 "Try These 15 Search Engines Instead of Google For Better Search Results" 的网页。
③ 详见标题为 "Distributed search engine" 和 "Distributed Search Engines" 的网页。

词汇表

这里收集了一些常见的自然语言处理、机器语言缩略词和术语的定义。

读者可以在 https://github.com/totalgood/nlpia 的 nlpia Python 包中找到一些我们用来辅助生成这个词汇表的解析器和正则表达式[①]。下列代码展示了我们如何使用 nlpia 生成这个词汇表的初步版本：

```
>>> from nlpia.book_parser import write_glossary
>>> from nlpia.constants import DATA_PATH
>>> print(write_glossary(
...      os.path.join(DATA_PATH, 'book')))
== Acronyms

[acronyms,template="glossary",id="terms"]
*AGI*:: Artificial general intelligence --
*AI*:: Artificial intelligence --
*AIML*:: Artificial Intelligence Markup Language --
*ANN*:: Approximate nearest neighbors --
...
```

由于不可能在你的数据目录下提供所有的原稿，你得到的结果可能和这里有所不同

我们没有完成上述词汇定义的生成器，但是使用良好的 LSTM 语言模型也许能做到这一点（见第 10 章）。我们把这个任务留给读者自己来完成。

缩略词

AGI（artificial general intelligence，通用人工智能） 机器智能能够解决人类大脑可以解决的各种问题。

AI（artificial intelligence，人工智能） 机器的行为令人印象深刻到可以被科学家或公司营销人员称为智能。

AIML（Artificial Intelligence Markup Language，人工智能标记语言） 在 A.L.I.C.E.（第一

[①] nlpia.translators（src/nlpia/translators.py）和 nlpia.book_parser（src/nlpia/book_parser.py）。

个对话聊天机器人之一）开发期间发明基于 XML 的模式匹配和模板化响应规范语言。

ANN（approximate nearest neighbors，近似最近邻） 在 N 个高维向量集合中找到 M 个最接近目标向量的向量是一个复杂度为 $O(N)$ 问题，因为必须计算每个向量和目标向量之间的距离度量。这使得聚类具有难解的 $O(N^2)$ 复杂度。

ANN（artificial neural network，人工神经网络）。

API（application programmer interface，应用程序编程接口） 客户是开发人员的用户接口，通常是命令行工具、源代码库或 Web 接口，开发人员可以通过编程的方式与之进行交互。

AWS（Amazon Web Services，Amazon Web 服务） 亚马逊在向世界开放其内部基础设施时提出了云服务的概念。

BOW（bag of words，词袋） 一种数据结构（通常是一个向量），它保留词的计数（频率）但不保留其顺序。

CEC（constant error carousel，常量错误轮播） 输出延迟一步的神经元。在 LSTM 或 GRU 内存单元中使用。这是 LSTM 单元的存储器寄存器，只能通过遗忘门中断此"轮播"来重置为新值。

CNN（convolutional neural network，卷积神经网络） 一种神经网络，经过训练可以学习过滤器（也称为卷积核或滤波器），用于监督学习中的特征提取。

CUDA（Compute Unified Device Architecture，计算统一设备架构） 一个 Nvidia 开源软件库，针对在 GPU 上运行通用计算/算法进行了优化。

DAG（directed acyclic graph，有向无环图） 没有任何环和循环连接的网络拓扑。

DFA（deterministic finite automation，确定性有限自动机） 一个不做随机选择的有限状态机。Python 中的 `re` 包编译正则表达式以生成 DFA，但 `regex` 包可以将模糊正则表达式编译为 NDFA（非确定性有限自动机）。

FSM（finite state machine，有限状态机） 凯尔·戈尔曼（Kyle Gorman）和维基百科比我们这里解释得更好。

FST（finite state transducer，有限状态转换机） 类似于正则表达式，但它们可以输出一个新字符来替换它们匹配的每个字符。凯尔·戈尔曼解释得很好。

GIS（geographic information system，地理信息系统） 用于存储、控制和显示地理信息的数据库，通常涉及纬度、经度、高度坐标和轨迹。

GPU（graphical processing unit，图形处理单元） 游戏装备、加密货币挖掘服务器或机器学习服务器中的图形卡。

GRU（gated recurrent unit，门控循环单元） 长短期记忆网络的变体，它共享参数以减少计算时间。

HNSW（Hierarchical Navigable Small World） 一种实现高效搜索的图形数据结构（可以使用 Yu A. Malkov 和 DA Yashunin 的 Hierarchical Navigable Small World 图表实现健壮的近似最近邻搜索）。

HPC（high performance computing，高性能计算） 通过将 `map` 与 `reduce` 计算阶段分离

实现并行化来最大化吞吐量的系统研究。

IDE（integrated development environment，集成开发环境） 用于软件开发的桌面应用程序，例如 PyCharm、Eclipse、Atom 或 Sublime Text 3。

IR（information retrieval，信息检索） 针对文档和 Web 搜索引擎算法的研究。该研究使 NLP 在 20 世纪 90 年代成为重要计算机科学学科的前沿。

ITU（India Technical University，印度科技大学） 一流的技术大学。印度的佐治亚理工学院。

i18n（internationalization，国际化） 为在多个国家（区域）使用应用程序进行准备。

LDA（linear discriminant analysis，线性判别分析） 类之间具有线性边界的分类算法（见第 4 章）。

LSA（latent semantic analysis，隐性语义分析） 应用于 TF-IDF 或词袋向量的截断的 SVD，从而在向量空间语言模型中创建主题向量（见第 4 章）。

LSH（locality sensitive hash，局部敏感哈希） 一种用于稠密、连续、高维向量的有效但近似的映射/聚类索引的哈希（见第 13 章）。可以将它们视为不仅仅适用于二维向量（经度和纬度）的邮政编码。

LSI（latent semantic indexing，隐性语义索引） 一种描述隐性语义分析的旧方式（见 LSA），但这是一个误称，因为 LSA 向量空间模型不便于索引。

LSTM（long short-term memory，长短期记忆） 循环神经网络的一种增强形式，通过反向传播维持训练的自身状态记忆（见第 9 章）。

MIH（multi-index hashing，多索引哈希） 一种用于高维稠密向量的哈希和索引方法。

ML（machine learning，机器学习） 使用数据而不是手工编码算法对机器进行编程。

MSE（mean squared error，均方误差） 机器学习模型的期望输出与模型的实际输出之间的差的平方和。

NELL（Never Ending Language Learning，永恒语言学习） Carnegie Mellon 的知识提取项目，连续运行多年，抓取网页并提取有关世界的通用知识（主要是术语之间的“IS-A”分类关系）。

NLG（natural language generation，自然语言生成） 基于算法自动生成文本，是自然语言处理（NLP）最具挑战性的任务之一。

NLP（natural language processing，自然语言处理） 到现在为止大家大概已经知道这是什么了。如果没有，请参阅第 1 章中的介绍。

NLU（natural language understanding，自然语言理解） 在最近的论文中经常指使用神经网络进行自然语言处理。

NMF（nonnegative matrix factorization，非负矩阵分解） 与 SVD 类似的矩阵分解，但约束矩阵因子中的所有元素大于或等于零。

NSF（National Science Foundation，美国国家科学基金会） 负责资助科学研究的美国政府机构。

NYC（**New York City，纽约市**） 美国不夜城。

OSS（**open source software，开源软件**）。

pip（**pip installs pip，pip 安装 pip**） Python 官方包管理器，自动从 "Cheese Shop" 下载并安装包。

PR（**Pull Request，拉取请求**） 请求某人将你的代码合并到他们的代码中的正确做法。GitHub 有一些按钮和向导可以让该操作很容易实现。这是大家建立自己作为开源有力贡献者声誉的方法。

PCA（**principal component analysis，主成分分析**） 在任何数值型数据上的截断的 SVD，通常是图像或音频文件。

QDA（**quadratic discriminant analysis，二次判别分析**） 与 LDA 类似，但允许类之间的二次（曲线）边界。

ReLU（**rectified linear unit，修正线性单元**） 线性神经网络激活函数，强制神经元的输出非零。相当于 y = np.max(x, 0)。图像处理和 NLP 领域最流行和最有效的激活函数，因为它让反向传播在极深的神经网络上有效运行而不会出现 "梯度消失"。

REPL（**read-evaluate-print loop，读取−求值−输出循环**） 任何无须编译的脚本语言开发人员的典型工作流程。ipython、jupyter 控制台和 jupyter 记事本的 REPL 功能特别强大，基于其 help、?、?? 和 % 神奇命令，以及自动补全和 Ctrl-R 历史搜索。

RMSE（**root mean square error，均方根误差**） 均方误差的平方根。常见的回归误差指标。它也可以用于二值和序数分类问题。它提供了模型预测中 1-sigma 不确定性的直观估计。

RNN（**recurrent neural network，循环神经网络**） 一种神经网络架构，将一层的输出输入到下一层。RNN 通常被 "展开" 到等效的前馈神经网络中进行图解和分析。

SMO（**sequential minimal optimization，序列最小优化算法**） 一种支持向量机的训练方法和算法。

SVD（**singular value decomposition，奇异值分解**） 一种矩阵分解，它产生特征值的对角矩阵和两个包含特征向量的正交矩阵。这是 LSA 和 PCA 背后的数学知识（见第 4 章）。

SVM（**support vector machine，支持向量机**） 通常用于分类的一种机器学习算法。

TF-IDF（**term frequency × inverse document frequency，词项频率乘以逆文档频率**） 一种词频归一化的方法，可以改善信息检索结果（见第 3 章）。

UI（**user interface，用户界面**） 通过软件为用户提供的 "可视性"，通常是图形化网页或移动应用程序屏幕，用户必须与之交互才能使用产品或服务。

UX（**user experience，用户体验**） 客户与产品或公司互动的本质，从购买一直到他们与我们的最后一次联系。这包括你的网站或网站上的 API UI 以及与你公司的所有其他互动。

VSM（**vector space model，向量空间模型**） 问题中对象的向量表示，例如 NLP 问题中的词或文档（见第 4 章和第 6 章）。

YMMV（**Your mileage may vary，因人而异**） 你可能无法获得与我们相同的结果。

术语

affordance（可视性） 一种有意设计的让用户与产品进行交互的方式。理想情况下，这种交互对用户来说是自然的、易于发现的和自描述的。

artificial neural network（人工神经网络） 一种用于机器学习或模拟生物神经网络（脑）的计算图。

cell（元胞） LSTM 单元中记录一个标量值和并连续输出它的记忆或状态的部分。

dark patterns（黑暗模式） 一种为了提升收益的软件模式（通常用于用户界面），但往往由于"后坐力"而失败，因为它们操纵客户以他们不希望的方式使用产品。

feed-forward network（前馈网络） 一种"单向"神经网络，它将所有输入以一致的方向传递到输出，形成有向无环计算图（DAG）或树。

morpheme（语素） 词条或词的一部分，其本身具有意义。构成词条的语素统称为词条的形态。使用像 SpaCy 这样的包中的算法可以得到词条的形态，该算法基于其上下文（周围的词）来处理词条。

net、network 或者 neural net（网络或神经网络） 人工神经网络。

neuron（神经元） 神经网络中的一个单元，其函数（例如 `y = tanh(w.dot(x))`）接受多个输入并输出单个标量值。该值通常由该神经元的权重（w 或 w^i）乘以所有输入信号（x 或 x^i）并加上偏置权重（w^0），后面接像 tanh 这样的激活函数得到。神经元总是输出标量值，该标量值可以作为网络中任何其他隐藏或输出神经元的输入。如果神经元实现了比上面更复杂的激活函数，就像对创建 LSTM 的循环神经元所做的增强一样，它一般就会被称为单元，例如 LSTM 单元。

nessvector（属性向量） 一个非正式术语，指将概念或特性（如女性特征或蓝色特征）捕捉到向量的维度中的主题向量或语义向量。

predicate（谓语） 在英语语法中，谓语是句子中与主语相关的主要动词。每个完整的句子都必须有一个谓语，就像它必须有一个主语一样。

skip-gram 词条跳对，用作词向量嵌入的训练样本，其中忽略了词条之间的间隔（见第 6 章）。

softmax 归一化指数函数，用于将一个神经网络的实数向量输出压缩至取值范围为 0 到 1 的概率区间。

subject（主语） 句子的主要名词——每个完整的句子必须有一个主语（和谓语），即使主语是隐含的，例如句子 "Run!"，其中隐含的主语是 "你"。

unit（单元） 神经元或小的神经元集合，执行一些更复杂的非线性函数来计算输出。例如，LSTM 单元具有记录状态的记忆元胞，一个决定要记住什么值的输入门（神经元），一个决定记住该值多长时间的遗忘门（神经元），以及一个实现该单元激活函数（通常是 sigmoid 或 tanh()）的输出门神经元。单元是神经网络中神经元的直接替代，它接受向量输入并输出标量值，只是它有更复杂的行为。